Programmierung und Bearbeitung großer Informationsmengen

I. A. KITOW

mit 27 Abbildungen

LEIPZIG

BSB B. G. TEUBNER VERLAGSGESELLSCHAFT

1972

И. А. КИТОВ
Программирование информационно-логических задач
Erschienen im Verlag „Советское радио"
Moskau 1967
Deutsche Übersetzung und wissenschaftliche Bearbeitung:
Dr. R. Meier und Dr. H. Vahle, Leipzig

ISBN 978-3-519-06515-9   ISBN 978-3-322-96743-5 (eBook)
DOI 10.1007/978-3-322-96743-5

VLN 294-375/73/72 ES 19 B 5

Vorwort

Das vorliegende Buch ist eine der Programmierung informationslogischer Probleme gewidmete Monographie. Gegenwärtig werden elektronische Ziffernrechner in immer größerem Maße bei der Lösung informationslogischer Probleme in der Wirtschaft, Wissenschaft, Technik, Medizin und anderen Gebieten der menschlichen Tätigkeit eingesetzt. Hierzu zählen Probleme der Datenverarbeitung bei der materiell-technischen Versorgung, der Bearbeitung von Anfragen, der Suche von Angaben über Patente, der Suche von Bibliographien, der Bearbeitung von Krankengeschichten in Kliniken, der maschinellen medizinischen Diagnostik usw. Allen diesen Problemen ist gemeinsam, daß eine Vielzahl von zu verarbeitenden Informationen vorhanden und der Verarbeitungsprozeß dieser Informationen von logischem Charakter ist.

Bei der Lösung ähnlicher Probleme werden verschiedene Methoden und Verfahren der Speicherplatzverteilung, die die Effektivität der Datensuche erhöhen, angewendet sowie verschiedene Methoden zur Darstellung der Such- und Datenverarbeitungsprozesse selbst. Auf Grund dieser Zielstellung sind eine ganze Reihe algorithmischer Sprachen erarbeitet worden, d. h. formale Regeln, die es erlauben, den Lösungsprozeß der Probleme zu beschreiben, ohne die Geräte der Maschine genau zu kennen.

Im vorliegenden Buch, das in erster Linie für jene bestimmt ist, die sich mit der Anwendung von elektronischen Ziffernrechenmaschinen zur Lösung informationslogischer Probleme beschäftigen, werden zwei Grundfragen behandelt:

1. eine algorithmische Sprache zur Beschreibung informationslogischer Probleme;

2. eine Reihe Verfahren und Methoden der Datenspeicherung und -verarbeitung, die eine schnelle Suche und Verarbeitung dieser Daten garantieren.

Diese Verfahren bilden das Wesen der assoziativen Listenprogrammierung. Beide angeführten Probleme gehören zu einem neuen, sich schnell entwickelnden Wissenschaftsgebiet.

In der Einführung werden die Grundlagen der Kybernetik und Elemente der Algebra der Logik behandelt, weil das vorliegende Buch für Personen bestimmt ist, die sich mit den Problemen und deren formal-logischer Beschreibung sowie maschinellen Lösung befassen.

Gegenwärtig besteht eine wichtige Aufgabe darin, eine allgemeine, verzweigte, algorithmische Sprache zu schaffen, die in sich eine Reihe von Untersprachen einschließt, die zur Lösung von Problemen der verschiedensten Klassen vorgesehen sind.

Der Autor hofft, daß das Studium der vorliegenden Arbeit für diejenigen, die sich mit der Ausarbeitung algorithmischer Sprachen und Problemen der automatischen

Programmierung befassen, von Interesse ist. Obwohl das Buch für diesen angeführten Leserkreis bestimmt ist, ist es auch Personen zugänglich, die zum ersten Mal mit solchen Problemen in Berührung kommen.

In den Abschnitten 1.2.1. und 1.2.2. der Einleitung wird der Leser mit dem notwendigen Wissen über den Aufbau einer DVA und über die Programmierung bekannt gemacht.

Die in der vorliegenden Arbeit zu beschreibende algorithmische Sprache zur Programmierung informationslogischer Probleme gehört zur Klasse der sogenannten prozedurorientierten Sprachen, d. h., es handelt sich um Sprachen zur automatisierten Lösung von Problemen. Die Grundlage der Sprachen bildet eine entsprechend gewählte Menge von Operationen. Diese Operationen müssen einerseits universell sein, um aus ihnen für die gegebene Problemklasse beliebige algorithmische Programme aufbauen zu können, und andererseits hinreichend elementar sein, um mit Hilfe der Befehle der vorhandenen Maschinen die Programme einfach und maschinell interpretieren zu können.

Die zu untersuchende algorithmische Sprache ist durch Erweiterung von Algol 60 zustandegekommen. Diese Sprache wurde anfangs um jene Mittel erweitert, die zur Beschreibung des Verarbeitungsprozesses großer Informationsfelder mit fixierter Zusammensetzung und seriell gespeicherten Strukturen der Glieder notwendig sind. Dadurch erhält man die Sprache ALGEM, die hauptsächlich der Beschreibung ökonomischer Informationen dient. Anschließend wird die erhaltene Sprache um jene Mittel ergänzt, die zur Bearbeitung von Listeninformationen notwendig sind. Diese sind dadurch charakterisiert, daß die Zahl der Glieder in den Listenfeldern und deren Anordnung im Maschinenspeicher fixiert ist. Bei der Darstellung der gegebenen algorithmischen Sprache, die dem Wesen nach die Vereinigung dreier Sprachen ist (ALGOL, ALGEM und der Sprache der assoziativen Programmierung), wird die Backussche Methode der syntaktischen Definition angewendet. Die restlichen Sprachelemente werden teilweise mit Hilfe syntaktischer Definitionen und teilweise durch wörtliche Vereinbarungen dargestellt. Dabei werden die syntaktischen Definitionen nur als Mittel zur exakten Erklärung bestimmter Sprachbegriffe verwendet.

Es ist natürlich, daß das Buch bei weitem nicht alle mit der Programmierung informationslogischer Probleme verbundenen Fragen behandeln kann.

So werden hier z. B. nicht Fragen des Aufbaus von Compilern, die verschiedenen Methoden der Sortierung und Ordnung der Daten sowie keine Fragen der Programmierung von Problemen der maschinellen Übersetzung behandelt.

Einen vollen Überblick über die im Buch behandelten Fragen kann man aus der Inhaltsübersicht erhalten. Die Sprache ALGEM wurde vom Autor zusammen mit F. F. SCHILLER ausgearbeitet. Diese Sprache sowie die Methode der assoziativen Programmierung wurde vom Autor im Verlaufe zweier Jahre am Moskauer Energetischen Institut gelesen.

Der Autor dankt Herrn Dr. der techn. Wissenschaften A. A. PAPERNOW und Herrn Ingenieur A. M. BUCHTIJAROW für die Rezension des Manuskripts und die gemachten Bemerkungen.

Inhalt

1. Einführung 9

1.1.   Grundbegriffe der Kybernetik und mathematischen Logik   9
1.1.1.   Inhalt und Grundzüge der Kybernetik   9
1.1.2.   Grundtypen und Besonderheiten der logischen Informationsverarbeitung ..   21
1.1.2.1.   Allgemeines   21
1.1.2.2.   Typische Probleme der Informationsverarbeitung   24
1.1.2.2.1. Verarbeitung von Datenfeldern   24
1.1.2.2.2. Speicherung und Suche der Daten in hierarchisch klassifizierten Systemen .   26
1.1.2.2.3. Bibliographische deskriptive Suche   29
1.1.2.2.4. Faktographische Systeme   32
1.1.3.   Algebra der Logik   33

1.2.   Aufbau und Programmierung elektronischer Digitalrechner..   47
1.2.1.   Aufbau elektronischer Digitalrechner   47
1.2.2.   Programmierung   58
1.2.2.1.   Programmsteuerung von EDVA   59
1.2.2.2.   Direkte Programmierung   62
1.2.2.3.   Kontrolle der Berechnungen   69
1.2.2.4.   Operatorenmethode der Programmierung   70
1.2.3.   Struktur von EDVA..   72
1.2.3.1.   Programmsteuerung   75
1.2.3.2.   Mikroprogrammsteuerung   76
1.2.3.3.   Silbensteuerung   76
1.2.3.4.   Multiprogrammsteuerung und Vorrangsteuerung   78
1.2.3.5.   Überlappung der Operationen   79
1.2.3.6.   Einstufige Organisation des Systems der Haupt- und Zwischenspeicher der Maschine unter Anwendung der nichtdirekten Adressierung   79

2. Algorithmische Sprachen für die Programmierung ökonomischer und mathematischer Probleme   82

2.1.   Algorithmische Sprache ALGOL 60...............................   82
2.1.1.   Allgemeines über ALGOL   82
2.1.1.1.   Rekursive Definitionen der Begriffe der Sprache   87
2.1.1.2.   Grundsymbole von ALGOL   88
2.1.1.3.   Zahlen   91
2.1.1.4.   Bezeichnungen   92
2.1.1.5.   Zeichenketten   92
2.1.1.6.   Marken   93
2.1.1.7.   Variable   94
2.1.1.8.   Funktionen..   95
2.1.1.9.   Ausdrücke   97
2.1.1.9.1. Einfache arithmetische Ausdrücke   97

2.1.1.9.2. Einfache logische Ausdrücke 99
2.1.1.9.3. Bedingte arithmetische Ausdrücke 101
2.1.1.9.4. Bedingte logische Ausdrücke 102
2.1.2.   Anweisungen 104
2.1.2.1.   Ergibtanweisungen 105
2.1.2.2.   Zielausdrücke und Sprunganweisungen 106
2.1.2.3.   Bedingte Anweisungen 110
2.1.2.4.   Scheinanweisung 112
2.1.2.5.   Laufanweisungen 113
2.1.2.6.   Prozeduranweisungen 117
2.1.3.   Vereinbarungen 118
2.1.3.1.   Typ- und Feldvereinbarungen 118
2.1.3.2.   Feldvereinbarungen 119
2.1.3.3.   Definitionsbereich der Typ- und Feldvereinbarungen in Programmen 121
2.1.3.4.   Lokalisierung der Marken 123
2.1.3.5.   Prozedurvereinbarungen 123
2.1.3.6.   Rolle der Benennungen und des Werteteiles 128

2.2.   Algorithmische Sprache ALGEM für die Programmierung öko-
           nomischer und mathematischer Probleme 130
2.2.1.   Kettenausdrücke und Variablenart 131
2.2.1.1.   Vereinbarung der Variablenart und Stellenangabe 132
2.2.2.   Verbundvariable und -felder 136
2.2.2.1.   Aufruf von Komponenten der Verbundgrößen 139
2.2.2.2.   Ergänzung der Prozedurvereinbarungen 140
2.2.3.   Zusätzliche Möglichkeiten zur Beschreibung von Rechenprozessen 143
2.2.3.1.   Codeprozeduren in ALGEM 143
2.2.3.2.   Ein- und Ausgabeprozeduren in ALGOL 144

3. Assoziatives Programmieren 150

3.1.   Allgemeines über das assoziative Programmieren 150
3.1.1.   Das Wesen des assoziativen Programmierens und Verfahren für das Auf-
           stellen von Listen 150
3.1.1.1.   Allgemeines 150
3.1.1.2.   Serielle Listen 151
3.1.1.3.   Kettenartige Listen 152
3.1.1.4.   Nestlisten 156
3.1.1.5.   Knotenlisten 157
3.1.1.6.   Adressierungsverfahren von Kettenlisten 161
3.1.2.   Assoziative Listenstrukturen 163
3.1.2.1.   Grundtypen assoziativer Listenstrukturen 163
3.1.2.2.   Kennzeichenstrukturen mit Positionssuchbäumen 166
3.1.2.3.   Beispiel einer Positionssuchstruktur für die Wortsuche im Wörterbuch ... 169
3.1.2.4.   Kennzeichenstruktur mit erweiterungsfähigem Suchbaum 172
3.1.2.5.   Aus vielen Listen bestehende assoziative Strukturen 176
3.1.2.6.   Verfahren der berechenbaren Adressen 178
3.1.3.   Einige Beziehungen für assoziative Listenstrukturen 183

3.2.   Speicherorganisation bei der assoziativen Programmierung 195
3.2.1.   Aufbau assoziativer Strukturen mit Nestlisten 195
3.2.1.1.   Allgemeines 195
3.2.1.2.   Regeln zur Arbeit mit Nestlisten 197

3.2.1.3. Wiederholte Verwendung freigewordener Zellennester 200
3.2.2. Aufbau verallgemeinerter assoziativer Knotenstrukturen 201
3.2.2.1. Aufbau assoziativer Knoten 202
3.2.2.2. Aufbau von Suchbäumen 208
3.2.2.3. Einige Bemerkungen zur Anordnung der assoziativen Listenstrukturen auf Magnetband 210
3.2.3. Assoziatives Programmieren für gesteuerte Maschinen 210

3.3. Methodik der assoziativen Programmierung 217
3.3.1. Adressenbeziehungen 218
3.3.1.1. Allgemeines 218
3.3.1.2. Beispiele 221
3.3.1.3. Aussonderung von Komponenten der Inhalte 222
3.3.2. Listenvereinbarungen 223
3.3.2.1. Vergleich des Adressen- und Indexverfahrens bezüglich des Zugriffs zu den Listengliedern 226
3.3.2.2. Vereinbarung von Verbund- und Listengrößen mit unterschiedlichen Formaten 228
3.3.2.3. Vereinbarung von Listenprozeduren 228
3.3.3. Vergleich der algorithmischen Sprachen 229
3.3.4. Beispiele zur assoziativen Programmierung 234
3.3.4.1. Programmierung von Kettenlisten und -strukturen 234
3.3.4.2. Dokumentensuche im assoziativ adressierten Deskriptorensuchsystem 240

Literatur 251

Sachregister 253

1. Einführung

1.1. Grundbegriffe der Kybernetik und mathematischen Logik

Das Studium der Aufbau- und Funktionsprinzipien logischer Informationssysteme ist eine der Hauptaufgaben der Kybernetik. Dabei spielen die Methoden zur Programmierung und Lösung logischer Informationsaufgaben eine wichtige Rolle. Im Zusammenhang mit dieser Problematik wollen wir uns vorher mit dem allgemeinen Inhalt dieser Wissenschaft und den Grundrichtungen ihrer Entwicklung bekannt machen.

Dadurch lassen sich Rolle und Besonderheiten der logischen Informationssysteme vom Standpunkt der allgemeinen Methoden und Prinzipien der Kybernetik klarer darstellen.

1.1.1. Inhalt und Grundzüge der Kybernetik

Die Kybernetik ist die Wissenschaft von den allgemeinen Gesetzmäßigkeiten der Steuerung und Nachrichtenübertragung in organisierten Systemen (wie Maschinen, lebenden Organismen und deren Gemeinschaften).

Die Kybernetik studiert die Steuerungsprozesse im allgemeinen unter informationstheoretischem Aspekt, deshalb definiert man die Kybernetik auch als Wissenschaft, die sich mit der Aufnahme, Übertragung, Speicherung, Verarbeitung und Nutzung von Informationen in Maschinen, lebenden Organismen und deren Gemeinschaften befaßt.

Entscheidende Impulse erhielt die Kybernetik im Jahre 1948 durch N. WIENER (in diesem Jahr erschien sein Buch „Cybernetics". Anm. d. Bearb.).

Eine wichtige Rolle bei der Ausarbeitung der Kybernetik spielten die Arbeiten C. SHANNONS über Relais-Schaltungen, Informationsübertragung und Automatentheorie sowie die Arbeiten J. v. NEUMANNS über elektronische Rechenmaschinen, Automatentheorie und mathematische Spieltheorie.

Die Entwicklung der Kybernetik als allgemeine Theorie der Steuerungsprozesse wurde von folgendem beeinflußt. Einerseits erforderten die Bedürfnisse der Praxis die Schaffung komplizierter Systeme der automatischen Steuerung, andererseits boten die sich entwickelnden elektronischen Rechenmaschinen die Möglichkeit, die verschiedenen Prozesse der Informationsverarbeitung und -leitung zu automatisieren.

Die Kybernetik entstand somit als Ergebnis des Integrationsprozesses und der gegenseitigen Durchdringung der Methoden und Ergebnisse einer Reihe exakter und biologischer Wissenschaften.

Die Entwicklung der automatischen Steuerungstheorie, die durch A. A. LJAPUNOFF und I. W. WISCHNEGRADSKI mitbegründet wurde, sowie die Ausarbeitung von objektiven Methoden zur Erforschung der höheren Nerventätigkeit durch I. P. PAWLOW lieferten ein umfangreiches Faktenmaterial für weitreichende Verallgemeinerungen. Sie ermöglichten die Entdeckung der Analogien und allgemeinen Prinzipien der Steuerung in lebenden Organismen und Maschinen. Die Reflextheorie, die die innerhalb der Organismen ablaufenden Regelprozesse sowie die Anpassungsmechanismen der Organismen an ihre Umwelt erklärt, benutzt dem Wesen nach dieselben Prinzipien der Informationsübertragung und der Rückkopplung, wie sie auch der automatischen Regelungstheorie zugrunde liegen.

Eine wichtige Rolle bei der Entwicklung der Kybernetik spielten ferner solche Wissenschaften wie die Evolutionstheorie (Theorie der Gesetzmäßigkeiten der Entwicklung der biologischen Arten), die theoretische Genetik (Theorie der Erbinformation), die mathematische Ökonomie und die in den Jahren des zweiten Weltkrieges entstandenen Methoden zur Erforschung von Kriegshandlungen (Theorie der Prozesse der Informationsübertragung und der Leitung des gesellschaftlichen Lebens; mathematische Spieltheorie) sowie die Theorie der Rechenmaschinen (Theorie der Gesetzmäßigkeiten der Übertragung und Verarbeitung der Informationen in technischen Geräten).

Während die aufgezählten Wissenschaften die Steuerungsprozesse auf den verschiedenen konkreten Gebieten erforschen, befaßt sich die Kybernetik mit den allgemeinen Gesetzmäßigkeiten, die unabhängig von ihrer spezifischen Natur in beliebigen Steuerungsprozessen auftreten. Die ersten konkret ausgearbeiteten Gebiete der Kybernetik waren N. WIENERS Theorie der Filterung zufälliger Prozesse sowie A. N. KOLMOGOROFFs Theorie der Interpolation und Extrapolation zufälliger Prozesse.

Die Bedeutung der Kybernetik besteht vor allem darin, daß eine einheitliche Theorie der Steuerungsprozesse und eine einheitliche Methodologie ihrer Erforschung geschaffen wurde.

Die Steuerungsprozesse besitzen ungeachtet der außerordentlichen Vielfalt ihrer konkreten Erscheinungsformen einen universellen Charakter und werden nach einem allgemeinen Schema verwirklicht. Ein beliebiger Steuerungsprozeß ist immer mit einem bestimmten Organisationssystem verbunden. Dieses Organisationssystem umfaßt das Steuerungssystem selbst, die Organe, die die von außen kommenden Informationen aufnehmen (Rezeptoren) sowie die gesteuerten oder Ausführungsorgane (Effektoren), die durch Informationskanäle verbunden sind (vgl. Abb. 1). Die natürlichen, durch die Natur geschaffenen Organisationssysteme sind die lebenden Organismen. Außer den lebenden Organismen sind uns bis jetzt nur künstliche, durch den Menschen geschaffene Organisationssysteme bekannt.

Charakteristisch für einen beliebigen Steuerungsprozeß ist das Vorhandensein eines Zieles. Die Steuerung ist demnach ein organisiertes, zielgerichtetes (zweckdienliches) Verhalten.

Das Ziel des Steuerungsprozesses ist im allgemeinen die Anpassung des Organisationssystems an die äußeren Umweltbedingungen. Die Steuerung wird immer durch Verfahren der Informationsübertragung und -verarbeitung auf der Grundlage des Informationsaustausches mit der Umwelt verwirklicht.

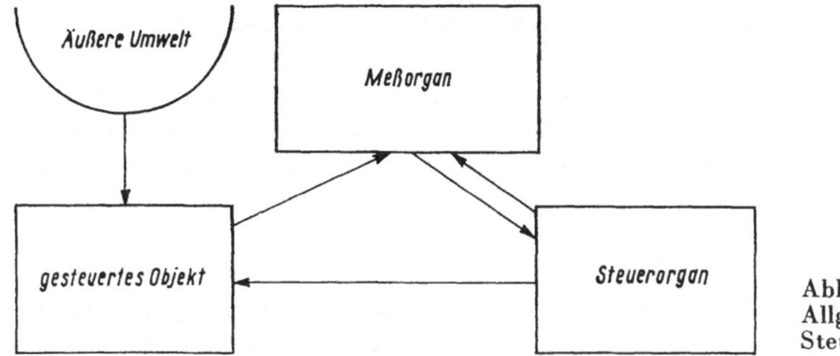

Abb. 1.
Allgemeines Schema eines
Steuersystems

Als *Information* werden gewöhnlich neue Nachrichten über irgendwelche Ereignisse oder Erscheinungen bezeichnet. Eine exaktere Definition des Informationsbegriffes kann erst in Verbindung mit dem Gedächtnisbegriff gegeben werden.

Unter *Gedächtnis* versteht man die Fähigkeit der organisierten Materie, zeitweilig die äußeren Einwirkungen selektiv zu fixieren und zu speichern sowie unter bestimmten Bedingungen ihre Spuren selektiv zu reproduzieren (völlig oder teilweise). Ein Gedächtnis (einen Speicher) besitzen nur lebende Organismen und künstliche gesteuerte Systeme. Das Verhalten dieser Systeme in Raum und Zeit ist vor allem durch den Charakter der laufenden Einwirkung der Umwelt, aber auch durch die in ihren Speichern aufbewahrten Informationen selbst bedingt.

Die Information kann demnach als durch das Gedächtnis des gesteuerten Systems vermittelte Wahrnehmung der äußeren Einwirkung definiert werden. Eine beliebige äußere Einwirkung ist nur dann Informationsträger für das gesteuerte System, wenn sie in bestimmtem Maße mit den Spuren vergangener Einwirkungen, die im Gedächtnis dieses Systems gespeichert sind, verbunden ist, d. h. wenn diese Einwirkung vom System identifiziert wird. Diese Art der Einwirkung unterscheidet sich prinzipiell von den unmittelbaren physischen Einwirkungen, deren Ergebnisse durch die Einwirkungen selbst vollkommen bestimmt sind.

Für die Identifikation einer Information ist wichtig, daß sie nicht nur dann möglich ist, wenn die ankommenden Signale völlig mit einer der früheren Einwirkungen übereinstimmen. Das gesteuerte System identifiziert und sondert die Information aus jenen Signalen aus, die von den früheren Einwirkungen kompliziert abhängen (teilweise Übereinstimmung, Übereinstimmung in den Kombinationen). Die Methoden der Identifikation von Informationen der lebenden Organismen sind sehr kompliziert und vielgestaltig. Sie sind in starkem Maße vom Organisationsniveau der lebenden Organismen abhängig. Die Erforschung dieser Methoden befindet sich zur Zeit noch in den Anfängen.

Der Steuerungsprozeß läuft im allgemeinen nach folgendem Schema ab: Das gesteuerte System erteilt den Effektoren über direkte Informationskanäle eine Befehlsinformation. Von den Effektoren erhält es über Rückkopplungskanäle Informationen über den tatsächlichen Zustand dieser Organe und über die Ausführung der Steuerbefehle.

Durch spezielle Rezeptoren oder Meßorgane (Gefühlsorgane) erhält das gesteuerte System Informationen der Umwelt. Auf Grund der erhaltenen Informationen arbeitet das gesteuerte System Steuerbefehle aus. Durch diese Befehle wird die Funktion der Effektoren und der zukünftige Zustand des gesamten Informationssystems festgelegt. Im Unterschied zum angeführten allgemeinen Schema laufen in der Technik manchmal einfache Steuerungen zwar nach einem vorgegebenen Programm, aber ohne Ausnutzung der Rückkopplung ab.

Die Rückkopplung wird durch vorangehende Berechnungen der erwarteten Reaktionen der Umwelt auf einer bestimmten Etappe der Steuerung ersetzt, d. h. sie ist nur implizit vorhanden. Für jeden beliebigen Steuerprozeß ist das Vorhandensein eines *Steueralgorithmus* charakteristisch. Unter einem Algorithmus verstehen wir ein System formaler Regeln, durch das der Realisierungsprozeß eines bestimmten Zieles genau festgelegt ist, insbesondere die Lösung von Problemen einer bestimmten Klasse. Ein Algorithmus wird durch folgendes charakterisiert:

1. *Die Bestimmtheit des Algorithmus*. Das kommt in der Klarheit der Anweisungen des Algorithmus zum Ausdruck. Dadurch ist er für den Ausführenden voll verständlich, sogar dann, wenn er das Wesen des Problems nicht kennt.

2. *Die Flexibilität des Algorithmus*. Die Flexibilität besteht darin, daß man den Algorithmus nicht nur bei einem konkreten Fall, sondern auf eine beliebige Menge von Ausgangsdaten bestimmter Eigenschaften anwenden kann, d. h. auf eine ganze Klasse von Ausgangsdaten.

3. *Die Endlichkeit des Algorithmus*. Für jedes zulässige System von Ausgangsdaten ist die Zahl der Operationen, die zu einem bestimmten Ergebnis führen, endlich.

Die Algorithmentheorie entwickelte sich zu Beginn der 30er Jahre in der mathematischen Logik bei der Erforschung theoretischer mathematischer Probleme. Die Algorithmen spielen eine wichtige Rolle bei der Beschreibung und der Erforschung verschiedener Prozesse der Informationsverarbeitung und der Regelung. Die Begriffe *Ziel* und *Algorithmus* sind für die Kybernetik von fundamentaler Bedeutung. In künstlich gesteuerten Systemen (technischen, administrativen usw.) werden bei der Schaffung dieser Systeme Ziel und Algorithmus von außen vorgegeben. Betrachten wir dazu einige Beispiele.

Das Ziel im System der automatischen Steuerung eines Flugzeuges besteht darin, die Erfüllung eines vorgegebenen Programmes von Parametern (Koordinaten, Geschwindigkeit, Beschleunigung) bezüglich der Bewegung des Flugzeuges zu garantieren. Der Algorithmus dieser Steuerung besteht dagegen aus Gleichungen, die den Schaltmechanismus der Steuerungsorgane (des Steuerknüppels und der Antriebsaggregate des Flugzeuges) in Abhängigkeit von der Abweichung der tatsächlichen von den vorgegebenen Flugparametern bestimmt.

Als Beispiel eines administrativ gesteuerten Systems können wir das Leitungssystem eines Produktionsbetriebes betrachten. Das Ziel dieser Steuerung besteht darin, den Ausstoß der gegebenen Produktion zu sichern. Der Steueralgorithmus umfaßt dabei die

Gesamtheit der technischen, technologischen und ökonomischen Kennziffern, mit deren Hilfe die Arbeit des gegebenen Betriebes gesteuert wird.

Im Falle der Steuersysteme in der belebten Natur bilden sich Ziel und Algorithmus der Steuerung auf natürliche Weise als Ergebnis eines langen Evolutionsprozesses heraus. So ist z. B. der Prozeß der biologischen Evolution selbst ein Steuerprozeß, dessen Ziel in der Anpassung der Organismen an die äußeren Bedingungen besteht. Der Algorithmus besteht in den Gesetzmäßigkeiten der natürlichen Auswahl (natürliche Auslese). So schließt der kybernetische Begriff des Ziels auch eine Eigenschaft ein, die in der Erhaltung der Stabilität der Organisation besteht (Homöostase). Das ist den Regelsystemen der lebenden Natur eigen.

Einer der wichtigsten Aufgaben der Kybernetik besteht darin, die Mechanismen der natürlich-kausalen Entstehung zielgerichteter Regelsysteme in der belebten Natur zu erforschen. Die Kenntnis konkreter Mechanismen und mathematischer Abhängigkeiten, die den Übergang vom kausal-determinierten Verhalten einzelner Elemente des Systems zu zielgerichteten Verhaltensformen des Gesamtsystems beschreiben, erlaubt das Verhältnis von Kausalität und Zielgerichtetheit in der Natur besser zu verstehen. Offensichtlich besteht eine Besonderheit der kausalen Zusammenhänge in zielgerichtet funktionierenden Systemen darin, daß der innere Funktionsmechanismus, der den Verlauf des Prozesses bestimmt, mit den Ergebnissen rückgekoppelt ist.

Die große theoretische und praktische Bedeutung der Kybernetik als Theorie zeigt sich in vielen Formen. Durch sie kann einheitlich an die Erforschung der künstlichen und natürlichen gesteuerten Systeme herangegangen werden. Sie trägt wesentlich dazu bei, die Bauprinzipien der Systeme der belebten Natur in der Technik anzuwenden. Ein spezieller Teil der angewandten Kybernetik, die Bionik, befaßt sich damit, die Arbeitsweisen der Sinnes- und Steuerungsorgane von Lebewesen zu erforschen und beim Aufbau verschiedener technischer Geräte anzuwenden sowie die Prinzipien der Nachrichtenübertragung in lebenden Organismen zu studieren.

Ein wichtiges praktisches Problem der Kybernetik ist der Informationsaustausch zwischen Mensch und Maschine bei der Lösung verschiedener wissenschaftlicher Probleme. Bisher existieren im allgemeinen nur Verfahren der alleinigen Nutzung der Maschinen für die Lösung einzelner Probleme des Informationsaustausches zwischen Mensch und Maschine. Eine Wechselwirkung zwischen den Menschen und den Maschinen unmittelbar im Prozeß des schöpferischen Denkens ist jedoch vorgesehen. Dabei obliegt es dem Menschen, die Probleme zu stellen, Fragen und Hypothesen zu formulieren sowie Daten zu analysieren. Aufgabe der Maschine ist es, Materialien zu suchen und zu bearbeiten, Berechnungen auszuführen, Informationen auszugeben, Auskünfte zu erteilen sowie die Daten in einer für die Analyse geeigneten Form darzustellen. Die Kybernetik als einheitliche Theorie der Steuerprozesse umfaßt drei Hauptgebiete — die Informationstheorie, die Theorie der Programmierung (oder Methoden der Steuerung) und die Theorie der gesteuerten Systeme.

Die Informationstheorie beschäftigt sich mit der Erforschung von Codierungsverfahren (d. h. der Umwandlung, der Übertragung und dem Entschlüsseln der Information).

Die Informationsübertragung wird mit Hilfe von Signalen verwirklicht. Es handelt sich dabei um physikalische Prozesse, bei denen bestimmte Parameter (Zustände) eindeutig der zu übertragenden Information zugeordnet werden. Die Festlegung dieser Zuordnung bezeichnet man als Codierung. Obwohl die Übertragung verschiedener Signale Energie erfordert, hängt die Menge der aufzuwendenden Energie im allgemeinen weniger von der Menge, als von der Qualität der zu übertragenden Information ab. Darin besteht eine der prinzipiellen Besonderheiten der Steuerungsprozesse. Die Steuerung großer Energieströme kann mit Hilfe von Signalen erfolgen, die zu ihrer Übertragung eine unbedeutende Energiemenge benötigen.

Da die Informationstheorie wie die Wahrscheinlichkeitsrechnung sich mit zufälligen Ereignissen beschäftigt, begegnen wir vielen statistischen Begriffen und Betrachtungsweisen.

Ein zentraler Begriff der Informationstheorie ist das *Maß der Informationsmenge*. Es ist definiert als die nach dem Erhalt einer Nachricht eintretende Veränderung des Unbestimmtheitsgrades eines erwarteten Ereignisses, das in der Nachricht übermittelt wird. Dieses Maß erlaubt, die Menge der Informationen in den Nachrichten auf ähnliche Weise zu messen, wie in der Physik die Energiemenge gemessen wird. Es erlaubt ferner, die Effektivität verschiedener Codierungsverfahren der Information zu bewerten sowie die Durchlaßfähigkeit und den Durchlaßwiderstand verschiedener Informationskanäle einzuschätzen. Mathematisch wird der Informationsbegriff wie folgt definiert. In der Wahrscheinlichkeitstheorie wird als vollständiges System von Ereignissen eine solche Gruppe von sich gegenseitig ausschließenden Ereignissen A_1, A_2, ..., A_n bezeichnet, bei der in jedem Versuch immer genau eines dieser Ereignisse eintritt; z.B. die Ereignisse 1, 2, 3, 4, 5 oder 6 beim Würfeln bzw. das Erscheinen von Zahl oder Bild beim Münzenwurf. Im letzten Fall gibt es nur eine einfache Alternative, d. h. ein Paar von sich gegenseitig ausschließenden Ereignissen.

Als endliches Schema A bezeichnet man ein vollständiges System von Ereignissen A_1, A_2, ..., A_n mit ihren zugehörigen Wahrscheinlichkeiten p_1, p_2, ..., p_n (wobei p_1 die Wahrscheinlichkeit des Auftretens des Ereignisses A_1 für $i = 1, 2, ..., n$ ist):

$$A = \begin{pmatrix} A_1, A_2, ..., A_n \\ p_1, p_2, ..., p_n \end{pmatrix}, \tag{1.1}$$

wobei

$$\sum_{k=1}^{n} p_n = 1$$

und $0 \leqq p_k \leqq 1$ für alle $k = 1, 2, ..., n$.

Jedem endlichen Schema ist eine gewisse Unbestimmtheit eigen. Das tatsächlich eintretende Ereignis ist, wie in der Wahrscheinlichkeitsrechnung, unbestimmt. In der Informationstheorie wird die Entropie $H\,(p_1, p_2, ..., p_n)$ für die Einschätzung des Unbestimmtheitsgrades einer beliebigen Menge von Ereignissen eingeführt:

$$H\,(p_1, p_2, ..., p_n) = - \sum_{k=1}^{n} p_k \log p_k, \tag{1.2}$$

wobei der Logarithmus eine beliebige, aber immer gleiche Basis hat (in der Fernmelde-
und Rechentechnik wird meist die Basis 2 gewählt). Es wird angenommen, daß mit
p_k auch $p_k \cdot \log p_k$ gegen Null strebt, d. h. mit

$$p_k \to 0 \quad \text{auch} \quad p_k \log p_k \to 0.$$

Die Größe H, die Entropie einer gegebenen endlichen Menge von Ereignissen, besitzt
folgende Eigenschaften:

1. Die Größe H $(p_1, p_2, ..., p_n)$ ist stetig bezüglich der p_k.

2. H $(p_1, p_2, ..., p_n) = 0$ gilt nur dann, wenn eine der Zahlen $p_1, p_2, ..., p_n$ gleich Eins
   ist und die restlichen gleich Null sind, d. h., die Entropie ist nur dann gleich Null,
   wenn in der Wahrscheinlichkeitstabelle keine Unbestimmtheit auftritt.

3. Die Größe H $(p_1, p_2, ..., p_n)$ ist bei festem n genau dann am größten, wenn alle p_k
   einander gleich sind (Gleichverteilung), d. h. wenn die endliche Menge die größte
   Unbestimmtheit aufweist.
   In diesem Falle ist:

$$H \ (p_1, p_2, ..., p_n) = - \sum_{k=1}^{n} p_k \log p_k = \log n. \tag{1.3}$$

Außerdem ist die Entropie additiv, d. h., die Entropie zweier unabhängiger Mengen
ist gleich der Summe der Entropien dieser endlichen Systeme.

In der Informationstheorie wird behauptet, daß dieser Entropiebegriff zugleich die
einzig mögliche Form ist, die allen drei genannten Eigenschaften genügt. Der gewählte
Entropiebegriff ist zudem hinreichend bequem und charakterisiert den Unbestimmtheitsgrad einer endlichen Menge von Ereignissen vollkommen. Die Unbestimmtheit
kann durch die Ergebnisse von Versuchen eingeschränkt werden, denn die Versuchs-
ergebnisse stellen eine bestimmte Information dar.

Allgemein gilt: Je größer die Unbestimmtheit einer endlichen Menge A ist, desto
größer ist die im Ergebnis der Versuche gewonnene Information und um so mehr wird
die Unbestimmtheit eingeschränkt. Da die Entropie den Unbestimmtheitsgrad einer
beliebigen endlichen Menge A charakterisiert, wird die im Ergebnis der Versuche gewonnene Entropie zweckmäßigerweise mit dem gleichen Maß gemessen.

Der Zustand eines Systems, das im wahrscheinlichkeitstheoretischen Sinne über mehrere Ausgänge verfügt, kann allgemein durch eine endliche Menge von Informationen
beschrieben und durch die Entropie dieser Menge charakterisiert werden. Der Einheit
der Informationsmenge wurde die einfachste Informationsart zugrundegelegt, nämlich
die Information der Menge von zwei gleichwahrscheinlichen Ereignissen. Aus diesem
Grund wird als Basis des Logarithmus bei der Entropie gewöhnlich die Zwei verwendet.
Wir möchten in diesem Zusammenhang auf die von der Natur geschaffenen Codierungsverfahren der Erbinformation hinweisen.

In sehr kleinen Mengen Erbsubstanz, die sich in der embryonalen Geschlechtszelle
des erwachsenen Organismus befindet, ist es möglich, große Informationsmengen zu
speichern.

Außer den Fragen der Messung der Informationsmenge sowie der Zuverlässigkeit der Informationsübertragung und -speicherung ist die Erforschung der verschiedenen Formen der *Informationsdarstellung* von großer Bedeutung. Eine Informationsmenge kann abhängig von ihrer Darstellungsform in größerem oder kleinerem Maße verwendbar sein. Dabei erweist sich die Umwandlung der Information aus einer in die andere Form häufig als ziemlich schwierig. So können wir z. B. eine Funktion analytisch, graphisch oder tabellarisch darstellen. Alle drei Formen enthalten formal dieselbe Information, aber sie unterscheiden sich bezüglich der Anschaulichkeit.

Die sich entwickelnde neue semantische Richtung in der Informationstheorie befaßt sich mit Fragen der quantitativen Darstellung des Informationsinhalts, was sich dem Wesen nach auf das Studium der Darstellungsformen der Information und auf die Verfahren ihrer Verdichtung, d. h. ihrer Umwandlung in eine wirtschaftlichere Form, reduziert. Eines der grundlegenden Probleme dieser Richtung ist es, den Prozeß des Erkennens von Gegenständen durch lebende Organismen zu erforschen und in künstlichen Systemen zu modellieren. Das Erkennen von Gegenständen ist nichts anderes als eine Informationsumwandlung. Eine große Zahl von Punkten (Beispielen) wird in eine Menge charakteristischer Kennzeichen umgewandelt.

Das quantitative Herangehen an diese Frage löst das Problem der Wertigkeit der Information für den Empfänger.

Unter der Annahme, daß Information gesammelt wird, um ein bestimmtes Ziel zu erreichen, kann ihr Wert als Differenz zwischen der Wahrscheinlichkeit der Erreichung des Zieles vor und nach Erhalt der Information gemessen werden.

Die Programmierung ist im weiteren Sinne eine Wissenschaft, die sich mit der Erforschung und Ausarbeitung von Methoden zur Beschreibung und Modellierung von Prozessen der Informationsverarbeitung und -steuerung beschäftigt. Hierzu zählen vor allem die spezielle Programmierung von elektronischen Datenverarbeitungsanlagen, die Algorithmentheorie und verschiedene mathematische Methoden, wie etwa die Entscheidungstheorie.

Große theoretische und praktische Bedeutung hat dabei die Entwicklung der automatischen Programmierung für elektronische Datenverarbeitungsanlagen. Dadurch können den Maschinen immer kompliziertere Probleme übertragen werden. Auf der Grundlage eines Operatorenschemas, das im Jahre 1953 von A. A. LJAPUNOFF vorgeschlagen wurde, sind programmierende Programme (Compiles) ausgearbeitet worden, die ihrerseits Arbeitsprogramme für elektronische Datenverarbeitungsanlagen erzeugen. Es wurde die internationale problemorientierte Programmiersprache ALGOL entwickelt, die der Erleichterung des Algorithmenaustausches im internationalen Maßstab dient.

Die automatische Programmierung ermöglicht, den Maschinen die Probleme in Form mathematischer Formeln oder als Wortausdruck zu übermitteln. Die Lösungsmethoden bzw. die detaillierte Beschreibung der Lösungsprozesse in Form einer Zusammenstellung von elementaren Maschinenoperationen geschieht durch die Programme.

In der Perspektive sollen automatische Programmierung und Maschinenstruktur so entwickelt werden, daß auf den Maschinen numerische, logische und technische Probleme, die nur in Form von Bedingungen angegeben sind, gelöst werden können. Die Maschine übernimmt selbst die Auswahl der optimalen Lösungsmethoden, Reihenfolge und zu fordernde Rechenvarianten, analysiert die Lösungsmethode und stellt sie in anschaulicher Form dar.

Zur allgemeinen Programmierung der Informationsverarbeitung können auch die mathematischen Methoden der optimalen Steuerung unter komplizierten Bedingungen gerechnet werden. Der Prozeß der Entscheidungsfindung umfaßt im allgemeinen die Bewertung der Informationen über die gegebene Situation, die Auswahl einer Verhaltensstrategie, die dem Ziel der Steuerung entspricht, sowie die Festlegung der Steuerbefehle, die das konkrete Handeln der Effektoren bestimmt.

Der mit der Entscheidungsfindung verbundene Kreis von Prozessen ist sehr weit und umfaßt alle möglichen Prozesse der Informationsverarbeitung, angefangen von elementaren Reaktionen des Reflextyps, der den einfachsten gesteuerten Prozessen entspricht, bis hin zu den Prozessen des schöpferischen Denkens der Menschen.

Das zielgerichtete Funktionieren gesteuerter Systeme (künstlicher und natürlicher) stellt vom mathematischen Standpunkt aus in jeder Steuerungsphase die Minimierung einer bestimmten Zustandsfunktion des Systems und der von der Umwelt empfangenen Information dar (einschließlich der Informationen, die im Gedächtnis gespeichert sind).

Auf dem Gebiet der angewandten Kybernetik entwickelten sich die mathematischen Methoden zur optimalen Entscheidungsfindung, wie z.B. die lineare und dynamische Optimierung, aber auch die Warteschlangentheorie (Bedienungstheorie) und Spieltheorie, in bedeutendem Maße. Der Anwendungsbereich dieser Methoden beschränkt sich nicht nur auf die Militärwissenschaft und Ökonomie. Auch bei der Planung und Analyse physikalischer Experimente, beim Aufbau mathematischer Modelle sowie der Erforschung verschiedener physikalischer Prozesse und Systeme setzt man immer mehr solche Methoden ein.

Eine der wichtigsten Errungenschaften der Kybernetik ist das einheitliche Herangehen an das Studium der verschiedenen Prozesse der Informationsverarbeitung. Diese Prozesse werden in elementare Bausteine untergliedert, die in der Regel alternative Entscheidungsmöglichkeiten darstellen (ja oder nein). Dadurch können nicht nur alle komplizierten Prozesse der geistigen Tätigkeit der Menschen formalisiert werden, sondern auch die Prozesse verschiedener gesteuerter Systeme detailliert beschrieben werden.

Eine wichtige Aufgabe dieses Gebietes besteht in der Erforschung der Prozesse des Lernens und des schöpferischen Denkens des Menschen sowie in der Simulation ähnlicher Prozesse auf elektronischen Datenverarbeitungsanlagen. In dieser Richtung wird auch auf dem Gebiet der heuristischen Lösung von Problemen gearbeitet. Von großem Interesse sind in diesem Zusammenhang die Arbeiten, die sich mit der Schaffung verschiedener Systeme assoziativer Speicher beschäftigen und es gestatten, die Informationen in Abhängigkeit von ihrem Inhalt automatisch zu finden und zu vereinigen.

Darüber wird später Näheres ausgeführt.

Die Theorie der gesteuerten Systeme erforscht die allgemeinen informationstheoretischen und physikalischen Prinzipien des Aufbaus gesteuerter Systeme von verschiedener

Natur und Bestimmung. Als gesteuertes System wird im allgemeinen ein beliebiges physisches Objekt bezeichnet, das eine zielgerichtete Informationsverarbeitung durchführt.

Man kann folgende Grundklassen gesteuerter Systeme unterscheiden:

1. biologische Systeme der Speicherung und Übertragung der Erbinformation;

2. Steuerungssysteme lebender Organismen, die ihre Reflextätigkeit selbst gewährleisten;

3. das Gehirn als Denkorgan;

4. automatische Systeme der Informationsübertragung in der Technik;

5. ökonomische Systeme der Informationsverarbeitung;

6. die Menschheit als einheitliches System, das im Prozeß der Entwicklung der Wissenschaft Informationen sammelt und verarbeitet.

Ein Spezialgebiet der Kybernetik – die Automatentheorie – beschäftigt sich mit abstrakten diskreten Regelsystemen, die die informationstheoretischen Eigenschaften verschiedener Klassen realer Systeme widerspiegeln. Der Aufbau mathematischer Modelle der Neuronennetze des Gehirns sowie die Erforschung der Denkmechanismen und der Gehirnstruktur spielt in der Automatentheorie eine wichtige Rolle.

Die Gehirnstruktur gewährleistet, in einem Organ von geringem Umfang mit sehr kleinem Energieaufwand und sehr hoher Zuverlässigkeit eine große Informationsmenge zu erkennen und zu verarbeiten. Die Analyse verschiedener gesteuerter Systeme zeigt, daß sie auf der Grundlage von zwei allgemeinen Prinzipien aufgebaut sind: dem *Rückkopplungs-* und dem *Hierarchieprinzip* der Steuerung.

Die Rückkopplung zwischen Effektoren (Ausführungsorganen, Ausführungseinrichtungen) und dem gesteuerten Organ garantiert, daß der tatsächliche Zustand des Systems durch das gesteuerte System und die Einwirkung der Umwelt ständig berücksichtigt wird.

Das Prinzip des hierarchischen Aufbaus der Steuerung gewährleistet die Wirtschaftlichkeit der Struktur und die Stabilität des Funktionierens des Systems. Die Steuerung geschieht stufenweise. Die direkte Steuerung z. B. wird von Mechanismen einer niederen Ebene – den zu kontrollierenden Mechanismen der 2. Ebene – ausgeführt. Diese wiederum werden durch Mechanismen der 3. Ebene kontrolliert usw.

In realen gesteuerten Systemen treten die beschriebenen Prinzipien in sehr komplizierter Form auf, weil die Konturen und Ebenen der Steuerung meist zahlreich und zudem gegenseitig verflochten sind und sich überschneiden. Hierbei ist der Hierarchieaufbau relativ. Einzelne Elemente können, obwohl sie selbst niederen Ebenen angehören, Elemente höherer Ebenen steuern.

Die Kopplungen zwischen den Elementen sind oft nicht eindeutig bestimmt, sondern von stochastischem Charakter. Eine spezifische Eigenschaft solcher Systeme ist ihre Kompliziertheit. Dadurch ist es unmöglich, die Systeme nur auf der Grundlage des Wissens über das Verhalten einzelner Systemelemente zu beschreiben und zu analysieren.

Eine Aufgabe der Kybernetik besteht nun darin, spezielle Methoden zur Beschreibung komplizierter Systeme auszuarbeiten, die solche integrierenden Charakteristiken, wie z. B. den Organisationsgrad und die Struktureigenschaften (Hierarchie der Steuerung, System der Rückkopplung), verwenden. Die organische Verbindung der Prinzipien der Rückkopplung und des Hierarchieaufbaus der Steuerung verleiht den gesteuerten Systemen die Eigenschaft der Ultrastabilität. Durch diese wird es ihnen möglich, automatisch optimale Funktionsregime zu finden und sich der Umwelt anzupassen.

Diese Prinzipien sind Grundlage des Lernens und des Erwerbs von Erfahrungen durch die lebenden Organismen während ihres Lebens. Die allmähliche Ausbildung bedingter Reflexe und *deren Schichtung* erhöht und kompliziert das Niveau der Steuerung im Nervensystem der Lebewesen.

Die angeführten Prinzipien der Steuerung kann man auch beim Aufbau komplizierter gesteuerter Systeme in der Technik und bei der Organisation von Steuerungsprozessen im gesellschaftlichen Leben ausnutzen. Dabei benutzt man die bei der Untersuchung realer Steuerungssysteme gesammelten Erfahrungen. Die gesteuerten Systeme werden in zwei Hauptetappen erforscht. Die erste wird als Makro-Untersuchung oder makroskopische Untersuchung des Systems bezeichnet, die zweite als Mikro-Untersuchung oder mikroskopische Untersuchung eines gesteuerten Systems.

Die erste Etappe ist dadurch charakterisiert, daß ein gesteuertes System vom rein funktionalen Standpunkt aus betrachtet wird. Es werden die in das gesteuerte System ein- und austretenden Informationsströme, die Codierungsverfahren der Information sowie Gesetzmäßigkeiten des gesteuerten Systems unter unterschiedlichen Bedingungen untersucht.

Nach der Makro-Untersuchung betrachtet man die innere Struktur des Systems. Es wird erforscht, aus welchen Teilen oder Elementen das System besteht, wie die verschiedenen Teile untereinander gekoppelt sind und nach welchen Gesetzmäßigkeiten die einzelnen Elemente arbeiten. Auf der Grundlage der erhaltenen Resultate kann man den Funktionsprozeß des Systems vollkommen beschreiben, d. h. einen Algorithmus für das System aufstellen.

Die Algorithmisierung des gesteuerten Systems selbst besteht in der Beschreibung des Funktionsablaufes des Systems. Dabei treten häufig originelle Übergänge von Mikro- zu Makro-Untersuchungen auf. Gerade die Mikro-Untersuchung des gesteuerten Systems im ganzen schließt die Makro-Untersuchung bei der Erforschung des Funktionierens der Elemente dieses gesteuerten Systems in sich ein. Nicht selten bilden anfangs ausgesonderte Elemente selbst ein kompliziertes gesteuertes System, und die Makro-Untersuchung des Gesamtsystems wird auf natürliche Weise von der Mikro-Untersuchung seiner einzelnen Elemente abgelöst.

Die Algorithmisierung des gesteuerten Systems, d. h. die detaillierte Beschreibung seines Funktionsablaufes, muß von der Entdeckung des Algorithmus, der von dem gesteuerten System realisiert wird, unterschieden werden. Letzterer bestimmt, auf welche Weise das gegebene System die von der Außenwelt ankommenden Informationen verarbeitet und welche Informationen es in den einzelnen Fällen abgibt.

Folglich muß man bezüglich eines gesteuerten Systems zwei Algorithmen unterscheiden:

den Algorithmus, dem das System untergeordnet ist

und den Algorithmus, den es selbst realisiert.

Bei der Untersuchung gesteuerter Systeme entstehen zwei Probleme: die Strukturanalyse des gesteuerten Systems und die Synthese des Systems aus den Elementen, die den gegebenen Algorithmus realisieren.

Allgemein muß garantiert sein, daß das System mit der geforderten Schnelligkeit und exakt arbeitet. Es muß ferner aus einer minimalen Zahl von Elementen bestehen und zuverlässig funktionieren.

Für die Bewertung des Organisationsgrades komplizierter gesteuerter Systeme wird ein spezielles quantitatives Maß eingeführt. Das Maß charakterisiert die Menge der Informationen, die in das System eintreten muß, um den Übergang des Systems aus dem anfänglichen Zustand der Unordnung in den geforderten Organisationszustand zu garantieren.

Von besonderem Interesse sind die selbstorganisierenden Systeme. Diese Systeme besitzen die Eigenschaft, in Abhängigkeit vom Zustand der äußeren Umwelt selbständig aus beliebigen Anfangszuständen in bestimmte stabile Zustände überzugehen. Allgemein ändert sich der Zustand solcher Systeme unter dem Einfluß äußerer Einwirkungen beliebig. Durch den hierarchischen Aufbau der Steuerung und die Rückkopplung verwirklichen diese Systeme in Abhängigkeit vom Zustand der äußeren Umwelt eine zielgerichtete Auswahl stabiler Zustände.

Die Eigenschaft der Organisiertheit können nur Systeme besitzen, die über einen Überfluß an Strukturelementen verfügen. Die Elemente solcher Systeme sind zufällig gekoppelt und verändern sich im Ergebnis der Wechselwirkung des Systems mit der Umwelt.

Zu diesen Systemen zählen die Neuronennetze des Gehirns, verschiedene Typen von lebenden Organismen, bestimmte komplizierte, sich selbst organisierende ökonomische oder administrative Systeme, aber auch technische selbstorganisierende Geräte vom Typ des Perceptron usw.

Neben dem informationstheoretischen Aspekt untersucht man in der Kybernetik auch die allgemeinen physikalischen Aufbauprinzipien der gesteuerten Systeme bezüglich ihrer Fähigkeit, Informationen aufzunehmen und zu verarbeiten. Hierzu zählen die Beziehungen zwischen den Dimensionen und der Grenzarbeitsgeschwindigkeit gesteuerter Systeme, die durch die Endlichkeit der Lichtgeschwindigkeit beschränkt ist.

Auch werden die Grenzen in der Fähigkeit gesteuerter Systeme sehr kleiner Dimension, Informationen eindeutig aufzunehmen, untersucht. In solchen Fällen wirken z. B. die Gesetze der Quantenphysik.

Ihren Methoden nach ist die Kybernetik eine mathematische Disziplin, die den vielgestaltigen mathematischen Apparat zur Beschreibung und Erforschung der gesteuerten Systeme anwendet. Für die Kybernetik ist die Anwendung mathematischer Methoden zur Modellierung der verschiedenen gesteuerten Systeme mit Hilfe programmgesteuerter elektronischer Rechenmaschinen universellen Typs charakteristisch. Dadurch kann auch der Einfluß zufälliger Faktoren berücksichtigt werden. Das wird durch Darstellungen mit Hilfe von Zufallszahlen erreicht.

Außer den mathematischen werden auch verschiedene Methoden der physischen Modellierung angewendet. Bei der physischen Modellierung werden die untersuchten Erscheinungen durch andere isomorphe (d. h. ähnliche) ersetzt, die unter Laboratoriumsbedingungen leichter reproduzierbar und beobachtbar sind. Die Modellierungsmethode, die sich auf das kybernetische Prinzip der Einheit der Gesetze der Steuerung in beliebigen gesteuerten Systemen stützt, ist von großer theoretischer Bedeutung.

Die Kybernetik, die die allgemeinen Gesetze der gesteuerten Prozesse in Maschinen, lebenden Organismen und in der menschlichen Gesellschaft erforscht, eröffnet neue Perspektiven für die Erkenntnis der Erscheinungsformen des Lebens.

Hierzu zählt die Erforschung des Wesens der menschlichen Intelligenz sowie die Konstruktion neuer, vollkommener Maschinen auf der Grundlage dieser Erkenntnisse. Dadurch werden die Menschen befähigt, tiefer in die Geheimnisse der Natur einzudringen.

1.1.2. Grundtypen und Besonderheiten der logischen Informationsverarbeitung

1.1.2.1. Allgemeines

Nachdem wir uns mit dem allgemeinen Inhalt der Kybernetik beschäftigt haben, wollen wir jetzt die wichtigsten Probleme der logischen Informationsverarbeitung betrachten. Als Systeme der logischen Informationsverarbeitung bezeichnet man eine ziemlich umfangreiche Klasse automatischer Geräte für die Suche, Speicherung und Verarbeitung von Informationen. Die Basis dieser Geräte sind elektronische programmgesteuerte Rechenmaschinen. Ihre Besonderheit besteht im Vorhandensein einer speziell strukturierten Speichereinrichtung großer Kapazität, die für die Realisierung logischer Operationen sowie für die Suche und Sortierung von Daten geeignet ist. Man unterscheidet fünf Problemtypen der Informationsverarbeitung, die mit Hilfe programmgesteuerter Ziffern- oder Digitalrechner bearbeitet werden.

a) *Lösung mathematischer und wissenschaftlich-technischer Probleme*

Diese Prozesse sind sowohl hinsichtlich der Struktur der Ausgangsinformation als auch bezüglich des Lösungsalgorithmus determiniert. Gegenwärtig ist die Methodik der Aufgabenstellung, Programmierung und Lösung wissenschaftlich-technischer Probleme auf elektronischen Ziffernrechenmaschinen am besten ausgearbeitet. Im allgemeinen sind diese Probleme dadurch charakterisiert, daß der Umfang der Informationen nicht groß und ihre Struktur verhältnismäßig einfach ist, während die Lösungsalgorithmen meist sehr kompliziert sind.

b) *Probleme der mathematischen Planung, Modellierung und Spieltheorie*

Diese Probleme sind durch recht komplizierte Algorithmen und eine große Menge von Informationen charakterisiert. Die Prozesse der Datenein- und -ausgabe sind relativ einfach und mit dem Lösungsprozeß nicht unmittelbar verbunden.

c) *Informationsverarbeitung (hauptsächlich ökonomischer Informationen)*

Der Umfang der zu verarbeitenden Informationen ist sehr groß, ihre Struktur und die Verarbeitungsalgorithmen kompliziert. Einen großen Anteil im Verarbeitungsprozeß nehmen Datenein- und -ausgaben ein. Es geht vor allem um das Sortieren und das Gruppieren der Daten. Wie bei den wissenschaftlich-technischen Problemen müssen die Struktur der Informationen und ihre Anordnung im Speicher ebenso wie die Verarbeitungsalgorithmen genau vorher bestimmt sein.

d) *Speicherung und Suche bibliographischer Informationen*

Das Wesen dieser Probleme besteht darin, die Titel der Dokumente sowie zusätzliche Kennzeichen, die für die Suche dieser Dokumente verwendet werden, auszunutzen. Der sachliche Inhalt der Dokumente wird in diesem System nicht unmittelbar berücksichtigt. Der Umfang der Informationen kann meist vorher nicht bestimmt werden, weil während des Arbeitsprozesses eine stete Vervollständigung des Systems mit neuen bibliographischen Daten erfolgt.

Gleichzeitig werden die veralteten Daten periodisch ausgesondert oder von einer Speicherstufe auf die andere übertragen. Die Informationsstruktur sowie die Algorithmen des Datenausschlusses und der Informationssuche bei Anfragen werden vorher festgelegt.

e) *Speicherung und Analyse faktographischer Daten*

Im Unterschied zur vorangegangenen Problemklasse werden hier nicht nur die Bezeichnungen der Dokumente gespeichert, gesucht und ausgegeben, sondern auch inhaltliche Informationen über bestimmte Wissensgebiete, die, unabhängig aus welchen Quellen sie stammen, von der Maschine gespeichert und systematisiert werden (Artikel, Bücher usw.). Charakteristisch für diese Probleme ist, daß sich Umfang und Struktur der Informationen vorher nicht genau bestimmen lassen. Deshalb muß der Speicher der Maschine so organisiert werden, daß er eine große Flexibilität aufweist, um zu ermöglichen, ihn in Abhängigkeit von den ankommenden Informationen umzustrukturieren. Diese Informationen müssen von der Maschine automatisch klassifiziert werden und auf bestimmten Speicherplätzen gespeichert oder mit besonderen Kennzeichen versehen werden, damit eine schnelle Datensuche garantiert werden kann.

Faktographische Systeme arbeiten im Unterschied zu den bibliographischen unmittelbar mit verschiedenen Arten konkreter Informationen (Fakten). Der Bedeutung und dem Charakter nach entsprechen diese Prozesse der Informationsverarbeitung den sogenannten intellektuellen kybernetischen Maschinen, die in Zukunft dem Menschen bei der Lösung schöpferischer wissenschaftlicher Probleme helfen sollen, am besten. Der Charakter der Verarbeitungsalgorithmen kann zwischen determinierten und sich selbst vervollkommnenden (lernenden) variieren. Dabei sind anfangs meist nur bestimmte allgemeine Verarbeitungsprinzipien vorgegeben. Der detaillierte Algorithmus des Such- und Verarbeitungsprozesses von Daten wird in Übereinstimmung mit dem Charakter der ankommenden Informationen und dem Charakter der äußeren Anfragen, die die Maschine beantworten soll, erarbeitet. Eine scharfe Grenze zwischen diesen fünf

Problemen existiert nicht. Es gibt verschiedene Zwischentypen. Insbesondere trifft das auf die drei letzten Problemklassen zu, d. h. auf die Informationsverarbeitung, die bibliographische Suche und die faktographische Analyse. Diese drei Problemklassen werden wir unter der allgemeinen Bezeichnung „*logische Informationsverarbeitung*" zusammenfassen. Typisch für alle drei Klassen ist eine Speicherung und logische Verarbeitung großer Informationsmengen. Die Informationen werden nicht nur in quantitativer Form, sondern auch in qualitativer Form mit Hilfe von Worten und Sätzen der natürlichen menschlichen Sprachen (mit einem bestimmten Formalisierungsgrad) dargestellt. Die große Bedeutung der angeführten Probleme zeigt sich gegenwärtig auf vielen Gebieten der Ökonomie, der Wissenschaft und der Technik.

In erster Linie sei hier auf die verschiedenen Arten von automatischen elektronischen Datenverarbeitungssystemen für Planung, Rechnungsführung und Statistik sowie operative Leitung der Betriebe und Industriezweige hingewiesen. Bei Berücksichtigung des großen Umfangs der Produktion, der Steigerung des Produktionstempos sowie der intensiven Verflechtung von Wirtschaftszweigen und Betrieben ist eine rationelle Leitung der Wirtschaft ohne Anwendung elektronischer Digitalrechner kaum denkbar. Die elektronischen Datenverarbeitungsanlagen ermöglichen nicht nur eine Verringerung des Verwaltungspersonals, sondern − und das ist wichtiger − eine schnellere und vollständigere Sammlung sowie exakte Verarbeitung der Daten. Dadurch können komplizierte Produktionsprozesse operativ geleitet werden. Ein weiteres charakteristisches Beispiel ist die Verarbeitung medizinischer Daten (Krankengeschichten, statistische Berechnungen und Zusammenstellungen). Die künftige Entwicklung auf medizinischem Gebiet erfordert, objektive Gesetzmäßigkeiten über Verbreitung und Verlauf verschiedener Krankheiten zu erforschen, die Effektivität von Heilmitteln in der Prophylaxe zu bewerten und die medizinische Betreuung rationell zu organisieren.

Die Anwendung automatischer bibliographischer Suchsysteme ist von wesentlicher Bedeutung für die Entwicklung aller Gebiete der Wissenschaft und Technik. Das gegenwärtige starke Anwachsen der Zahl von Publikationen auf allen Wissensgebieten führt dazu, daß sogar Spezialisten nicht in der Lage sind, die Literatur in ihren engen Fachgebieten zu verfolgen. Diese Situation verschlechtert sich weiterhin dadurch, daß oft sehr wichtige Informationen zu bestimmten Fragen in solchen Veröffentlichungen zu finden sind, die ihrer Grundthematik nach anderen Wissensgebieten zugerechnet werden müssen. Durch diese Schwierigkeiten bei der Literatursuche ist es häufig leichter, ein Experiment von neuem durchzuführen als das entsprechende literarische Material zu finden; z. T. sogar dann, wenn bekannt ist, daß eine entsprechende Veröffentlichung vorhanden ist. Auf diese Weise werden die vorhandenen riesigen Wissensvorräte und Errungenschaften des menschlichen Geistes bei weitem nicht voll ausgenutzt. Zur Zeit bemüht man sich angestrengt, verschiedene Arten von Suchsystemen bibliographischer Informationen zu schaffen. Es gibt schon eine Reihe solcher praktisch arbeitender Systeme.

Die faktographischen Informationssysteme stellen eine neue Stufe der Automatisierung geistiger Prozesse dar. Durch sie können folgende Aufgaben gelöst werden: das Auffinden der entsprechenden Literatur zu einer Frage; ihre logische Analyse; der Vergleich des Inhalts verschiedener Artikel und Bücher; das Herausfinden der Widersprüche sowohl innerhalb des gegebenen Dokuments als auch zwischen den neu in die Maschine eingegebenen und den schon in der Maschine vorhandenen Informationen; die Verallgemeinerung der aus vielen Quellen stammenden Informationen sowie die Übermittlung neuer Fakten und Gesetzmäßigkeiten der Erscheinungen und Prozesse.

Solche Maschinen sind im Unterschied zum Menschen nicht sterblich. Sie können Informationen, die durch den Menschen im Erkenntnisprozeß der äußeren Welt gewonnen wurden, ständig speichern, analysieren, verallgemeinern und dem Menschen neue Erkenntnisse und Gesetzmäßigkeiten erschließen. Dadurch wird es möglich, auch solche Gesetzmäßigkeiten zu finden, die ein Mensch wegen der Begrenztheit seines Lebens und der Grenzen des individuellen Gehirns nicht finden kann.

1.1.2.2.   Typische Probleme der logischen Informationsverarbeitung

Um die Bedeutung der algorithmischen Sprache und die Besonderheit der Programmierung von Problemen der logischen Informationsverarbeitung deutlicher herauszuarbeiten, betrachten wir kurz einige typische Beispiele ähnlicher Problemstellungen:

– Verarbeitung von Datenfeldern,

– Speicherung und Suche von Daten in hierarchisch klassifizierten Systemen,

– bibliographische Suche,

– faktographische Suche.

1.1.2.2.1. Verarbeitung von Datenfeldern

Datenfelder bilden die Grundlage für die Lösung ökonomischer Probleme. Als Beleg bezeichnet man eine exakt definierte Menge von Daten, die einen bestimmten Prozeß oder ein bestimmtes Objekt charakterisiert. Beispiele von Belegen sind Rechnungen über die Ausführung von Arbeiten, Materialbegleitscheine usw. Auf dem Gebiet des Kaderwesens können als Beispiele Frage- oder Personalbogen dienen, im Gesundheitswesen Krankengeschichten, statistische Berechnungen usw. Gewöhnlich werden verschiedene Arten von Belegen in großer Anzahl – in Feldern – verwendet und ihre Verarbeitung trägt Massencharakter. Die Verarbeitung großer Datenmengen geschieht etappenweise:

1. Fixierung der Aufzeichnung auf dem Primärdatenträger (Lochkarten, Lochband, Formulare mit speziellen magnetischen oder stilisierten Schriften bzw. Formulare mit Klarschrift, die von Klarschriftlesegeräten in maschineninterne Darstellung übertragen werden);

2. Eingabe der Belege in die Maschine und ihre Speicherung auf Magnetband.
In der Regel benutzt man für einen großen Datenumfang (Größenordnung: 100 Millionen Zeichen) Magnetbänder. Magnetplatten und -trommeln werden bei mittlerem (Größenordnung: 10 Millionen Zeichen) und bei nicht allzu großem Datenumfang verwendet. Aus diesem Grunde kann man die Verwendung des Magnetbandes (MB) als typisch für die Speicherung großer Datenmengen ansehen.

3. Verarbeitung der auf Magnetband gespeicherten Datenmengen (Beleg).

Die Daten werden einzeln oder blockweise seriell vom Magnetband in den internen Speicher der Maschine übertragen, dort verarbeitet und auf ein anderes Magnetband ausgegeben. Die wichtigste Besonderheit der Verarbeitung besteht darin, daß derselbe Algorithmus für Belege gleichen Typs angewendet wird, d. h., die Verarbeitung trägt parallel zyklischen Charakter. Im internen Speicher der Maschine werden bei solchen Datenverarbeitungsprozessen gewöhnlich 5 Bereiche unterschieden:

- Ein Bereich für das Programm (das Programm kann auch in Teilen in den internen Speicher eingegeben werden),
- ein Bereich für die Konstanten,
- ein Bereich für die Aufnahme der zu verarbeitenden Daten,
- ein Arbeitsbereich zur Speicherung der Zwischenergebnisse und
- ein Bereich zur Speicherung der verarbeiteten Daten vor ihrer Ausgabe auf das Magnetband.

4. Ausgabe der verarbeiteten Daten vom Magnetband zum Druck in einer Form, die für das Lesen oder die weitere Nutzung durch die Maschine bequem ist.

Die Verarbeitung der Belege umfaßt nicht nur die Umwandlung der in den Datenträgern vorhandenen Daten und deren Ausgabe in einer umgewandelten Form, sondern auch die Gewinnung irgendwelcher allgemeiner Kennziffern von allen Belegen dieses Datenfeldes oder der Datengruppe (z.B. die Berechnung der Gesamtmenge und des Wertes der gekauften Waren, wenn die Belege Rechnungen sind, oder die Berechnung des gesamten Materialverbrauches, wenn die Belege materiell-technische Bestellungen von verschiedenen Betrieben sind).

Im Unterschied zu mathematischen Berechnungen bereitet in solchen Datenverarbeitungsprozessen nicht die Ausarbeitung eines Rechenalgorithmus die größten Schwierigkeiten, sondern die Organisation des Datenzugriffs (das Einlesen der Daten, die Auswahl der notwendigen Größen aus den Datenträgern, die Umorganisation der Datenträger, die Ein- und Ausgabe usw.). Deshalb nimmt in den für die Datenverarbeitung geschaffenen algorithmischen Sprachen die Methodik der Datenbeschreibung (sowohl der Ausgangs- als auch der Ergebnisdaten) einen wichtigen Platz ein.

Betrachten wir z.B. folgenden Datenträger, der das Kaderverzeichnis eines bestimmten Betriebes enthält:

Nummer des Betriebes: 2462;
Datum der Zusammenstellung des Verzeichnisses: 25. 05. 66;
Gesamtzahl von Arbeitern: 698;
Zahl der anwesenden Arbeiter: 650;
Kranke: 24;
im Urlaub: 15;
auf Dienstreisen: 6;
aus anderen Gründen Fehlende: 3.

Wir unterstellen, daß ähnliche Verzeichnisse in vielen Betrieben zusammengestellt und mit Hilfe der elektronischen Datenverarbeitung bearbeitet werden sollen. Dann genügt es, auf Magnetband nur die Zahlen ohne Datenbezeichnung zu speichern und die Datenbezeichnungen einmal im Verarbeitungsprogramm in Form einer speziellen Datenbeschreibung anzugeben. Allerdings muß die Datenbeschreibung den Daten eindeutig zuordenbar sein. Mit Hilfe dieser Datenbeschreibung kann die Maschine über ein spezielles Programm aus einer großen Menge von Zahlen, die auf dem Magnetband stehen, einen Datenauszug für einen beliebigen, uns interessierenden Betrieb zusammenstellen oder aus den Aufzeichnungen beliebige angeforderte Daten (z. B. die Zahl der Kranken oder der sich auf Dienstreise befindlichen Arbeiter) auswählen.

Dazu ist es notwendig, für jedes Datenfeld, das Aufzeichnungen gleichen Typs enthält, das Format exakt anzugeben. Außerdem muß die Gesamtzahl der Felder und deren Anordnung auf dem Magnetband bekannt sein. Ähnliche Beschreibungen, die für alle zur Aufgabe gehörenden Datenträger angefertigt werden, sind ein untrennbarer Bestandteil des Programms. Einige Methoden zur Ausarbeitung dieser Beschreibungen werden im weiteren ausführlich untersucht.

1.1.2.2.2. Speicherung und Suche der Daten in hierarchisch klassifizierten Systemen

Eine hierarchische Klassifizierung der Informationen (d. h. vielstufige, baumartig verzweigte Systeme) finden wir bei vielen Objekten. Beispiele solcher Systeme sind die universelle Dezimalklassifikation der Literatur, die einheitliche Dezimalklassifikation der Waren sowie die verschiedenen Dezimalklassifikationen materieller Produkte (wie Walzprodukte aus Schwarzmetallen, Halbleitergeräte usw.). Alle hierarchisch klassifizierten Systeme sind nach einem allgemeinen Prinzip aufgebaut. Die zu klassifizierende Gesamtheit von Objekten wird zuerst nach einem Hauptkennzeichen (z. B. der Bezeichnung nach) in bestimmte große Klassen eingeteilt. Danach wird jede Klasse nach einem weiteren Kennzeichen in eine Reihe Unterklassen geteilt, die ihrerseits in noch kleinere Unterabteilungen getrennt werden (Typen, Arten). Im Ergebnis erhält man einen Klassifikationsbaum, der das gewählte Schema widerspiegelt. Der Baum muß nicht unbedingt symmetrisch sein und eine gleiche Zahl von Ebenen (Stufen) in allen Ästen haben. Weiterhin ist nicht notwendig, daß in jedem Teilungspunkt die gleiche Zahl von Verzweigungen auftritt. In den einfachsten Fällen wird ein konstantes System für alle Ebenen des Baumes gewählt (z. B. die Zahl 10). Praktisch werden zunächst nicht (d. h. beim Aufbau des Systems) alle Einteilungsmöglichkeiten ausgenutzt.

Auf jeder Ebene verbleiben Reserveunterteilungen, die garantieren, daß neue Unterarten von Objekten aufgenommen werden können. Nachdem der Aufbau vollzogen ist, können die Klassifikationssysteme ergänzt werden. Die Erweiterung kann sowohl durch das Ausfüllen freier Klassifikationsrubriken auf schon vorhandenen Ebenen als auch durch das Hinzufügen neuer Ebenen in Zweigen erfolgen. Um ein konkretes Objekt einem gegebenen Klassifikationssystem zuzuordnen, ist es notwendig, dieses mit Hilfe einer bestimmten vielstelligen Code-Zahl zu verschlüsseln. Jede Stelle der Code-Zahl stellt dabei eine Unterabteilung der Klassifikation der entsprechenden

Ebene dar, d. h., einer Stellennummer (von links nach rechts) entspricht eine Nummer der Ebene des Baumes von oben nach unten. Ein dreistelliges Dezimalklassifikationssystem kann z. B. durch einen aus drei Ebenen bestehenden Baum widergespiegelt werden. Dabei gibt die erste (im folgenden auch höchste) Stelle der Zahl des dekadischen Systems die Nummer der höchsten, die zweite Stelle die der mittleren und die letzte (kleinste) Stelle die der unteren Ebene an.

Als Beispiel eines hierarchischen dekadischen Klassifikationssystems kann eine Kaderregistratur dienen. Wir nehmen an, daß der gesamte Personalbestand zuerst in Abhängigkeit von der in der Produktion notwendigen Qualifikation in Grundklassen eingeteilt wird (nicht qualifizierte Arbeiter, qualifizierte Arbeiter, mittleres technisches Personal, Ingenieurpersonal, wissenschaftliche Mitarbeiter, Verwaltungspersonal, Hilfskräfte). Anschließend wird jede dieser Kategorien in engere Kategorien unterteilt, z. B. die Arbeiter nach dem Lohnsystem, die wissenschaftlichen Mitarbeiter nach dem wissenschaftlichen Grad (ohne wissenschaftliche Grade, Kandidaten der Wissenschaften, Dr. der Wissenschaften, korrespondierende Mitglieder und Mitglieder der Akademie). Des weiteren kann man sich eine Unterteilung auf der dritten Ebene nach Berufsgruppen vorstellen (z. B. für wissenschaftliche Mitarbeiter: Mathematiker, Physiker, Mechaniker, Elektriker, Funker), auf der vierten Ebene nach dem Dienstalter (bis 5 Jahre, von 5 bis 10, von 10 bis 15, von 15 bis 20, mehr als 20 Jahre) und auf der fünften Ebene nach dem Alter (bis 25 Jahre, von 25 bis 35, von 35 bis 50, von 50 bis 65, mehr als 65 Jahre).

Die Unterteilungen der einzelnen Ebenen werden entsprechend verschlüsselt. Die Nummer der Ebene kommt durch die Stelle der Code-Zahl zum Ausdruck. Eine Person mit bestimmten Merkmalen besitzt demzufolge eine wohlbestimmte Code-Zahl. Zum Beispiel bedeutet die Code-Zahl 53 133 wissenschaftliche Mitarbeiter, Dr. der Wissenschaften, Mathematiker, Dienstalter von 10–15 Jahren, Alter der Person zwischen 35 und 50 Jahren. Die Suche von Objekten nach vorgegebenen Merkmalen erfolgt von oben nach unten (s. Abb. 2).

Zunächst sucht man in der Liste der Abteilungen der oberen Ebene die entsprechende Code-Ziffer, d. h. die Ziffer (5) des höchsten Stellenwertes der gegebenen Code-Zahl (53 133). Dort findet man auch die Speicheradresse jener Liste, die die sich von der oberen Ebene abzweigende zweite Klassifikationsebene darstellt.

Auf analoge Weise überprüft man diese Liste und geht zur Liste der dritten Ebene über. Diesen Prozeß setzt man solange fort, bis eine über alle vorgegebenen Merkmale verfügende Objektliste auf der niedrigsten Ebene erreicht ist.

In Abb. 2 ist ein Beispiel eines solchen Klassifikationssystems dargestellt. Über den Kästchen sind Adressen der entsprechenden Zellen (die als Orientierungspunkte gewählt wurden) angegeben. Innerhalb der Kästchen ist oben die Bedeutung der Code-Ziffer gemäß den entsprechenden Positionen angegeben. Wenn die Zellen nebeneinanderliegen, kann die Bedeutung der Code-Zahl nicht explizit gespeichert werden. Unter den Kästchen, die der gesuchten Code-Zahl 53 133 entsprechen, sind die Adressen der Anfangszellen der Unterlisten angegeben, die von den gegebenen Kästchen ausgehen. Zum Beispiel gibt die Adresse 28 129 die festgelegte Adresse der Zelle an, in der die Daten über die Spezialisten gemäß den dieser Code-Zahl entsprechenden Kennzeichen gespeichert

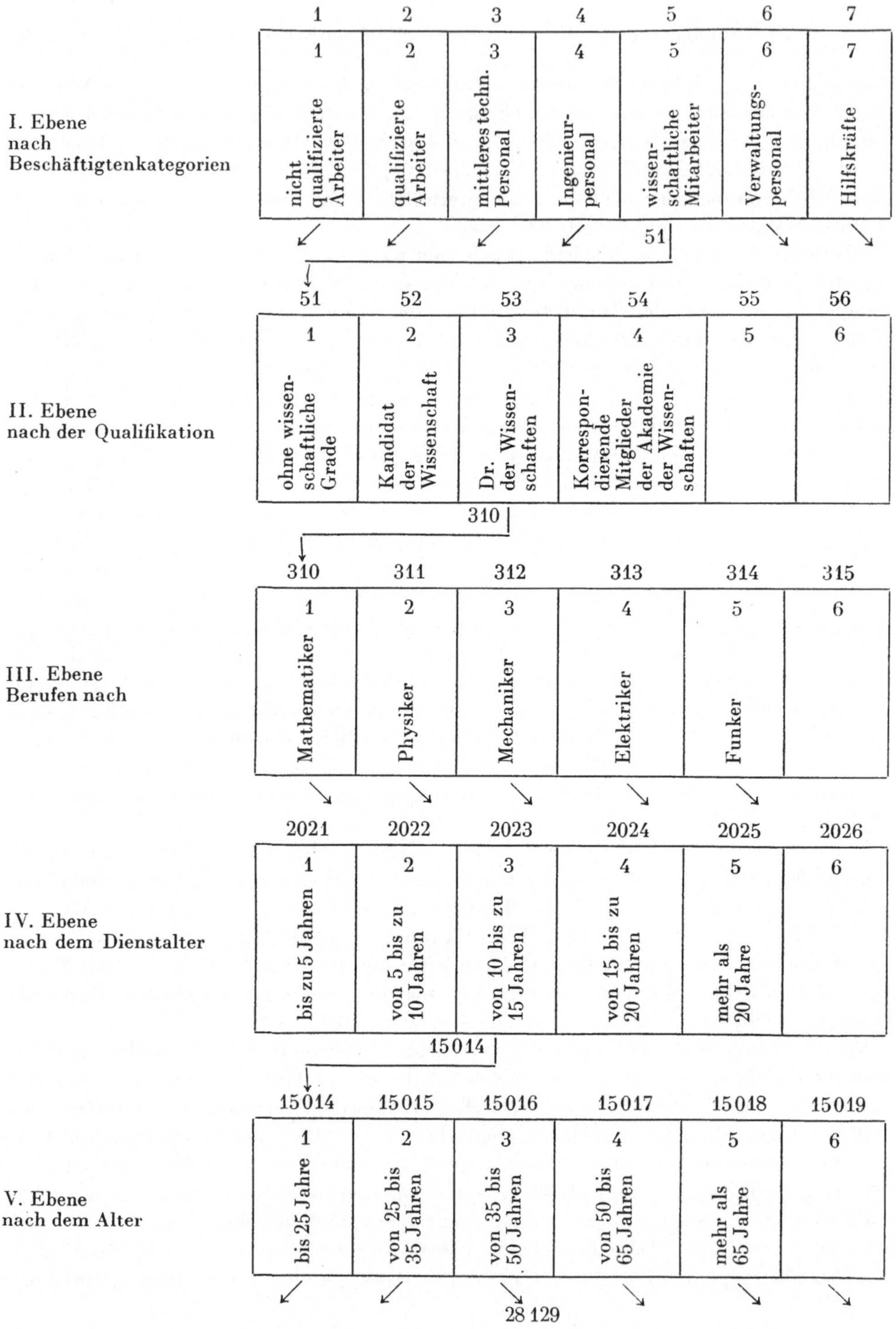

Abb. 2. Schema eines hierarchisch klassifizierten Systems der Kaderregistratur

sind. Die Hauptschwierigkeiten bei der Realisierung hierarchisch klassifizierter Systeme auf elektronischen Digitalrechnern bestehen darin, daß sich während ihrer Abarbeitung der Klassifikationsbaum sowie die Struktur der Objekte, über die Informationen gesammelt werden, verändern können. Aus diesem Grunde ist es in solchen Systemen in der Regel nicht möglich, von vornherein die vollständige Struktur des Baumes und insbesondere die Zahl der Objekte, die zu den verschiedenen Rubriken der Klassifikation zu zählen sind, anzugeben.

Aus dem gleichen Grund ist es auch nicht möglich, die gesamte Speicherkapazität der Maschine genau aufzuteilen (hauptsächlich die der Magnetbänder). Während der Arbeit mit einem solchen System muß man oft Magnetbänder teilweise oder vollständig umspeichern.

Gegenwärtig werden spezielle Verfahren einer flexiblen Adressierung und Aufzeichnung solcher Systeme auf Magnetbänder ausgearbeitet. Damit soll das Umspeichern vermieden und die effektivere Ausnutzung der Magnetbänder erreicht werden. Eine dieser Methoden, die wir als assoziative Programmiersprache bezeichnen, werden wir im weiteren ausführlich behandeln. Ein Mangel der hierarchisch klassifizierten Systeme besteht darin, daß die Suche solcher Objekte, die sich gleichzeitig auf viele Klassifikationsunterteilungen beziehen (Suche nach vielen Aspekten), sehr schwierig ist. Diese Schwierigkeiten und der große Aufwand dieser Systeme erschweren und begrenzen ihre Anwendung. Außerdem erlauben es die hierarchischen Systeme oft bei all ihrer Kompliziertheit nicht, die gesamte Vielgestaltigkeit der klassifizierten Objekte vollständig widerzuspiegeln. Die angeführten Mängel sind insbesondere auch der universellen Dezimalklassifikation der Literatur eigen, weshalb gegenwärtig andere, flexiblere Systeme (z. B. das Deskriptorensystem) angewandt werden.

1.1.2.2.3. Bibliographische deskriptive Suche

Deskriptive informationslogische Systeme zur Speicherung, Verarbeitung und Suche bibliographischer Informationen kann man gemäß dem Organisationsprinzip des Maschinenspeichers in zwei Grundtypen einteilen:

Einfache deskriptive Systeme ohne Grammatik und deskriptive Systeme mit Grammatik.

Wir untersuchen zunächst das Wesen der einfachen deskriptiven Methode der Literatursuche. Der Inhalt jeder Literaturquelle (Bücher, Zeitschriften, Artikel, Sammelbände usw.), die kurz mit Dokument bezeichnet wird, kann im allgemeinen mit Hilfe einer bestimmten Anzahl von Wörtern dargestellt werden. Diese Wörter charakterisieren den gegebenen Text und werden als Schlüsselwörter bezeichnet. In verschiedenen Texten, die sich mit derselben Thematik beschäftigen, kann die Anzahl der Schlüsselwörter nicht nur deshalb unterschiedlich sein, weil der Inhalt unterschiedlich ist, sondern auch weil Synonyma verwendet werden. Außerdem kann man denselben Begriff mit Hilfe verschiedener Formulierungen beschreiben. Für den Aufbau eines Suchsystems wird aus allen Schlüsselwörtern ein Standardsatz von Termini mit streng fixierter Bedeutung ausgesucht. Die dabei verwendeten Texte müssen für die gegebene

Thematik charakteristisch sein. Synonyma werden nicht berücksichtigt. Diese Termini, die durch einzelne Wörter oder Wortmengen dargestellt werden, bezeichnet man als Deskriptoren und einen Satz solcher Termini als Wörterbuch oder Vokabularium der Deskriptoren. Betrachten wir dazu ein Beispiel. Ein Artikel über algorithmische Sprachen, der die Programmierung von Problemen der logischen Informationsverarbeitung zum Inhalt hat, kann mit Hilfe folgender Deskriptoren beschrieben werden: Programmierung, algorithmische Sprache, Information, logische Verarbeitung, Rechenmaschine. Für jedes Dokument wird ein Satz von Deskriptoren, der als Suchcharakteristik des entsprechenden Dokumentes bezeichnet wird, zusammengestellt.

Für die Suche nach der Literatur zu einer bestimmten Frage muß der Besteller seine Anforderungen in Form eines Suchmusters formulieren. Dieses Muster muß ein die jeweilige Frage charakterisierender Deskriptorensatz sein. Gewöhnlich kennt der Besteller den Wortschatz der Deskriptoren nicht genau, so daß in den Anfragen häufig Synonyma oder nahestehende Ausdrücke benutzt werden.

Deshalb besteht die erste Etappe der Suche darin, die Anfragen des Bestellers in die Sprache der im Vokabularium vorhandenen Deskriptoren zu übersetzen. Dann werden die Dokumente mit dem Ziel durchsucht, jene Dokumente zu finden, deren Deskriptorensätze dem Deskriptorensatz der Frage entsprechen. Sehr kompliziert ist die Frage nach einem Kriterium für diese Übereinstimmung. Im einfachsten Fall wählt man als ein solches Kriterium die Bedingung, daß alle Frage-Deskriptoren unter den Dokument-Deskriptoren vorhanden sein müssen.

Ein Feld von Dokument-Deskriptorensätzen kann man auf direktem oder indirektem Wege aufbauen. Beim direkten Verfahren wird in den Maschinenspeicher seriell die Nummer der Dokumente eingeschrieben (oder andere Daten, die deren Herkunft charakterisieren). Nach jeder Nummer eines Dokumentes werden alle Code-Zeichen der sich darauf beziehenden Deskriptoren angegeben.

Bei der Suche werden alle Frage-Deskriptoren nacheinander mit den Deskriptoren jedes Dokumentes verglichen und jene Dokumente ausgesondert, für die die Deskriptoren übereinstimmen.

Gewöhnlich wird dieses einfache Suchschema durch Unterteilung des Dokumentenfeldes in verschiedene Abschnitte vervollständigt. Die direkte deskriptive Suche wird dann nur mit dem Teil der Dokumente durchgeführt, die sich auf eine geforderte Rubrik beziehen.

Beim indirekten Verfahren werden nicht die Dokumente, sondern die Deskriptoren zur Grundlage der Informationsspeicherung gemacht.

Für jeden Deskriptor werden alle Dokumentennummern eingeschrieben, die in ihren Suchmustern diesen Deskriptor enthalten.

Bei einer Anfrage wird nach den Deskriptoren des Vokabulariums gesucht, die mit den Frage-Deskriptoren übereinstimmen. Stimmt ein Frage-Deskriptor mit einem Dokument-Deskriptor überein, so werden alle entsprechenden Dokumentennummern herausgeschrieben.

Danach schließt sich ein serieller Vergleich der herausgeschriebenen Dokumentennummern an. Dabei werden die Dokumentennummern herausgesucht, bei denen alle Frage-Deskriptoren vorhanden sind.

Als ausgesucht gelten demnach die Dokumente, deren Deskriptoren mit allen in der Anfrage angegebenen Deskriptoren übereinstimmen.

In Abb. 3 ist ein Beispiel für den Aufbau eines deskriptiven Vokabulariums angegeben. Wenn z.B. die Literatur über algorithmische Sprachen für die Programmierung ökonomischer Probleme, die nach der Methode PERT lösbar sind, gesucht werden soll, dann kann man die Frage-Deskriptoren in folgender Form schreiben:

0105,   0205,   0340.

| Deskriptoren | | Nummer der Dokumente | | | | | |
Bezeichnungen	Code-Zahl						
Rechenmaschine	0101	0031,	0034,	0038,	0045,	0049,	0101
Logische Bearbeitung	0102	0012,	0026,	0031,	0046,	0049,	0082
Algorithmische Sprache	0105	0003,	0022,	0027,	0031,	0049	
Wirtschaft	0205	0031,	0168,	1342			
PERT	0340	0010,	0031				
Optimierung	0520	0612,	0831	1342			

Abb. 3. Beispiel eines Deskriptorenfeldes von nach dem Inversionsprinzip aufgebauten Dokumenten

Dieser Anfrage entspricht das Dokument mit der Nummer 0031. Sowohl beim direkten als auch beim indirekten Suchverfahren sind andere Kriterien der Übereinstimmung der Dokumente mit der Anfrage möglich, die nicht nur die völlige Übereinstimmung der Deskriptoren beinhalten. Manchmal werden die Anfragedeskriptoren nach ihrer Wichtigkeit in Kategorien unterteilt. Das berücksichtigt man bei der Suche. Beim Fehlen passender Dokumente erlauben manche Suchalgorithmen, andere verwandte Deskriptoren auszuwählen. Dadurch kann die Anfrage konkretisiert bzw. verändert werden.

In diesem einfachsten Fall der deskriptiven Suche sind die Deskriptoren, die sich auf Dokumente und Anfragen beziehen, einfache, grammatikalisch nicht verbundene Sätze, deren Anordnung keine Rolle spielt. Ein solches einfaches Verfahren führt entweder zur Auswahl überflüssiger Dokumente, die sich nicht auf die interessierende Frage beziehen, oder es werden Dokumente übersprungen.

So kann man z.B. auf die Frage, die die drei Deskriptoren „Gerät, Programm, Ausarbeitung" enthält, Dokumente über Geräte zur Ausarbeitung von Programmen oder Informationen über ein Programm für die Projektierung von Geräten oder die Ausarbeitung eines Programmes für Geräte erhalten.

Effektiver sind deskriptive Suchsysteme mit Grammatik. Bei ihnen sind die Deskriptoren mit zusätzlichen Symbolen versehen, die die semantische Rolle dieser Deskriptoren angeben (Subjekt des Prozesses, Objekt des Prozesses, Attribut, Prozeß, Grund usw.). Das gilt sowohl für die Dokument-Deskriptoren als auch für die Anfrage-Deskriptoren.

Manchmal wird die Rolle der Deskriptoren durch ihre Anordnung im Satz oder auch durch bestimmte Symbole, die den Zusammenhang der einzelnen Deskriptoren angeben, festgelegt. In diesem Fall nähern sich die deskriptiven Suchsysteme ihrem Prinzip nach der Arbeit der Suchsysteme, die auf dem Prinzip der gedanklichen Codierung aufgebaut sind (z.B. das System von PERRY und KENT (USA), das System der Informationssuche des Institutes für Kybernetik der Akademie der Wissenschaften der UdSSR u. a.).

Das Prinzip der gedanklichen Codierung ist die Grundlage für den Aufbau faktographischer Informationssysteme, die wir jetzt betrachten wollen.

1.1.2.2.4. Faktographische Systeme

Das Grundprinzip des Aufbaus faktographischer Systeme ist das Prinzip der gedanklichen Codierung, d. h. der Aufbau einer speziellen formalisierten Informationssprache, die die aktuellen Informationen der einzelnen Wissensgebiete aufzuzeichnen ermöglicht.

Grundlage solcher Informationssprachen ist ein verallgemeinertes Abstraktionsmodell natürlicher Sprachen, das von zweideutigen und nicht notwendigen emotionalen Ausdrücken befreit ist, die die Sprache als Kommunikationsmittel der Menschen komplizieren und bereichern, aber für die Informationsspeicherung wissenschaftlicher Daten nicht notwendig sind. Eine Informationssprache als Mittel der Widerspiegelung von Gesetzmäßigkeiten und Zusammenhängen der äußeren Welt muß zu diesem Zweck Grundkategorien der Objekte und Beziehungen zwischen ihnen enthalten. Informationssprachen gemäß dem Prinzip der gedanklichen Codierung umfassen gewöhnlich vier Grundbestandteile:

1. *eine Menge von Basistermini*, die die Grundbegriffe des betreffenden Wissensgebietes darstellen. Für die Rechentechnik können solche Termini sein: Binärstelle, Maschinenwort, Adresse, Operationscode, Zahlen usw. Es ist klar, daß die Auswahl der Basistermini nicht streng eindeutig ist und demzufolge willkürlich festgelegt werden kann;

2. *eine Menge semantischer Beziehungen* zwischen den Grundbegriffen. Im Unterschied zu den mit den konkreten Wissensgebieten stark verbundenen Basistermini sind die Basisbeziehungen universeller und für die verschiedenen Wissensgebiete ähnlich (zumindest für viele Wissenschaftsgebiete). Beispiele solcher Beziehungen sind: ein Gegenstand ist Element einer Klasse, die wieder als Gegenstand aufgefaßt werden kann. Ein Gegenstand ist ein Teil eines Begriffes; ein Begriff ist Subjekt eines Prozesses usw.;

3. *eine Menge syntaktischer Regeln*, die es gestatten, aus den Grundtermini und Grundbeziehungen kompliziertere Termini und Beziehungen aufzubauen und den Übergang zwischen den Informations- und natürlichen Sprachen zu verwirklichen.

4. *ein System zur Codierung* von Beziehungen, Begriffen und syntaktischen Regeln der Sprache. Es erlaubt die Umwandlung und Speicherung der dargestellten Informationen mit Hilfe von Digitalrechnern. Dieser Teil der Informationssprache umfaßt auch die Algorithmensprache zur Beschreibung der Computeralgorithmen in der Maschine.

Bezüglich der Analysemöglichkeiten und der logischen Informationsverarbeitung können sich die faktographischen Informationssysteme in starkem Maße unterscheiden. Als Beispiel der einfachsten Variante kann man ein System wählen, das die Informationsspeicherung und ihre Überprüfung auf Widerspruchsfreiheit durchführt. In dieses System müssen bestimmte Behauptungen eingegeben und eine der drei Antworten ausgegeben werden: ja, nein, unbekannt.

Die Antwort „ja" bestätigt die Richtigkeit der Behauptung, die Antwort „nein" zeigt, daß diese Behauptung der maschinengespeicherten Behauptung widerspricht, und die Antwort „unbekannt" wird in den Fällen angegeben, wenn die Information, die in der Maschine vorhanden ist, für die Überprüfung der gegebenen Behauptung nicht ausreicht.

Diese Systeme speichern und klassifizieren die Daten und überprüfen die eingegebenen Behauptungen durch Anwendung der Grundregeln der Logik. Insbesondere können ähnliche faktographische Systeme für die Chemie zur Überprüfung möglicher neuer Reaktionen und Eigenschaften von Stoffen geschaffen werden.

Ein solches System kann man sich auch auf dem Gebiet der Gesetzgebung vorstellen. Jedes neue Gesetz oder jede Gesetzesverbesserung überprüft man dabei auf Widerspruchsfreiheit bezüglich aller früher erlassenen Gesetze.

Komplizierte faktographische Systeme können nicht nur die Richtigkeit der von außen eingegebenen Behauptungen überprüfen, sondern auch Fragen (bezüglich eines bestimmten Themenkreises und Charakters) beantworten.

1.1.3.   Algebra der Logik

Bei der Programmierung von Problemen der logischen Informationsverarbeitung ist der als Algebra der Logik (auch logische Algebra) bezeichnete Zweig der mathematischen Logik von wesentlicher Bedeutung. Die Anwendung algebraischer Methoden in der Logik spielt aber auch in der Theorie der elektronischen Rechenmaschinen und der diskreten Automaten eine große Rolle.

Die Algebra der Logik ist vor allem eine Algebra der Aussagen (Aussagenkalkül). Unter einer Aussage verstehen wir dabei jeden Satz, der entweder wahr (richtig) oder falsch sein kann, wie es etwa bei folgenden Sätzen der Fall ist:

„Moskau ist die Hauptstadt der UdSSR", „Schnee ist schwarz", „Neun ist eine ungerade Zahl". Zu bemerken ist ferner, daß Aussagen nicht nach ihrem konkreten Inhalt, sondern danach beurteilt werden, ob sie wahr oder falsch sind. Die einzelnen Aussagen werden wir in der Algebra der Logik mit den großen Buchstaben des lateinischen Alphabets A, B, C, ... bezeichnen. Die Richtigkeit oder Falschheit der Aussagen heißt Wahrheitswert. Man sagt, der Wahrheitswert einer Aussage ist gleich Eins, wenn die

Aussage wahr, und gleich Null, wenn sie falsch ist. Der Ausdruck $A = 1$ und $C = 0$ bedeutet demnach, daß A wahr und C falsch ist. Jede konkrete Aussage hat im allgemeinen einen wohlbestimmten Wahrheitswert, er ist entweder Null oder Eins.

Neben den *konkreten* Aussagen gibt es auch *allgemeine.* Der Wahrheitswert einer allgemeinen Aussage ist variabel. Allgemeine Aussagen sind keine Aussagen im herkömmlichen Sinne. Unter ihnen können wir konkrete Aussagen verstehen, und je nachdem, welche konkrete Aussage unter der allgemeinen Aussage verstanden wird, ist der Wahrheitswert Null oder Eins.

Allgemeine Aussagen sind demnach variable Größen, die nur die Werte Null oder Eins annehmen können. Solche Größen bezeichnet man als zweiwertige, binäre oder duale Variable. Wir werden sie im allgemeinen mit anderen Buchstaben bezeichnen. Jede Aussage ist nach dieser Definition eine duale Variable.

Um Allgemeingültigkeit zu erreichen, verwendet man in der Algebra der Logik allgemeine Aussagen. Mit ihrer Hilfe formuliert man die Gesetze der Algebra der Logik für beliebige Aussagen.

Zu den wichtigsten Grundbegriffen der Algebra der Logik zählen *duale Funktionen.* Darunter wollen wir Funktionen verstehen, die nur zwei Werte (wahr oder falsch bzw. Eins oder Null) annehmen können und von einer oder mehreren dualen Variablen abhängen.

Aus einer oder mehreren *einfachen Aussagen* kann man *zusammengesetzte Aussagen* bilden. Diese heißen duale Funktionen von einfachen Aussagen.

Zusammengesetzte Aussagen werden in der Algebra der Logik in Abstraktion von deren Inhalt gebildet. Mit Hilfe logischer Operationen (auch als logische Verknüpfungen bezeichnet) werden gegebene Aussagen (konkrete oder variable) zu komplizierteren verknüpft.

Zu den logischen Grundoperationen gehören die Negation, Konjunktion, Disjunktion, Äquivalenz und Implikation. Die logischen Operationen kann man in Tabellenform als Funktionen einfacher Aussagen angeben.

1. Negation

Die Negation einer Aussage A bezeichnet man mit $\bar{A}$ (lies: „nicht A"). Die Negation einer Aussage A ist die Aussage, die wahr ist, wenn A falsch – und falsch ist, wenn A wahr ist. Die Wahrheitswerte der Negation sind in Tabelle 1 angegeben.

Tabelle 1

A	$\bar{A}$
1	0
0	1

2. Konjunktion

Die Konjunktion zweier Aussagen A, B bezeichnet man mit $A \wedge B$ (lies: „A und B"). Das Zeichen der logischen Operation $\wedge$ hat die Bedeutung des Bindewortes „und"

und heißt Konjunktion (auch logische Multiplikation). Statt $A \wedge B$ kann man auch $A \& B$ bzw. $A.B$ schreiben. Die Konjunktion zweier Aussagen ist eine zusammengesetzte Aussage, die genau dann wahr ist, wenn die beiden Aussagen wahr sind. In allen übrigen Fällen ist sie falsch. Die Wahrheitswerte der Konjunktion findet man in Tabelle 2.

Tabelle 2

A	B	$A \wedge B$
1	1	1
0	1	0
1	0	0
0	0	0

3. Disjunktion

Die Disjunktion (auch logische Addition) zweier Aussagen wird mit $A \vee B$ bezeichnet (lies: „A oder B"). $A + B$ ist eine andere Bezeichnung der logischen Addition. Das logische Verknüpfungszeichen $\vee$ hat die Bedeutung des Bindewortes „oder". Das Wort „oder" kann im allgemeinen Sprachgebrauch in verschiedener Bedeutung verwendet werden. Betrachtet man z.B. den Satz: „Wenn der Wecker klingelt, wachen Peter oder Iwan auf", so schließt hier das Wörtchen „oder" nicht die Möglichkeit aus, daß beide aufwachen. Die Disjunktion hat die Bedeutung dieses sogenannten nicht ausschließenden „oder". Es gibt auch noch das sog. ausschließende „oder" (z.B.: „Wähle: er oder ich"). Auch dieses „oder" kann als Form einer logischen Verknüpfung gewählt werden. Um Mißverständnisse zu vermeiden, sollte man dieses „oder" nur in der Kombination „entweder . . . oder" anwenden.

Die Disjunktion zweier Aussagen ist eine zusammengesetzte Aussage die genau dann falsch ist, wenn beide Aussagen, durch die sie gebildet wird, falsch sind.

In den übrigen Fällen ist sie wahr. Die Wahrheitswerte der Disjunktion sind in der Tabelle 3 angegeben.

Tabelle 3

A	B	$A \vee B$
1	1	1
0	1	1.
1	0	1
0	0	0

4. Äquivalenz

Die Äquivalenz zweier Aussagen wird mit $A \equiv B$, auch $A \sim B$, bezeichnet (lies: „A äquivalent B"). Sie ist ebenfalls eine zusammengesetzte Aussage und genau dann wahr, wenn die Wahrheitswerte der verknüpften Aussagen gleich sind, sonst ist sie falsch.

Unmittelbar aus den in Tabelle 4 angegebenen Wahrheitswerten für die Äquivalenz erhalten wir folgende Beziehungen:

$$A \equiv 1 = A;$$

$$A \equiv 0 = \bar{A}.$$

Tabelle 4

A	B	$A \equiv B$
1	1	1
0	1	0
1	0	0
0	0	1

5. Negation der Äquivalenz

Wenn wir zwei äquivalente Aussagen negieren, erhalten wir die neue zusammengesetzte Aussage $\overline{A \equiv B}$, die Negation der Äquivalenz zweier Aussagen (auch Antivalenz) heißt. Verwenden wir das spezielle Zeichen $\not\equiv$ (lies: „A nicht äquivalent B") für die Negation der Äquivalenz, dann können wir statt $\overline{A \equiv B}$ auch $A \not\equiv B$ schreiben. Es ist leicht einzusehen, daß das Zeichen $\not\equiv$ den Sinn des oben erwähnten ausschließenden „oder" besitzt. Die Wahrheitswerte der Negation der Äquivalenz zweier Aussagen sind in Tabelle 5 angegeben.

Diese Operation ist für die Theorie der elektronischen Datenverarbeitung insofern sehr wichtig, weil sie die Addition von Dualzahlen modulo 2 darstellt.

Tabelle 5

A	B	$A \not\equiv B$
1	1	0
0	1	1
1	0	1
0	0	0

6. Implikation

Die Implikation zweier Aussagen (sie wird mit $A \supset B$ bzw. $A \to B$ bezeichnet und gelesen: „Wenn A, dann B") ist eine zusammengesetzte Aussage, die genau dann falsch ist, wenn A wahr und B falsch ist. Ihre Wahrheitswerte sind in Tabelle 6 angegeben.

Tabelle 6

A	B	$A \supset B$
1	1	1
0	1	1
1	0	0
0	0	1

Die Implikation setzt nicht unbedingt eine semantische Verknüpfung zwischen einem Grund A und einer Folge B voraus, d. h., aus der Wahrheit von A folgt nicht notwendig die Wahrheit von B (obwohl eine solche Verknüpfung nicht ausgeschlossen ist). Die inhaltliche Bedeutung der Implikation kann man mit den Worten ausdrücken:

Die Implikation ist wahr, wenn „A falsch oder B wahr ist" (wobei „oder" hier die nicht ausschließende Bedeutung hat). Wir möchten nun einige Bemerkungen über logische Ausdrücke machen. Unter einem logischen Ausdruck verstehen wir einen zusammengesetzten Ausdruck, bei dem die einfachen Aussagen mit Hilfe der oben angeführten logischen Operationen verknüpft wurden. Der Wahrheitswert eines solchen zusammengesetzten Ausdrucks hängt im allgemeinen von den Wahrheitswerten der in ihn eingehenden einfachen Aussagen ab. Wir wollen annehmen, daß ein logischer Ausdruck vorliegt, der aus n einfachen Aussagen $A_1, A_2, ..., A_n$ gebildet worden ist. Dieser logische Ausdruck ist dann einem zweiten logischen Ausdruck äquivalent, wenn für alle Kombinationen der Aussagen $A_1, A_2, ..., A_n$ beide Ausdrücke stets den gleichen Wahrheitswert haben. Da genau 2^n verschiedene Kombinationen der Wahrheitswerte von n einfachen Aussagen existieren und da für jede dieser 2^n Kombinationen der einfachen Aussagen der zusammengesetzte Ausdruck entweder wahr oder falsch ist, kann man 2^{2^n} verschiedene logische Funktionen (duale Funktionen; Funktionen der Algebra der Logik) aus n einfachen Aussagen bilden. Sind speziell zwei unabhängige duale Variable A und B (d. h. zwei allgemeine Aussagen) gegeben, kann man $2^{2^2} = 16$ verschiedene duale Funktionen bilden, d. h. 16 verschiedene Formen zusammengesetzter logischer Ausdrücke. Das können wir durch Einsetzen der Wahrheitswerte für A und B bestätigen. Für das Rechnen mit logischen Ausdrücken wollen wir im folgenden einige wichtige Grundregeln in Form von Gleichungen zusammenstellen:

1. $\bar{\bar{A}} = A$;

2. $A \wedge B = B \wedge A$;

3. $(A \wedge B) \wedge C = A \wedge (B \wedge C)$;

4. $A \vee B = B \vee A$;

5. $(A \vee B) \vee C = A \vee (B \vee C)$;

6. $A \wedge (B \vee C) = (A \wedge B) \vee (A \wedge C)$;

7. $A \vee (B \wedge C) = (A \vee B) \wedge (A \vee C)$;

8. $\overline{(A \vee B)} = \bar{A} \wedge \bar{B}$;

9. $\overline{(A \wedge B)} = \bar{A} \vee \bar{B}$;

10. $A \wedge A = A$;

11. $A \vee A = A$;

12. $A \wedge 1 = A$;

13. $A \vee 0 = A$

Die Richtigkeit der angegebenen Verknüpfungen können wir mit Hilfe der gegebenen Definition und den Tabellen der Wahrheitswerte von Konjunktion, Disjunktion und Negation überprüfen. Die Beziehungen 1.–13. verwendet man zur Umwandlung zusammengesetzter logischer Ausdrücke in bequemere oder einfachere. Man kann ferner zeigen, daß für Konjunktion und Disjunktion das Assoziativ- und Kommutativgesetz sowie für die Konjunktion das Distributivgesetz bezüglich der Disjunktion gilt. Deshalb können wir oft bei mehrgliedrigen Konjunktionen und Disjunktionen die Anzahl der Klammern wesentlich reduzieren. Betrachten wir dazu ein Beispiel.

Auf Grund der Kommutativität der Konjunktionen können wir anstelle des logischen Ausdrucks $[(A \wedge B) \wedge C] \wedge D$ einfach $A \wedge B \wedge C \wedge D$ schreiben. Zur weiteren Reduzierung der Klammerzahl in logischen Ausdrücken vereinbart man (analog zur Algebra, wo Multiplikation und Division vor Addition und Subtraktion auszuführen sind) folgende Rangfolge der Verknüpfungen: $\wedge$. $\vee$. $\equiv$. $\not\equiv$. $\supset$. Außerdem bezeichnet man Ausdrücke der Form $A \wedge B \wedge C$ häufig als Produkte und ihre Glieder als Faktoren.

Analog dazu heißen Ausdrücke der Form $A \vee B \vee C \vee \ldots$ Summen und die einzelnen Glieder Summanden. Die Beziehung 6. zeigt das Distributivgesetz der Konjunktion in bezug auf die Disjunktion. Die Analogie zwischen diesem und dem distributiven Gesetz der Multiplikation bezüglich der Addition in der gewöhnlichen Algebra können wir verdeutlichen, wenn wir den Ausdruck 6. in der Form $A \cdot (B + C) = A \cdot B + A \cdot C$ schreiben (wobei $\cdot$ die logische Multiplikation und $+$ die logische Addition bedeuten soll). Im Unterschied zur Arithmetik gilt in der Algebra der Logik noch — wie durch Beziehung 7. ausgedrückt — die Distributivität der Disjunktion bezüglich der Konjunktion. Beide Distributivgesetze erlauben, mit den Formeln der Algebra der Logik genauso umzugehen wie in der gewöhnlichen Algebra, d. h., wir können Klammern weglassen, sowie gemeinsame Faktoren und Summanden ausklammern. Die Beziehungen 8. und 9. werden auch als Theorem von DE MORGAN bezeichnet und können zu einem sehr allgemeinen Satz zusammengefaßt werden. Zusammen mit der Beziehung 1. erlauben sie logische Ausdrücke so umzuformen, daß sich die Negationszeichen nur noch auf einfache Aussagen beziehen. Außer den Beziehungen 1. bis 13. sind für das Umformen logischer Ausdrücke folgende äquivalenten Ausdrücke sehr nützlich:

14. $\bar{A} \vee A \wedge B = A \vee B$;

15. $\bar{A} \wedge (A \vee B) = A \wedge B$;

16. $A \vee A \wedge B = A$;

17. $A \wedge B \vee \bar{A} \wedge C = A \wedge B \vee \bar{A} \wedge C \vee B \wedge C$;

18. $A \wedge (A \vee B) = A$;

19. $(A \vee B) \wedge (\bar{A} \vee C) = (A \vee B) \wedge (\bar{A} \vee C) \wedge (B \vee C)$;

20. $\bar{A} \vee A \wedge B = \bar{A} \vee B$;

21. $\bar{A} \wedge (A \vee B) = \bar{A} \wedge B$;

22. $A \supset B = \bar{A} \vee B$;

23. $\bar{A} \equiv B = \bar{A} \wedge B \vee A \wedge B$

Die Verwendung der beiden letzten Aúsdrücke erlaubt, beliebige Ausdrücke, die die Verknüpfungen $\supset$ und $\equiv$ enthalten, so umzuformen, daß nur die Grundverknüpfungen Disjunktion, Konjunktion und Negation auftreten.

Wir wollen nun unter den Variablen A, B, C nicht nur Aussagen, sondern allgemein ein beliebiges System von Elementen verstehen, in dem Addition, Multiplikation und Negation definiert sind und das die Beziehungen 1. bis 13. befriedigt. Ein solches System bezeichnet man als Schaltalgebra oder Boolesche Algebra. Die Aussagen und die logischen Grundoperationen $\wedge$, $\vee$, $^-$ sind ein Spezialfall (oder – wie man sagt – eine Interpretation) der Booleschen Algebra. Ein weiteres Beispiel für Boolesche Algebra ist eine Algebra der Klassen, in der die logischen Grundoperationen eine anschauliche geometrische oder besser mengentheoretische Interpretation erfahren (s. Abb. 4 und 5).

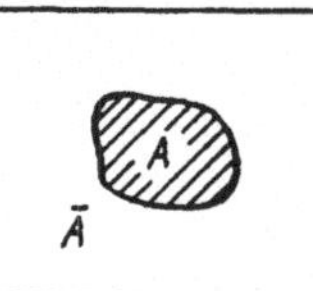

Abb. 4.
Negation $\bar{A}$

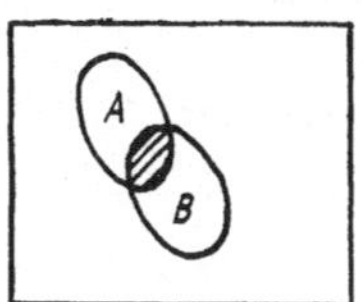

Abb. 5.
Konjunktion $A \wedge B$
zweier Aussagen

Betrachten wir die Aussage A. Den Elementen irgendeines Gebietes wird durch A eine Eigenschaft α zugeordnet. Wir können uns vorstellen, daß die Elemente dieses Gebietes als Punkte einer Fläche, die von einem mit Q bezeichneten Quadrat begrenzt ist, dargestellt werden (s. Abb. 4 bis 9).

Die Punkte von Q zerfallen in zwei Klassen: In die Menge der Punkte, die die Eigenschaft α besitzen, d. h. solche, für die $A = 1$, und in eine Menge von Punkten, die diese Eigenschaft nicht besitzen, d. h. solche, für die $A = 0$ ist. Jeder Punkt der Fläche gehört notwendig genau einer dieser Klassen an.

Die erste Klasse können wir als geometrische Darstellung der Aussage A betrachten. Wir bezeichnen sie als Menge A. Dabei kann man z. B. ein Bild erhalten, wie es in Abb. 4 dargestellt ist: Die Aussage A ist in Form eines schraffierten mit einer stark ausgezogenen Linie begrenzten Gebietes abgebildet. Die Aussage $\bar{A}$ wird dann offensichtlich durch die restlichen Punkte von Q dargestellt.

Die Konjunktion zweier Aussagen erhalten wir bei dieser Interpretation als Durchschnitt zweier Aussagen (vgl. Abb. 5). Tatsächlich gilt $A \wedge B = 1$ genau dann, wenn $A = 1$ und $B = 1$, d. h. nur für Punkte, die gleichzeitig beiden Mengen A und B (d. h. dem Durchschnitt dieser Mengen) angehören. Die Disjunktion $A \vee B$ können wir durch die Menge veranschaulichen, die man durch Vereinigung der Mengen A und B erhält (vgl. Abb. 6). Die Aussage $A \equiv B$ wird durch Abbildung 7 wiedergegeben, denn $A \equiv B$ ist wahr, d. h. gleich 1, entweder für $A = 1$, $B = 1$ oder für $A = 0$, $B = 0$. Die Aussage $A \not\equiv B$ ist auf Abb. 8 dargestellt. Diese Darstellung erhält man ohne Schwierigkeiten, wenn man berücksichtigt, daß $A \not\equiv B$ gleich $\overline{B \equiv A}$ ist. Mit Hilfe ähnlicher Abbildungen können wir logische Ausdrücke darstellen, um sie zu analysieren und zu vereinfachen.

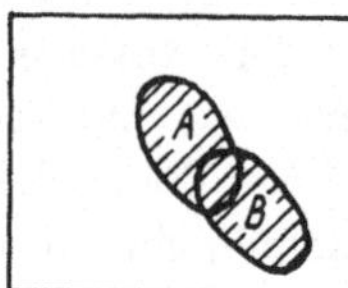

Abb. 6.
Disjunktion $A \vee B$ zweier Aussagen

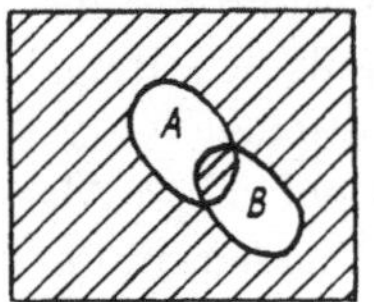

Abb. 7.
Äquivalenz $A \equiv B$ zweier Aussagen

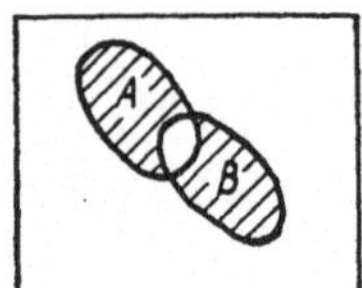

Abb. 8.
Negation der Äquivalenz $A \not\equiv B$ zweier Aussagen

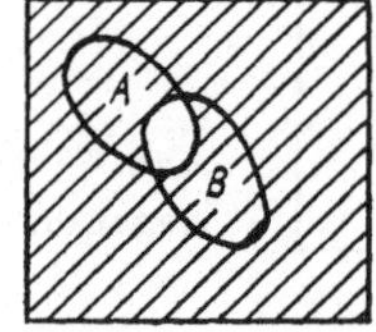

Abb. 9.
Sheffersche Operation $\overline{A \wedge B}$ (Negation der Konjunktion)

Die einzelnen betrachteten logischen Operationen $\wedge$, $\vee$, $\neg$, $\supset$, $\not\equiv$ sind voneinander abhängig und lassen sich durch andere ausdrücken. Insbesondere kann man ein System logischer Operationen angeben, mit dessen Hilfe es möglich ist, alle logischen Funktionen darzustellen. Solche Systeme (manchmal zusammen mit der Konstanten 1 oder 0) bezeichnet man als funktional vollständig (Beispiele sind Systeme der Operationen $\neg$, $\wedge$, $\vee$ bzw. $\neg$, $\wedge$ bzw. $\neg$, $\vee$).

Zwei Funktionen sind dabei von besonderem Interesse, weil sich aus ihnen (und nur aus ihnen) alle anderen Funktionen aufbauen lassen. Diese Funktionen sind die Shefferfunktion A/B und Peircefunktion $A \downarrow B$. Die letztere läßt sich auch als Negation der Disjunktion $A \vee B$ darstellen; es ist

$$A \downarrow B = \overline{A \vee B} = \bar{A} \wedge \bar{B}$$

(gemäß Grundregel 8.). Etwas mehr wollen wir uns mit der Shefferfunktion befassen. Sie ist gleich der Negation der Konjunktion $A \wedge B$, d. h.

$$A/B = \overline{A \wedge B} = \bar{A} \wedge \bar{B}$$

(gemäß Grundregel 9.) und stellt die Unverträglichkeit zweier Aussagen dar (s. Abb. 9).

Mit Hilfe der Shefferfunktion können Negation, Konjunktion und Disjunktion wie folgt ausgedrückt werden:

$$\bar{A} = A/A; \; A \wedge B = (A/B)/(A/B); \; A \vee B = (A/A)/(B/B).$$

Analog lassen sich auch die anderen logischen Verknüpfungen durch die Shefferfunktion ausdrücken.

Diese Funktion spielt in der Theorie der logischen Schaltungen und der Theorie der elektronischen Datenverarbeitung eine wichtige Rolle. Beachtet man die Analogie zwischen logischen Formalismen und elektronischen Schaltungen, so stellt die Sheffersche Funktion ein universelles Bauelement zur Konstruktion beliebiger logischer Schaltungen dar.

Die Operationen der Konjunktion und Disjunktion werden ebenso als dual bezeichnet wie die logischen Ausdrücke, die man erhält, wenn man eine dieser Operationen durch die andere ersetzt (d. h. $\wedge$ durch $\vee$ und $\vee$ durch $\wedge$).

Sind die logischen Ausdrücke F und F^* dual, dann gilt:

$$F(A_1, A_2, ..., A_n) = \bar{F}^* (\bar{A}_1, \bar{A}_2, ..., \bar{A}_n).$$

In der Algebra der Logik gilt ferner folgendes Dualitätsprinzip: Sind die logischen Ausdrücke F und Φ äquivalent, dann sind die entsprechenden dualen logischen Ausdrücke F^* und Φ^* ebenfalls äquivalent. Am anschaulichsten wird die Struktur eines logischen Ausdruckes dann, wenn er auf eine sogenannte Normalform zurückgeführt wird. Man unterscheidet zwei Normalformen. Die erste ist die konjunktive Normalform (KNF); sie stellt eine Konjunktion von Disjunktionen dar, wobei in jeder Disjunktion die einzelnen Glieder entweder einfache Aussagen (d. h. Aussagen, die keine anderen Aussagen in sich einschließen) oder deren Negationen sind. Die zweite Normalform heißt disjunktiv (DNF). Sie ist eine Disjunktion von Konjunktionen. Die einzelnen Glieder jeder Konjunktion sind entweder einfache Aussagen oder deren Negationen. Die Transformation der logischen Ausdrücke in die jeweilige Normalform kann mit Hilfe folgender Grundregeln vorgenommen werden:

1. Mit den Zeichen $\wedge$ oder $\vee$ kann man ebenso operieren, wie in der Algebra mit dem Zeichen $\times$ (Multiplikation) und $+$ (Addition). Dabei werden die Eigenschaften der Kommutativität, Assoziativität und Distributivität benutzt;

2. Ausdrücke mit einer doppelten oder allgemein mit einer geraden Anzahl auftretender Negationen lassen sich durch die Grundaussagen ersetzen:

$$A = \bar{\bar{A}} = \bar{\bar{\bar{A}}} = ...;$$

3. Die Negation einer Konjunktion zweier Aussagen kann man durch die Disjunktion von Negationen dieser Aussagen und die Negation der Disjunktion durch die Konjunktion der entsprechenden Negationen ersetzen:

$$\overline{A \wedge B} = \bar{A} \vee \bar{B}; \; \overline{A \vee B} = \bar{A} \wedge \bar{B};$$

4. Den Ausdruck $A \supset B$ kann man durch $\bar{A} \vee B$ und den Ausdruck $A \equiv B$ durch $(\bar{A} \vee B) \wedge (A \vee \bar{B})$ ersetzen.

Diese Regeln sind in bestimmter Reihenfolge anzuwenden: Zunächst ersetzen wir die im Ausdruck enthaltenen Implikationen und Äquivalenzen nach Regel 4., danach wandeln wir den Ausdruck nach Regel 3. so um, daß sich die Negationszeichen auf die einzelnen Aussagen beziehen, und schließlich entwickeln wir durch Anwendung von Regel 1. und 2. die Ausdrücke und eliminieren die doppelten Negationen. Die Normalformen eignen sich gut zur Herausarbeitung zweier wichtiger Klassen von Ausdrücken: die Klasse von Ausdrücken der stets wahren Aussagen (ihr Wahrheitswert ist stets gleich 1) und die Klasse der stets falschen bzw. niemals wahren (ihr Wahrheitswert ist stets gleich 0) Aussagen. Diese beiden Klassen vereinfachen die komplizierten logischen Ausdrücke, denn man kann diese Ausdrücke weglassen oder durch ein Symbol ersetzen. Dabei nutzt man solche Beziehungen wie

$$A \wedge 1 = A,$$
$$A \vee 0 = A,$$
$$A \wedge 0 = 0$$

und $A \vee 1 = 1$

aus. Durch die beiden letztgenannten Beziehungen können auch solche Ausdrücke vereinfacht werden, die mit stets wahren Ausdrücken disjunktiv und mit niemals wahren konjunktiv verknüpft sind.

Ob Ausdrücke stets wahr oder niemals wahr sind, läßt sich mittels folgender einfacher Regeln beurteilen:

1. Der Ausdruck $A \vee \bar{A}$ ist stets wahr.

2. Ist A wahr und B eine beliebige Aussage, dann ist der Ausdruck $A \vee B$ wahr.

3. Sind A und B wahr, dann ist auch der Ausdruck $A \wedge B$ wahr.

Gemäß diesen Regeln erhält man ein Kriterium für den Wahrheitswert eines zusammengesetzten Ausdruckes: Stets wahr sind solche Ausdrücke, in deren konjunktive Normalform wenigstens eine Grundaussage zusammen mit ihrer Negation in jede Disjunktion eingeht. Damit enthält jede Disjunktion zumindest ein wahres Glied und somit sind alle Disjunktionen wahr, die Glieder der Konjunktion sind. Dadurch ist aber auch die gesamte Konjunktion, die den gegebenen logischen Ausdruck darstellt, wahr. Analog ermittelt man auf Grund der disjunktiven Normalform (DNF) die niemals wahren logischen Ausdrücke:

Ein Ausdruck ist dann niemals wahr, wenn in jeder Konjunktion die mit der disjunktiven Normalform dieses Ausdruckes disjunktiv verknüpft ist, zumindest eine einfache Aussage zusammen mit ihrer Negation vorkommt.

Die wahren logischen Ausdrücke werden, wenn verschiedene der in sie eingehenden Variablen wahr sind, als entwickelbar bezeichnet.

Entwickelbar ist jeder beliebige niemals wahre Ausdruck. Es gibt ein universelles Verfahren zur Darstellung einer beliebigen logischen Funktion $F(A_1, A_2, \ldots, A_n)$ in eine Disjunktion aller Konjunktionen der Form:

$$F(\alpha_1, \alpha_2, \ldots, \alpha_n) \wedge A_1' \wedge A_2' \wedge \cdots \wedge A_n', \tag{1.4}$$

wobei die $\alpha_1, \alpha_2, \ldots, \alpha_n$ nur die Werte 0 oder 1 annehmen können, und es gilt, wenn

$$A_i' = A_i \quad \text{ist} \quad \alpha_i = 1 \quad \text{und wenn} \quad A_i' = \bar{A}_i \quad \text{ist} \quad \alpha_i = 0.$$

Tatsächlich kann man für eine beliebige Menge $\alpha_1, \alpha_2, \ldots, \alpha_n$ genau eine Konjunktion der Form (1.4) finden. In ihr weist der konstante Faktor $F(\alpha_1, \alpha_2, \ldots, \alpha_n)$ den gleichen Wahrheitswert auf wie die gegebene Funktion bei der angegebenen Belegung. Die restlichen Faktoren $A_1', A_2', \ldots, A_n'$ sind dann gleich 1. In dieser Konjunktion stimmt die Verteilung der Negationszeichen der Variablen A_i mit der Verteilung der Nullen in der Menge der $\alpha_1, \alpha_2, \ldots, \alpha_n$ überein.

Wenn wir in den Disjunktionen nur jene Konjunktionen mit dem konstanten Faktor Eins belassen (und diese aus den Konjunktionen nach der Regel $A \wedge 1 = A$ entfernen), erhalten wir einen Ausdruck, der die gegebene Funktion in der Form einer Disjunktion von Konjunktionen $A_1' \wedge A_2' \wedge \cdots \wedge A_n'$ angibt. Diese Form wird als *kanonische disjunktive Normalform* bezeichnet.

Sie besitzt folgende Eigenschaften:

1. Sie hat keine gleichen Summanden.

2. Jeder Summand der kanonischen disjunktiven Normalform enthält als Faktor entweder Grundvariable oder deren Negationen.

3. In keinem Summanden der kanonischen disjunktiven Normalform gibt es zwei gleiche Faktoren, keine der Variablen kommt zusammen mit ihrer Negation vor.

Auf ähnliche Weise wird die kanonische konjunktive Normalform gebildet, die eine Konjunktion von Disjunktionen, die die analogen Bedingungen erfüllen, darstellt.

Die kanonischen Normalformen verwendet man, um die Äquivalenz zusammengesetzter logischer Ausdrücke zu überprüfen. Man kann beweisen, daß zwei Ausdrücke dann äquivalent sind, wenn sie zur gleichen kanonischen Normalform umgeformt werden können. Der praktischen Verwendung dieser Normalformen steht der damit verbundene, erhebliche Aufwand entgegen. Deshalb werden häufig die minimalen Normalformen (im folgenden auch Minimalform genannt) verwendet. Eine *disjunktive Minimalform* ist eine Disjunktion von Konjunktionen, in der

1. keine sich wiederholenden Faktoren in einem Summanden vorkommen;

2. es keine Summanden mit gleichen Faktoren gibt;

3. für jedes Summandenpaar mit einer gemeinsamen Variablen es einen dritten Summanden gibt, der die Konjunktion der restlichen Faktoren der ersten beiden Summanden ist. Die gemeinsame Variable tritt dabei bei dem Summandenpaar einmal direkt und einmal negiert auf.

Jede beliebige disjunktive Normalform (nicht unbedingt eine kanonische) kann mittels folgender Regeln in eine disjunktive Minimalform umgewandelt werden:

1. Für jedes Summandenpaar der Art $R_k \wedge A_i$ und $R_l \wedge \bar{A}_i$ (wobei R_k und R_l die Produkte der restlichen Faktoren sind) wird ein zusätzlicher Summand der Form $R_k \wedge R_l$ hinzugefügt. Dabei erhält man einen zur Ausgangsform äquivalenten Ausdruck durch die Beziehungen:

$$R_k \wedge A_i \vee R_l \wedge \bar{A}_i = R_k \wedge A_i \vee R_l \wedge \bar{A}_i \vee R_k \wedge R_l.$$

2. Durch Anwendung so bekannter Beziehungen wie des Verschmelzungstheorems ($A \wedge B \vee A = A$; $A \wedge B \vee A \wedge \bar{B} = A$), der Beziehung $A \wedge 1 = A$ sowie der Eigenschaft der Kommutativität und Assoziativität werden wiederholt auftretende Faktoren und Summanden beseitigt.

Beispiel der Umwandlung zur disjunktiven Minimalform:

$$A \wedge B \wedge C \vee A \wedge \bar{B} \wedge C \vee A \wedge \bar{B} \wedge \bar{C} \vee B \wedge \bar{C} \vee \bar{A} \wedge C$$

$$= A \wedge B \wedge C \vee A \wedge B \wedge C \vee A \wedge \bar{B} \wedge \bar{C} \vee B \wedge \bar{C} \vee \bar{A} \wedge C \vee A$$

$$\wedge C \vee \bar{A} \wedge \bar{B} =$$

$$A \wedge B \wedge C \vee A \wedge C \vee A \wedge \bar{B} \wedge C \vee A \wedge \bar{B} \wedge \bar{C} \vee B \wedge \bar{C} \vee$$

$$\vee \bar{A} \wedge \bar{B} \vee C = A \wedge C \vee A \wedge \bar{B} \wedge C \vee B \wedge \bar{C} \vee \bar{A} \wedge \bar{B} \vee C$$

$$= A \wedge C \vee C \vee \bar{B} \wedge \bar{C} \vee \bar{A} \wedge \bar{B} = C \vee \bar{B} \wedge \bar{C} \vee \bar{A} \wedge \bar{B} \vee \bar{B}$$

$$= C \vee \bar{B} \wedge \bar{C} \vee \bar{B} = C \vee \bar{B}.$$

Es gibt auch andere Methoden zur Ableitung von disjunktiven Minimalformen. Praktische Anwendung findet die sog. Methode der minimierenden Karten (nach KITOW, Anm. d. Übers.). Nach ihr ist es möglich, die disjunktive Minimalform für eine beliebige logische Funktion, die in Form der kanonischen disjunktiven Normalform gegeben ist, zu erhalten. Die minimierende Karte einer von drei Variablen abhängenden Funktion ist in folgender Tabelle dargestellt (Tab. 7; dabei ist der Punkt das Zeichen der Konjunktion):

Tabelle 7 enthält sämtliche möglichen Konjunktionen der gegebenen einfachen Variablen. Sie hat immer 2^n Zeilen und 2^{n-1} Spalten (die einfachen Variablen kann man auch als Konjunktion $A \wedge 1 = A$ betrachten). Die minimierende Karte muß wie folgt abgearbeitet werden (Tab. 8).

1. Es werden alle Zeilen der Matrix gestrichen, bei denen keine Konjunktion der vorgegebenen kanonischen disjunktiven Normalform in einer rechten Spalte der Matrix vorhanden ist.

2. In den restlichen Zeilen werden in jeder Spalte jene Elemente gestrichen, die mit den schon in dieser Spalte gestrichenen übereinstimmen.

3. Aus jeder nicht gestrichenen Zeile wird je eine Konjunktion mit einer minimalen Zahl von Faktoren ausgewählt. Diese Konjunktionen werden mit dem Disjunktionszeichen verknüpft. Nach dem Ausschluß der sich wiederholenden Faktoren und Summanden erhält man die disjunktive Minimalform.

Tabelle 7

A	B	C	$A \cdot B$	$A \cdot C$	$C \cdot B$	$A \cdot B \cdot C$
A	B	$\bar{C}$	$A \cdot B$	$A \cdot \bar{C}$	$\bar{C} \cdot B$	$A \cdot B \cdot \bar{C}$
A	$\bar{B}$	C	$A \cdot \bar{B}$	$A \cdot C$	$C \cdot \bar{B}$	$A \cdot \bar{B} \cdot C$
A	$\bar{B}$	$\bar{C}$	$A \cdot \bar{B}$	$A \cdot \bar{C}$	$\bar{C} \cdot \bar{B}$	$A \cdot \bar{B} \cdot \bar{C}$
$\bar{A}$	B	C	$\bar{A} \cdot B$	$\bar{A} \cdot C$	$C \cdot B$	$\bar{A} \cdot B \cdot C$
$\bar{A}$	B	$\bar{C}$	$\bar{A} \cdot B$	$\bar{A} \cdot \bar{C}$	$\bar{C} \cdot B$	$\bar{A} \cdot B \cdot \bar{C}$
$\bar{A}$	$\bar{B}$	C	$\bar{A} \cdot \bar{B}$	$\bar{A} \cdot C$	$C \cdot \bar{B}$	$\bar{A} \cdot \bar{B} \cdot C$
$\bar{A}$	$\bar{B}$	$\bar{C}$	$\bar{A} \cdot \bar{B}$	$\bar{A} \cdot \bar{C}$	$\bar{C} \cdot \bar{B}$	$\bar{A} \cdot \bar{B} \cdot \bar{C}$

Tabelle 8

A	B	C	$A \cdot B$	$A \cdot C$	$C \cdot B$	$A \cdot B \cdot C$
A	B	$\bar{C}$	$A \cdot B$	$A \cdot \bar{C}$	$\bar{C} \cdot B$	$A \cdot B \cdot \bar{C}$
A	$\bar{B}$	C	$A \cdot \bar{B}$	$A \cdot C$	$C \cdot \bar{B}$	$A \cdot \bar{B} \cdot C$
A	$\bar{B}$	$\bar{C}$	$A \cdot \bar{B}$	$A \cdot \bar{C}$	$\bar{C} \cdot \bar{B}$	$A \cdot \bar{B} \cdot \bar{C}$
$\bar{A}$	B	C	$\bar{A} \cdot B$	$\bar{A} \cdot C$	$C \cdot B$	$\bar{A} \cdot B \cdot C$
$\bar{A}$	B	$\bar{C}$	$\bar{A} \cdot B$	$\bar{A} \cdot \bar{C}$	$\bar{C} \cdot B$	$\bar{A} \cdot B \cdot \bar{C}$
$\bar{A}$	$\bar{B}$	C	$\bar{A} \cdot \bar{B}$	$\bar{A} \cdot C$	$C \cdot \bar{B}$	$\bar{A} \cdot \bar{B} \cdot C$
$\bar{A}$	$\bar{B}$	$\bar{C}$	$\bar{A} \cdot \bar{B}$	$\bar{A} \cdot C$	$\bar{C} \cdot B$	$\bar{A} \cdot \bar{B} \cdot \bar{C}$

Für die Funktion

$$F(A, B, C) = A \wedge B \wedge C \vee A \wedge \bar{B} \wedge C \vee A \wedge \bar{B} \wedge$$

$$\wedge \bar{C} \vee \bar{A} \wedge B \wedge C \vee \bar{A} \wedge \bar{B} \wedge C \vee \bar{A} \wedge \bar{B} \wedge \bar{C}$$

hat die disjunktive Minimalform gemäß Tabelle 8 die Form $C \vee \bar{B}$. Durch Reduktion auf die disjunktive Minimalform kann man die Äquivalenz von zusammengesetzten logischen Ausdrücken feststellen. Von großer Bedeutung ist die disjunktive Minimalform bei der Lösung von Problemen der Synthese von Reihenparallelschaltungen mit einer minimalen Zahl von Elementen.

Die Anwendung der logischen Formalismen in der Theorie der Relaisschaltungen (der Theorie der diskreten Automaten usw.) gründet sich darauf, daß die Bauelemente dieser Geräte Zweipole sind. Diese Dipole können nur zwei unterschiedliche stabile Zustände annehmen. Ein elektrischer Kontakt kann geschlossen oder geöffnet, eine Elektronenröhre ein- oder ausgeschaltet sein. Einem der Zustände eines Zweipols kann man die Eins, dem anderen die Null zuordnen. Dabei sind Eins und Null als Wahrheitswerte von Aussagen folgender Art zu betrachten:

„Der Kontakt α ist geschlossen", „Die Lampe L brennt nicht" usw.

Auf diese Weise kann man einer Serienschaltung die Konjunktion und einer Parallelschaltung die Disjunktion solcher Aussagen zuordnen.

Dadurch wird es möglich, die Algebra der Logik auf Probleme der Analyse und Synthese von Schaltungen anzuwenden. Man kann das Problem auch folgendermaßen formulieren:

Eine beliebige fertige Schaltung kann mit Hilfe eines logischen Ausdruckes – einer bestimmten logischen Funktion – beschrieben werden. Diesen Ausdruck können wir durch entsprechende algebraische Umwandlungen auf seine Wirtschaftlichkeit untersuchen. Dabei werden wir insbesondere untersuchen, ob nicht eine einfachere Schaltung mit einer geringeren Elementezahl gefunden werden kann, die ebenfalls die gegebene logische Funktion realisiert.

Unser Ziel besteht demnach darin, die Synthese von Schaltungen mit Hilfe von logischen Ausdrücken durchzuführen. Anhand dieser logischen Ausdrücke, die eine bestimmte logische Funktion beschreiben, wird errechnet, aus welchen elementaren Schaltungen und auf welche Weise eine im allgemeinen komplizierte Schaltung aufgebaut werden muß. Diese Schaltung realisiert die gegebene Funktion. Dazu formt man den logischen Ausdruck auf rationelle Weise um und spaltet ihn so auf, daß jedes seiner Glieder als elementare Schaltung bei minimaler Gesamtzahl von Elementen dargestellt werden kann.

Die logischen Formalismen werden auch in der Theorie der elektronischen Datenverarbeitungsanlagen bei der Ausarbeitung des logischen Ablaufs der Programme und zur Beschreibung der Informationsverarbeitungsprozesse verwendet. Mit Hilfe der logischen Ausdrücke kann man zudem verschiedene mathematische Vorgänge beschreiben, die von diesen Maschinen ausgeführt werden. Das ergibt sich aus binären Darstellungen der Größen in diesen Maschinen.

Ein weiteres wichtiges Anwendungsgebiet der Algebra der Logik ist die Algorithmisierung von Prozessen der Informationsverarbeitung und -steuerung in der Technik, Wirtschaft und auf anderen Gebieten.

Durch logische Formalismen können Lösungen von Steuerungsproblemen angegeben und minimiert werden. Dabei entspricht jeder möglichen Situation entweder eine bestimmte Lösung, oder es wird ein Weg zur Lösung des Problems angegeben (siehe z. B. die Sprache TABSOL [40]).

1.2.　　　Aufbau und Programmierung elektronischer Digitalrechner

1.2.1.　　　Aufbau elektronischer Digitalrechner

Elektronische Rechenmaschinen unterscheiden sich von anderen Rechenhilfsmitteln (wie Tischrechnern, Lochkartenmaschinen) durch zwei prinzipielle Besonderheiten:

1. durch einen auf Grund der Programmsteuerung vollkommen automatisierten Rechenprozeß und

2. durch das Vorhandensein von Speichern großer Kapazität.

Die Entwicklung der elektronischen Rechenmaschinen begann im Jahre 1945 mit der ersten elektronischen Rechenmaschine ENIAC (USA). Sie wurde speziell für die Berechnung der Flugbahnen von Geschossen gebaut. In den letzten 20 Jahren hat sich die elektronische Digitalrechentechnik stürmisch entwickelt. Sie gehört heute zu den am weitesten entwickelten Industriezweigen.

Die elektronische Datenverarbeitung hat in Wirtschaft, Wissenschaft und Technik ein breites Anwendungsfeld gefunden. Auf solchen Gebieten wie Kybernetik und Kerntechnik, Raketenbau und Kosmonautik, aber auch bei der Automatisierung technologischer Prozesse, bei ökonomischen Analyse- und Leitungsprozessen wurden mit Hilfe der elektronischen Datenverarbeitung bedeutende Erfolge erzielt.

Durch eine wesentliche Reduzierung des manuellen Anteils konnten Qualität und Geschwindigkeit der Informationsverarbeitung erheblich gesteigert werden. Die Entwicklung der Rechenautomaten tendiert gegenwärtig zu sog. Universalrechnern, d. h. Anlagen, die sowohl ökonomische als auch technische Probleme lösen können. Auch in der UdSSR wurden im verstärkten Maße solche Maschinen eingesetzt.

Abb. 10 zeigt das Blockschaltbild einer elektronischen Datenverarbeitungsanlage.

Eine elektronische Datenverarbeitungsanlage besteht aus folgenden Teilen:

Eingabegerät (Gerät zur Eingabe von Informationen in die Maschine),

Ausgabegerät (Gerät zur Ausgabe von Informationen aus der Maschine),

Externer Speicher,

Interner Speicher (Hauptspeicher),

Rechenwerk,

Steuerwerk,

Steuerpult.

Die einzelnen Teile einer Anlage sind untereinander durch Kanäle zur Übertragung von Daten und Signalen verbunden. Abb. 10 kennzeichnet die Hauptblöcke innerhalb des Steuerwerks. Die Funktion dieser Blöcke wird nun beschrieben.

Wir wollen annehmen, daß ein Problem auf einer elektronischen Datenverarbeitung gelöst werden soll. Der Lösungsweg muß dann durch Algorithmen (d. h. durch gewisse

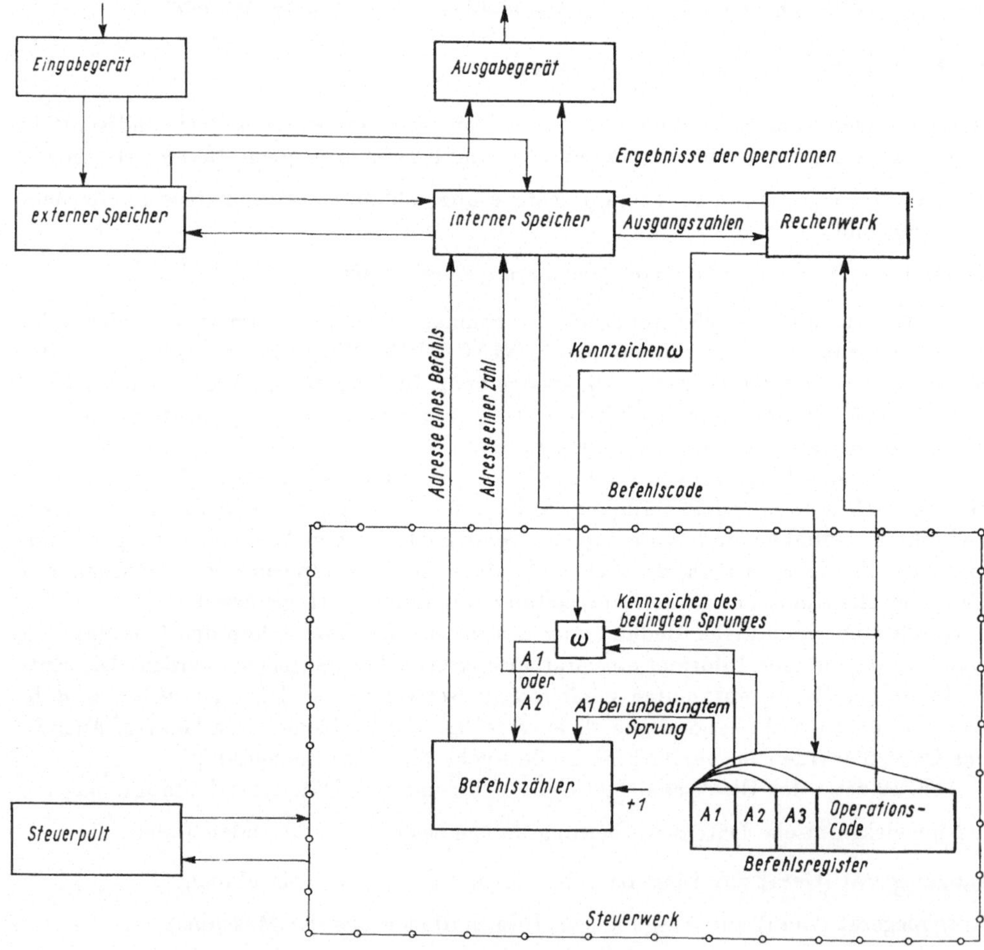

Abb. 10. Blockschaltbild einer Ziffernrechenmaschine

Regeln, nach denen die ursprünglichen Informationen in Ergebnisinformationen umgewandelt werden) beschrieben werden. Die Durchführung der Rechnung auf einer elektronischen Datenverarbeitungsanlage erfordert eine maschinengerechte Vorbereitung der Ausgangsdaten und des durch Algorithmen beschriebenen Lösungsweges. Das letztere geschieht durch das Aufstellen eines Programms. Zu diesem Zweck schreibt der Programmierer entsprechende Informationen auf spezielle Formulare (Programmformulare). Vom Formular werden sie vom Menschen (vom Locher) mit einem speziellen Gerät, dem Locher, in standardisierten Kartonblättern (Lochkarten) oder Papierbändern (Lochbänder) oder Lochstreifen aufgezeichnet. Danach werden die Lochkarten bzw. Lochbänder in ein Lesegerät, das die Löcher mit Hilfe von Fotoelementen oder mechanischen Kontakten abfühlt, eingegeben. Die Löcher werden in elektrische Signale umgewandelt, die in die Maschine übertragen werden. Zu den Eingabegeräten zählen sowohl die äußeren Geräte, die für Vorbereitung der Lochkarten oder Lochbänder verwendet werden, als auch das Eingabegerät selbst, das diese Lochkarten oder Lochbänder liest und die entsprechenden Signale in die Maschine überträgt.

In den letzten Jahren sind verschiedene neue Eingabegeräte entstanden: Klarschriftleser (die Texte einer Standardschrift lesen und diese in Signale umwandeln) sowie Geräte, die speziell vorbereitete Texte (Aufzeichnungen mit Magnettinte auf Schecks, Graphitaufzeichnungen auf speziellen Listen und Anweisungen usw.) lesen. Die eingelesenen Informationen werden im allgemeinen in Speichern aufbewahrt. Die Speichereinrichtungen von elektronischen Datenverarbeitungsanlagen bestehen aus einzelnen Zellen. Jede dieser Zellen kann beispielsweise eine Zahl aufnehmen. Man teilt die Speichereinrichtungen in zwei Grundtypen ein, in externe und interne. Die internen Speicher haben eine vergleichsweise geringe Kapazität (4000—64 000 Zellen), dafür ist aber die Zugriffszeit sehr kurz und — was wichtiger ist — der Zugriff zu den einzelnen Zellen erfolgt unabhängig von der Reihenfolge der Zellen (wahlfreier Zugriff). Alle Zellen des internen Speichers sind durchnumeriert. Die jeweilige Zellennummer bezeichnet man als Adresse der Zelle. Für den Zugriff zu einer bestimmten Zelle muß man deren Adresse angeben. Anschließend kann man in diese Zelle eine neue Zahl schreiben, (speichern), oder jene Zahl, die bis zu dieser Zeit dort gespeichert ist „abrufen", d. h. lesen (in verschlüsselter Form vorstellbar als elektrische Signale).

Im internen Speicher tritt in der Regel keine Verflüchtigung der Informationen ein, d. h., die gespeicherten Informationen verschwinden nach längerer Zeit weder vollständig noch teilweise (wie das zum Teil bei Magnetbändern der Fall ist). Eine beliebige Zahl kann man neu in eine Zelle schreiben. Dabei wird die bis zu diesem Zeitpunkt dort gespeicherte Zahl automatisch gelöscht. Zwischen internem Speicher und Rechenwerk besteht eine direkte Verbindung. Aus dem internen Speicher ausgewählte Zahlen werden der Reihe nach in das Rechenwerk übertragen, dort verarbeitet (die geforderten Operationen ausgeführt), und das Resultat gelangt vom Rechenwerk in eine bestimmte (freie) Zelle des internen Speichers. Anschließend werden die nächsten Zahlen aus dem internen Speicher abgerufen usw. Gemäß dem vorgeschriebenen Programm wiederholt sich ein solcher Prozeß mehrmals, wobei für jeden Rechenschritt ein Befehl vorhanden sein muß. Der Befehl gibt die Adresse der Zellen an, aus denen die Zahlen abgerufen werden sollen, er legt ferner die auszuführende Operation (Addition, Subtraktion, Multiplikation usw.) sowie die Adressen der Zellen des internen Speichers fest, in denen die erhaltenen Ergebnisse gespeichert werden sollen.

Der Aufbau interner Speicher von elektronischen Datenverarbeitungsanlagen unterscheidet sich sowohl bezüglich der technischen Prinzipien als auch bezüglich der verwendeten physikalischen Bauelemente. Die weiteste Verbreitung fanden *Ferritkernspeicher* mit rechteckigen Hysteresisschleifen. Jeder Kern kann sich in zwei Remanenzzuständen befinden. Durch einen Stromimpuls kann er in den entgegengesetzten Remanenzzustand versetzt werden. Einem dieser Zustände ordnet man nun die Binärziffer 0, dem anderen die Binärziffer 1 zu. Dadurch können wir die Kerne für die Speicherung von Binärziffern verwenden. In den letzten Jahren wurden als interne Speicher *Dünnschichtspeicher* eingesetzt. Als wichtigste Bauelemente verwenden sie hauchdünne ferromagnetische und cryoelektrische Schichten sowie Tunneldioden. Sie nutzen den Effekt der Supraleitfähigkeit aus.

Die externen Speicher besitzen eine große Kapazität (Größenordnung: Hunderttausend bis zu Millionen Zellen), erlauben jedoch im allgemeinen keinen beliebigen direkten Zugriff zu den einzelnen Zellen. Als externe Speicher werden hauptsächlich Magnetbänder (MB) verwendet. Magnetbänder sind nichtmagnetische Plastebänder, auf die eine dünne ferromagnetische Schicht aufgetragen ist. Die Daten werden auf dem Magnetband in Gruppen von Informationen, d. h. blockweise gespeichert. Auch einzelne Adressen sind in Sätzen gespeichert. Die externen Speicher sind mit dem Rechenwerk nicht unmittelbar verbunden. Sie dienen den internen Speichern als Reserve. Werden Daten eines externen Speichers zur Verarbeitung im Rechenwerk der Anlage benötigt, so erfolgt zunächst ein Transport in den internen Speicher und von dort in das Rechenwerk. Die Ergebnisse wiederum werden zunächst in den internen Speicher übertragen und dann in den externen Speicher transportiert. Die Übertragung der Daten aus dem internen in den externen Speicher oder umgekehrt erfolgt dabei blockweise.

Bei vielen elektronischen Datenverarbeitungsanlagen finden wir heute Magnettrommel- und die Magnetplattenspeicher. Ihrem Charakter nach nehmen sie eine Zwischenstellung zwischen den internen Speichern und den Magnetbändern ein. Magnettrommel- und Magnetplattenspeicher werden gewöhnlich für zwei verschiedene Zwecke verwendet. Einerseits können auf diesen Speichern große Programme gespeichert und zur Verarbeitung in den internen Speicher übertragen werden, andererseits können häufig verwendete Datenmengen (z. B. von Zwischenergebnissen), die bei der weiteren Berechnung benötigt werden, dort gespeichert und bei Bedarf von dort zur Verfügung gestellt werden. Das Arbeitsprinzip der Magnettrommeln und Magnetscheiben (Magnetplatten) ist dasselbe wie das der Magnetbänder. Das Schreiben (das Aufzeichnen der Zeichen) oder das Lesen (die Wiedergabe der Zeichen) erfolgt über spezielle Magnetköpfe (Schreib- bzw. Leseköpfe), an denen sich die magnetisierte Schicht (der Plattentrommel oder des Bandes) vorbeibewegt. Diese Magnetköpfe sind besondere Elektromagnete. Sie erzeugen auf der permanentmagnetischen Schicht magnetische Dipole längs oder quer zu gewissen Bahnen, die den jeweiligen Magnetköpfen zugeordnet sind. Der verschiedenen Polarität der Dipole ordnet man die beiden Binärziffern 0 und 1 zu. Auf diese Weise kann man beliebige Daten speichern.

In das Rechenwerk gelangen auf Grund der Befehle zweierlei Informationen. Es sind die Ausgangszahlen (Operanden) aus dem Hauptspeicher (HS) sowie die Anweisungen, welche Operationen auszuführen sind (aus dem Steuerwerk). Diese entsprechenden Operationen werden im Rechenwerk ausgeführt. Das Resultat wird in den Hauptspeicher transportiert und in der Zelle gespeichert, deren Adresse durch den entsprechenden Befehl angegeben ist. Eine elektronische Datenverarbeitungsanlage kann nur bestimmte Operationen im Rechenwerk ausführen. Die Menge solcher Operationen liegt für jede elektronische Datenverarbeitungsanlage fest.

Wie schon gesagt, enthält jeder Befehl die Angabe der auszuführenden Operationen. Jeder Operation ist eine konstante Zahl zugeordnet. Die Zahl ist die Codezahl der Operation (bzw. Operationscodezahl). Sie gelangt in das Rechenwerk und bestimmt die Art der auszuführenden Operationen. Es gibt verschiedene Strukturvarianten von Rechenwerken. Der Typ des Rechenwerkes wird durch das Zahlensystem (dual oder dekadisch) und die Arbeitsweise (parallel oder seriell) bestimmt. Ein nach dem Dualsystem arbeitendes Rechenwerk ist seiner Konstruktion nach einfacher, erfordert aber die Konvertierung der allgemein üblichen dekadischen Ausgangszahlen in Dualzahlen und die Rückkonvertierung der Ergebnisse.

Die Basis des Dualsystems ist die Zahl Zwei. Es gibt nur zwei verschiedene Ziffern (0 und 1). Wie man im dekadischen Zahlensystem jede Zahl als Summe der mit den Ziffernwerten (0–9) multiplizierten Potenzen zur Basis 10 darstellen kann, so kann man auch im Dualsystem jede beliebige Zahl als Summe der mit den beiden Ziffern 0 oder 1 multiplizierten Potenzen zur Basis 2 darstellen. Zum Beispiel kann die Zahl 265 im Dezimalsystem wie folgt dargestellt werden:

$$265 = 2 \cdot 10^2 + 6 \cdot 10^1 + 5 \cdot 10^0.$$

Dieselbe Zahl sieht im dualen Zahlensystem folgendermaßen aus:

$$265 = 1 \cdot 2^8 + 0 \cdot 2^7 + 0 \cdot 2^6 + 0 \cdot 2^5 + 0 \cdot 2^4 + 1 \cdot 2^3 + 0 \cdot 2^2 +$$
$$+ 1 \cdot 2 + 0 \cdot 2^0 = 100001001.$$

Die dualen Äquivalente der ersten 16 dekadischen Zahlen sind in der folgenden Tabelle zusammengestellt:

Tabelle 9

Dekadische Zahl	0	1	2	3	4	5	6	7
Dualzahl	0	1	10	11	100	101	110	111

Fortsetzung

Dekadische Zahl	8	9	10	11	12	13	14	15
Dualzahl	1000	1001	1010	1011	1100	1101	1110	1111

Im Dualsystem lassen sich arithmetische Operationen sehr einfach ausführen. Weiter unten ist eine Tabelle für Multiplikationen und Additionen der Dualzahlen angegeben:

$$0 \times 0 = 0 \qquad 0 + 0 = 0$$
$$0 \times 1 = 0 \qquad 0 + 1 = 1$$
$$1 \times 0 = 0 \qquad 1 + 0 = 1$$
$$1 \times 1 = 1 \qquad 1 + 1 = 10$$

Operationen mit mehrstelligen Zahlen werden genauso wie im dekadischen System unter Berücksichtigung des Übertrages zwischen den Stellen ausgeführt.

Ein Beispiel für die Addition und die Multiplikation einer fünfstelligen Dualzahl ist nachfolgend angegeben.

$$
\begin{array}{r}
11011 \\
+\ 10010 \\
\hline
101101
\end{array}
\qquad
\begin{array}{r}
11011 \\
\times\ 10010 \\
\hline
110110 \\
1101100 \\
\hline
111100110
\end{array}
$$

Gewöhnlich werden in der elektronischen Datenverarbeitung Dualzahlen verwendet, die 10- bis 13stelligen Dezimalzahlen entsprechen. Aus diesem Grunde sind die Speicherzellen für ungefähr 30- bis 50stellige Zahlen vorgesehen. Für eine bestimmte Maschine steht die Anzahl der Stellen und damit der Stellenwert der Zahlen fest. Das bedeutet jedoch nicht, daß kleinere Zahlen in der Maschine nicht dargestellt werden können. In einem solchen Fall werden die oberen Stellen einfach mit Nullen belegt (führende Nullen).

Ein auf der Basis des dekadischen Zahlensystems arbeitendes Rechenwerk wird gewöhnlich in Anlagen für die ökonomische Datenverarbeitung verwendet. Charakteristisch für solche Probleme ist eine große Zahl von Ausgangsdaten und Ergebnissen, so daß die Konvertierung und die Rückkonvertierung der Daten einen ziemlich hohen Maschinenzeitaufwand erfordern würde. Die Operationen im dekadischen System werden im Rechenwerk hauptsächlich nach denselben Regeln durchgeführt wie bei der manuellen Berechnung. Es existiert jedoch ein Unterschied. Er besteht darin, daß die einzelnen Ziffern der dekadischen Zahlen trotzdem dual dargestellt sind (man spricht deshalb auch von einer binär-dezimalen oder dual-dezimalen Darstellung). Dekadische Rechenwerke haben außer einer komplizierten Struktur auch eine geringere Arbeitsgeschwindigkeit als duale Rechenwerke.

Technisch sind die Rechenwerke mit Elektronenröhren oder Halbleiterelementen (Dioden, Trioden) gebaute Schaltsysteme (Zähler, Register, Flip-Flop, Relais usw.)

Eine grundlegende Schaltung ist die Triggerschaltung. Sie kann einen von zwei stabilen Zuständen beibehalten. Dabei entspricht ein Zustand der Speicherung einer 1 und der andere einer 0. Außerdem spielen die Flip-Flop-Schaltungen eine wichtige

Rolle. Das sind Schaltungen, die am Ausgang ein Signal abgeben, wenn an den Eingängen eine oder mehrere bestimmte Kombinationen von Signalen vorhanden sind.

In einem parallel arbeitenden Rechenwerk werden die Ausgangsdaten dem Hauptspeicher entnommen, und die Operation gleichzeitig bei allen Stellen durchgeführt, währenddessen ein seriell arbeitendes Rechenwerk die dem Hauptspeicher entnommenen Ausgangsdaten seriell – beginnend bei der niedrigsten Stelle – verarbeitet. Die Rechenwerke des ersten Prinzips sind schneller, aber dem Aufbau nach auch komplizierter als die des zweiten.

Die Steuer- oder Leitwerke einer elektronischen Datenverarbeitungsanlage steuern den Rechenablauf nach einem vom Programmierer angefertigten und nunmehr im Hauptspeicher stehendem Programm.

In Abb. 10 ist das Steuerwerk detaillierter dargestellt. Es besteht aus zwei Hauptteilen, dem Befehlszähler und dem Befehlsregister. Der Befehlszähler gibt die Nummer des nächsten auszuführenden Befehls an. Wenn ein Befehl in genau einer Zelle des Hauptspeichers steht, ist diese Nummer gleich der Adresse der Zelle in der der jeweilige Befehl steht. Die Befehle werden im allgemeinen nacheinander abgearbeitet. Jede Befehlsabarbeitung beginnt mit dem Befehlsaufruf, d. h., der Inhalt der Hauptspeicherzelle, deren Adresse zu Beginn der Befehlsabarbeitung im Befehlszähler steht, wird aus dem Hauptspeicher in das Befehlsregister zur Abarbeitung übertragen. Der Speicherinhalt ist die Codezahl des Befehls. Ein Befehl besteht im allgemeinen aus einem Operationsteil und einem Adressenteil. Der Operationsteil gibt die Art der Operation an, während im Adressenteil die Adressen der Operanden, sowie die Adresse des Resultats stehen (bei einem Dreiadreßbefehl bzw. die Adresse eines Operanden bei einem Einadreßbefehl). Vom Befehlsregister werden die einzelnen Befehlsteile nacheinander abgearbeitet. Es beginnt mit einem Aufruf der Adresse A_1 des ersten Operanden. Nach dem Aufruf wird der Speicherinhalt dieser Zelle (d. h. die Zahl) aus dem Hauptspeicher in das Rechenwerk übertragen. Analog erfolgen Aufruf der Adresse A_2 und Übertragung des zweiten Operanden in das Rechenwerk. Gleichzeitig wird die Operationscodezahl in Steuerimpulse umgesetzt, die das Rechenwerk veranlassen, die entsprechende Operation auszuführen. Das Resultat der Operation wird anschließend in den Hauptspeicher gebracht und in die Zelle mit der Adresse A_3 gespeichert. Mit diesem Takt ist die Ausführung des Befehls beendet. Im Befehlszähler wird eine 1 addiert und der nachfolgende Befehl kann aufgerufen werden. Er wird genauso ausgewählt und ausgeführt.

Häufig ist es notwendig, die angegebene Abarbeitungsfolge der Befehle zu ändern und zu einem außer der Reihe liegenden Befehl überzugehen. Solche Sprünge werden nach speziellen Befehlen, den sog. Sprungbefehlen, ausgeführt. Man unterscheidet zwischen unbedingten Sprüngen, die immer ausgeführt werden müssen, und bedingten Sprüngen, die von einer Bedingung abhängen und nur ausgeführt werden, wenn die Bedingung erfüllt ist. Im Sprungbefehl selbst wird die Adresse des Befehls angegeben, wo die Abarbeitung fortgesetzt werden soll (Sprungadresse). Nach einem unbedingten Sprungbefehl wird die Sprungadresse (z. B. A_1) nicht in den Hauptspeicher zum Abruf einer Zahl, sondern in den Befehlszähler gebracht. Damit ist die Adresse des Sprungbefehls gleich der Adresse des nächsten auszuführenden Befehls und wird zum Aufruf dieses Befehls aus dem Hauptspeicher benutzt.

Durch einen bedingten Sprungbefehl kann in den Befehlszähler eine der Adressen A_1 oder A_2 übertragen werden. Die Übertragung erfolgt dabei über eine spezielle Flip-Flop-Schaltung, die von einem vom Rechenwerk ausgehenden Signal gesteuert wird. Der Charakter dieses Signals hängt von dem Ergebnis der ausgeführten Operation ab und ist dem Programmierer vorher nicht bekannt. Betrachten wir z. B. die Subtraktion zweier Zahlen, dann wird auf Grund dieses Signals bei positivem Vorzeichen des Ergebnisses die erste Adresse A_1 vom Befehlsregister in den Befehlszähler übertragen; bei negativem Vorzeichen des Ergebnisses die zweite Adresse A_2. Durch Anwendung des bedingten Sprungbefehls kann man den Verlauf der Berechnungen abhängig von den erhaltenen Ergebnissen verändern und zur Wiederholung desselben Programmteils mit anderen Ausgangsdaten zurückkehren (Programmschleifen).

Wir untersuchten die Arbeit des Steuerwerkes für den Fall eines Dreiadreßbefehls, d. h. eines Befehls, der außer dem Operationsteil noch drei Adressen enthält. Es existieren auch elektronische Datenverarbeitungsanlagen mit Zwei- und Einadreßbefehlen, aber auch mit Vieradreßbefehlen, deren Arbeitsprinzip analog zum beschriebenen ist. Ein Einadreßbefehl hat nur eine Adresse, und dadurch kann nur ein Operand aufgerufen werden. Deshalb sind beispielsweise zur Ausführung der Addition drei Einadreßbefehle (anstelle eines Dreiadreßbefehls) notwendig. Mit Hilfe des ersten Befehls wird der erste Operand in das Rechenwerk übertragen. Der zweite Befehl sichert die Übertragung des zweiten Operanden in das Rechenwerk und die Ausführung der Addition. Der dritte Befehl ist für den Transport des Ergebnisses der Rechenoperation in die entsprechende Speicherzelle notwendig. In Vieradreßbefehlen wird die vierte Adresse gewöhnlich für die Angabe der Adresse des nächsten Befehls benutzt. Dadurch brauchen die Befehle des Programmes im Speicher der Maschine nicht unmittelbar nacheinander angeordnet zu werden, sondern können in beliebiger Reihenfolge stehen.

Vom Steuerpult der elektronischen Datenverarbeitungsanlage aus wird die Maschine ein- und ausgeschalten sowie die Arbeit kontrolliert. Außerdem wird das Steuerpult zu programmtechnischen und Reparaturarbeiten benutzt.

Die elektronischen Datenverarbeitungsanlagen werden in Abhängigkeit von ihrer Konstruktion und den vorgesehenen Einsatzgebieten in drei Grundtypen eingeteilt:

1. für wissenschaftlich-technische Berechnungen,

2. für die ökonomische Informationsverarbeitung (im folgenden auch als Datenverarbeitung bezeichnet) und

3. für die Steuerung technologischer Prozesse.

Die elektronischen Datenverarbeitungsanlagen für wissenschaftlich-technische Berechnungen sind charakterisiert durch hohe Genauigkeit der Berechnungen (die Zahlen weisen eine große Stellenzahl auf und können in einem großen Zahlenbereich dargestellt werden), durch eine große Kapazität des Hauptspeichers, durch das Vorhandensein einer beschränkten Zahl (meist 2–4) von Magnettrommeln und Magnetbändern sowie durch eine verhältnismäßig begrenzte Kapazität und Geschwindigkeit der Geräte zur Datenein- und -ausgabe (wir weisen besonders daraufhin, daß bei wissenschaftlich-technischen Berechnungen im allgemeinen die Anzahl der Rechenoperationen gegenüber der Anzahl der Operationen der Datenein- und -ausgabe bedeutend größer ist). Diese Maschinen arbeiten in der Regel im Dualsystem.

Die elektronischen Datenverarbeitungsanlagen für die ökonomische Informations-verarbeitung sind durch eine größere Anzahl von Magnettrommeln und Magnetbändern sowie durch ein verzweigtes System der Ein- und Ausgabegeräte charakterisiert (hierher gehören verschiedenartige Geräte für den Druck der fertigen Dokumentenlisten, Zusammenstellungen, Statistiken usw. und Geräte für das Lesen von Informationen von den Urdokumenten, Schecks, Bestellisten usw.). Diese Maschinen arbeiten meist im dekadischen Zahlensystem mit dualer Verschlüsselung der einzelnen Ziffern (binär-dezimal). Das ist durch den großen Umfang der Ein- und Ausgabedaten bedingt. Die Arbeit zur Konvertierung dieser Daten aus einem Zahlensystem in das andere würde einen sehr hohen Maschinenzeitaufwand erfordern.

Die elektronischen Datenverarbeitungsanlagen für die Steuerung technologischer Prozesse, die sog. Prozeßrechner, werden vor allem durch das Vorhandensein von Zusatzgeräten mit verschiedenen physikalischen Datengebern von Ursprungsin-formationen (Datengebern für Temperatur, Druck, Ortsveränderung, Geschwin-digkeit, Registratur der Erzeugnisse) sowie durch Verbindungskanäle charakte-risiert. Dadurch werden die elektronischen Datenverarbeitungsanlagen mit den Informationsquellen und den Steuerorganen verbunden. Die ankommenden Infor-mationen über den aktuellen Zustand des gesteuerten Objekts werden von der elektronischen Datenverarbeitungsanlage nach einem vorliegenden Programm ver-arbeitet. Im Ergebnis werden den Steuerorganen periodisch die notwendigen Be-fehle übermittelt.

Eine Besonderheit der Struktur der Prozeßrechner ist ein System der Programm-unterbrechung für die Eingabe neuer Informationen und die Ausgabe der Steuerbefehle sowie das System der operativen Verbindung des Dispatchers mit der Maschine. Dies erlaubt ihm in anschaulicher Form Informationen über den Verlauf des Steuerungs-prozesses zu erhalten und die von der elektronischen Datenverarbeitungsanlage er-arbeiteten Entscheidungen zu korrigieren. Die angegebenen Maschinentypen können ihrer Größe nach in 3 Klassen eingeteilt werden (bezüglich der Operationsgeschwindig-keit, der Speicherkapazität und der Zahl der Ein- und Ausgabegeräte):

1. Große Maschinen (mit einer Geschwindigkeit von 100000 bis zu Millionen von Ope-rationen pro Sekunde; Hauptspeicher mit 50000 bis 100000 Zellen).

2. Mittlere Maschinen (Operationsgeschwindigkeit: 10000 bis 100000 Operationen/sec; Hauptspeicherkapazität: 4000 bis 16000 Zellen).

3. Kleine Maschinen (Operationsgeschwindigkeiten bis zu 10000 Operationen/sec; Hauptspeicherkapazität: 1000 bis 4000 Zellen).

In den letzten Jahren begann man, Maschinen nach dem Baukastenprinzip herzustellen. Diese erlauben es, die Produktivität durch Hinzufügen zusätzlicher Blöcke und Geräte zu erhöhen.

Als Beispiel eines konkreten Maschinentyps beschreiben wir die auf Halbleiterbasis gebaute digitale Datenverarbeitungsanlage „Minsk-2". Sie ist ein Universalrechner. Sie wird von der sowjetischen Industrie in Serienproduktion für verschiedene Volkswirtschaftszweige hergestellt und eignet sich für wissenschaftlich-technische Berechnungen und für die Datenverarbeitung. Es ist eine Maschine mittlerer Größe und wird durch folgende Daten gekennzeichnet: Die mittlere Rechengeschwindigkeit beträgt 5000–6000 Operationen/sec. Die Kapazität des Hauptspeichers umfaßt 4096 Zellen zu je 37 Bit. Die Maschine ist strukturell so gebaut, daß es möglich ist, einen zweiten Hauptspeicher gleicher Kapazität zuzuschalten. Sie besitzt ferner einen externen Speicher auf Magnetbandbasis mit einer Kapazität von 400000 Zellen (zu je 37 Bit). Man kann die Kapazität des externen Speichers bis auf 1,6 Mill. Zellen erhöhen. „Minsk-2" ist eine Zweiadreß-Maschine mit einem Befehlssystem, das große logische Möglichkeiten für den Aufbau verschiedener Datenverarbeitungsprozesse garantiert. Eine Besonderheit der Maschine besteht in der Möglichkeit, alphanumerische Zeichen zu verarbeiten. Das ist für die Lösung von Problemen der Wirtschaftsplanung von großer Bedeutung.

Die Dateneingabe erfolgt über Lochstreifen (Geschwindigkeit: 800 Zeichen pro Sekunde). Die Datenausgabe kann entweder mit Hilfe des Druckers (BPM-20; Geschwindigkeit: 20 Worte pro Sekunde) oder mit Hilfe des Ergebnislochers (Geschwindigkeit: 20 Zeichen pro Sekunde) erfolgen. Die Maschine „Minsk-2" benötigt eine Fläche von 40 bis 50 m² und elektrischen Strom mit einer Leistung von ca. 4 kW.

In Tabelle 10 ist das Schema der Befehle von „Minsk-2" angegeben. Mit ihrer Hilfe können arithmetische und logische Operationen ausgeführt und Steuersignale übertragen werden. Die Vorzeichenstelle bildet zusammen mit den ersten 6 Stellen die siebenstellige Operationscodezahl der Maschine.

Tabelle 10

1···6	7,8	9···12	13···24	25···36
Operationscodezahl			$A\,1$	$A\,2$
			(erste Adresse)	(zweite Adresse)
7 Stellen		(4 Stellen)	12 Stellen	12 Stellen

Die Stellen 7 und 8 dienen der Erweiterung der Adressen A_1 und A_2, wenn die Maschine „Minsk-2" durch einen zweiten Hauptspeicherblock komplettiert wird (Gesamtkapazität: 8192 Zellen). In diesem Falle würden die 12stelligen Adressen ($2^{12} = 4096$) für die gesamte Kapazität des Hauptspeichers nicht ausreichen. Interessant ist der vierstellige Befehlsteil, der die Stellen 9 bis 12 des Befehls einnimmt. Er gibt die Adresse eines Indexregister (Indexzelle) an. Bei der Maschine „Minsk-2" sind die ersten 15 Adressen des Hauptspeichers sog. Indexregister. Sie dienen der automatischen Adressenmodifikation der Adressen A_1 und A_2 des Befehls. Bei der Befehlsausführung wird jedesmal der Wert des Indexfeldes (d. h. der Stellen von 9–12) überprüft. Ist dieser Wert von Null verschieden, wird zu den Adressen A_1 und A_2 des Befehls der Inhalt des Indexregisters, dessen Adresse im Indexfeld angegeben ist, addiert. In den Indexzellen wird vorher ein Zahlwort gespeichert, das aus drei 12stelligen Teilen besteht. Der erste Teil (Stellen 1–12) dient als Zykluszähler. Er ändert sich bei einem speziellen Befehl nach jedem Durchlauf des zyklischen Programmteils (s. unten). Der zweite Teil des Indexzelleninhalts (Wortstellen 13 bis 24) wird zur Adressenmodifikation der ersten Adresse A_1 des Befehls und der dritte Teil (Stellen 25 bis 36) zur Adressenänderung der Adresse A_2 des Befehls verwendet. Das Vorhandensein einer vergleichsweisen großen Zahl von Indexzellen und die Möglichkeit als Indexzellen nicht spezielle Register, sondern Zellen des Hauptspeichers zu verwenden, ist eine wertvolle Besonderheit von „Minsk-2“.

Die Effektivität der Programmierung komplizierter Rechen- und logischer Prozesse der Informationsverarbeitung erhöht sich durch automatische Adressenmodifikation der Befehle mit Hilfe von Indexzellen. Dabei wird der Zykluszähler durch das Sprungsignal erhöht oder verringert. Auf diese Weise erhält man kompakte Programme, die bezüglich des Maschinenzeitaufwandes zudem ökonomisch sind.

Die große Zahl von Indexzellen erlaubt gleichzeitig, die Methode der relativen Adressierung effektiv anzuwenden. Programme sowie Felder von Ausgangszahlen und Zwischenergebnissen können dabei jeweils an beliebigen Stellen des Speichers untergebracht werden. Die bei der Befehlsverarbeitung benötigten Maschinenadressen werden von der Maschine selbst erzeugt. Das geschieht durch die Vorgabe von sog. Leitadressen. Leitadressen sind die Anfangsadressen von Feldern, Programmen oder Daten. Die Leitadressen können beispielsweise in entsprechenden Indexregistern gespeichert werden. Stehen nun in einem Programm relative Adressen. d. h. Adressen bezüglich der Anfangsadresse des Programms (z. B. bei Sprungadressen) oder Daten, so erhält man die jeweilige richtige Maschinenadresse, indem die relative Adresse und die entsprechende Leitadresse addiert werden. Eine sehr interessante und wichtige Besonderheit der Struktur der Maschine „Minsk-2“ ist das Vorhandensein einer automatischen Vorrangsteuerung. Eine Reihe ausländischer Maschinen (Stretch-USA, Atlas-England u. a.) besitzen analoge Systeme. Die automatische Vorrangsteuerung garantiert, daß der Rechenautomat auf verschiedene äußere und innere Signale, die im Verlaufe der Berechnungen auftreten können, reagiert. Größere Bedeutung haben ähnliche automatische Vorrangsteuerungen für im Echtzeitbetrieb (Real-Time-Betrieb) arbeitende Rechenautomaten, die durch Informationskanäle mit verschiedenen äußeren Objekten (Datenquellen) und den Empfängern der von der Maschine verarbeiteten Informationen verbunden sind. Die äußeren Signale fallen zu beliebigen Zeitpunkten an. Die Vorrangsteuerung garantiert, daß die anfallenden Daten sofort eingegeben, verarbeitet und wieder ausgegeben werden können. Dabei muß ein gerade laufendes Programm so unterbrochen werden, daß es anschließend weiter abgearbeitet werden kann. Die automatische Vorrangsteuerung wird nicht nur bei der Datenein- und -ausgabe verwendet. Der Automat reagiert mit ihrer Hilfe auf verschiedene zufällige Ereignisse, wie Unterbrechungen der Arbeit der Maschine, vom Steuerpult aus durch den Operator gegebene Signale und auf das Auftreten nichttypischer Ergebnisse.

In fast allen Maschinen mit automatischer Vorrangsteuerung ist für jeden möglichen Unterbrechungsgrund ein Bit eines speziellen Unterbrechungsregisters vorgesehen, in das die Unterbrechungssignale gebracht werden. Weil es (in Abhängigkeit von der Wichtigkeit und den Besonderheiten des im gegebenen Moment auszuführenden Programms) nicht immer möglich ist, ein Programm zu unterbrechen (manchmal ist die Unterbrechung bestimmter Programme überhaupt untersagt), wird noch ein sog. Vorrangregister eingeführt. Die Stellen dieses Registers sind die gleichen wie die des Unterbrechungsregisters. Mit Hilfe des Vorrangregisters können auf Grund eines speziellen Befehls die Vorrangstufen (Dringlichkeitsstufen) und damit die Reihenfolge der Programmunterbrechungen festgelegt werden. Ein Programm wird dann unterbrochen, wenn dies im Unterbrechungsregister signalisiert wird und das Vorrangregister diese Unterbrechung erlaubt.

Außerdem entspricht in der „Minsk-2" jedem Unterbrechungsgrund eine spezielle *Unterbrechungszelle*, in die der Steuerungsimpuls beim Entstehen der Unterbrechung automatisch übertragen wird. In diesen „Unterbrechungszellen" sind Sprungbefehle gespeichert. Diese Sprungbefehle dienen dem Aufruf von Programmen, die von der Maschine beim Auftreten der entsprechenden Unterbrechung abgearbeitet werden sollen. Die Adresse des aufrufenden Programms wird durch die erste Adresse des Sprungbefehls angegeben. Die zweite Adresse dieses Befehls gibt die Zellennummer des Rückkehrbefehls an, der die Fortsetzung des Hauptprogramms nach der Programmunterbrechung an der richtigen Stelle garantiert.

In der „Minsk-2" sind nur einstufige Unterbrechungen möglich, d. h., der Übergang zu einem bestimmten Unterbrechungsprogramm verbietet (ohne Erlaubnis durch einen speziellen Befehl) automatisch jede weitere Unterbrechung.

1.2.2.   Programmierung

Unter Programmierung versteht man das Aufstellen von Programmen zur Lösung mathematischer Probleme und Informationsproblemen auf elektronischen Datenverarbeitungsanlagen (EDVA).

Die Programmierung ist zudem ein Gebiet der angewandten Mathematik, das sich mit der Ausarbeitung von Programmierungsmethoden für Probleme, die auf elektronischen Datenverarbeitungsanlagen zu lösen sind, beschäftigt.

Man unterscheidet zwei Arten der Programmierung. Bei der direkten Programmierung wird die gesamte Arbeit, angefangen von der Ausarbeitung eines Flußbildes bis zur Codierung und der Eingabe des Programms in die Maschine, vom Programmierer ausgeführt. Bei der automatischen Programmierung wird vom Programmierer lediglich das Flußbild des Programms erarbeitet und in verkürzter Schreibweise niedergeschrieben.

Die gesamte technische Arbeit zur Aufstellung und Codierung des Programms wird von der elektronischen Datenverarbeitungsanlage selbst mit Hilfe eines speziellen programmierenden Programms bewältigt.

1.2.2.1. Programmsteuerung von EDVA

Das Wesen der Programmierung besteht darin, den Lösungsalgorithmus eines Problems als eine Folge von elementaren Operationen darzustellen, die von der elektronischen Datenverarbeitungsanlage ausgeführt werden können.

Für jede elektronische Datenverarbeitungsanlage ist eine bestimmte Menge arithmetischer und logischer Operationen festgelegt. Diesen Operationen ordnet man gewisse Zahlen zu, d. h., man verschlüsselt sie. Die codierten Zahlen bewirken in der Rechenanlage die Abarbeitung der entsprechenden Operation. Zu den arithmetischen Operationen gehören Addition, Subtraktion, Multiplikation und Division. Als logische Operationen benutzt man gewöhnlich solche Operationen, die das Vorhandensein oder das Fehlen irgendeines Kennzeichens feststellen. Man kann z. B. überprüfen: die Vorzeichen einer Zahl; die Übereinstimmung einer gegebenen Zahl mit einer anderen; ob bestimmte Stellen einer Zahl gleich Null sind. Ähnliche logische Operationen werden vom Menschen beim Kopfrechnen zur Festlegung des weiteren Rechenweges nach Überprüfen der erhaltenen Zwischenergebnisse ausgeführt.

Die arithmetischen und logischen Operationen werden von den elektronischen Digitalrechnern außerordentlich schnell in Bruchteilen ($^1/_{1\,000\,000}$) von Sekunden ausgeführt. Um aber bei der Lösung von Problemen insgesamt eine hohe Geschwindigkeit zu erreichen, genügt es nicht, daß jede Operation sehr schnell ausgeführt wird. Zusätzlich ist es notwendig, daß diese Operationen automatisch in der notwendigen Reihenfolge und weitestgehend ohne Einschaltung des Menschen ablaufen. Das wird durch Anwendung der Programmsteuerung erreicht. Das Wesen der Programmsteuerung wird im folgenden beschrieben.

Von der Maschine wird jede Operation auf Grund eines bestimmten Befehls ausgeführt. Eine Folge von Befehlen bildet das Programm zur Arbeit der Maschine. Das Programm wird vom Programmierer auf einem speziellen Formular (Programmformular) niedergeschrieben. Der Programmierer verwendet dabei im allgemeinen die Zeichen, die etwa den einzelnen Operationen zugeordnet sind (z. B.: AD – Addition). Jedem Zeichen entspricht wiederum eine bestimmte (Dual-)Zahl, so daß jeder Befehl durch eine bestimmte Zahl ausgedrückt (codiert) und damit das Programm als eine Folge von Zahlen dargestellt werden kann. Erst in dieser Form kann das Programm von der Maschine abgearbeitet werden. Dabei gelangt das in einer Zahlenfolge dargestellte Programm zunächst in den Maschinenspeicher und wird wie gewöhnliche Zahlen gespeichert. Während der Lösung der Probleme werden die Befehle des Programms nacheinander aus dem Speicher durch das Steuerwerk der Maschine aufgerufen und abgearbeitet. Jeder aufgerufene Befehl wird durch das Steuerwerk entschlüsselt und zur Abarbeitung in die verschiedenen Teile der Maschine übertragen.

Ein Befehl besteht aus zwei Teilen, dem *Operations-* und dem *Adressenteil.* Im Operationsteil wird die auszuführende Tätigkeit, im Adressenteil wird die Nummer der Speicherzelle, die den zu verarbeitenden Operanden enthält, angegeben.

Alle von der Maschine ausführbaren arithmetischen und logischen Grundoperationen sind codiert. Jeder Operation ist eine konstante Zahl zugeordnet, die Operationscodezahl heißt. Sie wird im Operationsteil des Befehls angegeben. Der Befehl enthält demnach im Operationsteil die Operationscodezahl und im Adreßteil die Nummern derjenigen Zellen, die die Operanden (die Ausgangszahlen) für die entsprechende Operation enthalten bzw. die Nummer der Zelle, in die das Resultat der Operation gespeichert werden soll.

Ein Befehl hat etwa folgendes Aussehen:

01	0026	0072	0136

Die Zahl 01 im linken Kästchen ist die Operationscodezahl der Addition (die Addition hat gewöhnlich diese Codezahl). Die Zahlen 0026 und 0072 geben an, daß der erste Operand aus der Zelle Nr. 0026 und der zweite aus der Zelle Nr. 0072 zu entnehmen ist. Die im vierten Kästchen eingetragene Zahl 0136 besagt, daß das Ergebnis in die Zelle Nr. 0136 gespeichert werden soll. Das ist ein Beispiel für einen sog. Dreiadreßbefehl. Bei einem solchen Befehl werden drei Adressen angegeben: Die Adressen der beiden Operanden und die Adresse des Resultats der Operation.

Es gibt auch Maschinen mit Ein-, Zwei-, Vier- und Fünfadreßbefehlen. Die Maschinen heißen entsprechend Ein-, Zweiadreßmaschinen usw. Bei Einadreßmaschinen kann eine volle arithmetische Operation in der Regel nicht (wie bei einer Dreiadreßmaschine) mit Hilfe eines Befehls durchgeführt werden, sondern erfordert mehrere Befehle. Dabei wird mit dem ersten Befehl der erste Operand aufgerufen. Ein zweiter Befehl bewirkt eine entsprechende Verknüpfung der beiden Operanden, wobei die Adresse des zweiten Operanden in dem Adreßteil dieses Befehls angegeben werden muß. Ein dritter Befehl bewirkt den Transport des Ergebnisses zur vorgegebenen Adresse. Das Steuerwerk einer Maschine sichert die folgerichtige Abarbeitung der Befehle eines Programms und steuert die Arbeit der Maschine bei der Ausführung jedes Befehls nach den Arbeitstakten der Maschine. Wie schon erwähnt, wird nach der Ausführung eines Befehls der Befehlszähler der Maschine um Eins erhöht und der nächste Befehl aus dem Speicher abgerufen. Der nächste Befehl hat im allgemeinen eine um Eins höhere Nummer als der vorhergehende. Auf diese Weise werden die arithmetischen und logischen Befehle ausgeführt. In der Regel enthält jeder von ihnen zwei Operanden, und das Ergebnis der Operation ist eine Zahl.

Außer den bisher erwähnten Befehlen gibt es sog. Steuer- und Hilfsbefehle (Transport-, Sprung- und Regiebefehle). Mit ihrer Hilfe wird die Maschine in Gang gesetzt oder angehalten (Regiebefehle), werden Zahlen gelesen, gespeichert und umgespeichert, Transporte von und zu den Ein- und Ausgabegeräten realisiert (Transportbefehle) sowie die Reihenfolge der Abarbeitung der Befehle verändert (Sprungbefehle).

Wir wollen nun bedingte und unbedingte Sprungbefehle sowie ihre Abarbeitung etwas genauer untersuchen. Gewöhnlich werden die Befehle des Programms nacheinander solange ausgeführt bis ein bedingter oder unbedingter Sprungbefehl folgt. Bei einem *bedingten Sprungbefehl* wird in Abhängigkeit von der Erfüllung einer bestimmten Bedingung zu dem durch die Adresse festgelegten Befehl gesprungen. Betrachten wir dazu einen bedingten Dreiadreßsprungbefehl. Er kann z.B. in folgender Weise aufgebaut sein. Der Operationsteil besagt, daß die in den ersten beiden Adressen angegebenen zwei Operanden miteinander zu vergleichen sind. Auf Grund des Befehls werden beide Operanden aufgerufen und miteinander verglichen. Ist der erste Operand größer als der zweite, wird das Programm bei dem Befehl fortgesetzt, dessen Adresse in der dritten Befehlsadresse des bedingten Sprungbefehls steht. Ist jedoch diese Bedingung nicht erfüllt (d. h. die zweite Zahl ist größer oder gleichgroß), dann wird der bedingte Sprung nicht ausgeführt und das Programm mit dem nächsten Befehl fortgesetzt. Ein *unbedingter Sprungbefehl* gibt unabhängig von der Erfüllung irgendwelcher Bedingungen die Adresse des Befehls (Sprungadresse) an, der als nächster nach der Ausführung des gegebenen Befehls abzuarbeiten ist.

Bei einer Dreiadreßmaschine kann ein bedingter Sprungbefehl auch einen anderen Aufbau haben. Die ersten beiden Adressen geben dabei die Adressen von zwei Befehlen des Programms an, zu denen je nach Erfüllung der Bedingungen gesprungen wird. Demnach wird zuerst der Vergleich durchgeführt. In Abhängigkeit vom Ergebnis des Vergleiches wird die Adresse des Befehls ausgewählt, zu dem der bedingte Sprung dann erfolgt. Die dritte Adresse wird nicht in Anspruch genommen.

Die Mehrheit der arithmetischen und logischen Befehle ist so aufgebaut, daß man außer dem Resultat ein zusätzliches Kennzeichen – als ω-(Omega) Signal bezeichnet – erhält. Es charakterisiert bestimmte alternative Eigenschaften der als Ergebnis eines ausgeführten Befehls entstandenen Zahlen.

Unter einer *alternativen Eigenschaft* verstehen wir dabei, daß diese entweder vorhanden ist oder nicht. Demnach kann das ω-Kennzeichen nur gleich 0 oder 1 sein. Zum Beispiel wird die Addition so ausgeführt, daß bei negativem Ergebnis der Addition das ω-Kennzeichen gleich 1 und bei nichtnegativem Ergebnis gleich Null ist.

Das ω-Signal wird aus dem Rechenwerk in das Steuerwerk übertragen und dort bei der Ausführung eines bedingten Sprungbefehls zur Ermittlung der Adresse des nächsten auszuführenden Befehls verwendet. Zum Beispiel kann ein bedingter Sprungbefehl nach folgender Regel ausgeführt werden: Wenn nach dem letzten Befehl $\omega = 1$ war, dann wird als nächster der Befehl ausgeführt, dessen Adresse im zweiten Adreßteil des bedingten Sprungbefehls angegeben ist; war nach dem vorhergehenden Befehl das ω-Kennzeichen gleich 0, dann wird als nächster der Befehl ausgeführt, dessen Adresse im ersten Adreßteil des bedingten Sprungbefehls angegeben ist. Auf diese Weise kann ein bedingter Sprungbefehl (in beiden beschriebenen Modifikationen) in Abhängigkeit von der Erfüllung einer bestimmten Bedingung die Berechnungen in einer bestimmten Richtung fortsetzen. Das ist eine sehr wichtige Eigenschaft programmgesteuerter Rechenmaschinen, die deren vollautomatische Arbeit garantiert. Wie allgemein bekannt, ist es im Verlauf komplizierter Berechnungen häufig notwendig, die Frage zu beantworten, wie die Berechnungen nach bestimmten Zwischenergebnissen fortzusetzen sind. Die richtige Fortsetzung des Programms bei Programmverzweigungen wird von einer Maschine mit Hilfe der bedingten Sprungbefehle realisiert. Man muß im Programm nur dafür sorgen, daß die bedingten Sprungbefehle gemäß der Kennzeichen der Ergebnisse entsprechend angesprochen werden.

1.2.2.2.   Direkte Programmierung

Die direkte Programmierung betrachten wir am Beispiel eines einfachen Programms für eine Dreiadreßmaschine. Die Lösung eines Systems zweier linearer Gleichungen mit zwei Unbekannten soll programmiert werden. Es sei

$$Ax + By = C,$$

$$Dx + Ey = F$$

unter der Bedingung $AE - BD \neq 0$.

Als Lösung dieses Gleichungssystems erhalten wir:

$$x = \frac{CE - BF}{AE - BD}, \quad y = \frac{AF - CD}{AE - BD}.$$

Das Programm stellen wir gemäß diesen Formeln auf. Daraus ergibt sich sofort die Reihenfolge, in der im gegebenen Fall der Rechenprozeß verwirklicht werden soll. Bei der Aufstellung des Programms verwenden wir zunächst allgemeine Zahlen. So bezeichnen wir die für die Speicherung des Programms vorgesehenen Zellen mit $a + 1, a + 2, \ldots$ und die Speicherzellen der Ausgangsdaten mit $b + 1, b + 2, \ldots$.

Zudem verwenden wir folgende Operationscodezahlen:

01 – Addition,

03 – Subtraktion,

05 – Multiplikation,

06 – Division,

07 – Umwandeln einer Dualzahl in Dezimalzahlen,

10 – Stanzen auf Lochkarten,

11 – Halt.

Die Ausgangsdaten der Aufgabe (die Zahlen A, B, C, D, E, F) ordnen wir wie folgt an:

Tabelle 11

Adresse der Zelle	$b + 1$	$b + 2$	$b + 3$	$b + 4$	$b + 5$	$b + 6$
Inhalt der Zelle	A	B	C	D	E	F

Außer den Zellen $a + 1$, $a + 2, \ldots$ für das Programm benötigen wir die Arbeitszellen $c + 1, c + 2, \ldots$ und die Zellen $d + 1, d + 2, \ldots$ für die Ergebnisse.

Bei der Aufstellung des Programms werden wir links von jedem Befehl die für die Befehlsspeicherung vorgesehene Adresse (oktal verschlüsselt) angeben. Diese Adresse grenzen wir vom Befehl durch eine runde Klammer ab.

Sie dient demzufolge nur als Trennzeichen und gehört nicht zum Befehl. Nach diesem Trennzeichen steht in jedem Befehl die Codezahl der Operation und anschließend die Adressen. Wir wollen nun die einzelnen Befehle des Programms betrachten.

Erster Befehl „Multipliziere die Zahlen A und E; speichere das Produkt in die Arbeitszelle $c + 1$":

$a + 1$) 05, $b + 1$, $b + 5$, $c + 1$.

Zweiter Befehl „Multipliziere die Zahl B mit D; speichere das Produkt in die Zelle $c + 2$":

$a + 2$) 05, $b + 2$, $b + 4$, $c + 2$.

Dritter Befehl „Subtrahiere von dem auf Zelle $c + 1$ stehenden Produkt AE das in Zelle $c + 2$ stehende Produkt BD; speichere die Differenz in die Zelle $c + 1$":

$a + 3$) 03, $c + 1$, $c + 2$, $c + 1$.

Vierter Befehl „Multipliziere die Zahlen C und E; speichere das Produkt in die Zelle $c + 2$":

$a + 4$) 05, $b + 3$, $b + 5$, $c + 2$.

Fünfter Befehl „Multipliziere die Zahlen B und F; speichere das Produkt in die Zelle $c + 3$":

$a + 5$) 05, $b + 2$, $b + 6$, $c + 3$.

Sechster Befehl „Subtrahiere von dem in der Zelle $c + 2$ gespeicherten Produkt CE das in der Zelle $c + 3$ gespeicherte Produkt BF; speichere die Differenz in die Zelle $c + 2$":

$a + 6$) 03, $c + 2$, $c + 3$, $c + 2$.

Siebenter Befehl „Dividiere die in der Zelle $c + 2$ gespeicherte Differenz $CE - BF$ durch die in der Zelle $c + 1$ gespeicherte Differenz $AE - BD$; speichere den Quotienten in Zelle $d + 1$":

$a + 7$) 06, $c + 2$, $c + 1$, $d + 1$.

Nach Abarbeitung dieser Befehle erhalten wir die gesuchte Größe x.

Achter Befehl „Multipliziere die Zahl A mit F; speichere das Produkt in der Zelle $c + 2$":

$a + 10$)[1]) 05, $b + 1$, $b + 6$, $c + 2$.

Neunter Befehl „Multipliziere die Zahl C mit D; speichere das Produkt in der Zelle $c + 3$":

$a + 11$) 05, $b + 3$, $b + 4$, $c + 3$.

Zehnter Befehl „Subtrahiere von dem in der Zelle $c + 2$ gespeicherten Produkt AF das in der Zelle $c + 3$ gespeicherte Produkt CD; speichere die Differenz in der Zelle $c + 2$":

$a + 12$) 03, $c + 2$, $c + 3$, $c + 2$.

---

[1]) Nach $a + 7$ folgt $a + 10$, weil die Niederschrift im Oktalsystem erfolgte. In diesem Zahlensystem wird die Zahl 8 in der Ziffernfolge 10 angegeben.

11. Befehl „Dividiere die in der Zelle $c + 2$ gespeicherte Differenz $AF - CD$ durch die in der Zelle $c + 1$ gespeicherte Differenz $AE - BD$; speichere den Quotienten in der Zelle $d + 2$":

$$a + 13)\ 06,\ c + 2,\ c + 1,\ d + 2.$$

Damit erhalten wir die zweite gesuchte Unbekannte y. Mit dem Abarbeiten der von uns aufgestellten Befehle löst die Maschine das gegebene Gleichungssystem. Alle Berechnungen werden dabei im dualen Zahlensystem ausgeführt, folglich liegen auch die x und y als Dualzahlen vor. Es ist deshalb notwendig, sie noch in Dezimalzahlen umzuwandeln.

12. Befehl „Wandle zwei Dualzahlen x und y, die in aufeinanderfolgenden Zellen ab $d + 1$ gespeichert sind, in Dezimalzahlen um; speichere das Ergebnis in die Zellen ab $d + 1$":

$$a + 14)^2)\ 07,\ d + 1{,}0002,\ d + 1.$$

Jetzt wollen wir die erhaltenen Ergebnisse aus der Maschine auf Lochkarten ausgeben.

13. Befehl „Gib zwei in den aufeinanderfolgenden Zellen ab $d + 1$ gespeicherte Zahlen auf Lochkarten aus":

$$a + 15)\ 10,\ d + 1{,}0002,\ 0000$$

15. und letzter Befehl „Stop":

$$a + 16)\ 11,\ 0000,\ 0000,\ 0000$$

Damit ist das Programm aufgestellt.

Die Zusammenstellung aller Befehle ergibt das in Tabelle 12 dargestellte Programm. Wenn wir die Buchstaben durch konkrete Zahlen ersetzen, erhalten wir das Programm in seiner endgültigen Form.

Tabelle 12

Nr. der Zelle	In der Zelle gespeicherter Befehl			Nr. der Zelle	In der Zelle gespeicherter Befehl		
$a + 1$	05	$b + 1$	$b + 5$	$c + 1$	$a + 10$	05	$b + 1$	$b + 6$	$c + 2$
$a + 2$	05	$b + 2$	$b + 4$	$c + 2$	$a + 11$	05	$b + 3$	$b + 4$	$c + 3$
$a + 3$	03	$c + 1$	$c + 2$	$c + 1$	$a + 12$	03	$c + 2$	$c + 3$	$c + 2$
$a + 4$	05	$b + 3$	$b + 5$	$c + 2$	$a + 13$	06	$c + 2$	$c + 1$	$d + 2$
$a + 5$	05	$b + 2$	$b + 6$	$c + 3$	$a + 14$	07	$d + 1$	0002	$d + 1$
$a + 6$	03	$c + 2$	$c + 3$	$c + 2$	$a + 15$	10	$d + 1$	0002	0000
$a + 7$	06	$c + 2$	$c + 1$	$d + 1$	$a + 16$	11	0000	0000	0000

Die Verwendung von EDVA ist besonders dann zweckmäßig, wenn die Maschine mit einem aus relativ wenigen Befehlen bestehenden Programm viele Operationen ausführt. Das kann man durch solche Programme erreichen, nach denen die Maschine anfangs eine Reihe von Operationen mit bestimmten Daten ausführt, anschließend die Adressen eines Teiles der Befehle selbst ändert und andere Daten mit Hilfe des veränderten Programms durchrechnet. Dies wird solange fortgesetzt, bis alle Daten durch dieses Programm verarbeitet sind.

Eine solche oben angeführte Befehlsänderung bezeichnet man als *Adressenänderung*. Beachtet man, daß die Befehle in der Maschine als (Dual-)Zahlen vorliegen, dann können die Adressenänderungen von Befehlen durch das Ausführen arithmetischer Operationen (etwa der Addition und Subtraktion) mit den Befehlen realisiert werden. Neben dieser Befehlsänderung müssen für die Programmabarbeitung noch andere Bedingungen erfüllt werden. Erstens gilt es zu bestimmen, ob ein Befehl und wann er wiederholt abzuarbeiten ist. Zweitens muß man die Maschine zur „Rückkehr" zwingen, d. h., man muß vom Ende eines bestimmten Programmteils zu dessen Anfang zurückkehren können. Diese Rückkehr kann von der Erfüllung einer bestimmten logischen Bedingung abhängig sein und über einen bedingten Sprungbefehl realisiert werden. Solche von der Maschine mehrmals zu durchlaufenden Programmteile heißen *Programmschleifen* (kurz Schleifen). In Programmen treten demnach Programmteile auf, wo die Fortsetzung der weiteren Abarbeitung des Programmes an zwei oder mehr Stellen möglich ist und von der Erfüllung oder Nichterfüllung logischer Bedingungen abhängt. Solche Programmteile bezeichnet man als *Programmverzweigungen*. Die Realisierung solcher Programmverzweigungen geschieht durch bedingte Sprungbefehle. Meist gibt es nur zwei Programmzweige. Betrachten wir dazu ein Beispiel.

Die Wahrheit der logischen Bedingung „Die Summe zweier Zahlen ist negativ" überprüfen wir, indem wir diese beiden Zahlen addieren. Bei Erfüllung der Bedingung erzeugt die Maschine das Signal $\omega = 1$. Ein Signal $\omega = 0$ bedeutet demnach die Nichterfüllung der Bedingung. Nach Überprüfung der logischen Bedingung folgt ein bedingter Sprungbefehl. Ist $\omega = 1$, führt die Maschine gemäß dem bedingten Sprungbefehl als nächsten Befehl denjenigen aus, dessen Adresse etwa in der zweiten Adresse des bedingten Sprungbefehls steht. Bei $\omega = 0$ wird das Programm bei dem Befehl fortgesetzt, dessen Adresse gleich der ersten Adresse des bedingten Sprungbefehls ist.

Moderne elektronische Datenverarbeitungsanlagen verwenden fast ausschließlich eine automatische Adressenmodifikation der Befehle mit Hilfe sog. *Indexregister*. Durch dieses Verfahren verringert sich die Anzahl der benötigten Befehle und Arbeitstakte im Vergleich zur Adressenmodifikation mit Hilfe des gewöhnlichen Rechenwerkes (wie es z. B. in der Maschine „Strela" verwendet wird) wesentlich. Auf diese Weise erhält man kürzere Programme und Rechenzeiten.

Wir untersuchen die Anwendung der automatischen Adressenmodifikation am Beispiel der „Minsk-2". Die ersten fünfzehn Zellen des Hauptspeichers dieser Maschine werden als Indexregister genutzt. Im Befehlswort ist ein spezieller vierstelliger Bereich zur Angabe der Nummer (Adresse) des Indexregisters reserviert. Eine Null in diesem

Feld bedeutet, daß beide Adressen des Befehls nicht modifiziert werden. Eine von Null verschiedene Zahl gibt die Nummer des Indexregisters an, dessen Inhalt zur ersten und zweiten Adresse des Befehls addiert werden muß.

Bei der Beschreibung der Maschine „Minsk-2" wurde ausführlich darauf eingegangen.

Als Beispiel betrachten wir ein Programm zur Berechnung eines Polynoms n-ten Grades nach dem Hornerschen Schema:

$$y = a_0 + a_1 x + a_2 x^2 + a_3 x^3 + \cdots + a_n x^n$$
$$= (a\ + x\,(a_1 + \cdots + x\,(a_{n-1} + x a_n)\,\ldots)).$$

Alle Adressen und Konstanten werden hierbei – wie es bei der Programmierung der „Minsk-2" üblich ist – im Dualsystem angegeben.

Wir speichern das Argument x in der Zelle 0077, den Wert y des Polynoms in der Zelle 0076, die Koeffizienten $a_n, a_{n-1}, \ldots, a_0$ des Polynoms in den Zellen 0100, 0101, …, $0100 + n$ und das Programm in den Zellen ab Adresse 1000.

Zur Aufstellung des gegebenen Programms müssen wir die benötigten Befehle der „Minsk-2" beschreiben.

Wir möchten nochmals darauf hinweisen, daß die Operationscodezahlen „Minsk-2" als zweistellige Oktalzahlen mit Vorzeichen angegeben werden. Auch die Adressen der Indexregister sowie die 1. und 2. Adresse sind mit Hilfe von 2- bzw. 4stelligen Oktalzahlen angegeben (s. Tab. 13).

Auf S. 68, Tab. 14 ist ein Programm zur Berechnung des angeführten Polynoms angegeben. Zur Modifikation benutzen wir die Indexzelle 01. Die Speicherzelle 0075 verwenden wir zur Speicherung der Konstanten $(n - 1)$, d. h., der Grad des Polynoms vermindert sich um Eins. Diese Konstante ist die um Eins kleinere Anzahl der Zyklen. Die Zelle mit der Adresse 0074 dient als Arbeitsspeicher.

Ein weiteres Beispiel zur Anwendung der automatischen Adressenmodifikation mit Hilfe von Indexregistern beschreiben wir im Programm der Berechnung des skalaren Vektorproduktes (s. Tab. 15): Wie im vorangegangenen Beispiel benutzen wir das Indexregister 0001 und die Arbeitsspeicherzelle 0074.

Wir speichern den Ausgangswert des Indexregisters 0001 in der Zelle 0075, den berechneten Wert y in der Zelle 0076, die Zahlen $a_1, a_2, \ldots, a_n$ in den Zellen 0101, 0102, …, $0100 + n$, die Zahlen $b_1, b_2, \ldots, b_n$ in den Zellen 0201, 0202, …, $0200 + n$ sowie das Programm ab Zelle 1000. Setzen wir dabei voraus, daß $n \leqq 100$ ist, so gibt Tabelle 15 das Programm wieder.

Einige wichtige Methoden zur Erleichterung der maschinenorientierten Programmierung ist die Flußbildtechnik. Vor der Niederschrift des Programms wird ein Flußbild aufgestellt, das die Reihenfolge der auszuführenden Berechnungen in Form verschieden geformter graphischer Figuren (Blöcke) veranschaulicht. Diese Figuren werden durch Pfeile verbunden. Die Sinnbilder sind – als Bausteine der Flußbilder – einheitliche graphische Figuren mit festgelegten Bedeutungen. Dadurch wird es möglich, Organisations- und Programmabläufe zu erläutern und zu veranschaulichen.

Tabelle 13. Einige Befehle der Maschine „Minsk-2"

Operations-codezahl					Erläuterungen
Vorzeichen	zweistellige Codezahl	Index, zweistellig	erste Adresse, vierstellig	zweite Adresse, vierstellig	
—	10	I	$A\,1$	$A\,2$	In die Zelle $A\,2$ und in das Rechenwerk wird der Inhalt der Zelle $A\,1$ transportiert. Das Kennzeichen $\omega = 1$ wird beim Aufruf einer Null abgearbeitet.
+	35	I	$A\,1$	$A\,2$	Multiplikation der Zahl der Zelle $A\,2$ mit der Zahl in der Zelle $A\,1$. Das Ergebnis bleibt im Rechenwerk.
+	16	I	$A\,1$	$A\,2$	Addition der Zahl in der Zelle $A\,1$ mit dem Inhalt des Addierwerkes und anschließender Transport des Ergebnisses in die Zelle $A\,2$.
—	20	I	$A\,1$	$A\,2$	Überprüfung des Zyklusendes. Zu den Adressenteilen $A\,1$ und $A\,2$ des Inhalts des Indexregisters I werden die Werte der entsprechenden Adressenteile des Inhalts der Zelle $A\,2$ hinzugezählt, wodurch sich die Zahl der Schritte bei der Umadressierung der Befehle mit Hilfe dieses Indexregisters erhöht. Vom Wert des Zykluszählers, der sich in den höchsten 13 Stellen dieser Indexzelle befindet, wird eine Eins subtrahiert. Wenn das Eregbnis $\neq 0$ ist, wird zum Befehl der Adresse $A\,1$ gesprungen, wenn das Ergebnis 0 ist, wird zum nächsten Befehl übergegangen. Wir weisen darauf hin, daß der Anfangswert des Zykluszählers um eine Einheit kleiner sein muß als die Zahl der notwendigen Wiederholungen der Zyklen.

Ausgehend von einem aufgestellten Flußbild wird das Programm schrittweise unter Verwendung von symbolischen Adressen erarbeitet. Die einzelnen Programmteile (Unterprogramme) werden anschließend vereinigt, und den symbolischen Adressen werden Maschinenadressen zugeordnet.

Eine wichtige Frage der Programmierung ist die Speicherplatzverteilung. Die Speicherplätze verteilt man am zweckmäßigsten nach der Aufstellung des Flußbildes. Große Schwierigkeiten bereitet sie vor allem dann, wenn eine große Datenmenge, die auf Magnetbändern und -trommeln gespeichert ist, verarbeitet werden soll. Bei der Programmierung müssen in diesem Falle spezielle Befehle für die Übertragung der Aus-

Tabelle 14. Programm zur Berechnung eines Polynoms

Adresse der Zahl	Befehlscode				Erläuterung
	Operationscode	Index	$A\,1$	$A\,2$	
0001					Indexzelle
$\vdots$					
0074					Arbeitszelle
0075	$n-1$		0001	0001	
0076		Wert des Polynoms y			
0077		Größe des Argumentes x			
$\vdots$					
0100		Koeffizient a_n			
0101		Koeffizient a_{n-1}			
$0100+n$		Koeffizient a_0			
$\vdots$					
1000	-10	00	0075	0001	Transport des Anfangswertes in die Indexzelle 0001
1001	-10	00	0100	0074	Transport des Koeffizienten a_n in die Arbeitszelle 0074
1002	$+35$	00	0074	0077	$a_n \times x$
1003	$+16$	01	0100	0074	$a_n \times x + a_{n-1}$
1004	-20	01	1002	0075	Überprüfung des Zyklusendes
1005	-10	00	0074	0076	Ergebnistransport

Tabelle 15. Programm zur Multiplikation zweier Vektoren

Adresse der Zelle	Befehlscode				Erläuterung
	Operationscode	Index	$A\,1$	$A\,2$	
0001					Indexzelle
$\vdots$					
0074					Arbeitszelle
0075	$n-1$		0001	0001	Konstante
0076		Wert y			
$\vdots$					
1000	-10	00	0075	0001	Konstantentransport
1001	-10	00	0000	0074	Löschen der Arbeitszelle
1002	$+35$	01	0100	0200	$a_1 \times b_1$
1003	$+16$	00	0074	0074	Addition des Inhaltes des Addierwerkes zum Inhalt der Arbeitszelle 0074 mit Ergebnistransport in die Arbeitszelle 0074
1004	-20	01	1002	0075	Überprüfung des Zyklusendes
1005	-10	00	0074	0076	Ergebnistransport in die Zelle 0076

gangsdaten von den Magnetbändern und -trommeln in den Hauptspeicher der Maschine und den Rücktransport der erhaltenen Ergebnisse auf die Bänder und Trommeln oder für den Drucker vorgesehen werden.

1.2.2.3.   Kontrolle der Berechnungen

Eine besonders wichtige Rolle spielt die Kontrolle der Ergebnisse. Man muß damit schon bei der Vorbereitung des Problems beginnen und sich Gedanken machen, in welcher Weise vor und während der Rechnung Kontrollmöglichkeiten eingebaut werden können. Doch gehen wir der Reihe nach vor.

Algorithmen, Ausgangsdaten und Programm werden vom Spezialisten – dem Mathematiker, der das Problem aufbereitet – selbst kontrolliert. Die Übertragung der Daten auf Lochkarten erfolgt mittels eines Lochers. Nach dem Lochen werden die Lochkarten in einer als Prüfer bezeichneten Maschine verglichen, indem die Informationen nochmals bei dem Prüfer eingegeben werden. Stellt die Maschine bei dem Vergleich mit den schon vorhandenen Lochkarten Übereinstimmung fest, so ist die Informationsübertragung von den Belegen auf die Lochkarten fehlerfrei ausgeführt worden. Bei Nichtübereinstimmung stoppt die Maschine, die fehlerhafte Lochkarte kann entfernt und durch eine neue ersetzt werden.

Zu bemerken ist zudem, daß das Lochen und Prüfen von zwei unabhängig voneinander arbeitenden Maschinen durchgeführt wird. Es gibt auch ein anderes Verfahren, wo die Lochkarten doppelt erzeugt werden müssen und diese doppelt erzeugten Lochkarten mittels eines ebenfalls als Prüfer bezeichneten Gerätes verglichen werden. Häufig wird dabei ein als Kontrollsummation bezeichnetes Verfahren angewendet. Bei diesem Verfahren werden nach der Eingabe des Programms die in dem Speicher stehenden Befehle, die als Zahlen aufgefaßt werden können, summiert. Die erhaltene Summe wird als Kontrollsumme bezeichnet. Sie wird mit Hilfe eines speziellen Befehls von der Maschine mit der entsprechenden vorher in die Maschine eingegebenen Summe verglichen. Dieses Verfahren können wir auch auf die Ausgangsdaten anwenden. Die Kontrollsumme wird hier mit einer außerhalb der Maschine ermittelten Summe verglichen. Dabei ist es möglich, die Ausgangsdaten nacheinander in Stapeln einzugeben. Die Kontrollsummen können nach der Eingabe jedes Stapels verglichen werden. Die Übereinstimmung der Kontrollsummen wird als Kriterium dafür angesehen, daß die Eingabe des Programms und der Ausgangsdaten fehlerfrei erfolgte.

Nachdem das Programm richtig eingegeben wurde, kann man mit der Abarbeitung des Programms beginnen. Jedes neu aufgestellte Programm muß zuerst auf der Maschine getestet werden. Das Wesen des Tests besteht darin, mit Hilfe des Programms anhand von vereinfachten Ausgangsdaten die Berechnungen durchzuführen. Die dabei von der Maschine ausgegebenen Ergebnisse werden mit vorher vorbereiteten, durch Handrechnung erhaltenen Ergebnissen verglichen. Durch den Programmtest mit Hilfe der Maschine können die bei der Aufstellung des Programms begangenen Fehler erkannt und beseitigt werden. Erst mit einem getesteten Programm führt man die eigentliche Berechnung des Problems durch. Die Richtigkeit der Lösung, d. h. der von der Maschine durchgeführten Berechnungen, kann man ebenfalls kontrollieren. Ein einfaches Kontrollverfahren ist die zweifache Rechnung. Die einfachste Möglichkeit besteht darin, die Rechnung von der Maschine zweimal durchführen zu lassen, die erhaltenen Ergebnisse zu drucken und dann miteinander zu vergleichen. Wenn während der Rechnung bei der Maschine keine zufälligen Fehler auftreten, stimmen beide Ergebnisse überein.

Gewöhnlich wird die Richtigkeit der Berechnungen vom Programm kontrolliert. Diese Kontrolle wird dann von der Maschine selbst automatisch erledigt. Die zweifache Rechnung kann auch in diesem Falle angewendet werden. Man kann ein Programm so aufstellen, daß die Maschine ein Programm einmal rechnet, die Ergebnisse summiert, danach dieselbe Rechnung wiederum durchführt und die Ergebnisse erneut summiert. Stimmen beide Kontrollsummen überein, werden die Ergebnisse auf Lochkarten ausgegeben. Eine solche Kontrolle wird sehr häufig angewendet. Die Praxis zeigt ihre hohe Zuverlässigkeit. Der Rechenzeitaufwand ist dabei jedoch auf das Doppelte erhöht. Manchmal werden die Berechnungen mit Hilfe bestimmter Beziehungen, die zwischen den zu berechnenden Größen bestehen, kontrolliert. Dabei dürfen diese Beziehungen selbstverständlich nur zur Berechnung dieser Größen für Kontrollzwecke benutzt werden.

1.2.2.4.   Operatorenmethode der Programmierung

Einen bedeutenden Beitrag zur Entwicklung der Programmierungsmethoden stellt A. A. LJAPUNOFFs Operatorenmethode dar (1953). Nach dieser Methode wird der Algorithmus zur Lösung eines Problems unabhängig von der konkreten Maschine in einer algorithmischen Sprache geschrieben.

Grundlage jeder algorithmischen Sprache ist eine Menge von Operatoren. Darunter versteht man autonome Operationseinheiten, die für die Informationsumwandlung in der Maschine notwendig sind. In ihrer ursprünglichen Form hatte die von A. A. LJAPUNOFF vorgeschlagene Operatorenmethode folgendes Aussehen.

Jede Operatorenart wird durch einen bestimmten Buchstaben gekennzeichnet. Nach dem Algorithmus einer Aufgabe wird ein logisches Schema des Programms aufgestellt. Dabei ordnet man die durch Buchstaben gekennzeichneten Operatoren in einer Zeile von links nach rechts in der Reihenfolge ihrer Ausführungen und indiziert sie fortlaufend. Entspricht diese Reihenfolge der Operatoren nicht der Reihenfolge ihrer Abarbeitung, werden spezielle Übergangszeichen (z.B. Semikolon nach dem entsprechenden Operator und ein Pfeil zu dem Operator, wo die Fortsetzung erfolgt) eingeführt. Wenn ein Operator von einem bestimmten Parameter abhängt, dann versieht man den diesen Operator kennzeichnenden Buchstaben mit einem oberen Index. Der Index kennzeichnet den entsprechenden Parameter. Bei der Programmierung von Problemen werden hauptsächlich folgende Operatorentypen verwendet: Arithmetische (A_m^i), logische (P_m^i), Adressenänderungen (F_m^i), Wiederherstellungsoperatoren (O_m^i) und verschiedene andere.

Gewöhnlich ändern sich bei Befehlen diejenigen Adressen, die von irgendeinem Parameter abhängen. Ist eine Adressenänderung etwa mit einer Änderung eines Parameterwertes j verbunden, dann schreibt man, zur Verdeutlichung des Sachverhaltes $F_m(j)$. Die durch eine Änderung verschiedener Parameter bedingten Adressenänderungen werden durch eine den vorhandenen Parameter entsprechende Menge von Operatoren ausgeführt.

Der Wiederherstellungsoperator O dient zur Wiederherstellung von Befehlen und Parametern, die während des Rechenprozesses verändert wurden. Wenn der wiederherzustellende Befehl z. B. vom Parameter i abhängt, schreibt man $O_m(i)$ usw. Im logischen Schema eines Programms drückt jeder Operator eine bestimmte Folge von Befehlen des zukünftigen Programms aus.

Im logischen Schema (und im Programm) gestattet jeder nichtlogische Operator eine Fortsetzung des Programms nur in einer Richtung, nach einem logischen Operator bestehen mehrere Fortsetzungsmöglichkeiten (wobei meist das Programm alternativ, d. h. in zwei Richtungen fortgesetzt werden kann). Mögliche Sprünge zwischen den Operatoren werden durch Pfeile gekennzeichnet. Dazwischenstehende Operatoren werden ausgelassen. Ein an eine Bedingung gebundener Sprungbefehl wird im Falle einer erfüllten Bedingung durch einen Pfeil über dem Operator gekennzeichnet. Ein Pfeil unter dem Operator bedeutet, daß die Bedingung nicht erfüllt ist. Die Anordnung der Pfeile ist bei nichtlogischen Operatoren bedeutungslos (anstelle von Pfeilen werden manchmal auch andere Zeichen verwandt).

Wir stellen z. B. das logische (Operatoren-)Schema für eine Aufgabe auf: Das bestimmte Integral

$$\int_1^x t^n \, dt \quad (x > 0) \tag{1.5}$$

soll berechnet werden.

x und n sind dabei die Ausgangsdaten. Für $n \neq -1$ wird der Wert des Integrals nach der Formel

$$\int_1^x t^n \, dt = \frac{x^{n+1} - 1}{n + 1} \tag{1.6}$$

berechnet, während für $n = -1$ die Formel

$$\int_1^x t^n \, dt = \ln x \tag{1.7}$$

verwendet werden soll. Das Programm besteht aus folgenden Operatoren:

$$P_1 \, A_2 \, A_3 \, J_4 \tag{1.8}$$

Dabei sind

P_1 – logischer Operator zur Überprüfung der Bedingung $n \neq 1$,

A_2 – arithmetischer Operator zur Berechnung gemäß Formel (1.6),

A_3 – arithmetischer Operator zur Berechnung gemäß Formel (1.7),

J_4 – Operator des Endes der Berechnungen (Stoppoperator).

Die Programmierung nach der Operatorenmethode hat folgende Vorteile:

1. Die Programmierungsarbeiten werden in zwei Etappen unterteilt:

a) Aufstellung des logischen Schemas des Programms durch hochqualifizierte Spezialisten (Ingenieure, Mathematiker);

b) formale Niederschrift des Programms durch Techniker oder automatisch von der Maschine selbst mit Hilfe eines programmierenden Programms.

2. Von mehreren Personen können unabhängig voneinander verschiedene Operatoren (auch gleichzeitig) programmiert werden. Es ist relativ einfach, die erhaltenen Programmteile aneinanderzureihen.

Hier muß zudem noch darauf hingewiesen werden, daß es ebenfalls relativ einfach ist, das Aufstellen des Programms nach Unterbrechungen fortzusetzen. Das ist für die maschinenorientierte Programmierung sehr wichtig.

Gegenwärtig gibt es eine große Zahl verschiedener algorithmischer Sprachen auf der Grundlage einer Operatorenmethode. Wir werden uns später ausführlich mit der Sprache ALGOL 60 und deren Erweiterung zur Programmierung von Problemen der logischen Informationsverarbeitung beschäftigen.

1.2.3.   Struktur von EDVA

Die Struktur einer elektronischen Datenverarbeitungsanlage wird in entscheidendem Maße durch Speicher, Befehlssystem und die aus dem Blockschaltbild der Maschine ersichtliche Zusammenarbeit der einzelnen Geräte charakterisiert. Einzelne wichtige Grundcharakteristika sind: Schnelligkeit, Adressentyp, Zahlendarstellung, Kapazität der verschiedenen Speicher sowie Arbeitsgeschwindigkeit der Ein- und Ausgabegeräte. Das Befehlssystem stellt eine Maschinensprache zur Eingabe von Algorithmen in die Maschine dar. Es wird durch Art und Menge der mit der Maschine realisierbaren elementaren Operationen charakterisiert.

Die Konfiguration einer elektronischen Datenverarbeitungsanlage ist aus dem Blockschaltbild ersichtlich. Dort findet man:

1. die Zahl der Grundgeräte,

2. das System der Zusammenarbeit der einzelnen Geräte (Rechenwerk, Leitwerk, Speicher, Eingabe, Ausgabe).

Aus dem Blockschaltbild kann man ferner die Richtung der Informationsübertragung und Steuersignale in der Maschine sowie ein Diagramm über den zeitlichen Ablauf der Gesamtarbeit der Maschine entnehmen. Ausgangspunkte zur Festlegung der Struktur einer elektronischen Datenverarbeitungsanlage sind einerseits die Problemtypen und Algorithmen, die mit der zu projektierenden Maschine gelöst bzw. realisiert werden sollen und andererseits die Grundcharakteristika der Bauelemente. Um eine geforderte Rechengeschwindigkeit zu garantieren, muß man zumindest orientierungsweise die Schnelligkeit der einzelnen Bauelemente und Geräte kennen. Die Zahl der Grundgeräte, die Zusammenarbeit der Geräte, die technischen Parameter sowie das Befehlssystem der Maschine werden in erster Näherung durch eine Analyse der angeführten Fakten bestimmt. Anschließend werden typische Probleme probeweise programmiert. Die erhaltenen Programme sowie die Ergebnisse der Testrechnungen werden gründlich analysiert. Daraus erhält man einen Überblick über die Rechenzeiten zur Lösung von vorgesehenen Problemen, den Umfang der Programme, die Effektivität der Befehle sowie die notwendige Kapazität der Speicher. Auf dieser Grundlage werden die Parameter, das Befehlssystem und die Struktur der Maschine präzisiert. Mit Hilfe der präzisierten Daten werden die Probleme erneut programmiert (wobei nur besonders charakteristische bzw. komplizierte Programmteile zum zweiten Mal programmiert zu werden brauchen). Die auf dieser Etappe erhaltenen Resultate erlauben, eine endgültige Wahl der Grundcharakteristika der Maschine zu treffen. Einzelne Parameter der Maschine können auch in späteren Stadien der Projektierung der Maschine präzisiert werden. Die zu fordernde Rechengeschwindigkeit der Maschine wird durch Analyse der mit typischen Algorithmen erzielten Rechenzeiten und durch deren Vergleich mit den geforderten Lösungszeiten bestimmt. Besonders hohe Anforderungen werden an Maschinen gestellt, die im Echtzeitbetrieb in Systemen der automatischen Steuerung schnell ablaufender Prozesse arbeiten und keine Verzögerungen oder Unterbrechungen des Rechenbetriebes gestatten.

Die Kapazität der Speicher wird durch die Verkettungszahlen der Algorithmen bestimmt, d. h. durch den maximalen Umfang der Daten, die gleichzeitig im Rechenprozeß gespeichert werden müssen. Die Struktur spezialisierter Maschinen hängt gewöhnlich in starkem Maße vom Charakter der Probleme und den Besonderheiten der Algorithmen ab. Dabei spielen insbesondere die Möglichkeiten eine Rolle, diese Algorithmen in voneinander getrennte parallele Teile zu untergliedern, die unabhängig abgearbeitet werden können.

Die Stellenzahl und Zahlendarstellung untersuchen wir getrennt. Die Stellenzahl des Rechenwerkes und der Speicherzellen ergibt sich aus den Forderungen an die Exaktheit der Lösungen unter Berücksichtigung zusätzlicher Stellen zur Vermeidung von Rundungsfehlern. Die Art der Zahlendarstellung in der Maschine dagegen hängt hauptsächlich vom Einsatzgebiet der Maschine ab. Abhängig vom Charakter der zu lösenden Probleme verwendet man folgende Formen der internen Informationsdarstellung: Festkomma-, Gleitkommadarstellung, Darstellung mit variabler Wortlänge, wobei das Wort in Zeichen unterteilt wird (in der Regel zu 6 Bits), sowie Kombinationen der angegebenen Verfahren. Die Festkommadarstellung verwendet man bei der Mehrzahl der für wissenschaftlich-technische Berechnungen vorgesehenen kleineren und mittleren Anlagen und in Maschinen, die in Systemen der automatischen Steuerung eingesetzt werden (im letzten Fall werden in der Regel dieselben Probleme gelöst, wobei die Variation der Größen vorher bekannt ist). Mit Gleitkommadarstellungen arbeiten große Maschinen, die für komplizierte Berechnungen mit hoher Genauigkeit vorgesehen sind. In diesen Maschinen werden auch kombinierte Verfahren angewendet (variable Wortlänge mit Worten aus 6stelligen Zeichen). Die Verwendung von 6stelligen Zeichen geschieht vorzugsweise in Maschinen der kommerziellen Datenverarbeitung. In diesen Maschinen können gleichzeitig mit den Berechnungen Buchstaben- und alphanumerische Ausdrücke sortiert werden (Name von Objekten, Positionen von Listen, Nomenklaturen von Ausrüstungen oder Geräten usw.).

Die Festlegung der Hauptparameter der Maschine ist mit der Ausarbeitung des Operations- und Befehlssystems eng verbunden. Als Maschinenoperation wird eine elementare, nicht teilbare Gesamtheit von Funktionen der Maschine bezeichnet, die durch eine bestimmte Codezahl gegeben ist und die Ausführung eines bestimmten Programmschrittes sichert. Die Maschinenoperationen umfassen in der Regel die grundlegenden arithmetischen und logischen Operationen, die Datenein- und -ausgabe sowie die bedingten und unbedingten Sprünge. Zur Erleichterung der Programmierung werden häufig komplizierte Operationen (etwa Makrobefehle) eingeführt. Diese werden mit Hilfe spezieller Schaltungen oder durch Unterprogramme realisiert: $\sin x$, $\sqrt{x}$ u. a. Auch Modifikationen von Operationen zur Sicherung der Arbeit mit Fest- oder Gleitkomma, zur Verdopplung der Stellenzahl bei Rechnung mit komplexen Zahlen usw. wurden geschaffen. In universellen kleineren und mittleren Anlagen variiert die Gesamtzahl der verschiedenen Maschinenoperationen zwischen 32 und 64. Große Maschinen („STRETCH", „ATLAS", „L-3060" u. a.) verfügen über 100 und mehr verschiedene Operationen. Der Befehlsreichtum wird meist dadurch erhöht, daß es neben den Grundbefehlen ein oder mehrere Zusatzbefehle gibt. Die Befehlsstruktur bestimmt Struktur und Länge (die Anzahl der Stellen) des Maschinenwortes für diesen Befehl, sie legt die Funktionen der verschiedenen Teile dieses Befehlswortes fest. Ein Befehl besteht meist nur aus vier Teilen, die Felder heißen: Operationsteil, Indexteil, Kennzeichenteil und Adressenteil. Der Operationsteil besteht aus 5–9 Bitstellen, die die entsprechenden Operationscodezahlen aufnehmen. Der Indexteil besteht aus einer oder zwei Gruppen von Stellen, die kurze Adressen darstellen (von 1 bis zu 6 Stellen) und zur Angabe der Indexregister bei der Adressenänderung der Befehle benutzt werden. Der Kennzeichenteil des Befehls enthält eine Reihe spezieller Kennzeichen, die die Funktion der verschiedenen Befehle modifiziert.

Zu den wichtigsten Kennzeichen gehören:

1. das Kennzeichen der nichtdirekten Adressierung (Adresse von Adresse), bei welcher die Adresse eines Befehls nicht die Adresse einer Größe, sondern die Adresse einer Zelle ist, in der die Adresse einer Größe gespeichert wird;

2. das Kennzeichen des Wertes, bei dem der Adressenteil des Befehls nicht als Adresse, sondern als Zahl verwendet wird;

3. das Prüfbit, insbesondere das Prüfbit für die Geradzahligkeit der Operationscodezahl, mit dessen Hilfe die Richtigkeit der Befehlsauswahl und Übertragung kontrolliert wird.

Der Adressenteil besteht aus der Grundadresse (oder mehreren Adressen) und in verschiedenen Fällen aus zusätzlichen Angaben zur Markierung bestimmter Stellen innerhalb einer Zelle. Diese zusätzlichen Angaben im Adressenteil des Befehls können z. B. den höchsten Stellenwert und die Anzahl der von dieser Größe benötigten Stellen darstellen, jedoch auch einen Stellenwert und die Reihenfolge der Übertragung der einzelnen Stellen (ab diesem Stellenwert) aus dem Hauptspeicher in das Rechenwerk und umgekehrt.

Bei der Projektierung von Maschinen wird das Ziel verfolgt, diese so zu konstruieren, daß die ihr übertragenen Funktionen mit minimalem Geräteumfang, mit hoher Zuverlässigkeit und bequemer Handhabung erfüllt werden. Gegenwärtig bestehen die Grundtendenzen bei der Entwicklung elektronischer Digitalrechner in der maximalen Erhöhung der Produktivität der Geräte durch Überlappung von Operationen und in der Senkung der Stillstandszeiten der einzelnen Geräte sowie der Vereinfachung der Programmierung durch den Einsatz komplizierter und „ausdrucksstärkerer" Programmiersprachen, die sich in einzelnen Fällen der menschlichen Sprache und in anderen der mathematischen Formelsprache nähern.

Ein Hauptprinzip der Projektierung elektronischer Digitalrechner besteht in dem Bestreben, die Parameter der einzelnen Geräte aufeinander abzustimmen (bezüglich der Schnelligkeit, der Speicherkapazität, der Stellenzahl usw.), um zu erreichen, daß sich die Geräte bei der Arbeit nicht gegenseitig behindern.

Wir betrachten einige Grundprinzipien bei der Konstruktion moderner Elektronenrechner.

1.2.3.1.   Programmsteuerung

Im Rechenprozeß werden die Befehle des Programms nacheinander abgearbeitet. Jeder Befehl legt eine elementare Maschinenoperation fest und wird mit Hilfe spezieller elementarer Schaltungen als einheitliche untrennbare Gesamtheit von Operationen realisiert.

Die Entwicklung der Programmsteuerung wird durch die immer kompliziertere Befehlsstruktur und die Ausnutzung kombinierter Verfahren der Adressenänderung charakterisiert. Zum Beispiel wurden in der Maschine „STRETCH" (USA) anstelle der einfachen Indexregister komplizierte Register verwendet, die sogenannte Steuerwörter enthalten.

Mit Hilfe dieser Steuerwörter werden Operationen mit Datenfeldern vorgenommen. Ein solches Steuerwort besteht im allgemeinen aus vier Teilen:

1. der Anfangsadresse des zu verarbeitenden Datenfeldes,

2. einem Zähler, der die Wiederholungen gegebener Operationen mit den Elementen des Feldes zählt,

3. dem Schritt der Adressenänderung der Elemente des Feldes,

4. der Verbindungsadresse, die die Anordnung des folgenden Steuerwortes im Maschinenspeicher angibt.

Durch dieses Verfahren können Operationen mit Gruppen von Datenfeldern sehr einfach gestaltet werden. Jedem Feld entspricht ein Steuerwort. Die Anordnung der Felder selbst wie auch der ihnen entsprechenden Steuerwörter kann dabei an beliebigen Stellen des Speichers erfolgen (d. h. nicht unbedingt nebeneinander). Die Verarbeitung einer Gruppe von Datenfeldern beginnt mit einem speziellen Befehl. Mit seiner Hilfe wird das Steuerwort des ersten Feldes gewählt und in das Register übertragen, das den Verlauf der Gruppenorganisation steuert.

Nach der Verarbeitung des ersten Feldes (dann ist der Zähler gleich Null) wird ein nächstes Steuerwort mit Hilfe der im ersten Steuerwort enthaltenen Verbindungsadresse ausgewählt. Damit kann ein zweites Feld verarbeitet werden, usw. Das Ende der Verarbeitung einer Gruppe von Feldern wird mit Hilfe eines speziellen Endekennzeichens der Steuerwortkette festgelegt. Das Endekennzeichen steht im zuletzt abgearbeiteten Steuerwort.

1.2.3.2.   Mikroprogrammsteuerung

Die Effektivität der Lösung verschiedener Probleme mit Hilfe von elektronischen Digitalrechnern hängt in starkem Maße davon ab, inwieweit das Befehlssystem einer Maschine für eine Realisierung der geforderten Algorithmen geeignet ist. In den Fällen, wo eine Maschine für die massenhafte Verarbeitung von Daten eines Problems bestimmt ist und der Problemtyp sich von Zeit zu Zeit ändert, ist es oft günstig, das Befehlssystem zu verändern. Es muß dem Typ der zu lösenden Probleme weitestgehend angepaßt werden. Eine wichtige Möglichkeit dazu ist die Mikroprogrammsteuerung. Während bei der Programmsteuerung Struktur und Funktion aller Befehle fixiert sind, werden bei der Mikroprogrammsteuerung zum Aufbau der Operationen Elementaroperationen (Mikrooperationen) benutzt. (Das heißt Verschiebung um eine Stelle, Einstellung des Registers auf Null, Übertragung von einem Register auf ein anderes usw.) Die vollständigen Operationen (Addition, Multiplikation usw., kurz Makrooperationen) müssen aus den Elementaroperationen aufgebaut werden. Folgen solcher Elementaroperationen, die einzelne Befehle darstellen, heißen Mikroprogramme und werden in einem speziellen Speicher aufbewahrt. Jedem Maschinenbefehl entspricht demnach ein Mikroprogramm. Durch Veränderung der Mikroprogramme kann man das Programmsystem einer Maschine in bestimmten Grenzen relativ leicht verändern. Der Vorteil der Mikroprogrammsteuerung besteht außer in der oben erwähnten Flexibilität des Befehlssystems in einer wesentlichen Vereinfachung der Schaltungen der Steuergeräte. Das tritt besonders bei der Realisierung komplizierter Operationen in Erscheinung (sin x, $\sqrt{x}$ usw.). Eine Weiterentwicklung der Mikroprogrammsteuerung ist die Konstruktion von Maschinen mit speicherbarer Logik, in denen das angegebene Prinzip nicht nur für die Befehlsbildung, sondern auch für die Ausführung einer Reihe weiterer Funktionen angewendet wird.

1.2.3.3.   Silbensteuerung

Ein Befehl besteht aus verschiedenen Teilen wie Operationscodezahl, Adresse usw. Faßt man den Befehl als ein Wort auf, so stellen die Befehlsteile gewissermaßen die

Silben dieses Wortes dar. Gewöhnlich werden die im Speicher aufbewahrten Befehle als Ganzes abgearbeitet. Bei der Silbensteuerung werden die einzelnen Silben eines Befehls getrennt abgearbeitet. Das setzt einerseits voraus, daß die Befehlsteile überhaupt getrennt abgearbeitet werden dürfen und andererseits, daß im Rechenautomat getrennt (simultan) arbeitende Werke vorhanden sind. Die Maschine muß demnach auch in ihrer Struktur diese Besonderheiten widerspiegeln. Ein Beispiel für die Anwendung eines solchen Verfahrens ist die Maschine „W-5000" (USA). Bei ihr wurde ein völlig neuer Weg zur Organisation der Maschinenstruktur beschritten. Wir finden eine Kombination verschiedener Prinzipien vor, wie klammerlose Schreibweise der arithmetischen und logischen Ausdrücke, dynamische Speicherung der Operanden sowie nichtdirekte Adressierung der Daten im Hauptspeicher der Maschine (was mit Hilfe einer speziellen Adressentabelle verwirklicht wurde). Die Silbensteuerung garantiert eine hohe Kompaktheit des Programms, die Erhöhung der Geschwindigkeit durch Verkürzung der Datenübertragung zwischen dem Rechenwerk und dem Hauptspeicher sowie große Möglichkeiten zur Automatisierung der Programmierung durch Ausnutzung algorithmischer Sprachen vom Typ ALGOL.

Wir wollen nun die aufgezählten Prinzipien einer Silbensteuerung betrachten. Bei einer klammerlosen Schreibweise (wie etwa bei LUKASIEWICZ) von arithmetischen und logischen Operationen werden die Operationszeichen nicht zwischen die Operanden, sondern auf eine Seite (gewöhnlich auf die rechte) der Operanden geschrieben und von innen nach außen auf die links am nächsten stehenden Operanden angewendet. Nach einer Operation wird das Operationszeichen gelöscht und das Ergebnis anstelle der Operanden niedergeschrieben. Es kann als Operand für die nächste Operation verwendet werden. Auf diese Weise werden die Operationen der Reihe nach ausgeführt. Die klammerlose Schreibweise des Ausdruckes $(x + y) * z$ lautet z.B.: $zxy + *$, nach der ersten Abarbeitung (wenn $t = x + y$): $zt *$.

Die dynamische Speicherung von Operanden besteht in einer zyklischen Verschiebung der Operanden und Ergebnisse zwischen den Registern des Rechenwerkes und einem speziellen Teil des Hauptspeichers, dessen Zellen wir als Hilfszellen bezeichnen wollen. Im Rechenwerk gibt es für die Aufnahme der Operanden zwei Register „A" und „B". Außerdem wird eine Hilfszelle des Hauptspeichers als spezieller Adressenzähler „C" benutzt. Er speichert die Adresse der zuletzt aus dem Rechenwerk in den Hauptspeicher übertragenen Größe. Wird zur Durchführung einer Operation eine Größe aus dem Hauptspeicher abgerufen, gelangt sie zuerst in das Register „A". Ist dieses Register schon mit einer anderen Größe belegt. wird diese vorläufig in das Register „B" übertragen. Ist dieses Register ebenfalls besetzt, dann wird die Größe in die Hilfsstelle übertragen, die mit Hilfe des Zählers „C" bestimmt wird (Erhöhung um 1). Die Operationscodezahl des abzuarbeitenden Befehls bezieht sich auf den aktuellen Inhalt der Register „A" und „B", und das Ergebnis der Operation wird immer in das Register „B" eingeschrieben, wobei das Register „A" für den folgenden Operanden gelöscht wird. Ist die nächste Silbe wieder eine Operationscodezahl, dann erfolgt ein Rücktransport. Der Inhalt von „B" wird in „A" übertragen, und aus dem Hauptspeicher wird die gemäß dem Zähler „C" zuletzt übertragene Größe abgerufen. Nun wird die Operation mit den

Daten, die in den Registern „A" und „B" stehen, ausgeführt. Die dynamische Speicherung (der Hilfszellen) entspricht sehr gut der Silbensteuerung und klammerlosen Niederschrift der Operationsfolge. Bei der nichtdirekten Adressierung mit Hilfe einer speziellen Adressentabelle werden im Programm nicht unmittelbar (in den Adressensilben) die tatsächlichen Adressen der Operanden verwendet. Statt der Zellen benutzt man die Adressen dieser speziellen Tabelle, in denen die Adressen der Operanden gespeichert sind. Diese Tabelle hat eine bedeutend geringere Kapazität als der Hauptspeicher. Aus diesem Grund kann die Stellenzahl der Programmsilben — und damit der Adressen der Adressentabelle — viel kleiner sein als dies für den Zugriff zur Gesamtkapazität des Hauptspeichers notwendig wäre.

Durch diese Verkürzung der Silbenlänge verringert sich der Gesamtumfang eines Programms stark. Die Adressen der in den Silben angegebenen Zellen der Adressentabelle können entweder für den Aufruf der Anfangsadresse eines Datenfeldes oder für den Abruf von Unterprogrammen verwendet werden. Auf gleiche Art können Größen abgerufen werden. Außerdem kann man natürlich die Größen selbst in den Zellen der Adressentabelle speichern. Die in den Adressensilben angegebenen Adressen der Feldelemente sind genauso wie die Adressen von bedingten und unbedingten Sprungbefehlen relativ. Die Sprungbefehle realisieren Sprünge innerhalb eines Unterprogramms. Dadurch wird der Umfang der Adressentabelle im Vergleich zur Gesamtkapazität des Hauptspeichers weiter bedeutend verringert.

1.2.3.4.   Multiprogrammsteuerung und Vorrangsteuerung

Multiprogramm- und Vorrangsteuerung charakterisieren im Echtzeitbetrieb arbeitende Maschinen, wie man sie vor allem bei automatisch gesteuerten Systemen antrifft. In der Zentraleinheit solcher Maschinen sind spezielle Schaltungen vorgesehen (Schaltungen zur automatischen Vorrangsteuerung), wodurch das laufende Programm zu einem beliebigen Zeitpunkt unterbrochen werden kann. Die Unterbrechung des Programms bewirkt ein Signal, das entweder von einem externen Gerät oder von einem internen Teil der Maschine selbst ausgeht. Bei der automatischen Unterbrechung wird zunächst der aktuelle Zustand der Maschine automatisch gespeichert (die Adresse des nächsten Befehls, der Inhalt des Rechenwerkes, der Register usw.). Dann wird auf Grund der Art des Unterbrechungssignals in eines der speziellen Unterprogramme gesprungen. Dabei kann es sich z.B. um Unterprogramme für die Datenein- und -ausgabe oder um ein Fehlermaßnahmeprogramm usw. handeln. In Abhängigkeit von den bei einer solchen Unterbrechung ankommenden Informationen kann eine Maschine den Verlauf der Abarbeitung des Grundprogramms ändern oder zu einem anderen Programm übergehen. Die Regulierung der Abarbeitung der verschiedenen Unterprogramme führt ein sogenanntes Dispatcherprogramm (kurz Dispatcher genannt) durch. In hinreichend großen Maschinen („STRETCH", „ATLAS", „GAMMA-60", usw.) können gleichzeitig verschiedene Programme für unterschiedliche Probleme gerechnet werden. Dadurch wird die Maschine besser ausgenutzt. So können z.B. gleichzeitig für ein Problem die Daten vom Magnetband in den Hauptspeicher übertragen, für ein anderes Problem die Berechnungen durchgeführt und für ein drittes Problem die Ergebnisse gedruckt werden. Das Dispatcherprogramm ruft die verschiedenen Teilprogramme ab, überträgt die dazu notwendigen Informationen, regelt die Länge ihrer Abarbeitung, verteilt die Speicherbereiche auf die einzelnen Programme und überwacht die Arbeit der Maschine.

Charakteristika solcher Maschinen sind im allgemeinen eine große Zahl von Indexregistern, spezielle Zeitzähler (absolute und relative), automatische Vorrangsteuerung, spezielle superschnelle Speicher (für die Speicherung des Programmdispatchers) sowie die Möglichkeit einer parallelen und unabhängigen Arbeit der Grundgeräte dieser Maschinen.

1.2.3.5. Überlappung der Operationen

Eine wesentliche Erhöhung der Geschwindigkeit von Rechenanlagen kann durch eine Überlappung von Operationen erreicht werden. Man findet sie bei den Maschinen auf verschiedenen Stufen durchgeführt. Die höchste Stufe besteht in einer gleichzeitigen Arbeit verschiedener Geräte nach verschiedenen Programmen. Die nächstniedrige Stufe einer Überlappung ist eine gleichzeitige Abarbeitung verschiedener Befehle desselben Programms. Ein typisches Beispiel ist eine dreifache Überlappung von Einadreßbefehlen: Die Auswahl des nächsten Befehls, die Ausführung der Operation des fälligen Befehls und der Transport der Ergebnisse des vorangegangenen Befehls. Bei Dreiadreßbefehlen wird häufig die Ausführung der Operation und der Aufruf des folgenden Befehls überlappt. Die „STRETCH" realisiert eine siebenfache Überlappung der Befehle. In einem speziellen, einem sog. virtuellen Speicher werden sieben aufeinanderfolgende Befehle, für die gleichzeitig die notwendigen Operationen ausgeführt werden, gespeichert (der Zugriff zu den Speichern, die arithmetischen Operationen, die Modifikationen der Adressen oder der Indizes usw.). Die niedrigste Stufe ist eine Überlappung der Elementaroperationen, die bei der Realisierung jedes Befehls mit Hilfe der verschiedenen Schaltungen einer Maschine ausgeführt werden. Zum Beispiel wird jeder einzelne Zugriff zum Hauptspeicher in eine Reihe von Takten aufgegliedert (Adressentransport, Dechiffrierung der Adresse, Abruf des Zahlencodes). Diese Takte können zeitlich für verschiedene aufeinanderfolgende Zugriffe zum Hauptspeicher überlappt sein. Analog erfolgt die Ausführung einer Operation im Rechenwerk nach Takten, die ebenfalls überlappt sind. Für die Überlappung der Takte ist es in vielen Fällen notwendig, in den entsprechenden Geräten zusätzliche Register und Steuerschaltungen vorzusehen.

1.2.3.6. Einstufige Organisation des Systems der Haupt- und Zwischenspeicher der Maschine unter Anwendung der nichtdirekten Adressierung

Zur Erweiterung der Kapazität der Speicher, die einen beliebigen Zugriff zu den Daten gestatten, wird ein einheitliches System der nichtdirekten Adressierung für den Hauptspeicher (auf Halbleiterbasis) und für den Zusatzspeicher (meist Magnettrommeln oder

-platten) verwendet. Zu diesem Zweck führt man ein einheitliches System individueller Adressen der Zellen für alle angeführten Speicher der Maschinen ein. Die gesamte Kapazität wird in Blöcke konstanten Umfanges unterteilt (z. B. 256, 512 oder 1024 Zellen), man erhält eine einheitliche Adresse, deren höchste Stellen die Nummer des Blocks und deren restlichen Stellen die Adressen innerhalb des Blocks bestimmen. Die Adresse selbst muß so gebildet werden, daß alle durch sie angegebenen Blöcke im Hauptspeicher untergebracht werden können. Zur nichtdirekten Adressierung des Hauptspeichers werden Adressenregister eingeführt. Jedes dieser Register ist ständig einem bestimmten Bereich des Hauptspeichers zugeordnet. Der Inhalt bezieht sich auf die Nummer des Blockes, der in dem Augenblick in einem bestimmten Bereich des Hauptspeichers gespeichert wird. Die angeführten Adressenregister enthalten die Werte der höchsten Stellen von Adressen. Für die nichtdirekte Adressierung des restlichen Speichers (außer dem Hauptspeicher) wird ein spezieller Adressenoperativspeicher benutzt. Seine Kapazität ist gleich der Gesamtzahl der Blöcke. Jede Zelle des Adressenoperativspeichers entspricht ständig der höchsten Stelle einer Adresse, und ihr Inhalt ist eine aktuelle Adresse eines Bereichs der Magnettrommel oder -platte, in der sich im gegebenen Moment ein bestimmter Informationsblock befindet. Beim Lesen oder Schreiben irgendwelcher Daten gibt man im Befehl des Programms einfach ihre volle Adresse an. Mit dieser Adresse wird zu Beginn auf Grund spezieller Schaltungen das Vorhandensein der geforderten Größe im Hauptspeicher überprüft (genauer: der Zellen mit den angegebenen Adressen). Das geschieht durch Vergleich der höchsten Stellen der Adresse mit der Codezahl in den Adressenregistern. Ist der geforderte Block im Hauptspeicher vorhanden, erfolgt ein unmittelbarer Zugriff zur entsprechenden Zelle des Hauptspeichers. Dabei werden die höchsten Stellen der Adressencodezahl mit der Nummer des Adressenregisters angegeben, dessen Inhalt mit den höchsten Stellen der Adressencodezahl übereinstimmt. Befindet sich jedoch ein Block mit der gesuchten Zelle im gegebenen Moment nicht im Hauptspeicher, wird eine Zelle durch direkten Zugriff zum Adressenoperativspeicher in Abhängigkeit von der Größe der höchsten Stelle der gegebenen vollen Adresse bestimmt. Der Inhalt dieser Zelle gibt die tatsächliche Adresse des Bereichs der Magnettrommel oder -platte an, in der sich der geforderte Block befindet. Dieser Block wird auf einen freien Platz des Hauptspeichers überschrieben (dafür bleibt im Hauptspeicher immer ein Bereich frei). In das entsprechende Adressenregister werden wieder die höchsten Stellen der Adressen dieses Blocks eingeschrieben. Ist der Hauptspeicher vollkommen besetzt, so wird einer der dort gespeicherten Blöcke vom Hauptspeicher auf die Magnettrommel oder -platte überschrieben. Dadurch wird Platz für die nächste Übertragung gewonnen. Ein dazu aufzurufender Block kann entweder durch direkte Bestimmung der im weiteren nicht benötigten Daten oder nach dem statistischen Prinzip des Selbstlernens (auf der Grundlage der Häufigkeit des Zugriffs zu den einzelnen Blöcken) ausgewählt werden.

Die beschriebene einstufige Organisation der Adressierung wurde bei der englischen Maschine „ATLAS" mit einem Halbleiterhauptspeicher einer Kapazität von 16384 Worten und Magnettrommeln als Zusatzspeicher (mit einer maximalen Kapazität von 1048576 Worten) verwendet. Das angeführte System der Adressierung garantiert eine große Flexibilität bei der Ausnutzung des Hauptspeichers und der Magnettrommeln, was insbesondere für die Multiprogrammsteuerung wichtig ist. Für eine operative Regulierung des Datenübertrages in den Hauptspeicher werden in Übereinstimmung mit den zu lösenden Problemen vorher die für jedes Programm notwendigen Informationsblöcke in Tabellenform angegeben. Auf Grund dieser Tabelle überträgt das Dispatcherprogramm, bevor die Abarbeitung des eigentlichen Programmes beginnt, die dazu notwendigen Informationsblöcke in den Hauptspeicher.

Die betrachteten Konstruktionsprinzipien der Maschinen charakterisieren einige Wege und Möglichkeiten der modernen Rechentechnik. Die Auswahl eines Prinzips hängt in jedem konkreten Falle von dem Einsatzgebiet der Maschine ab.

Die *Programmsteuerung* findet dabei für den Aufbau der Mehrheit der modernen Rechenmaschinen universelle Verwendung.

Die *Mikroprogrammsteuerung* finden wir hauptsächlich in jenen Maschinen, in denen es notwendig ist, das Befehlssystem in Abhängigkeit von dem Typ der zu lösenden Probleme zu ändern.

Die *Silbensteuerung* ist von Vorteil in Maschinen, die zur Ausführung besonders komplizierter und großer Programme (mit 10000 bis über 100000 Befehlen) vorgesehen sind. Sie vereinfacht die Automatisierung der Programmierung und verkürzt den Umfang der Programme wesentlich.

Die *einstufige Organisation der Speicher, Multiprogrammsteuerung, Vorrangsteuerung* und *Überlappung der Operationen* sind solche Konstruktionsprinzipien, die bei den unterschiedlichsten elektronischen Datenverarbeitungsanlagen Verwendung finden, insbesondere jedoch bei elektronischen Datenverarbeitungsanlagen zur Lösung von Problemen der logischen Informationsverarbeitung.

2. Algorithmische Sprache für die Programmierung ökonomischer und mathematischer Probleme

2.1. Algorithmische Sprache ALGOL 60

2.1.1. Allgemeines über ALGOL

Für die Lösung eines Problems auf einer elektronischen Datenverarbeitungsanlage muß ein Programm aufgestellt werden, das den Lösungsalgorithmus in einer der Maschine verständlichen Form darstellt. Dieser Algorithmus ist ein System von Regeln, das die Reihenfolge aller Schritte zur Lösung des Problems klar und eindeutig festlegt.

In den ersten Jahren der Entwicklung elektronischer Digitalrechenmaschinen wurde die Programmierung der Probleme in allen Phasen manuell durchgeführt, d. h., die Algorithmen wurden unmittelbar von den Programmierern in die Maschinensprache übertragen. Unter Maschinensprache verstehen wir dabei die der Maschine unmittelbar verständliche Darstellung in Form von Codezahlen (für die Operationen und Adressen). Die Programmierer mußten sowohl das System der Maschinenbefehle als auch die Lösungsalgorithmen des Problems gut kennen. Alle Befehle des Programmes mußten vollständig ausgeschrieben werden. Im Falle komplizierter und umfangreicher Probleme war das eine außerordentlich aufwendige Arbeit und führte meist zu einer großen Zahl von Fehlern, so daß diese Programme in der Regel viele Nacharbeiten und Maschinentests erforderten.

Die erste Etappe der Automatisierung der Programmierung war der Übergang zur sog. symbolischen Programmierung, bei der die Befehlsadressen und Operationscodezahlen nicht als konkrete Zahlen geschrieben wurden, sondern symbolisch oder in Buchstabenform. Dabei bezeichnet man die Adressen gewöhnlich mit denselben Buchstaben wie die Größen, die in den entsprechenden Zellen gespeichert werden sollen. Statt der Operationscodezahlen verwendet man oft gewöhnliche mathematische Symbole wie etwa $+$, $-$, $\times$, $:$ usw. Die Übersetzung der symbolischen Adressen und Operationscodezeichen in die konkrete Maschinensprache nimmt die Maschine selbst mit Hilfe eines speziellen Übersetzungsprogrammes vor. Obwohl bei der symbolischen Programmierung die Analogie zwischen symbolischen und Maschinenbefehlen völlig erhalten bleibt, wurde der gesamte Programmierprozeß wesentlich vereinfacht und die Testzeit der Programme konnte erheblich gesenkt werden. Die nächste Etappe der Automatisierung der Programmierung war die Einführung der Autocodes oder maschinenorientierten Programmierung. Dabei wurden für eine bestimmte konkrete Maschine eine Reihe sog. Makrobefehle aufgestellt, von denen jeder einer bestimmten Menge von Maschinenbefehlen entsprach (Maschinenunterprogramm). In den Makrobefehlen verwendet man symbolische Bezeichnungen für die Codezahlen dieser Befehle und die Adressen der Operanden. Für bestimmte Einadreßbefehle wurde das Befehlssystem der Dreiadreßmaschinen als Autocodes benutzt. Der Übergang zu größeren Befehlen (Makrobefehlen), kombiniert mit symbolischen Adressen, verkürzte den

Umfang der manuell aufgestellten Programme weiter. Sowohl die symbolische Programmierung als auch der Autocode sind an konkrete Maschinen gebunden und garantieren in dieser Hinsicht nicht die notwendige Flexibilität und Universalität der aufgestellten Programme.

Die algorithmischen Sprachen bilden eine weitere Etappe. Sie sind nicht an einen Maschinentyp gebunden, sondern orientieren sich an einer bestimmten Klasse von Problemen. Sie heißen deshalb auch problemorientierte Sprachen. International fand die Sprache ALGOL 60 für die Programmierung wissenschaftlich-technischer Berechnungen eine breite Anwendung. In den USA und in Westeuropa ist FORTRAN, das ebenfalls für wissenschaftlich-technische Probleme verwendet wird, weit verbreitet. Für die Programmierung ökonomischer Probleme wird in den USA und Westeuropa COBOL, zur Beschreibung der Algorithmen der maschinellen Übersetzungen die Sprache COMIT und für Probleme der Informationssuche die Sprache REKOL verwendet. In letzter Zeit wurde die Sprache PL/I entwickelt, sie vereinigt weitestgehend die Vorteile von ALGOL, FORTRAN und COBOL. Spezielle problemorientierte Programmiersprachen sind IPL und LISP, die bei der nichtnumerischen Informationsverarbeitung eine wichtige Rolle spielen.

Zu den algorithmischen Sprachen muß auch die Adressensprache gezählt werden, bei der man die maschinellen Besonderheiten bei der Lösung von Problemen (das Prinzip der Adressierung) berücksichtigt.

Wenden wir uns nun Fragen der Programmierung von Problemen der logischen Informationsverarbeitung und vor allem dem Aufbau einer algorithmischen Sprache zur Beschreibung solcher Probleme zu. Dabei müssen wir beachten, daß diese Probleme in der Regel in sich auch gewöhnliche Rechenprozesse (Berechnung nach Formeln) einschließen. Deshalb muß eine Sprache zur Beschreibung von Problemen der logischen Informationsverarbeitung auch gewöhnliche Rechenprobleme zu beschreiben gestatten. Gegenwärtig gibt es eine Tendenz zur Schaffung einer allgemeinen algorithmischen Sprache, die eine einheitliche Familie von Sprachen darstellt und für viele verschiedene Klassen von Problemen geeignet ist. Eine solche Sprachfamilie muß als Kern eine allgemeine Grundlage und eine gemeinsame Syntax haben. Die allgemeine Grundlage dient zur Beschreibung von Rechenprozessen, die in allen Problemklassen angetroffen werden. Die gemeinsame Syntax garantiert einen einheitlichen Aufbau der Sprachfamilie. Die Schaffung einer solchen einheitlichen algorithmischen Sprache (genauer: einer Sprachfamilie) hätte viele Vorteile. Die Unterweisung in der Anwendung dieser Sprache wäre relativ einfach. Ihr notwendiger Umfang könnte dabei für die verschiedenen Gebiete auf das jeweils notwendige Maß beschränkt bleiben. Es wäre eine relativ einfache Übersetzung von Sprachen möglich. Der Aufbau der Compiler könnte standardisiert und vereinfacht werden. Die bezüglich der Ein- und Ausgabegeräte der Maschinen verwendete Symbolik ließe sich standardisieren. Besonders günstig gestaltet sich die Anwendung einer solchen Sprachfamilie bei der Programmierung komplizierter Prozesse der Informationsverarbeitung.

Die Grundlage des Aufbaus einer algorithmischen Sprache zur Programmierung von Problemen der logischen Informationsverarbeitung bildet die internationale algorithmische Sprache ALGOL 60. Sie muß jedoch ergänzt werden, damit die Verarbeitung ökonomischer und in Listenform gegebener Informationen ermöglicht wird. Diese so ergänzte algorithmische Sprache wollen wir hier darstellen.

Zu Beginn beschreiben wir ALGOL 60. Anschließend werden die Ergänzungen zu ALGOL erläutert, die für die ökonomische Informationsverarbeitung notwendig sind. Diese Ergänzungen stellen zusammen mit ALGOL die Sprache ALGEM dar. Danach folgen Ergänzungen für die Beschreibung der in Form von Listen und Listengruppierungen vorliegenden Informationen. Das gesamte Verfahren werden wir als assoziative Programmierung bezeichnen.

Der prinzipielle Unterschied der hier zu beschreibenden Variante von ALGOL 60 gegenüber der gewöhnlichen Sprache besteht darin, daß die grundlegenden englischen Wortsymbole durch russische ersetzt worden sind.[1]) Die Bezeichnung ALGOL ist die Abkürzung der zwei englischen Wörter Algorithmic Language, was algorithmische Sprache heißt. Die Zahl 60 verweist auf das Jahr, in dem diese Sprachvariante veröffentlicht worden ist.

Die Hauptbedeutung von ALGOL 60 besteht darin, daß in ihr die Algorithmen zur Durchführung mathematischer und wissenschaftlich-technischer Berechnungen auf automatischen programmgesteuerten Maschinen beschrieben werden können. Sie wird als Sprache für den Austausch von Algorithmen im internationalen Maßstab verwendet.

ALGOL dient auch als Bezugssprache für konkrete algorithmische Sprachen (Maschinensprache, d. h. die maschinengebundene Darstellung von ALGOL), d. h. für algorithmische Sprachen bezüglich konkreter Rechenmaschinen.

Konkrete Maschinensprachen vom Typ ALGOL behalten alle wichtigen Eigenschaften der Bezugssprache ALGOL bei und unterscheiden sich von der Ausgangssprache nur durch Umfang und Darstellung der Symbole. Dies ist etwa durch unterschiedliche Konstruktion der Schaltungen der für die Dateneingabe in die verschiedenen Maschinen verwendeten Eingabegeräte bedingt. Der Sprache ALGOL liegt die mathematische Formelsprache zugrunde. Man ergänzte sie mit den Hilfsmitteln, die für die formale Beschreibung der automatischen Abarbeitung der Algorithmen notwendig sind. Die in ALGOL geschriebenen Programme müssen, bevor sie im Automat gerechnet werden können, mit Hilfe eines speziellen sehr komplizierten Programmes, das als *Compiler* bezeichnet wird, in ein Maschinenprogramm für den jeweiligen konkreten Maschinentyp übersetzt werden. Im Unterschied zur gewöhnlichen mathematischen Formelsprache sind in ALGOL alle Symbole (darunter auch Indizes, Exponenten) linear aufgezeichnet (d. h. in einer Linie), die Niederschrift der Operationen (der expliziten Anweisung der Operationen der Multiplikation, der exakten Bestimmung des Zahlentyps bei den Berechnungen usw.) erfolgt weitestgehend formalisiert. Die Verwendung der Symbole (Klammern, Komma, Semikolon usw.) ist streng festgelegt und abgegrenzt.

Außer als Bezugssprache wird ALGOL noch als Veröffentlichungssprache in den Publikationen verwendet. In dieser Version werden Abweichungen von der Bezugssprache zugelassen, die aus drucktechnischen Gründen schon deshalb gemacht werden,

---

[1]) Bei der deutschen Übersetzung wurden die englischen Wortsymbole — soweit sie vorhanden waren — benutzt (Anmerkung der Bearbeiter).

weil die in ALGOL geschriebenen Algorithmen von den Menschen gelesen werden sollen (insbesondere können die Indizes und Exponenten so geschrieben werden, wie es allgemein üblich ist). Dem Aufbau von ALGOL liegt das Blockprinzip zugrunde. Ein beliebiges Programm in ALGOL ist ein Block und kann selbst wiederum aus Blöcken, innerhalb derer wiederum andere Blöcke vorhanden sind usw. bestehen. Ein Block in ALGOL ist ein selbständiger Programmabschnitt, der Informationen zweierlei Arten in sich vereinigt; nämlich einerseits Vereinbarungen der Daten und anderer Objekte, die bei der Rechnung verwendet werden, und andererseits Angaben über die unmittelbar im Programm auszuführenden Operationen. Solche Angaben heißen Anweisungen. Eine Anweisung umfaßt eine abgeschlossene Folge von Operationen, z. B. die Berechnung nach einer Formel, den Übergang zu einer anderen Berechnungsvariante usw.

Vereinbarungen und Anweisungen kann man als einzelne Sätze der Sprache betrachten. Nach jedem Satz ist ein Semikolon (;) zu setzen. Die ALGOL-Blöcke werden nach einem allgemeinen Plan aufgebaut. Am Anfang stehen alle Vereinbarungen, dann werden nacheinander alle Anweisungen in der Reihenfolge ihrer Abarbeitung geschrieben. Die Vereinbarungen gelten nur innerhalb eines gegebenen Blocks. Ein Block beginnt mit dem Anfangssymbol **begin** und endet mit dem Endesymbol **end**. Dieselben Zeichen werden auch für Verbundanweisungen verwendet. Verbundanweisungen bestehen aus einer Folge von Anweisungen, die jeweils durch Semikolons getrennt sind. Der Unterschied zwischen einer Verbundanweisung und einem Block besteht darin, daß innerhalb der Verbundanweisung keine Vereinbarungen auftreten. Wir weisen jedoch daraufhin, daß innerhalb eines Blocks oder einer Verbundanweisung als Anweisungen wiederum Verbundanweisungen und Blöcke auftreten können. Sie stellen ihrerseits Anweisungen dar. Das Blockprinzip des Programmaufbaus ist bei der Programmierung komplizierter Probleme sehr nützlich, weil das ganze Problem auf diese Weise in selbständige Teile (Blöcke) aufgeteilt werden kann. Diese Teile können gleichzeitig von verschiedenen Programmierern ausgearbeitet werden. Jeder Block erhält bestimmte Eingangsdaten (von anderen Blöcken oder durch Informationseingabe) und gibt an andere Blöcke oder an die Ausgabegeräte der Maschine Ausgangsdaten ab (an den Drucker, Lochkarten- oder Lochstreifenstanzer). Außer den Ein- und Ausgangsdaten werden im Block auch lokale Größen verwendet, die nicht außerhalb dieses Blockes benutzt werden können. Diese Größen müssen im jeweiligen Block mit Hilfe von Vereinbarungen vereinbart werden.

Hinter dem Symbol **end** folgt in der Regel ein Semikolon, ein anderes Symbol **end** oder das Symbol **else** (wird weiter unten erklärt). Außerdem kann man hinter dem Endezeichen erläuternden Text schreiben, der den Ablauf des Programmes nicht beeinflußt. Der erläuternde Text endet entweder mit einem Semikolon, mit einem neuen Endesymbol **end** oder mit dem Symbol **else**. Der Text selbst darf demzufolge die angeführten drei Symbole nicht enthalten.

Ein Block besitzt die Eigenschaft, daß nur innerhalb desselben gesprungen werden darf. Ein Zugriff zum Block ist nur an dessen Anfang möglich. Alle innerhalb des Blockes verwendeten Anweisungen sind nur für die Sprunganweisungen, die sich innerhalb des Blockes befinden, zugänglich. Ein Zugang von außen kann nur zum Blockanfang erfolgen.

Wir wollen nun alle Arten von Vereinbarungen und Anweisungen vorstellen, die in ALGOL benutzt werden. Die angeführten Vereinbarungen werden weiter unten erklärt. Die Vereinbarungen kann man in vier Arten gemäß Abbildung 11 aufteilen. Eine Einteilung der Anweisungen der Sprache ALGOL ist auf Abbildung 12 dargestellt. Es gibt insgesamt 8 verschiedene Anweisungen, wobei einige davon zu einer größeren Gruppe zusammengefaßt werden können (Grundanweisung und bedingte Anweisung). Will man zu einer bestimmten Anweisung übergehen, so versieht man diese Anweisung mit einer Marke. Marken müssen vor die Anweisung gesetzt und von dieser durch Doppelpunkt (:) getrennt werden. Vor einer Anweisung können mehrere durch Doppelpunkt getrennte Marken stehen.

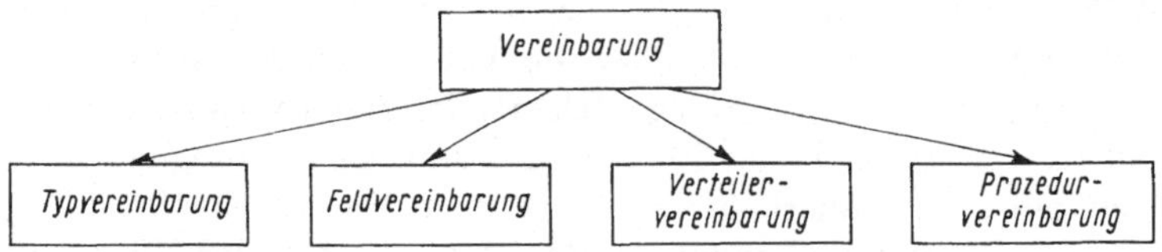

Abb. 11. Vereinbarungsarten in ALGOL

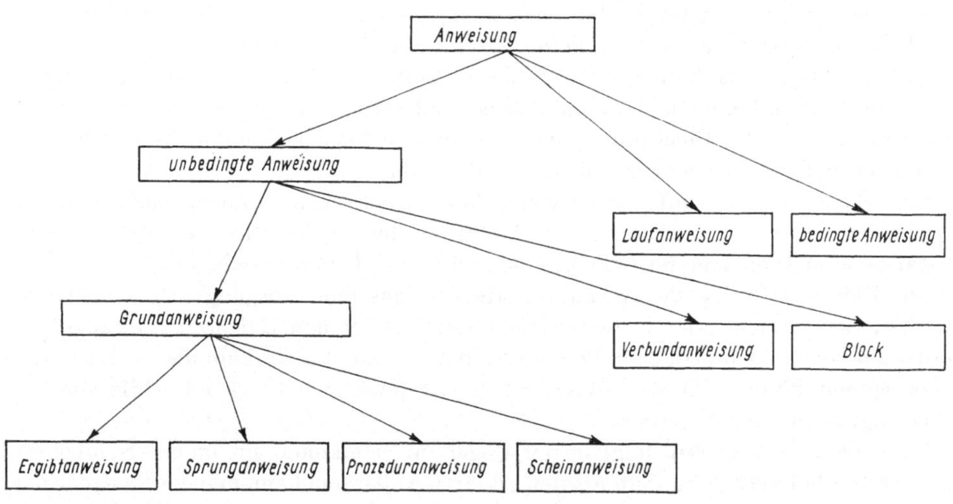

Abb. 12. Anweisungsarten in ALGOL

Im ALGOL-Programm kann auch eine Marke mit einer Scheinanweisung (leere Anweisung), d. h. einer Nullkette stehen.

Der Begriff der Scheinanweisung ist speziell zum Setzen von Marken eingeführt worden. Das ist beispielsweise notwendig, wenn zu einer bestimmten Stelle des Programms gesprungen werden soll, etwa bei der Beendigung eines Zyklusses.

2.1.1.1.   Rekursive Definitionen der Begriffe der Sprache

Der Syntax der algorithmischen Sprachen wird – wie allgemein bei Sprachen üblich – das Prinzip der hierarchischen Definition komplizierterer Begriffe durch einfachere zugrunde gelegt. Einige der komplizierten Begriffe können jedoch nicht durch das Aufzählen ihrer Komponenten definiert werden. Zum Beispiel ist eine exakte formale Definition einer Zahl nicht durch Aufzählen aller Bedeutungen möglich. In solchen und ähnlichen Fällen verwendet man die sog. rekursive Definition, bei der der zu definierende Begriff in der Definition selbst verwendet wird. Als Beispiel möchten wir die Definition des Begriffs Block anführen. Wir nehmen an, daß der Block aus zwei Hälften besteht, die durch ein Semikolon (;) getrennt sind. Die erste Hälfte ist der „Anfang des Blockes" und die zweite das „Ende des Verbundes" (man denkt dabei an das Ende einer Verbundanweisung).

Der Anfang des Blockes kann hinter dem Anfangszeichen **begin** ein oder mehrere (durch Semikolon (;) getrennte) Vereinbarungen enthalten. Beim Ende eines Verbundes können vor dem **end** eine oder mehrere durch Semikolon (;) getrennte Anweisungen stehen, wobei darunter auch als mögliche Arten von Anweisungen Blöcke enthalten sein können.

So wird bei der Definition des Blockes selbst der Begriff Block verwendet. Für die Formulierungen ähnlicher Definitionen bzw. allgemein für die Beschreibung ähnlicher Sprachkonstruktionen benutzt man eine Symbolik, die unter der Bezeichnung *Metasprache von Backus* bekannt ist.

In einer Metasprache werden metalinguistische Formeln, die analog zu den mathematischen Formeln eine rechte und linke Seite haben, verwendet. Beide Seiten verbindet man durch ein spezielles Symbol $::=$. Das Symbol ist ein Definitionszeichen und heißt „definiert". Dabei ist der linke Teil der zu definierende und der rechte der definierende Teil. In metalinguistischen Formeln verwendet man Grundsymbole und metalinguistische Variable. Die Grundsymbole der Sprache spielen die Rolle von Konstanten und stellen sich selbst dar. Metalinguistische Variable sind die komplizierteren Begriffe der Sprache (Anweisungen, Vereinbarungen, Blöcke usw.). Sie werden bei der Aufstellung von metalinguistischen Formeln in spezielle pfeilartige Klammern $\langle ... \rangle$ eingeschlossen, wobei die Klammer mit der Pfeilspitze nach links die öffnende und die andere (mit der Pfeilspitze nach rechts) die schließende Klammer darstellt. In den linken Teil der metalinguistischen Formel setzt man nur die zu definierenden metalinguistischen Variablen. Sie sind in die pfeilartigen Klammern eingeschlossen.

Auf der rechten Seite stehen die definierenden metalinguistischen Ausdrücke. Sie werden mit Hilfe zweier Operationen der Metasprache gebildet:

1. durch Aufzählung,

2. durch Aufbau des definierenden Ausdrucks mittels Zusammenstellung (Nebeneinanderstellung).

Die Definition durch Aufzählung hat die Form

$$\langle x \rangle ::= A|B|C|D$$

wobei x eine zu definierende metalinguistische Variable ist, die in Klammern eingeschlossen ist. Die Werte dieser Variablen sind Symbolfolgen.

A, B, C, D sind verschiedene Elemente, die die konkreten Werte des zu definierenden Begriffes bilden und ein vertikaler Strich das Symbol der Aufzählung („oder") ist.

Im obigen Fall sind die konkreten Werte des Begriffes „x" entweder die Größe A, oder B, oder C oder D.

Die Definition durch Zusammenstellung hat die Form

$$\langle x \rangle ::= ABC$$

Dabei ist ABC ein konkreter Ausdruck, der durch Zusammenstellung (durch nacheinanderfolgendes Schreiben) der drei Grundsymbole A, B und C gebildet wird. Es sind Teilgrößen des zu definierenden Begriffs x. Eine Kombination beider Verfahren ist möglich. Zum Beispiel:

$$\langle x \rangle ::= AB \mid BC \mid CD$$

Bei der rekursiven Definition von Begriffen steht der zu definierende Begriff, der im linken Teil angeführt wird, erneut im rechten Teil als ein Element des definierenden Ausdruckes. So kann eine vorzeichenlose ganze Zahl wie folgt definiert werden:

$$\langle \text{ganze Zahl ohne Vorzeichen} \rangle ::= \langle \text{Ziffer} \rangle \mid \langle \text{ganze Zahl ohne Vorzeichen} \rangle \langle \text{Ziffer} \rangle$$

2.1.1.2. Grundsymbole von ALGOL

Grundsymbole sind die kleinsten, nicht teilbaren Sprachelemente, die für den Aufbau aller übrigen Sprachkonstruktionen verwendet werden. Unter Verwendung der Metasprache geben wir folgende Definition der Symbole von ALGOL:

$$\langle \text{Grundsymbol} \rangle ::= \langle \text{Buchstabe} \rangle \mid \langle \text{Ziffer} \rangle \mid \langle \text{logischer Wert} \rangle \mid \langle \text{Begrenzer} \rangle$$

$$\langle \text{Buchstabe} \rangle ::= \langle \text{kleiner lateinischer Buchstabe} \rangle \mid \langle \text{großer lateinischer Buchstabe} \rangle \mid Ж \mid Ф \mid Щ \mid Э \mid Ы \mid Ю \mid Я \mid Ш \mid Ч \mid И \mid Н$$

In der Ausgangssprache werden nur kleine und große lateinische Buchstaben verwendet. Bei den konkreten Versionen von ALGOL kann das Alphabet verändert werden. Um auch russischen Text bei den Erläuterungen schreiben zu können, haben wir noch die Buchstaben des russischen Alphabets, die mit den lateinischen Buchstaben nicht übereinstimmen, eingeführt.

$$\langle \text{Ziffer} \rangle ::= 0 \mid 1 \mid 2 \mid 3 \mid 4 \mid 5 \mid 6 \mid 7 \mid 8 \mid 9$$

Die Liste der Ziffern in ALGOL ist streng fixiert. Andere Ziffernarten dürfen nicht verwendet werden. Mit Ziffern stellen wir Zahlen dar; mit Buchstaben und Ziffern verschiedene Arten von Bezeichnungen.

Die logischen Werte sind durch die Grundsymbole **true** und **false** gegeben. Manchmal bezeichnet man auch den Wert „wahr" mit einer Eins und den Wert „falsch" mit einer Null.

⟨logischer Wert⟩ :: = **true** | **false**

Logische Werte sind logische Konstanten. Sie werden zur Prüfung logischer Bedingungen sowie zur Bildung logischer Ausdrücke, d. h. für Ausdrücke, die nur zwei Bedeutungen haben können (wahr oder falsch), verwendet.

Die Begrenzer sind Hilfssymbole, die in den Bestand der Sprache eingeführt wurden und für den Aufbau komplizierter Sprachkonstruktionen vorgesehen sind:

⟨Begrenzer⟩ :: = ⟨Operator⟩ | ⟨Trennzeichen⟩ | ⟨Klammer⟩ | ⟨Vereinbarungs-
zeichen⟩ | ⟨Spezifikator⟩

⟨Operator⟩ :: = ⟨arithmetischer Operator⟩ | ⟨Vergleichsoperator⟩ | ⟨logischer
Operator⟩ | ⟨Folgeoperator⟩

⟨arithmetischer Operator⟩ :: = $+$ | $-$ | $\times$ | $/$ | $\div$

Das Symbol $\div$ heißt ganzzahlige Division; das Resultat ist die größte ganze Zahl, die den Wert des Ergebnisses nicht übersteigt.

Wir weisen besonders daraufhin, daß in ALGOL das Multiplikationszeichen nicht weggelassen werden darf, d. h., $a \times b$ kann man nicht als ab schreiben, denn letzteres würde als eine Bezeichnung einer Größe verstanden. Die Zeichen von Relationen und logischen Operationen haben die übliche Bedeutung:

⟨Vergleichsoperator⟩ :: = $<$ | $\leq$ | $=$ | $\geq$ | $>$ | $\neq$

⟨logischer Operator⟩ :: = $\vee$ | $\wedge$ | $\neg$ | $\supset$ | $\equiv$

Wir geben nochmals eine Übersicht über die Bedeutung der Bezeichnungen der logischen Operationen; ausführlich wurden sie im Abschnitt 1.1.3. betrachtet.

$\vee$ − „oder" (logische Addition, Disjunktion);

$\wedge$ − „und" (logische Multiplikation, Konjunktion);

$\neg$ − „nicht" (Negation), wie wir bemerken, daß in ALGOL die Negation nicht als Strich über der Größe, sondern als Winkel vor der Größe geschrieben wird.

$\supset$ − „zieht nach sich" (Implikation „wenn − dann");

$\equiv$ − „äquivalent" (Äquivalenz „genau − dann − wenn").

Die logischen Operationen dienen zur Bildung logischer Ausdrücke.

⟨Folgeoperatoren⟩ :: = **goto** | **if** | **then** | **else** | **for** | **do**

Die Folgeoperatoren verändern die Reihenfolge der Ausführung der Anweisungen.

Das Symbol **goto** benutzt man für unbedingte Sprünge, die Symbole **if**, **then**, **else** für bedingte Sprünge und die Symbole **for** und **do** für Zyklen. Wir möchten jedoch ausdrücklich darauf hinweisen, daß die Grundsymbole keine Beziehung zu den Buchstaben haben, aus denen sie aufgebaut sind. Sie sind genau solche Grundsymbole wie auch die

Buchstaben. Man hätte auch andere Grundsymbole oder Zeichen einführen können; es wurden jedoch (englische) Wörter gewählt, damit sie sich leichter einprägen. Es ist üblich, die aus Wörtern bestehenden Grundsymbole bei der Niederschrift zu unterstreichen. Beim Druck werden sie meist fett gedruckt.

$\langle$Trennzeichen$\rangle$ ::= , | . | $_{10}$ | : | ; | : = | $\sqcup$ | **step** | **until** | **while** | **comment**

Die aufgeführten Trennzeichen haben folgende Bedeutung:

Das Komma trennt die Grenzen einer Liste, z.B. die Liste der Indizes $[i, j, k]$ oder die Liste der Parameter von Prozeduren (a, b, c).

Der Punkt trennt den ganzen Teil einer Zahl vom gebrochenen, d. h., er dient zur Bezeichnung des Dezimalteils einer Zahl.

Die Zahl $_{10}$, die niedrig gesetzt wird, trennt den dekadischen Exponenten, d. h. die folgende Zahl von der Mantisse.

Der Doppelpunkt dient zur Trennung der Elemente einer Liste, etwa bei der Vereinbarung von Feldern, oder zur Trennung von Marken von Anweisungen.

Das Semikolon (;) trennt einzelne Teile des Programms (Anweisungen und Vereinbarungen).

Der Doppelpunkt mit dem Gleichheitszeichen, das sog. Ergibtzeichen, ist das Symbol der Wertzuweisung und wird bei Wertzuweisungen, zyklischen Anweisungen und Sprunganweisungen verwendet.

Das Leer- bzw. Zwischenraumzeichen ($\sqcup$) gibt an, wo ein Zwischenraum zu setzen ist.

Die Symbole **step**, **until**, **while** verwendet man bei Laufanweisungen.

Das Wortsymbol **comment** wird nach dem Anfangszeichen **begin** oder einem Semikolon gesetzt und erlaubt, danach jeden beliebigen erläuternden Text zu schreiben, sofern er kein Semikolon enthält. Dieser Text dient dazu, das Programm besser verständlich zu machen. Der Text selbst wird vom Compiler übergangen. Das Ende des erläuternden Textes gibt man durch ein Semikolon an.

In ALGOL werden vier verschiedene Klammerarten verwendet:

$\langle$Klammer$\rangle$ ::= (|) | [|] | **begin** | **end** | '

Runde Klammern (algebraische Klammern) legen bei Ausdrücken die Reihenfolge der Ausführung der Operationen fest. Sie werden auch bei Prozeduren verwendet. Eckige Klammern heißen Indexklammern. Sie schließen die Indizes der Variablen, die Indexgrenzenpaare bei Feldvereinbarungen und die Indizes bei Zielverteilern ein (siehe weiter unten). Das Anfangssymbol **begin** und Endesymbol **end** bezeichnet man als Anweisungsklammern. Sie vereinigen Anweisungen zu zusammengesetzten Anweisungen und Blöcken. Die Ketten-Anführungszeichen werden für die Bildung von Symbolfolgen (Zeichenketten), die auch Zahlengrößen enthalten können, verwendet (z.B. Eigennamen, Qualitätscharakteristiken usw.).

Mittels der Klammern kann man Vereinbarungen von Größen und anderen Objekten in ALGOL-Programmen aufbauen. Wie schon erwähnt, stehen die Vereinbarungen am

Anfang jedes Blockes. Die Struktur der Vereinbarungen kann jedoch in den einzelnen Blöcken sehr unterschiedlich sein.

⟨Vereinbarungszeichen⟩ :: = **integer** | **real** | **Boolean** | **own** | **switch** | **procedure** | **array**

Mit Hilfe der Symbole **integer**, **real** und **Boolean** wird der Typ von Größen vereinbart. Das Symbol **array** dient zur Vereinbarung von Feldern, d. h. Gruppen von Größen, z. B. Matrizen, während die Symbole **switch** und **procedure** zur Vereinbarung typischer Algorithmen, die die Rolle von Unterprogrammen bei der gewöhnlichen Maschinenprogrammierung spielen, verwendet werden.

⟨Spezifikationszeichen⟩ :: = **label** | **value** | **string**

Spezifikatoren sind Symbole, die man nur in einem bestimmten Teil der Sprache verwendet, nämlich bei den Vereinbarungen von Prozeduren. Sie charakterisieren die in Prozeduren verwendeten Größen näher. Als Spezifikatoren können auch andere als die oben aufgezählten Symbole verwendet werden. Ihre Rolle ändert sich dann allerdings etwas. Die Spezifikatoren bestimmen die entsprechenden Größen genauer als die entsprechenden Vereinbarungen der Blöcke. Zum Beispiel wird in der Benennung **array** M nicht auf die Dimension des Feldes M hingewiesen. Genauer gehen wir auf diese Fragen bei den Prozedurvereinbarungen ein.

Notwendige zusätzliche Vereinbarungen der Grundsymbole erklären wir in Abhängigkeit von ihrer Einführung im weiteren.

2.1.1.3.   Zahlen

In ALGOL werden nur dekadische Zahlen verwendet. Die einfachste Zahl ist die ganze Zahl ohne Vorzeichen, die nur eine Ziffernfolge darstellt.

⟨ganze Zahl ohne Vorzeichen⟩ :: = ⟨Ziffer⟩ | ⟨ganze Zahl ohne Vorzeichen⟩ ⟨ Ziffer⟩

⟨ganze Zahl⟩   :: = ⟨ganze Zahl ohne Vorzeichen⟩ | + ⟨ganze Zahl ohne Vorzeichen⟩ | − ⟨ganze Zahl ohne Vorzeichen⟩

⟨Dezimalbruch⟩   :: = . ⟨ganze Zahl ohne Vorzeichen⟩

Wir weisen besonders daraufhin, daß der Punkt benutzt wird, um den ganzen Teil vom Bruch abzuteilen. Dezimalbrüche werden deshalb mit Punkt und nicht mit Komma geschrieben.

⟨Dezimalzahl⟩   :: = ⟨ganze Zahl ohne Vorzeichen⟩ | ⟨Dezimalbruch⟩ | ⟨ganze Zahl ohne Vorzeichen⟩ ⟨Dezimalbruch⟩

⟨Exponententeil⟩   :: = ₁₀ ⟨ganze Zahl⟩

⟨Zahl ohne Vorzeichen⟩ :: = ⟨Dezimalzahl⟩ | ⟨Exponententeil⟩ | ⟨Dezimalzahl⟩ ⟨Exponententeil⟩

⟨Zahl⟩   :: = ⟨Zahl ohne Vorzeichen⟩ | + ⟨Zahl ohne Vorzeichen⟩ | − ⟨Zahl ohne Vorzeichen⟩

Dezimalbruch, Dezimalzahl und Exponententeil werden als Zahlen ohne Vorzeichen definiert. Deshalb ist z. B. die Zahl -0135 nicht als Dezimalbruch, sondern als Definition einer Zahl aufzufassen. Der Exponententeil ist ein skalarer Faktor, bezogen auf eine Potenz von 10. Exponenten können nur ganze Zahlen sein (positive oder negative), wobei ein negativer Exponent nicht in Klammern gesetzt wird.

2.1.1.4. Bezeichnungen

Die in einem Programm vorkommenden verschiedenen Größen werden durch Bezeichnungen (Namen) dargestellt. Im Unterschied zu der in der Mathematik üblichen Bezeichnungsweise einzelner Größen mit getrennten Buchstaben (nach Möglichkeit noch mit Indizes) kann man aber in algorithmischen Sprachen Größen nur mit Hilfe von Buchstabengruppen, d. h. mit Worten oder Gruppen von Buchstaben und Ziffern bezeichnen. Unter Bezeichnungen verstehen wir demnach eine beliebige Folge von Buchstaben oder Ziffern, die mit einem Buchstaben beginnt.

$\langle$Bezeichnung$\rangle :: = \langle$Buchstabe$\rangle \mid \langle$Bezeichnung$\rangle \langle$Buchstabe$\rangle \mid \langle$Bezeichnung$\rangle$
$\qquad\qquad\quad \langle$Ziffer$\rangle$

Bezeichnungen haben keine selbständige Bedeutung, sondern werden für die Kennzeichnung solcher Größen verwendet wie einfache Variable, Eelder, Marken, Verteiler und Prozeduren. Alle Bezeichnungen – außer den festgelegten Standardfunktionen (sin, cos, usw. siehe weiter unten) – kann man willkürlich wählen.

Um den Menschen das Lesen von Algorithmen zu erleichtern, ist es manchmal angebracht, als Bezeichnungen Symbolfolgen einzuführen, die der natürlichen Bezeichnung dieser Größen (z. B. Hoehe, Geschwindigkeit usw.) weitestgehend entsprechen. Jede Bezeichnung muß in dem Block vereinbart werden, innerhalb dem sie verwendet wird. Eine Ausnahme bilden die Bezeichnungen einer Reihe von Standardfunktionen. Für sie existieren in ALGOL konstante Bezeichnungen. Die Vereinbarung bestimmt die Art der durch die Bezeichnung dargestellten Größe (z. B. Feld, Prozedur usw.). Verschiedene in ein und demselben Block des Programms verwendete Größen müssen notwendigerweise durch verschiedene Bezeichnungen gekennzeichnet werden.

2.1.1.5. Zeichenketten

Als Zeichenketten oder kurz als *Ketten* werden Folgen von Grundsymbolen bezeichnet, die keinen Wert darstellen. Im Unterschied zu den Bezeichnungen, die für die Kennzeichnung variabler Größen verwendet werden und während der Berechnung jedesmal einen bestimmten konkreten Zahlenwert annehmen, stellen die Ketten sich selbst dar, d. h., sie haben eine nichtnumerische Bedeutung. Mit Hilfe der Ketten kann etwa Text gedruckt werden:

$\qquad$ 'IWANOW', 'PETROW', 'SIDOROW',   usw.

Die Ketten werden von den Bezeichnungen durch Kettenanführungszeichen unterschieden. Diese Kettenanführungszeichen stellen eine Form der Klammern dar.

Die Definition einer Kette mit Hilfe der Mittel der Metasprache hat folgendes Aussehen:

⟨Nullkette⟩ :: =

⟨echte Kette⟩ :: = ⟨Jede Folge von Grundsymbolen, die nicht ′ oder ′ enthält⟩ |
⟨Nullkette⟩

Eine Nullkette ist eine Kette, in der kein Symbol vorhanden ist.

⟨offene Kette⟩ :: = ⟨echte Kette⟩ | ⟨offene Kette⟩ | ⟨offene Kette⟩ ⟨offene Kette⟩
Beispiele offener Ketten:

$$ZAHLUNGS \sqcup VERZEICHNIS$$
$$FRAGEBOGEN \sqcup IWANOWA$$
$$STADT \sqcup TASCHKENT$$

Eine offene Kette ist eine Folge von Grundsymbolen, die in sich Kettenanführungszeichen einschließen kann, aber nicht unbedingt einschließen muß.

⟨Kette⟩ :: = ⟨offene Kette⟩

Die Kette unterscheidet sich von der offenen Kette dadurch, daß sie notwendig von Kettenanführungszeichen eingeschlossen ist. Die Ausgangssprache ALGOL sah die Verwendung von Ketten nur als aktueller Parameter von Prozeduren vor. In der von uns untersuchten Variante der Sprache (ALGEM) werden Ketten in starkem Maße für den Aufbau von Ausdrücken und Anweisungen benutzt. Dabei führen wir Kettengrößen ein, die ihre Bedeutung sowohl als einzelne Kette als auch in Gruppen von Ketten (im Falle von Kettenfeldern) haben können.

2.1.1.6. Marken

Wie schon erwähnt, können bestimmte Anweisungen durch Marken gekennzeichnet sein, die von den Anweisungen durch Doppelpunkt getrennt sind. Marken sind dem Wesen nach Ketten. Sie werden aber nicht als solche verwendet, sondern zur Markierung von Anweisungen, um Übergänge und Sprünge zu verwirklichen. Außerdem besteht ein Unterschied zwischen den Marken und den Ketten, denn in der Ausgangssprache ALGOL ist die Struktur der Marken begrenzt. Marken können nur ganze Zahlen ohne Vorzeichen oder Bezeichnungen sein, nicht aber beliebige Folgen von Symbolen der Sprache, wie dies bei den Ketten der Fall ist. Das ist jedoch kein prinzipieller Unterschied. Die Marken stellen ähnlich den Ketten sich selbst dar, und durch sie erhält nicht irgendeine Größe einen Wert (wie bei den Bezeichnungen) zugeordnet. Unter Marken versteht man keinen konkreten Zahlenwert. In den angeführten Fällen werden die Bezeichnungen ohne Kettenanführungszeichen geschrieben, weil ihre Rolle durch ihre Anwendung bestimmt wird.

2.1.1.7. Variable

Variable ist die Bezeichnung für eine Größe, die bestimmte Werte annehmen kann. Es gibt in ALGOL numerische und logische Variable, entsprechend den Typvereinbarungen über die Werte, die diese Variablen annehmen können, außerdem – allerdings nicht in ALGOL – kettenartige Variable. Bei den numerischen Variablen unterscheidet man weiter zwischen ganzzahligen (**integer** – vereinbarten) und reellwertigen (**real** – vereinbarten). Eine numerische Variable repräsentiert eine Zahl oder eine Menge von Zahlen (Vektor, Matrix usw.), eine logische Variable einen logischen Wert (**true** – 1 oder **false** – 0) oder eine Menge logischer Werte sowie eine Kettenvariable eine Zeichenkette oder eine Menge von Zeichenketten.

Ergibtanweisungen weisen einer Variablen einen neuen Wert zu und verändern dadurch den bisherigen Wert der Variablen (siehe weiter unten).

Wir führen nun die formale syntaktische Definition des Begriffes einer Variablen ein. Um die gegebene Darstellung an die Ausgangssprache ALGOL anzupassen, stellen wir die Einführung der Verbundvariablen zurück und definieren nur einfache Variablen (d. h. keine Verbundvariable):

⟨Variablenbezeichnung⟩ :: = ⟨Bezeichnung⟩

⟨einfache Variable⟩   :: = ⟨Variablenbezeichnung⟩

⟨Indexausdruck⟩   :: = ⟨arithmetischer Ausdruck⟩

⟨Indexliste⟩   :: = ⟨Indexausdruck⟩ | ⟨Indexliste⟩, ⟨Indexausdruck⟩

⟨Feldbezeichnung⟩   :: = ⟨Bezeichnung⟩

⟨indizierte Variable⟩   :: = ⟨Feldbezeichnung⟩ [⟨Indexliste⟩]

⟨Variable⟩   :: = ⟨einfache Variable⟩ | ⟨indizierte Variable⟩

Für jede indizierte Variable muß eine Feldvereinbarung angegeben werden. Diese enthält alle notwendigen Angaben über dieses Feld (Bezeichnung, Dimension, Umfang und Typ). Eine indizierte Variable ist ein Element eines Feldes. Sie wird durch die Feldbezeichnung angegeben. Ihre Lage im Feld charakterisieren die Indizes.

Beispiele für indizierte Variable:

Gewöhnliche Bezeichnungen	Bezeichnungen in ALGOL
a_1	$a\,[1]$
$y_{i,j}$	$y\,[i,j]$
A_{x_i,y_j}	$A\,[x[i],\,y[j]]$

Die Indexliste besteht aus einem oder mehreren, durch Komma getrennten arithmetischen Ausdrücken. Ein arithmetischer Ausdruck als Indexausdruck darf seinem Wert nach nur eine ganze Zahl sein. Erhält man als Ergebnis eine gebrochene Zahl, dann wird gerundet und die so erhaltene ganze Zahl als Index verwendet. Die Rundung erfolgt nach der Formel *entier* $(A + 0{,}5)$. Dabei ist *entier* die größte ganze Zahl, die kleiner oder gleich $A + 0{,}5$ ist, und A der aktuelle Wert des arithmetischen Ausdrucks.

2.1.1.8. Funktionen

Variable Größen können in ALGOL auch als Funktionen (auch Funktionsbezeichner genannt) dargestellt werden. In ALGOL kann man die an verschiedenen Stellen des

Programms häufig gebrauchten selbständigen Programmteile eindeutig darstellen. Dabei bedient man sich sog. *Prozeduren*. Die *Prozedurvereinbarungen* enthalten ihrerseits die Vereinbarung (auch in ALGOL) dieses Programmteils und müssen am Anfang des Blocks zusammen mit anderen Vereinbarungen stehen. Der Zugriff zu den Prozeduren kann von einer beliebigen Stelle des Blocks aus mit Hilfe der *Prozeduranweisung* oder der *Funktionen* erfolgen. Die Zugriffe sind standardisiert. Man schreibt die Bezeichnung der entsprechenden Prozedur, wobei in runden Klammern die durch Komma getrennte Liste der Argumente folgt. Die Argumente heißen *aktuelle Parameter* der Prozedur.

Prozeduren können allgemein für die Ausführung verschiedener Berechnungen aufgestellt werden und als Ergebnis einen oder mehrere Werte liefern. Es gibt auch Prozeduren, bei denen man überhaupt keinen Wert erhält, sondern die z.B. nur eine Umgruppierung von Größen bewirken. Benutzt man eine Prozedur zur Berechnung einer Funktion, dann erhält man als Ergebnis notwendigerweise genau einen Wert. An allen Stellen im Programm, wo die Berechnungen mit Hilfe von gegebenen Prozeduren durchgeführt werden sollen, muß ein Zugriff zu diesen Prozeduren formuliert werden. Das geschieht mittels Prozeduranweisungen, die z.B. folgendes Aussehen haben können:

$$sin\,(x) \quad \text{oder} \quad FLAECHE\,(a, h) \quad \text{usw.}$$

Im letzten Beispiel ist die Prozedurbezeichnung das Wort FLAECHE und a und h sind die Parameter dieser Prozedur. Sie bezeichnen z.B. die Grundfläche und die Höhe eines Dreieckes. Ähnliche Prozeduren, wo genau eine (numerische, logische oder kettenartige) Größe berechnet wird, heißen Funktionsprozeduren. Die oben angegebenen Beispiele des Zugriffs zu den Funktionsprozeduren werden Funktionen genannt. Zugriffe zu Prozeduren, die keine Funktionen sind, heißen *Prozeduranweisungen*. Die Prozeduranweisungen sind den Funktionen äußerlich ähnlich. Es bestehen jedoch folgende Unterschiede zwischen ihnen:

1. Der Zugriff zu einer Funktionsprozedur wird mit Hilfe einer Funktion verwirklicht, die nach Ausführung aller durch Vereinbarungen der Prozedur gegebenen Operationen einen bestimmten Wert annimmt. Die Prozeduranweisung kann gleichzeitig verschiedene Werte berechnen oder aber bestimmte andere Operationen im Rechenprozeß durchführen (Kontrolle der Berechnungen, Datenübertragung usw.).

2. Eine Funktion steht immer innerhalb eines bestimmten Ausdrucks, währenddessen die Prozeduranweisung immer in Form einer Anweisung fungiert, d. h. nach ihr wird ein ; gesetzt. Beispiele: $a + sin\,(x)$ und $EINGABE\,(a, b, c)$; Hier ist $sin\,(x)$ die Funktion, $EINGABE\,(a, b, c)$ die Prozeduranweisung.

3. Funktionsprozeduren müssen in ihrer Vereinbarung stets eine Ergibtanweisung enthalten, die den berechneten Wert zur Bezeichnung der Funktionsprozedur (die immer mit der Bezeichnung der Funktion zusammenfällt) zuordnet.

Im Unterschied zu den Prozedurbezeichnungen stellen die Funktionsprozedurbezeichnungen immer bestimmte konkrete Werte dar, die als Ergebnis der Berechnung der Funktionen gewonnen werden und deshalb nicht als Kette betrachtet werden können, obwohl sie Bezeichnungen im vollen Sinne dieser Definition sind.

Die syntaktische Definition der Funktion hat in ALGOL folgendes Aussehen:

⟨Prozedurbezeichnung⟩   :: = ⟨Bezeichnung⟩

⟨aktueller Parameter⟩   :: = ⟨Kette⟩ | ⟨Ausdruck⟩ | ⟨Feldbezeichnung⟩ |
                                ⟨Verteilerbezeichnung⟩ | ⟨Prozedurbezeichnung⟩

⟨Buchstabenkette⟩   :: = ⟨Buchstabe⟩ | ⟨Buchstabenkette⟩ ⟨Buchstabe⟩

⟨Parameterbegrenzer⟩   :: = , |) ⟨Buchstabenkette⟩ : (

⟨aktuelle Parameterliste⟩ :: = ⟨aktueller Parameter⟩ | ⟨aktuelle Parameterliste⟩
                                ⟨Parameterbegrenzer⟩ ⟨aktueller Parameter⟩

⟨aktueller Parameterteil⟩ :: = ⟨Nullkette⟩ | (⟨aktuelle Parameterliste⟩)

⟨Funktion⟩   :: = ⟨Prozedurbezeichnung⟩ ⟨aktueller Parameterteil⟩

Der Parameterbegrenzer in Form) ⟨Buchstabenkette⟩ : (erlaubt einen erläuternden Text zwischen die Parameter einzuschließen. Zum Beispiel kann die Funktion v, die von den Größen t, D, H abhängt, d. h. $v\,(t, D, H)$, wie folgt beschrieben werden: $v\,(t)$ die Weite: (D) die Hoehe: (H)

Hier werden nicht t, sondern D und H erklärt.

Als aktuelle Parameter verwendet man am häufigsten Zahlen und Variable, die spezielle Fälle von Ausdrücken sind.

Aus der syntaktischen Definition der Funktionsprozedur folgt, daß die Argumente der Funktionen in Klammern eingeschlossen werden müssen. Zum Beispiel darf man nicht, wie das in der Mathematik üblich ist, $sin\,x$, sondern man muß $sin\,(x)$ schreiben, weil die Formulierung $sin\,x$ entsprechend den Regeln von ALGOL einfach als Bezeichnung einer bestimmten Variablen aufgefaßt wird.

Da es bei der Vereinbarung der Funktionsprozedur notwendig ist, eine Ergibtanweisung zu verwenden, durch welche der berechnete Wert der Bezeichnung der Funktionsprozedur zugeordnet wird, können hier Formulierungen auftreten, die in der gewöhnlichen mathematischen Formelsprache nicht gebräuchlich sind. Z.B. kann die Zuordnung eines Wertes einfach mit Hilfe der Bezeichnung sin ohne Angabe des Argumentes x erfolgen. Dadurch hat die Bezeichnung sin einen bestimmten Zahlenwert, der gleich dem Wert von $sin\,(x)$ ist.

In ALGOL wurden für eine Reihe von Standardfunktionen Bezeichnungen festgelegt, die für andere Zwecke nicht benutzt werden dürfen. Standardfunktionen werden in Programmen nicht vereinbart, sondern können sofort in Ausdrücken wie Variable verwendet werden. Zu den Standardfunktionen zählen folgende Funktionen des aktuellen Parameters E.

$abs\,(E)$ – für die Berechnung des Moduls (des absoluten Betrages) von E, $|E|$;

$sign\,(E)$ – für das Vorzeichen von E ($+1$ für $E < 0$, 0 für $E = 0$ und -1 für $E > 0$);

$sqrt\,(E)$ – für die Quadratwurzel von E, $\sqrt{E}$;

$sin\,(E)$ – für Sinus von E, $sin\,E$;

$cos\ (E)$ – für Cosinus von E, $\cos E$;

$arctan\ (E)$ – für den Hauptwert des Arctan von E, $\arctan E$;

$ln\ (E)$ – für den Logarithmus naturalis von E, $\ln E$;

$exp\ (E)$ – für die Exponentialfunktion von E, e^E.

In ALGOL sind diese Funktionen für alle Argumente vom Typ **real** oder **integer** definiert. Sie liefern Werte vom Typ **real**, nur bei $sign\ (E)$ erhalten wir die Werte vom Typ **integer**.

Zu den Standardfunktionen zählt außerdem die Funktion $entier\ (E)$. Mit dieser Funktion berechnet man die größte ganze Zahl, die kleiner oder gleich E ist.

2.1.1.9. Ausdrücke

Ausdrücke sind Sprachkonstruktionen mit einer bestimmten funktionellen Bedeutung. Sie geben an, welche Operationen in welcher Reihenfolge mit gewissen Größen auszuführen und wie diese Größen zu verwenden sind (z.B. als Operanden arithmetischer oder logischer Operationen, als Indizes oder Parameter usw.). Zur Formulierung von Ausdrücken können Variable, Funktionen, Zahlen, logische Werte, Begrenzer und verschiedene Operationszeichen verwendet werden.

Weil zur syntaktischen Definition von Variablen und Funktionen Ausdrücke verwendet werden (z.B. ein Indexausdruck, der aus einem arithmetischen Ausdruck besteht), können Ausdrücke sowie Variable und Funktionen nur rekursiv definiert werden.

Im ALGOL werden wir drei Typen von Ausdrücken unterscheiden: arithmetische, logische und Zielausdrücke.

⟨Ausdruck⟩ :: = ⟨arithmetischer Ausdruck⟩ | ⟨logischer Ausdruck⟩ | ⟨Zielausdruck⟩

Man unterscheidet ferner einfache und bedingte Ausdrücke. Zu Beginn betrachten wir einfache arithmetische und logische Ausdrücke, später bedingte arithmetische und logische Ausdrücke. Die Zielausdrücke werden zusammen mit den Sprunganweisungen behandelt.

2.1.1.9.1. Einfache arithmetische Ausdrücke

Ein solcher Ausdruck stellt praktisch eine Formel dar. Durch ihn wird die Reihenfolge für die Berechnung eines bestimmten Zahlenwertes festgelegt. Elementare Bestandteile solcher Formeln sind elementare arithmetische Ausdrücke, die wir einfach als Elementarausdrücke bezeichnen werden:

⟨Summationsoperator⟩   :: = + | −

⟨Multiplikationsoperator⟩ :: = × | / | ÷

⟨Elementarausdruck⟩   :: = ⟨Zahl ohne Vorzeichen⟩ | ⟨Variable⟩ | ⟨Funktion⟩ | (⟨arithmetischer Ausdruck⟩)

Variable und Funktionen, die Elementarausdrücke sind, können dabei nur vom Typ **integer** oder **real** sein.

Aus den Elementarausdrücken kann man Faktoren bilden, deren Exponenten Elementarausdrücke sind:

$\langle$Faktor$\rangle$ :: = $\langle$Elementarausdruck$\rangle$ | $\langle$Faktor$\rangle$ ↑ $\langle$Elementarausdruck$\rangle$

Der Exponent muß in (runde) Klammern eingeschlossen werden, außer, wenn es sich um vorzeichenlose Zahlen, Variable oder Funktionen handelt. Ein negativer Exponent dagegen muß in Klammern eingeschlossen werden. Beispiele der Schreibweise von Faktoren:

$$a \uparrow b \uparrow c = (a^b)^c; \; a \uparrow (b \times c) = a^{bc};$$

Verschiedene Potenzoperationen werden nacheinander von links nach rechts ausgeführt.

Die Regeln, nach denen der Typ des Resultats bestimmt wird, sind folgende:

Ist die Basis gleich null, dann ist das Ergebnis null oder nicht definiert (bei Exponenten, die gleich oder kleiner null sind). Ist die Basis ungleich null und der Exponent eine positive ganze Zahl oder gleich null, dann ist das Ergebnis mit dem Typ der Basis identisch. Bei ganzen negativen Exponenten und einer Basis ungleich null ist das Resultat reell.

Wenn die Basis a größer null und der Exponent r (beliebig) reell ist, wird das Ergebnis $a \uparrow r$ nach der Formel $exp \, (r \times ln \, (a))$ berechnet und ist reell. Bei einer Basis $a < 0$ und reellem Exponenten ist das Resultat nicht definiert.

$\langle$Term$\rangle$ :: = $\langle$Faktor$\rangle$ | $\langle$Term$\rangle$ $\langle$Multiplikationsoperator$\rangle$ $\langle$Faktor$\rangle$

Der Begriff Term wird als Zwischenbegriff eingeführt, um einen eingliedrigen Ausdruck ohne Vorzeichen (vorzeichenloses Monom) darzustellen.

Beispiel eines Terms:

$$a \times b/c$$

Den Typ des Resultats bestimmt man durch folgende Regeln:

Sind die Faktoren ganzzahlig, dann ist auch das Ergebnis ganzzahlig, sonst reell. Ist der Divisor gleich null, dann ist die Operation $\div$ nicht durchführbar.

Die Operation $\div$ ist nur für ganze Zahlen unter der Bedingung, daß der Divisor ungleich null ist, definiert.

Das Resultat der Operation ist immer ganz und wird nach folgender Formel bestimmt.

$$m \div n = sign \, (m/n) \times entier \, (abs \, (m/n))$$

sign, *entier* und *abs* haben wir bei den Standardfunktionen erläutert.

$\langle$einfacher arithmetischer Ausdruck$\rangle$ :: = $\langle$Term$\rangle$ | $\langle$Summationsoperator$\rangle$ $\langle$Term$\rangle$ |
$\qquad\qquad\qquad\qquad\qquad$ $\langle$einfacher arithmetischer Ausdruck$\rangle$
$\qquad\qquad\qquad\qquad\qquad$ $\langle$Summationsoperator$\rangle$ $\langle$Term$\rangle$

Die Ausführung der Operationen beim Berechnen eines arithmetischen Ausdrucks geschieht im allgemeinen von links nach rechts. Dabei müssen jedoch folgende Vorrangregeln eingehalten werden: Zuerst sind die Klammern auszurechnen, dann wird potenziert, als nächstes folgen – auf einer Stufe – die Multiplikation, Division und ganzzahlige Division sowie als letzte Stufe die Addition und Subtraktion. Nach dém Berechnen der Klammern haben wir demnach folgende Vorrangstufen (Prioritäten):

$\uparrow$ erste Priorität,

$\times\ /\div$ zweite Priorität,

$+\ -$ dritte Priorität.

Die Operationen eines Ranges (einer Priorität) werden von links nach rechts in der Reihenfolge ihrer Notierung abgearbeitet.

Zur Überprüfung, ob es möglich ist, eine fällige Operation auszuführen, analysiert man jedesmal die folgende Operation. Ist sie von gleicher oder geringerer Priorität, dann führt man die gegebene Operation aus. Anderenfalls wird die folgende Operation analysiert usw., bis keine Operation geringerer oder gleicher Priorität gefunden wird.

Zum Beispiel:

$$a + b \times c \uparrow (d + e)$$

Dieser Ausdruck wird in folgender Reihenfolge berechnet:

$$(d + e)$$
$$c\uparrow(d + e)$$
$$(c\uparrow(d + e) \times b$$
$$((c\uparrow(d + e) \times b) + a$$

2.1.1.9.2. Einfache logische Ausdrücke

Logische Ausdrücke, Variable und Funktionen können einen der beiden Werte annehmen: **true** (1) oder **false** (0). Die syntaktische Definition eines einfachen logischen Ausdruckes ist folgende:

⟨Vergleichsoperator⟩ $::= \ <\ |\ \leqq\ |\ =\ |\ \geqq\ |\ >\ |\ \neq$

⟨Vergleich⟩ $::=$ ⟨einfacher arithmetischer Ausdruck⟩ ⟨Vergleichsoperator ⟩ ⟨einfacher arithmetischer Ausdruck⟩

⟨logischer Elementarausdruck 1. Art⟩ $::=$ ⟨logischer Wert⟩ | ⟨Variable⟩ | ⟨Funktion⟩ | ⟨Vergleich⟩ | (⟨logischer Ausdruck⟩)

⟨logischer Elementarausdruck 2. Art⟩ $::=$ ⟨logischer Elementarausdruck 1. Art⟩ | $\neg$ ⟨logischer Elementarausdruck 1. Art⟩

⟨logischer Faktor⟩ :: = ⟨logischer Elementarausdruck 2. Art⟩ | ⟨logischer Faktor⟩ ∧ ⟨logischer Elementarausdruck 2. Art⟩

⟨logischer Term⟩ :: = ⟨logischer Faktor⟩ | ⟨logischer Term⟩ ∨ ⟨logischer Faktor⟩

⟨Implikation⟩ :: = ⟨logischer Term⟩ | ⟨Implikation⟩ ⊃ ⟨logischer Term⟩

⟨einfacher logischer Ausdruck⟩ :: = ⟨Implikation⟩ | ⟨einfacher logischer Ausdruck⟩ ≡ ⟨Implikation⟩

Logische Elementarausdrücke, speziell Variable und Funktionen, müssen vom Typ **Boolean** sein.

Beispiele einfacher logischer Ausdrücke:

$$A \lor B \land C \supset (D \lor F),$$

$$x > y \land a \leqq b \land \neg d.$$

Logische Elementarausdrücke sind Größen, die nur einen der beiden logischen Werte annehmen können. Ein einfacher logischer Ausdruck ist eine Kombination solcher Größen, die durch logische und Vergleichsoperationen verbunden sind.

Die Definitionen aller fünf in ALGOL benutzten logischen Operationen werden in Tabelle 16 (siehe auch Kapitel 1.1.3.) angegeben.

Tabelle 16

A	0	0	1	1
B	0	1	0	1
$\neg A$	1	1	0	0
$A \land B$	0	0	0	1
$A \lor B$	0	1	1	1
$A \supset B$	1	1	0	1
$A \equiv B$	1	0	0	1

In logischen Ausdrücken können – wie wir sahen – arithmetische, Vergleichs- und logische Operationen vorkommen. Für alle diese Operationen gilt folgende allgemeine Prioritätsordnung (Rangordnung):

Arithmetische Operationen:

1) ↑   2) × / ÷   3) + −

Vergleichsoperationen:

4) $< \;\leqq\; = \;\geqq\; > \;\neq$

Logische Operationen:

5) $\neg$ 6) $\wedge$ 7) $\vee$ 8) $\supset$ 9) $\equiv$

Innerhalb der Vergleichsoperationen treten Fragen der Rangordnung nicht auf.

Muß man die Rangfolge der Ausführung von Operationen (aller drei Arten) verändern, verwendet man runde Klammern.

2.1.1.9.3. Bedingte arithmetische Ausdrücke

Bedingte arithmetische Ausdrücke ermöglichen, in Abhängigkeit von der Erfüllung bestimmter Bedingungen zwischen zwei arithmetischen Ausdrücken zu wählen. Die zu überprüfenden Bedingungen werden immer in Form logischer Ausdrücke formuliert:

⟨Wenn-Klausel⟩   :: = **if** ⟨logischer Ausdruck⟩ **then**

⟨bedingter
arithmetischer Ausdruck⟩   :: = ⟨Wenn-Klausel⟩ ⟨einfacher arithmetischer
                               Ausdruck⟩ **else** ⟨arithmetischer Ausdruck⟩

⟨arithmetischer Ausdruck⟩ :: = ⟨einfacher arithmetischer Ausdruck⟩ | ⟨bedingter
                               arithmetischer Ausdruck⟩

Nach der Wenn-Klausel muß stets ein einfacher arithmetischer Ausdruck folgen, während nach dem Symbol **else** ein arithmetischer Ausdruck, der auch ein bedingter arithmetischer Ausdruck sein kann, folgt. Den Aufbau bedingter arithmetischer Ausdrücke können wir schematisch wie folgt darstellen:

if $L1$ **then** $A1$ **else** A

if $L1$ **then** $A1$ **else if** $L2$ **then** $A2$ **else if**

$L3$ **then** $A3$ **else** A

wobei $L1$, $L2$, $L3$ − logische Ausdrücke,

$A1$, $A2$, $A3$ − einfache arithmetische Ausdrücke und

A − ein arithmetischer Ausdruck sind.

Ein solcher bedingter arithmetischer Ausdruck wird folgendermaßen berechnet. Nacheinander werden von links nach rechts die logischen Ausdrücke ($L1$, $L2$, $L3$), die nach dem Symbol **if** stehen, überprüft.

Der erste wahre logische Ausdruck gibt an, daß als Wert des gegebenen bedingten arithmetischen Ausdrucks jener einfache arithmetische Ausdruck zu nehmen ist, der nach dem nächsten Symbol **then** steht. Dieses Symbol folgt also nach dem ersten wahren logischen Ausdruck. Sind alle logischen Ausdrücke falsch, dann erhält man als Wert des bedingten Ausdrucks den letzten arithmetischen Ausdruck (*A*). Ist dieser Ausdruck nicht einfach, muß weiter überprüft werden.

Beispiel: Es mögen x, y, a, b reellwertige Größen sein. Dann kann man folgenden bedingten arithmetischen Ausdruck schreiben:

if $x = a \wedge y < b$ **then** *KOEFFIZIENT 2 + b* **else**

KOEFFIZIENT 2 − b

Ist die überprüfte Bedingung wahr, dann erhält man als Wert dieses bedingten arithmetischen Ausdruckes die Summe der beiden Größen *KOEFFIZIENT 2* und b; wenn die überprüfte Bedingung falsch ist, ergibt sich als Wert dieses Ausdruckes die Differenz dieser beiden Größen.

2.1.1.9.4. Bedingte logische Ausdrücke

Bedingte logische Ausdrücke sind ähnlich wie bedingte arithmetische Ausdrücke aufgebaut. Nur werden keine einfachen arithmetischen, sondern einfache logische Ausdrücke verwendet, und anstelle des arithmetischen Ausdruckes steht am Ende eines bedingten Ausdruckes ein logischer Ausdruck.

⟨bedingter logischer Ausdruck⟩ :: = ⟨Wenn-Klausel⟩
⟨einfacher logischer Ausdruck⟩ **else** ⟨logischer Ausdruck⟩

⟨logischer Ausdruck⟩ :: = ⟨einfacher logischer Ausdruck⟩ | ⟨bedingter logischer Ausdruck⟩

Die Bedingung ist genauso festgelegt, wie bei den bedingten arithmetischen Ausdrücken. Die allgemeine Form des bedingten logischen Ausdruckes kann mit Hilfe folgenden Schemas dargestellt werden:

if $L1$ **then** $K1$ **else if** $L2$ **then** $K2$ **else** $L3$

Hier sind $L1$, $L2$, $L3$ − logische Ausdrücke;

$K1$, $K2$ − einfache logische Ausdrücke.

Eine Besonderheit solcher bedingter logischer Ausdrücke besteht darin, daß die nach dem Symbol **if** stehenden logischen Ausdrücke ($L1$, $L2$ usw.) selbst bedingte logische Ausdrücke sein können. So kann es passieren, daß nacheinander mehrere Symbole **if** stehen, wobei erst hinter dem letzten ein einfacher logischer Ausdruck folgt. Die Berechnung reduziert sich auf eine nacheinanderfolgende Ermittlung der bedingten logischen Ausdrücke, beginnend beim innersten einfachen logischen Ausdruck. Die bedingten logischen Ausdrücke werden durch ihre Werte ersetzt. Dabei muß man sich an die Grundregeln halten, daß jedem Symbol **if** das nächste rechtsstehende Symbol **else** entspricht, wobei die schon berechneten Ausdrücke nicht gerechnet werden. Ein Beispiel eines bedingten logischen Ausdrucks ist auf Abbildung 13a gegeben.

Wir wollen dabei der Einfachheit halber unterstellen, daß alle logischen Ausdrücke $L1$, $L2$, ..., $L6$, $K1$, $K2$, $K3$ einfach sind.

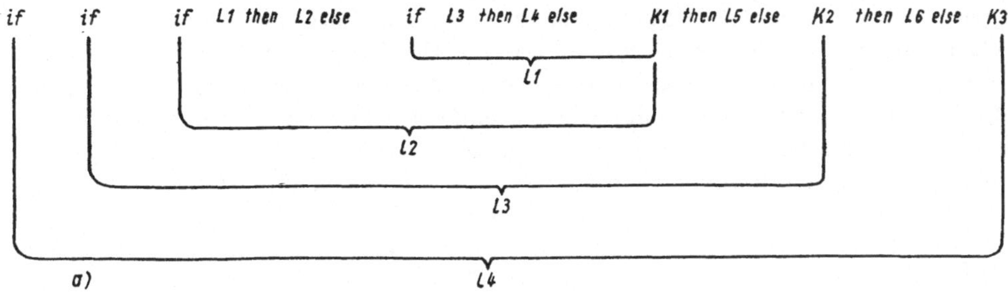

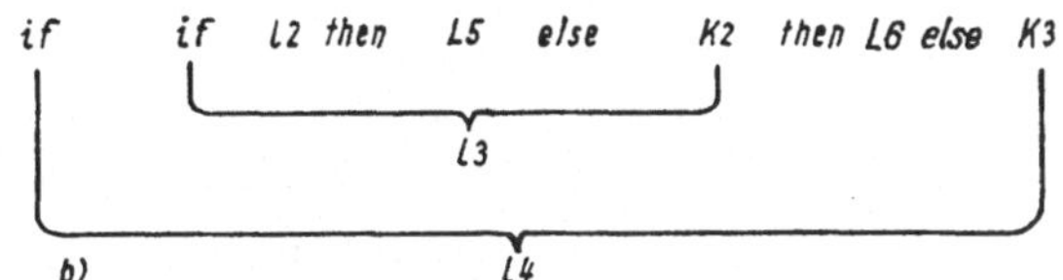

Abb. 13. Beispiel eines bedingten logischen Ausdruckes
a) Ausgangsausdruck   b) Nach der ersten Umwandlungsetappe

Untersuchen wir den Ausdruck aus Abb.13a, dann finden wir nach dem dritten **if** den einfachen logischen Ausdruck $L1$. Wir beginnen mit der Berechnung dieses Ausdrucks. Wenn er wahr ist, geht es mit $L2$ weiter; ist er falsch, suchen wir das nächste rechts von diesem stehende Symbol **else** und müssen den nachfolgenden logischen Ausdruck ($l1$) analysieren. Im gegebenen Beispiel handelt es sich ebenfalls um einen bedingten logischen Ausdruck.

Wir berechnen diesen bedingten logischen Ausdruck. (Dabei müssen wir beachten, daß $K1$ im allgemeinen auch ein bedingter logischer Ausdruck sein kann.) Setzen wir voraus, daß $L1$ falsch ist und wir den Wert des Ausdruckes ($l1$) gefunden haben, dann müssen wir den Wert des Ausdruckes $l2$ ermitteln.

Jetzt hat unser bedingter logischer Ausdruck die Form, die auf Abbildung 13b zu sehen ist.

Auf ähnliche Weise berechnen wir den bedingten logischen Ausdruck $l3$, sein Wert ist $L5$ oder $K2$. Den äußeren bedingten logischen Ausdruck können wir auch so schreiben:

if $l3$ **then** $L6$ **else** $K3$

Er wird auf analoge Weise berechnet.

In bedingten Ausdrücken muß nach dem Symbol **then** notwendigerweise ein einfacher (d. h. kein bedingter) Ausdruck stehen. Das sichert die Übereinstimmung zwischen den Symbolen **if, then** und **else**, die sich auf ein und denselben Ausdruck beziehen. Wenn diese Begrenzungen des bedingten Ausdruckes fehlen, kann er unbestimmt sein. Weiter muß betont werden, daß in bedingten Ausdrücken im Unterschied zu bedingten Anweisungen (siehe weiter unten) jedem Symbol **if** ein Symbol **else** entsprechen muß.

Jeder beliebige bedingte logische Ausdruck kann in Form eines äquivalenten einfachen logischen Ausdrucks dargestellt werden. Die Verwendung bedingter logischer Ausdrücke kann in vielen Fällen den Rechenprozeß im Vergleich zur Darstellung derselben logischen Abhängigkeit durch einen einfachen logischen Ausdruck wesentlich verkürzen, weil dabei genau einer der beiden Ausdrücke berechnet wird, und zwar entweder der nach dem Symbol **then** stehende oder der nach **else** stehende.

Sind in diesen logischen Ausdrücken Funktionen vorhanden, die nur bei einer bestimmten Reihenfolge der Berechnung auftreten und bei einer anderen Reihenfolge nicht berechnet zu werden brauchen, so kann die unterschiedliche Reihenfolge der Berechnung bei diesen logischen Ausdrücken zu ungewünschten Nebeneffekten führen.

2.1.2.   Anweisungen

Anweisungen sind Einheiten von Operationen der algorithmischen Sprache. Anweisungen können zu Verbundanweisungen und Blöcken als spezielle Formen von Anweisungen zusammengefügt werden. Die Definition des Begriffes „Anweisung" ist deshalb notwendig rekursiv. Dabei wird die syntaktische Definition der Vereinbarungen vorausgesetzt und bei der Definition der Anweisungen verwendet. Als natürliche Reihenfolge der Ausführung der Anweisungen bezeichnet man jene Reihenfolge, bei der die Anweisungen gemäß ihrer Niederschrift im Programm von oben nach unten und von links nach rechts ausgeführt werden. Diese natürliche Reihenfolge kann durch *Sprunganweisungen*, die ihren Nachfolger explizit bestimmen, unterbrochen werden. Dabei versteht man unter Nachfolger jene Anweisung, die als nächste ausgeführt werden muß. Mit Hilfe bedingter Anweisungen können bestimmte Anweisungen in Abhängigkeit von der Erfüllung gewisser Bedingungen übersprungen werden. Um jene Anweisungen zu erreichen, zu denen gesprungen werden soll, werden sie markiert, d. h. mit Marken versehen. Wir führen nun eine allgemeine Klassifikation der Anweisungen und ihre syntaktische Definition an:

⟨nicht markierte
Grundanweisung⟩   :: = ⟨Ergibtanweisung⟩ | ⟨Sprunganweisung⟩ |
                                ⟨Scheinanweisung⟩ | ⟨Prozeduranweisung⟩

⟨Grundanweisung⟩   :: = ⟨nicht markierte Grundanweisung⟩ | ⟨Marke⟩ :
                                ⟨Grundanweisung⟩

⟨unbedingte Anweisung⟩   :: = ⟨Grundanweisung⟩ | ⟨Verbundanweisung⟩ | ⟨Block⟩

⟨Anweisung⟩   :: = ⟨unbedingte Anweisung⟩ | ⟨bedingte Anweisung⟩ |
                                ⟨Laufanweisung⟩

Die syntaktische Definition der Begriffe „Verbundanweisung", „Block" und „Programm" sieht wie folgt aus:

⟨Verbundschluß⟩   :: = ⟨Anweisung⟩ **end** | ⟨Anweisung⟩ ; ⟨Verbundschluß⟩

⟨Blockvorspann⟩   :: = **begin** ⟨Vereinbarung⟩ | ⟨Blockvorspann⟩ ;
                                ⟨Vereinbarung⟩

⟨nicht markierter Verbund⟩ :: = **begin** ⟨Verbundschluß⟩

⟨nicht markierter Block⟩ :: = ⟨Blockvorspann⟩ ; ⟨Verbundschluß⟩

⟨Verbundanweisung⟩ :: = ⟨nicht markierter Verbund⟩ | ⟨Marke⟩ :
                          ⟨Verbundanweisung⟩

⟨Block⟩ :: = ⟨nicht markierter Block⟩ | ⟨Marke⟩ : ⟨Block⟩

⟨Programm⟩ :: = ⟨Block⟩ | ⟨Verbundanweisung⟩

2.1.2.1. Ergibtanweisungen

Die Werte arithmetischer und logischer Ausdrücke (auch die der Kettenausdrücke
in ALGOL) kann man einer oder mehreren Variablen zuordnen. Es ist aber auch möglich, sie Funktionen zuzuordnen (wird nur in Vereinbarungen von Funktionsprozeduren
verwendet). Die Zuordnung von Werten geschieht durch Ergibtanweisungen, die eine
Hauptrolle in jeder algorithmischen Sprache spielen. In der Maschine entspricht der
Ergibtanweisung die Zuordnung einer Codezahl oder einer Zelle (bzw. eine Gruppe
davon). Die syntaktische Definition der Ergibtanweisung in ALGOL:

⟨linker Teil⟩ :: = ⟨Variable⟩ : = | ⟨Prozedurbezeichnung⟩ : =

⟨Liste des linken Teils⟩ :: = ⟨linker Teil⟩ | ⟨Liste des linken Teils⟩ ⟨linker Teil⟩

⟨Ergibtanweisung⟩ :: = ⟨Liste des linken Teils⟩ ⟨arithmetischer Ausdruck⟩ |
                        ⟨Liste des linken Teils⟩ ⟨logischer Ausdruck⟩

Das Symbol : = bedeutet „ergibt sich aus".
Beispiele für Wertzuweisungen sind:

KENNZEICHEN DER UEBEREINSTIMMUNG : = **if** $a = b$ **then** 5 **else** 10;

$$z : = y : = x : = a + b;$$

Im ersten Beispiel steht auf der rechten Seite der Ergibtanweisung ein bedingter arithmetischer Ausdruck. Wie schon früher gesagt wurde, muß im allgemeinen am Ende
einer Anweisung ein Semikolon stehen. Im Unterschied zur gewöhnlichen Schreibweise
einer Formel kann im linken Teil einer Ergibtanweisung eine Variable stehen, die im
rechten Teil verwendet wird; z. B.

$$n : = n + 1;$$

Der Bezeichnung im rechten Teil entspricht der Wert dieser Variablen bis zur Ausführung der Ergibtanweisung, der Bezeichnung n im linken Teil der Wert dieser Variablen nach Ausführung der Ergibtanweisung.
Die Typen der Variablen im linken und rechten Teil einer Ergibtanweisung müssen
nicht unbedingt übereinstimmen. Wenn eine Variable im linken Teil ganzzahlig, im
rechten Teil das Ergebnis des arithmetischen Ausdruckes reell ist, dann wird bei der

Ausführung der Ergibtanweisung das Ergebnis nach *entier* $(A + 0{,}5)$ umgeformt, wobei A der tatsächliche Wert des Ergebnisses ist. Eine besondere Vorschrift sichert die Abarbeitung der Ergibtanweisung. Sie ist besonders dann von Bedeutung, wenn in den Ergibtanweisungen indizierte Variable auftreten.

1. Indexausdrücke, die in links stehenden Variablen vorkommen, werden von links nach rechts berechnet.

2. Es wird der rechts stehende Ausdruck berechnet.

3. Der erhaltene Wert des rechten Ausdrucks wird allen Variablen der linken Seite, die mit den Werten der früher berechneten indizierten Ausdrücke belegt sind, zugeordnet.

In ALGOL werden die Indizes der Variablen in quadratische Klammern eingeschlossen.

Zum Beispiel:

$$i := j := k := m + 1;$$

$$x\,[i, j, k] := i := j := k := m + n;$$

Die Größe $m + n$ wird der Größe x, deren Indizes die Werte $i = j = k = m + 1$ haben, zugeordnet. Die Indizes selbst nehmen danach den Wert $m + n$ an.

2.1.2.2.   Zielausdrücke und Sprunganweisungen

In algorithmischen Sprachen werden Formeln – wie allgemein in der Mathematik üblich – in der Reihenfolge ihrer Niederschrift von links nach rechts und von oben nach unten berechnet. In dieser Reihenfolge werden gewöhnlich auch die Anweisungen in ALGOL-Programmen abgearbeitet.

Diese natürliche Reihenfolge zur Abarbeitung von Anweisungen kann mit Hilfe einer speziellen Anweisung, der Sprunganweisung, verändert werden. Die Sprunganweisung entspricht dem Sinn nach dem unbedingten Sprungbefehl in der Maschine.

Die Sprunganweisung wird syntaktisch folgendermaßen definiert:

⟨Sprunganweisung⟩ :: = **goto** ⟨Zielausdruck⟩

goto ist das Grundsymbol, das die Sprunganweisung kennzeichnet. Der Zielausdruck markiert die Lage jener Anweisung, zu der gesprungen werden muß.

Wie schon erwähnt wurde, sind die Anweisungen des Programms, zu denen gesprungen werden soll oder kann, mit Marken versehen. Die Marken werden vor diese Anweisungen geschrieben und von ihnen durch Doppelpunkt getrennt.

Der Zielausdruck entspricht etwa einem Kettenausdruck, der in ALGEM (siehe weiter unten) verwendet wird. Der Unterschied besteht darin, daß die Kettenausdrücke die abzuarbeitenden Informationen darstellen, während der Zielausdruck zur Vereinbarung des Ablaufs der Abarbeitung Verwendung findet. Beide Ausdrücke benutzt man jedoch zur Darstellung nichtnumerischer Werte.

Wir führen die syntaktische Definition des Zielausdruckes ein:

$\langle$Marke$\rangle$ :: = $\langle$Bezeichnung$\rangle$ | $\langle$ganze Zahl ohne Vorzeichen$\rangle$

$\langle$Verteilerbezeichnung$\rangle$ :: = $\langle$Bezeichnung$\rangle$

$\langle$Zielverteiler$\rangle$ :: = $\langle$Verteilerbezeichnung$\rangle$ | [$\langle$Indexausdruck$\rangle$]

$\langle$einfacher Zielausdruck$\rangle$ :: = $\langle$Marke$\rangle$ | $\langle$Zielverteiler$\rangle$ | ($\langle$Zielausdruck$\rangle$)

$\langle$Zielausdruck$\rangle$ :: = $\langle$einfacher Zielausdruck$\rangle$ | $\langle$Wenn-Klausel$\rangle$ $\langle$einfacher Zielausdruck$\rangle$ **else** $\langle$Zielausdruck$\rangle$

Wie aus dieser Definition zu ersehen ist, ist die Struktur des bedingten Zielausdruckes der Struktur der bedingten arithmetischen und logischen Ausdrücke äquivalent.

Der Begriff „Marke" wurde schon früher behandelt. Eine Marke kann eine Bezeichnung oder eine vorzeichenlose ganze Zahl sein, wobei die als Marke benutzte ganze Zahl nur einfach als Symbolkette gedeutet wird. Aus diesem Grund benutzt man als Marken meist nur Bezeichnungen, weil man davon ausgeht, daß vorzeichenlose ganze Zahlen als Marken zu bestimmten Unbequemlichkeiten führen können. Insbesondere sind bei vielen maschinengebundenen Darstellungen von ALGOL (etwa R 300 – ALGOL) vorzeichenlose ganze Zahlen als Marken nicht erlaubt.

Wir haben bisher arithmetische und logische Ausdrücke, Ergibtanweisungen, Marken und Sprunganweisungen besprochen. Damit kann man schon einfache Programme aufstellen. Wir könnten sogar schon einige zyklische Programme (Programme mit Zyklen) aufstellen.

Betrachten wir z. B. die Berechnung des Produktes zweier Vektoren $p[i]$ und $q[i]$, wobei $i = 1(1)n$. Wir wollen mit S die zu berechnende Summe bezeichnen.

Das ALGOL-Programm (ohne Vereinbarung der Daten) sieht dann wie folgt aus:

$$S := 0; \quad i := 1;$$

$$M : S := p[i] \times q[i] + S; \quad i := i + 1;$$

goto if $i \leq n$ **then** M **else** $WEITER$;

Im Programm wurde eine Sprunganweisung mit dem bedingten Zielausdruck **if** $i \leq n$ **then** M **else** $WEITER$; verwendet. Die Marke, zu der gesprungen werden soll, hängt von der Bedingung $i \leq n$ ab. Sie kann M oder $WEITER$ sein, $WEITER$ ist die Bezeichnung der Marke, zu deren Anweisung nach Ende der Berechnung gesprungen werden muß.

Wir wollen nun Aufgabe und Aufbau eines Verteilers betrachten. Häufig ist es notwendig, aus den gleichen Programmabschnitt in Abhängigkeit von bestimmten Bedingungen zu anderen Programmabschnitten überzugehen. Solche Sprünge kann man dadurch programmieren, daß man eine Sprunganweisung mit bedingtem Zielausdruck verwendet. Noch ökonomischer werden solche Sprünge mit Hilfe eines in ALGOL vorgesehenen sogenannten *Verteilers* realisiert.

Ein Verteiler besteht aus zwei Teilen: Aus einem Zielverteiler und der Verteilervereinbarung. Der Zielverteiler ist eine Variable (arithmetischer Indexausdruck). Diese Variable kann in Abhängigkeit vom Wert des Indizes eine der Größen annehmen, die durch die Verteilervereinbarung gegeben sind.

Der Wert eines Zielverteilers muß natürlich eine Marke sein. Ein Zielverteiler steht an der Stelle eines Zielausdruckes in der Sprunganweisung, z.B.: **goto** $P[i]$;

Hier ist P die Verteilerbezeichnung und i der Indexausdruck. Die Verteilervereinbarung hat folgendes Aussehen:

switch $P := I1, I2, I3, ..., In$;

Hier ist **switch** Grundsymbol und P die Verteilerbezeichnung (im gegebenen Fall die Bezeichnung P). Die Bezeichnungen $I1, I2, I3, ..., In$ bilden die sog. Verteilerliste, die jene Zielausdrücke enthält, die vom gegebenen Verteiler angenommen werden können. Die Zielausdrücke können einfach nur Marken sein, sie können jedoch auch erneut Zielverteiler oder bedingte Zielausdrücke sein. Verteilervereinbarungen erfolgen ebenso wie andere Vereinbarungen, die sich auf den gegebenen Block beziehen, am Blockanfang. Die Ausführung des Verteilers läuft wie folgt ab. Vor der Ausführung der Sprunganweisung mit dem entsprechenden Zielverteiler muß der Wert des im Zielverteiler enthaltenen Indexausdrucks bestimmt worden sein. Ein Zielverteiler bezieht sich auf die entsprechende Verteilervereinbarung, die am Blockanfang steht. Durch den aktuellen numerischen Wert des Indexausdruckes wählt er einen der Zielausdrücke aus, die in der Verteilerliste der Verteilervereinbarung stehen. Die Auswahl erfolgt durch Abzählen von links nach rechts. Allgemein kann der gefundene Zielausdruck erneut ein Zielverteiler oder sogar ein bedingter Zielausdruck sein, der zu einem anderen Zielverteiler hinführt; in diesem Fall wiederholt sich der Prozeß auf analoge Weise, d. h. es erfolgt der Zugriff zu einer anderen Verteilervereinbarung usw. Die Bezugssprache von ALGOL läßt eine beliebige Anzahl solcher Sprünge zu. Praktisch werden diese Möglichkeiten in der Regel nicht ausgenutzt. In der maschinengebundenen Darstellung von ALGOL werden meist folgende Begrenzungen vorgenommen:

1. Als Zielausdrücke dürfen in der Verteilerliste nur Marken stehen.
2. Bedingte Zielausdrücke werden ausgeschlossen.

Bedingte Sprünge kann man nicht nur mit Hilfe bedingter Zielausdrücke realisieren, sondern auch mittels bedingter Anweisungen. Diese letzte Möglichkeit verwendet man im allgemeinen häufiger. Wir geben die syntaktische Definition der Verteilervereinbarung:

⟨Verteilerbezeichnung⟩ ::= ⟨Bezeichnung⟩

⟨Verteilerliste⟩ ::= ⟨Zielausdruck⟩ | ⟨Verteilerliste⟩, ⟨Zielausdruck⟩

⟨Verteilervereinbarung⟩ ::= **switch** ⟨Verteilerbezeichnung := ⟨Verteilerliste⟩

Um die Rolle des Verteilers klarzumachen, betrachten wir das folgende Beispiel. Es möge von einem bestimmten Programmteil aus ein Sprung zu vier verschiedenen Anweisungen durchzuführen sein.

Diese Anweisungen haben die Marken $M1$, $M2$, $M3$, $M4$. Der Sprung soll in Abhängigkeit von dem Wert einer bestimmten Größe K durchgeführt werden. K kann dabei die ganzen Zahlen 1, 2, 3 oder 4 annehmen.

Unter Verwendung eines bedingten Zielausdruckes kann man diesen Sprung wie folgt formulieren:

goto if $K = 1$ **then** $M1$ **else if** $K = 2$ **then** $M2$

else if $K = 3$ **then** $M3$ **else** $M4$;

Dieser Sprung sieht mit Hilfe des Verteilers wie folgt aus:

switch $P := M1$, $M2$, $M3$, $M4$;

. . . .

goto $P\,[K]$;

. . . .

In beiden Fällen muß die Größe K vorher ausgerechnet werden. Man kann dieselbe Verteilervereinbarung in vielen Zielverteilern, die sich zudem in verschiedenen Programmteilen befinden können, verwenden.

In Verbindung mit den untersuchten Fragen über die Realisierung von Sprüngen im Programm müssen wir einige Bemerkungen zur Scheinanweisung machen. Dieser Begriff wurde eingeführt, um im Programm Marken zu setzen, nach denen keine Anweisung folgt. Solche Marken sind insbesondere für Sprünge ans Ende eines Blockes oder einer Verbundanweisung notwendig. Um die Anwendung von Verteilern zu illustrieren, benutzen wir wieder als Beispiel das Programm (ohne Vereinbarung der Daten) zur Berechnung des Skalarproduktes der beiden Vektoren $p[i]$ und $q[i]$, wobei $i = 1(1)n$.

begin switch $M := M1$, $AUSGABE$;

    $i := 1$; $S := 0$;

    $M1 : S := S + p[i] \times q[i]$; $i := i + 1$;

    goto M [**if** $i \leq n$ **then** 1 **else** 2];

    $AUSGABE : DRUCK$ ($'S = '$, S)

end

Dasselbe Beispiel können wir auch wie folgt programmieren:

begin switch $M := $ **if** $i \leq n$ **then** $M1$ **else** $AUSGABE$;

    $i := 1$; $S := 0$;

    $M1 : S := S + p[i] \times q[i]$; $i := i + 1$;

    goto $M[1]$;

    $AUSGABE : DRUCK$ ($S =$, S)

end

Wir weisen darauf hin, daß nach der Marke „*AUSGABE*" eine spezielle Prozedur-anweisung zum Druck der Daten steht. In dieser Anweisung sind in runden Klammern die Argumente als aktuelle Parameter dieser Prozedur angegeben. Es sind die Werte, die gedruckt werden sollen. Die erste Größe ist eine Zeichenkette. Sie besteht aus den zwei Symbolen S und $=$ und ist in Kettenanführungszeichen eingeschlossen. Die zweite Größe ist der Wert des Ergebnisses. Da eine Zeichenkette sich selbst darstellt und keine anderen Werte annimmt, werden die beiden Symbole $S =$ und der Wert des Ergeb-nisses S gedruckt.

2.1.2.3.   Bedingte Anweisungen

Wir hatten bisher eine Möglichkeit kennengelernt, die Reihenfolge der Abarbeitung der Anweisungen in Abhängigkeit von bestimmten Bedingungen zu verändern, was bedingten Sprüngen in Programmen entspricht. Wir haben uns dabei der Sprung-anweisung bedient und zwar, indem wir nach dem Symbol **goto** einen bedingten Ziel-ausdruck benutzt haben. Gewöhnlich verwendet man jedoch bedingte Anweisungen zur Realisierung bedingter Sprünge. Die Struktur einer bedingten Anweisung erinnert an die Struktur eines bedingten Ausdruckes, nur daß anstelle von Ausdrücken An-weisungen stehen. Die syntaktische Definition der bedingten Anweisung hat folgendes Aussehen:

⟨Wenn-Klausel⟩   :: = **if** ⟨logischer Ausdruck⟩ **then**

⟨unbedingte Anweisung⟩ :: = ⟨Grundanweisung⟩ | ⟨Verbundanweisung⟩ | ⟨Block⟩

⟨Wenn-Anweisung⟩   :: = ⟨Wenn-Klausel⟩ ⟨unbedingte Anweisung⟩

⟨bedingte Anweisung⟩   :: = ⟨Wenn-Anweisung⟩ | ⟨Wenn-Anweisung⟩ **else** ⟨An-weisung⟩ | ⟨Wenn-Klausel⟩ ⟨Laufanweisung⟩ | ⟨Marke⟩ : ⟨bedingte Anweisung⟩

Dabei muß man beachten:

1. Hinter der Wenn-Klausel (d. h. hinter **then**) darf nur eine unbedingte Anweisung stehen.

2. Steht hinter der Wenn-Klausel eine Laufanweisung, so ist eine Fortsetzung der bedingten Anweisung mit **else** verboten.

Beide Begrenzungen haben das Ziel, Mehrdeutigkeiten zu verhindern. Diese Mehr-deutigkeiten beruhen darauf, daß es zwei verschiedene Formen bedingter Anweisungen gibt:

Die vollständige Form mit der Fortsetzung **else** ⟨Anweisung⟩ und die unvollständige Form ohne diese Fortsetzung. Dürfte in einer bedingten Anweisung nach dem Sym-bol **then** wieder eine bedingte Anweisung stehen, dann könnte z.B. folgendes auf-treten:

if $L1$ **then if** $L2$ **then** $S1$ **else** $S2$;

Hier kann das **else** sich sowohl auf das erste als auch auf das zweite **if** beziehen. Wir werden später zeigen, daß in der Laufanweisung bedingte Anweisungen benutzt werden dürfen. Auch das wäre mehrdeutig, wenn nicht die erwähnte zweite Beschränkung bestehen würde. Muß man eine bedingte Anweisung mit einer Laufanweisung bilden, nach der das Symbol **else** mit einer nachfolgenden Anweisung stehen soll, dann braucht man nur die Laufanweisung in die Anweisungsklammern **begin** und **end** einzuschließen. Dabei geht die Laufanweisung in eine Verbundanweisung über, d. h., sie gehört dann zu den unbedingten Anweisungen. Bei einer Scheinanweisung vor dem Symbol **end** kann ein Semikolon gesetzt werden oder nicht. Vor dem Symbol **else** darf jedoch kein Semikolon stehen.

Aus der oben gegebenen syntaktischen Definition ersieht man, daß es zwei Arten von bedingten Anweisungen gibt:

1. Die unvollständige Form (auch Falls- oder Wenn-Form) der bedingten Anweisung

   if L **then** $S1$; S;

   wobei L ein logischer Ausdruck, $S1$ eine unbedingte oder Laufanweisung und S eine beliebige Anweisung ist. S folgt nach der gegebenen bedingten Anweisung. Das Wesen der unvollständigen Form einer bedingten Anweisung besteht darin, daß in Abhängigkeit davon, ob der logische Ausdruck L wahr oder falsch ist, die Anweisung $S1$ ausgeführt oder weggelassen wird. In beiden Fällen folgt jedoch die Abarbeitung der Anweisung S (wenn $S1$ keine Spranganweisung enthält).

2. Die vollständige Form (Entweder-oder, auch Alternativ-Form) der bedingten Anweisung

   if L **then** $S1$ **else** $S2$; S;

   Hier sind $S1$ eine unbedingte Anweisung und $S2$ sowie S Anweisungen. Ist der logische Ausdruck L wahr, dann wird die Anweisung $S1$ ausgeführt und $S2$ ausgelassen; sonst wird $S1$ ausgelassen und $S2$ ausgeführt. In beiden Fällen wird danach die der bedingten Anweisung folgende Anweisung S ausgeführt (wenn die Anweisungen $S1$ bzw. $S2$ keine Spranganweisung enthalten). Die Anweisung, die nach dem Symbol **else** folgt, kann wiederum eine bedingte Anweisung sein, und so können geschachtelte bedingte Anweisungen beliebiger Länge gebildet werden, die in sich verschiedene Symbole **if** mit den entsprechenden logischen Ausdrücken ($L1$, $L2$, $L3$ usw.) einschließen.

   Zum Beispiel:

   if $L1$ **then** $S1$ **else if** $L2$ **then** $S2$ **else** S;

   $S1$ und $S2$ sind unbedingte Anweisungen, während S eine Anweisung ist. Solche bedingte Anweisungen werden ausgeführt, indem man nacheinander von links nach rechts die logischen Ausdrücke überprüft. Der erste wahre logische Ausdruck gibt an, daß die nach ihm (genauer nach dem Symbol **then**) folgende, unbedingte logische Anweisung ausgeführt werden muß. Sind dagegen alle logischen Ausdrücke falsch, wird die nach dem Symbol **else** stehende Anweisung ausgeführt. Danach wird in beiden Fällen die Anweisung abgearbeitet, die der bedingten Anweisung folgt (außer wenn Sprunganweisungen vorhanden sind). Sprünge von außen sind zu einer bestimmten markierten Anweisung, die Teil einer bedingten Anweisung ist, möglich. Wenn die Anweisung, zu der der Sprung von außen erfolgt, ihren Nachfolger (d. h. die Anweisung, die nach ihr ausgeführt wird) nicht selbst bestimmt, wird die gesamte bedingte Anweisung genauso ausgeführt, als wäre die Abarbeitung der bedingten Anweisung von Anfang an vorsichgegangen, und die Abarbeitung der gegebenen Anweisung wäre auf Grund der vorhergehenden Bedingung erfolgt (d. h. zu der Anweisung, zu der der Sprung erfolgt). Als Beispiel für eine bedingte Anweisung führen wir ein Programm zur Berechnung der Summe S der positiven und der Summe t der negativen Zahlen aus einer Folge von Zahlen $a_0, a_1, ..., a_n$ an (ohne Vereinbarung der Daten):

begin $S := t := i := 0$;

    $UEBERPRUEFUNG$: **if** $i < n$ **then**

    begin if $a[i] > 0$ **then** $S := S + a[i]$

    else $t := t + a[i]$; $i := i + 1$;

    goto $UEBERPRUEFUNG$;

    end

end

Als zweites Beispiel wollen wir die Berechnung des Skalarproduktes zweier n-dimensionaler Vektoren p und q mit Hilfe einer bedingten Anweisung programmieren. Dasselbe Programm wurde schon mittels eines Verteilers bzw. eines bedingten Zielausdruckes formuliert (s. Tab. 17).

Tabelle 17

Bedingte Anweisung		Bedingter Zielausdruck	
begin	$i := 1$; $S := 0$;	**begin**	**switch** $M := M1, AUSGABE$;
	$M1: S := S + p[i] \times q[i]$;		$i := 1; S := 0$;
	$i := i + 1$;		$M1 : S := S + p[i] \times q[i]$;
	if $i \leqq n$ **then goto** $M1$;		$i := i + 1$;
	$DRUCK (S =, S)$;		**goto** $M[$**if** $i \leqq n$ **then** 1 **else** $2]$;
			$AUSGABE: DRUCK ('S =', S)$
end		**end**	

2.1.2.4.   Scheinanweisung

⟨Scheinanweisung⟩ :: = ⟨Nullkette⟩

Die Scheinanweisung führt keinerlei Operationen aus. Sie kann jedoch wie jede andere Anweisung markiert werden.

2.1.2.5. Laufanweisungen

Auf Grund der Wichtigkeit zyklischer Rechenprozesse für die Lösung der verschiedensten Probleme mit Hilfe programmgesteuerter Digitalrechenmaschinen ist in ALGOL dafür eine spezielle Laufanweisung vorgesehen.

Obwohl solche Programmschleifen auch mit Hilfe von Sprunganweisungen und bedingten Zielausdrücken bzw. bedingten Anweisungen möglich sind, braucht man die Laufanweisungen, da sie eine anschaulichere, übersichtlichere und bequemere Darstellung dieser Prozesse erlauben. Die syntaktische Definition der Laufanweisung ist folgende:

$\langle$Lauflistenelement$\rangle$ ::= $\langle$arithmetischer Ausdruck$\rangle$ | $\langle$arithmetischer Ausdruck$\rangle$ **step** $\langle$arithmetischer Ausdruck$\rangle$ **until** $\langle$arithmetischer Ausdruck$\rangle$ | $\langle$arithmetischer Ausdruck$\rangle$ **while** $\langle$logischer Ausdruck$\rangle$

$\langle$Laufliste$\rangle$ ::= $\langle$Lauflistenelement$\rangle$ | $\langle$Laufliste$\rangle$ $\langle$Lauflistenelement$\rangle$

$\langle$Laufklausel$\rangle$ ::= **for** $\langle$Variable$\rangle$:= $\langle$Laufliste$\rangle$ **do**

$\langle$Laufanweisung$\rangle$ ::= $\langle$Laufklausel$\rangle$ $\langle$Anweisung$\rangle$ | $\langle$Marke$\rangle$: $\langle$Laufanweisung$\rangle$

Nach der obigen Definition gibt es drei Arten von Lauflistenelementen:

1. Arithmetische Ausdrücke.

2. **step**-**until**-Element.

3. **while**-Element.

Damit können verschiedene Arten von Schleifen (Zyklen) beschrieben werden. Während die beiden ersten Arten von Lauflistenelementen sich besonders für die Schleifen mit einer festen Anzahl von Durchläufen eignen, entspricht die letzte Art vor allem Schleifen mit einer variablen Anzahl von Durchläufen, wie es meist bei Iterationszyklen der Fall ist.

Laufanweisungen mit arithmetischen Ausdrücken als Lauflistenelement haben folgende Form:

for $v := A1, A2, A3, \ldots, An$ **do** S;

Das Symbol **for** kennzeichnet den Beginn und das Symbol **do** das Ende der Laufklausel. Die Laufvariable wird durch eine Variablenbezeichnung gegeben; in unserem Fall durch v. Sie ändert sich mit jeder Wiederholung des Zyklus. Als Laufvariable können im allgemeinen auch indizierte Variable verwendet werden, obwohl häufig die Einschränkung gemacht wird, daß Laufvariable nur einfache Variable sein dürfen.

Das Symbol := der Ergibtanweisung ordnet der Laufvariablen v nacheinander (d. h. in jedem Zyklus) die Werte der nach diesem Symbol aufgezählten arithmetischen Ausdrücke $A1, A2, A3, \ldots, An$ zu. Für diese verschiedenen Werte der Laufvariablen v wird in jedem Zyklus die Anweisung S ausgeführt.

Laufanweisungen mit dem **step-until**-Element haben folgendes Aussehen:

for $v := A1$ **step** $A2$ **until** $A3$ **do** S;

$A1$, $A2$, $A3$ sind arithmetische Ausdrücke und heißen Anfangswert, Schrittweite und Endwert der Laufvariablen v. Diese Art Lauflistenelement verwendet man dort, wo sich der Wert, den die Laufvariable annehmen soll, jeweils aus dem Wert des vorherigen Schrittes berechnen läßt. Der erste Wert der Laufvariablen ist der Anfangswert $A1$.

Die folgenden Werte berechnen sich, indem zum vorherigen Wert jeweils die Schrittweite $A2$ addiert wird und zwar so, daß der Endwert $A3$ nicht überschritten wird. $A3$ legt demnach das Ende der Wiederholung der Zyklen fest. Alle drei Ausdrücke $A1$, $A2$, $A3$ können sowohl positiv als auch negativ sein. Zwischen ihnen bestehen bestimmte Gesetzmäßigkeiten (wie bei arithmetischen Reihen), die beachtet werden müssen.

Für diese Laufanweisung können wir die Reihenfolge ihrer Abarbeitung durch folgende Verbundanweisung darstellen:

begin $v := A1$;

   M : **if** $(v - A3) \times sign\ (A2) \leqq 0$ **then**

   begin S ; $v := v + A2$;   **goto** M **end**

end

Laufanweisungen mit **while**-Element haben diese Form:

for $v := A1$ **while** L **do** S;

Die Laufanweisung bedeutet, daß die Laufvariable v den jeweiligen Wert des arithmetischen Ausdruckes $A1$ annimmt und dann die Anweisung S abgearbeitet wird. Das geschieht solange, wie der logische Ausdruck L wahr ist. Der logische Ausdruck L wird dabei vor der Abarbeitung von S berechnet und geprüft. Aus der allgemeinen syntaktischen Definition der Laufliste folgt, daß in dieser Liste Elemente verschiedenen Typs in beliebiger Anordnung zugelassen sind. Zum Beispiel:

for $v := A1$ **step** $A2$ **until** $A3$, $A4$, $A5$, $A6$ **while** L **do** S;

Hier steht zu Beginn der Laufanweisung ein **step-until**-Element, danach folgen zwei arithmetische Ausdrücke $A4$, $A5$ als Lauflistenelemente, und schließlich kommt noch ein **while**-Element. Nun wollen wir noch einige Bemerkungen über Sprünge in eine Laufanweisung und über das Verlassen einer Laufanweisung machen:

1.   Sprung von außen in eine Laufanweisung. Ein Sprung von außen in eine Laufanweisung ist nach den ALGOL-Regeln nicht erlaubt.

2.   Eine Laufanweisung kann auf zweierlei Art verlassen werden:

2.1. Das natürliche Ende. Es tritt ein, wenn das letzte Element der Laufliste verarbeitet, d. h. die Laufliste ausgeschöpft ist. Der Wert der Laufvariablen v wird dann als unbestimmt betrachtet, d. h., diese Größe darf in den nach der Laufanweisung folgenden Anweisungen nicht verwendet werden.

2.2. Das vorzeitige Ende. Es tritt ein, wenn die Laufanweisung vorzeitig mit Hilfe einer im Anweisungsteil S vorkommenden Sprunganweisung verlassen wird. Beim vorzeitigen Ende behält die Laufvariable v den Wert bei, der ihr unmittelbar vor Verlassen des Zyklus zugeordnet war.

Diese Größe kann dann bei den folgenden Berechnungen verwendet werden (z. B. um zu bestimmen, wievielmal der gegebene Zyklus wiederholt wurde).

Als Beispiel eines Programmes mit einer Laufanweisung betrachten wir die Aufgabe zur Berechnung von 5 Werten eines Polynoms:

$$y_j = \sum_{i=0}^{n} a_i x_j^i \quad \text{für} \quad j = 1, 2, 3, 4, 5$$

Die Berechnung wird mit Hilfe des Hornerschen Schemas durchgeführt.

```
begin
      for j : = 1, 2, 3, 4, 5 do
      begin y[j] : = 0;
            for i : = n step −1 until 0 do y[j] : = y[j] × x[j] + a[i];
      end
end
```

Die 5 Werte x_j $(j = 1, 2, 3, 4, 5)$ werden als gegeben vorausgesetzt. Sie können in nebeneinanderliegenden Speichern der Maschine angeordnet sein, ebenso wie die Größen $a_n, a_{n-1}, \ldots, a_0$ und die Ergebnisse y_j $(j = 1, 2, 3, 4, 5)$.

Eine andere Variante des Programms ist:

```
begin
      for j : = 1, 2, 3, 4, 5 do
      begin y[j] : = 0;
            for i : = n, i − 1 while i ≥ 0 do y[j] : = y[j] × x[j] + a[i];
      end
end
```

In ALGOL ist es möglich, im Verlaufe der Abarbeitung die dem Symbol **do** folgende Anweisung S sowie die Größen der Laufklausel (Schrittweite des Zyklus, Endwert der Laufvariablen, Variable, die den logischen Ausdruck bilden) zu verändern. Diese Eigenschaft der Laufanweisung in ALGOL bezeichnet man als dynamische Interpretation der Laufanweisung.

Beispiel:

begin

    $h := 10$; $i := 1$;

    for $v := 0$ **step** h **until** 100 **do**

    begin

        $h := h + 10$; $v := v \times 2 + h$;

        $y[i] := h \times v$;

        $i := i + 1$;

    end

end

In diesem Beispiel ändert sich die Laufvariable v nicht nur nach der Regel einer arithmetischen Reihe, wie sie durch die Laufklausel bestimmt wird, sondern auch durch die Anweisung selbst. Im Zyklus wird die Laufvariable v ebenso wie die Schrittweite h verändert. Im Ergebnis erhalten wir insgesamt zwei Werte für die Größe y:

$$y[1] = 400, \quad y[2] = 3300.$$

Beim dritten Durchlauf ($i = 3$) nimmt die Variable v schon den Wert $110 + 30 = 140$ an, d. h., sie wird größer als der Endwert 100. Aus diesem Grund wird der Zyklus nicht zum 3. Mal durchlaufen. Wir betrachten nun folgendes Beispiel für die Beendigung einer Laufanweisung. Es soll die erste Zahl a_i (d. h. das kleinste i) einer gegebenen Folge positiver Zahlen $a1, a2, ..., an$ gefunden werden mit der Eigenschaft $p \leqq ai \leqq q$. Dazu benutzen wir folgende Laufanweisung:

for $i := 1$, $i + 1$ **while** $i \leqq n$ **do**

if $\neg (a[i] \leqq q \wedge a[i] \geqq p)$ **then else goto** M;

In diesem Beispiel kann der Zyklus auf zwei Arten verlassen werden:

1. durch Abarbeitung aller Elemente der Zahlenfolge, d. h. wenn $i > n$. Nach Verlassen des Zyklus wird die nächste nach der Laufanweisung stehende Anweisung abgearbeitet, wobei der Wert der Laufvariablen i unbestimmt ist. Jedes Glied der Folge $a1, a2, ..., an$ erfüllt die Bedingung $\neg (a[i] \leqq q \wedge a[i] \geqq p)$ oder anders ausgedrückt, kein Glied dieser Folge erfüllt die gestellte Bedingung $p \leqq ai \leqq q$, so daß jedesmal die nach dem Symbol **then** stehende Scheinanweisung ausgeführt wird. Das gesuchte Glied der Folge wird demnach nicht gefunden.

2. Der zweite Fall tritt dann ein, wenn ein Glied der Folge $a[i]$ die gegebene Bedingung erfüllt. Dadurch wird die nach dem Symbol **else** stehende Sprunganweisung ausgeführt. Die Marke M gibt eine anschließend abzuarbeitende Anweisung an. Eine solche Beendigung der Laufanweisung ist sogar dann vorzeitig, wenn das letzte Glied

der Reihe $i = n$ überprüft wurde, weil die durch die Laufklausel festgelegte Bedingung für das Verlassen des Zyklus ($i > n$) noch nicht erfüllt ist. Die Laufvariable i behält dabei ihren letzten Wert, d. h., sie weist die Nummer des letzten Gliedes an, das der gegebenen Bedingung entspricht.

2.1.2.6.   Prozeduranweisungen

In einem früheren Abschnitt betrachteten wir die Funktionsprozeduren. Wir gaben ihre syntaktische Definition und arbeiteten den Unterschied zur Prozeduranweisung heraus. Der grundlegende Unterschied besteht in ihrer Rolle im Programm. Die Prozeduranweisung fungiert im Programm als einzelne Anweisung (d. h. sie kann Marken haben, nach denen ein Semikolon gesetzt wird). Die Funktionsprozedur ist in ihrer Form eine sog. Funktion, die als Ergebnis nur jeweils einen Wert hat und beim Aufbau von Ausdrücken verwendet wird. Die Definition der Funktionsprozedur und der Prozeduranweisung sowie der Zugriff zu ihnen erfolgt nach den Regeln, die wir nachfolgend betrachten wollen. Ein wesentlicher Unterschied zeigt sich vor allem darin, daß bei der Definition der Funktionsprozeduren der Typ angegeben wird, den das berechnete Ergebnis der Funktion haben muß.

Die syntaktische Definition der Prozeduranweisung ist folgende:

⟨aktueller Parameter⟩   :: = ⟨Kette⟩ | ⟨Ausdruck⟩ | ⟨Feldbezeichnung⟩ | ⟨Verteilerbezeichnung⟩ | ⟨Prozedurbezeichnung⟩

⟨Buchstabenkette⟩   :: = ⟨Buchstabe⟩ | ⟨Buchstabenkette⟩ ⟨Buchstabe⟩

⟨Parameterbegrenzer⟩   :: = , |) ⟨Buchstabenkette⟩ : (

⟨aktuelle Parameterliste⟩ :: = ⟨aktueller Parameter⟩ | ⟨aktuelle Parameterliste⟩ ⟨Parameterbegrenzer⟩ ⟨aktueller Parameter⟩

⟨aktueller Parameterteil⟩ :: = ⟨Nullkette⟩ | (⟨aktuelle Parameterliste⟩)

⟨Prozeduranweisung⟩   :: = ⟨Prozedurbezeichnung⟩ ⟨aktueller Parameterteil⟩

Der Zugriff zur Prozedur – entweder durch eine Funktion oder durch eine Prozeduranweisung – benötigt konkrete Ausgangsdaten in Form sog. aktueller Parameter. Sie werden im durch die Prozedurvereinbarung bestimmten Standardteil des Algorithmus abgearbeitet.

Diese aktuellen Parameter werden nach der Funktions- oder Prozedurbezeichnung in runde Klammern geschrieben und in Listenform aufgezählt. Dabei kann außer dem Komma noch die Symbolfolge schließende runde Klammer, Buchstabenkette, Doppelpunkt und öffnende runde Klammer als Parameterbegrenzer verwendet werden. Auf diese Weise können die aktuellen Parameter näher beschrieben werden. Aktuelle Parameter können Ausdrücke, speziell Zahlen und Variable sein. Feld-, Prozedur- und Verteilerbezeichnungen dürfen als aktuelle Parameter nur ohne begleitende zusätzliche Ausdrücke gebraucht werden (Indizes, Zielausdrücke oder Parameter). Die aktuellen Parameter müssen entweder in dem Block, in dem sich die Prozeduranweisung oder

Funktion befindet, oder in einem äußeren Block vereinbart werden (siehe weiter unten). Die aktuellen Parameter einer bestimmten Prozeduranweisung werden innerhalb des Prozedurhauptteils einer Prozedur abgearbeitet. Dabei müssen sie mit deren Vereinbarung übereinstimmen.

Die Verwendung einer Prozedurbezeichnung als aktueller Parameter führt dazu, daß innerhalb der ersten Prozedur eine zweite verwendet wird. In einem solchen Fall müssen in der ersten Prozedur alle aktuellen Parameter für die zweite Prozedur bereitgestellt werden. Solche Prozedurschachtelungen komplizieren die Struktur einer Sprache sehr stark, gleichzeitig verleihen sie ihr jedoch die Möglichkeiten, sehr komplizierte Prozesse der Informationsverarbeitung darzustellen. Dadurch können die gewonnenen Erfahrungen bei der Programmierung neuer Probleme ausgenutzt werden. Wenn ein hinreichend großer Vorrat verschiedener Prozeduren zur Ausführung typisierter Rechenprozesse gesammelt wurde, reduziert sich die Programmierung neuer Probleme maßgeblich auf die Kombination passender Prozeduren in das Gesamtprogramm, wobei nur fehlende Teile ergänzt werden müssen. Dabei werden Programmierzeiten sowie Testzeiten von Programmen wesentlich verkürzt. Wir möchten jedoch darauf hinweisen, daß man die Prozeduren und die Besonderheiten ihres Einsatzes erst dann besser verstehen kann, wenn man sich mit dem Aufbau der Prozedurvereinbarungen, der im folgenden Abschnitt behandelt wird, näher bekannt gemacht hat.

2.1.3.   Vereinbarungen

Vereinbarungen sind wichtige untrennbare Teile jedes Programms. Sie vermitteln dem Compiler (dem Übersetzungsprogramm) die notwendigen Informationen für den Aufbau des Maschinenprogramms: für die Speicherverteilung, die Ausführung der Abrundungen, die Zahlendarstellungen, usw. Bemerkungen dienen dem Menschen, der das Programm liest, zur Erklärung einzelner Programmstellen. Vereinbarungen werden vom Compiler verstanden und müssen deshalb streng in Übereinstimmung mit der Syntax von ALGOL geschrieben sein. Sie müssen am Anfang des Blockes stehen, auf den sie sich beziehen. Ihre Formulierung geschieht in Form von Sätzen, die mit einem Semikolon enden. Vereinbarungen gelten nur innerhalb des entsprechenden Blockes.

Die Anordnung der verschiedenen Vereinbarungen am Anfang eines Blockes kann willkürlich sein. Es gibt vier verschiedene Vereinbarungsarten: Typ-, Feld-, Verteiler- und Prozedurvereinbarungen. Verteilervereinbarungen waren von uns schon früher bei der Behandlung der Zielausdrücke betrachtet worden. Wir untersuchen nun die Typ-, Feld- und anschließend die Prozedurvereinbarungen.

2.1.3.1.   Typ- und Feldvereinbarungen

Eine Typvereinbarung dient zur Angabe des Typs einfacher und indizierter Variabler, wobei die letzteren Elemente von Feldern sind. Bei einfachen Variablen wird nur der Typ vereinbart, in die Feldvereinbarungen gehen außerdem Informationen über die

Dimension des Feldes und die Grenzen der Indizes der Variablen ein. In ALGOL werden drei Variablentypen unterschieden:

integer, real, Boolean

Jeder dieser Variablentypen kann *lokal* (oder *eigen*) sein. Häufig wird noch der Terminus globale Variable als Gegensatz zu einer lokalen verwendet, aber dieser Terminus definiert nicht den Variablentyp, sondern nur den Grad ihrer Lokalisation. Variable, die lokal in einem Block sind, können in einem anderen Block global sein. Ausführlicher wird diese Frage später behandelt. Wir bringen die syntaktische Definition der Typvereinbarungen:

$\langle$Typenliste$\rangle$ :: = $\langle$einfache Variable$\rangle$ | $\langle$einfache Variable$\rangle$, $\langle$Typenliste$\rangle$

$\langle$Typ$\rangle$ :: = **real** | **integer** | **Boolean**

$\langle$zugehöriger oder Eigentyp$\rangle$ :: = $\langle$Typ$\rangle$ | **own** $\langle$Typ$\rangle$

$\langle$Typvereinbarung$\rangle$ :: = $\langle$zugehöriger oder Eigentyp$\rangle$ $\langle$Typenliste$\rangle$

Wenn eine Variable vom Vereinbarungstyp **integer** während der Berechnung nicht ganzzahlig wird, dann erfolgt durch die Ergibtanweisung

$$a : = entier \, (A + 0{,}5);$$

eine Rundung auf eine ganze Zahl, wobei A der aktuelle Wert der Variablen ist, während die Funktion *entier* die größte ganze Zahl ist, die den Wert des in Klammern stehenden Argumentes nicht übersteigt.

Beispiele für Typvereinbarungen:

integer i, j, k;   **real** x, y;

Boolean *OMEGA, KENNZEICHEN DER DRINGLICHKEIT*;

Variable vom Typ **real** können jeden beliebigen reellen Wert annehmen (in den Grenzen des Stellenbereiches der konkreten Maschine). **Boolean**-Variable können in der Maschine als einstellige Dualzahlen dargestellt werden.

2.1.3.2. Feldvereinbarungen

Für die Feldvereinbarungen führen wir den Hilfsbegriff „Feldsegment" ein. Unter Feldsegment verstehen wir eine Gruppe von Feldern gleichen Typs, die sich nur durch ihre Bezeichnungen voneinander unterscheiden. Diese Felder müssen gleiche Dimension und dieselben Indexgrenzen besitzen. Alle Variablen solcher Felder müssen vom gleichen Typ sein. Wir geben die syntaktische Definition der Feldvereinbarungen:

$\langle$untere Grenze$\rangle$ :: = $\langle$arithmetischer Ausdruck$\rangle$

$\langle$obere Grenze$\rangle$ :: = $\langle$arithmetischer Ausdruck$\rangle$

$\langle$Grenzen$\rangle$ :: = $\langle$untere Grenze$\rangle$: $\langle$obere Grenze$\rangle$

⟨Grenzenliste⟩   :: = ⟨Grenzen⟩ | ⟨Grenzenliste⟩ , ⟨Grenzen⟩

⟨Feldsegment⟩   :: = ⟨Feldbezeichnung⟩ [⟨Grenzenliste⟩] | ⟨Feldbezeichnung⟩ ,
                     ⟨Feldsegment⟩

⟨Feldliste⟩   :: = ⟨Feldsegment⟩ | ⟨Feldliste⟩ , ⟨Feldsegment⟩

⟨Feldvereinbarung⟩ :: = **array** ⟨Feldliste⟩ | ⟨zugehöriger oder Eigentyp⟩ **array**
                     ⟨Feldliste⟩

Die Grenzenliste bestimmt die Dimension eines Feldes. Beispiel für eine Feldvereinbarung mit Feldsegment:

array A, B, C, D $[a1 : b1, a2 : b2, a3 : b3]$;

A, B, C, D sind Bezeichnungen von dreidimensionalen Feldern. In der Grenzenliste gibt es drei Paare $(a1 : b1)$, $(a2 : b2)$ und $(a3 : b3)$

mit $a1, a2, a3$ als untere Grenzen und
    $b1, b2, b3$ als obere Grenzen.

In eine Feldvereinbarung können verschiedene Feldsegmente eingehen, d. h. verschiedene Gruppen von Feldern, von denen jede eine bestimmte Liste von Grenzen besitzt. Wenn in einem Block mehrere Felder verschiedenen Typs verwendet werden, müssen dementsprechend viele verschiedene Feldvereinbarungen geschrieben werden. Eine Feldvereinbarung ohne Typvereinbarung ist vom Typ **real**.
    Zum Beispiel:

array A, B, C $[1 : a]$, x $[b : c]$;

Das sind zwei Feldsegmente. Das erste Feldsegment besteht aus drei Feldern A, B, C und das zweite aus einem Feld x. Alle Felder sind eindimensional und vom Typ **real**.
    Feldvereinbarungen mit expliziter Typangabe:

own integer array z, x $[0 : 100, a : b]$, y $[1 : 50]$;

real array A $[0 : $ **if** $i \leq n$ **then** p **else** $2 \times q]$;

Die Indizes können als Werte alle ganzen Zahlen begonnen bei der unteren bis zur oberen Grenze durchlaufen. Arithmetische Ausdrücke zur Angabe von Indexgrenzen müssen demnach ganzzahlig sein. Wenn bei der Berechnung der Grenzen keine ganzzahligen Werte erhalten werden, dann müssen sie auf die nächste ganze Zahl aufgerundet werden. Werden Indexgrenzen durch arithmetische Ausdrücke dargestellt, müssen alle Variablen oder Funktionen in einem der äußeren Blöcke vereinbart werden und zwar so, daß in diesen der Block eingeht, der die gegebene Feldvereinbarung enthält. Bei jedem Eintritt in den inneren Block werden Feldgrenzen erneut definiert. Diese Grenzen bleiben im Verlauf der Abarbeitung des gegebenen inneren Blockes unverändert. Dabei kann folgender Fall auftreten. Wenn die Grenzen von den Variablen abhängen, die im äußeren Block vereinbart wurden, sind sie für den inneren Block global (d. h., sie werden auch im inneren Block verwendet). Bei der Abarbeitung des inneren

Blockes können diese Variablen, von denen die Feldgrenzen abhängen, ihren Wert ändern, dabei behalten jedoch die für die Feldgrenzen wichtigen Variablen jenen Wert bei, den sie beim Eintritt in diesen inneren Block hatten.

Daraus folgt, daß im äußeren Block selbst, der das gesamte Programm darstellt, Feldvereinbarungen vorhanden sein können, die nur aus konstanten Grenzen (Zahlen) bestehen.

Zu beachten ist:

1. Die untere Grenze muß immer kleiner sein als die obere.

2. Die Werte der Indizes der Variablen müssen innerhalb dieser Grenzen liegen.

Bei Nichterfüllung dieser Bedingungen ist der Wert der indizierten Variablen unbestimmt.

2.1.3.3. Definitionsbereich der Typ- und Feldvereinbarungen in Programmen

Programme sind in ALGOL nach dem Blockprinzip aufgebaut. Einzelne Programmteile kann man nach diesem Prinzip zu einem Programm zusammenfügen. Sie können deshalb gleichzeitig durch voneinander unabhängige Personen programmiert werden. Bei der Bearbeitung komplizierter Probleme ist das eine sehr bequeme und zeitgünstige Methode. Sie erfordert jedoch eine strenge Festlegung des Definitionsbereiches der verschiedenen Vereinbarungen oder, wie man auch sagt, eine strenge Lokalisation der Vereinbarungen. Alle Variablen, die nicht mit dem Symbol **own** vereinbart wurden, betrachtet man als lokal bezüglich des Blockes, in dem sie vereinbart sind. Alle in einem gegebenen Block benutzten Variablen müssen notwendigerweise in diesem oder in einem äußeren Block vereinbart werden. Das gleiche gilt auch für alle anderen im Block benutzten Objekte (Prozeduren, Verteiler) außer den Standardfunktionen (*sin, cos, arctan, ln, exp, abs, sign, sqrt, entier*).

Der Sinn der Lokalisierung besteht darin, daß die Variablen nur in dem Blockbereich verwendet werden können, in dem sie vereinbart sind (mit Ausnahme bestimmter innerer Blöcke, die in den gegebenen Block eingehen, darüber wird im folgenden Näheres ausgeführt). Beim Verlassen des gegebenen Blockes verlieren die Variablen ihren Wert, und man kann die Variablenbezeichnungen – einfache oder indizierte – für andere Zwecke verwenden (als Bezeichnungen für andere Variable, Marken, Prozeduren, Verteiler). **own**-vereinbarte Variable (kurz **own**-Variable) können zwar nur innerhalb ihres Blockes verwendet werden, behalten aber beim Austritt aus einem bestimmten Block ihren Wert bei. Bei Wiedereintritt in diesen Block haben diese Variablen den Wert, den sie bei Austritt aus diesem Block hatten. Im Unterschied dazu haben alle *lokalen Variablen* beim erstmaligen oder wiederholten Eintritt in einen Block keinen Wert und müssen vor ihrem Gebrauch in diesem Block vereinbart werden. d. h.. es müssen ihnen bestimmte Werte zugeordnet werden. Gesondert müssen die **own**-Felder mit variablen Grenzen, als sogenannte dynamische **own**-Felder behandelt werden. Die Grenzen dürfen nur von Variablen abhängen, die in einem bestimmten äußeren Block (bezüglich des Blockes, in dem die Daten des Feldes vereinbart wurden) verein-, bart sind. Bei jedem neuen Eintritt in den Block können die Grenzen der **own**-Felder durch Anweisungen des äußeren Blocks verändert werden. Deshalb werden die Werte der Elemente dieser Felder nur in dem Bereich beibehalten, in dem die Feldgrenzen, die sich beim letzten Austritt aus dem Block ergeben hatten, mit jenen übereinstimmen, die sich beim gegebenen Zugriff zu diesem Block ergaben. Werden die Grenzen des Feldes erweitert, dann sind die neuen Gebiete unbestimmt; werden die Grenzen eingeschränkt, dann werden die Elemente der überflüssigen Gebiete vernachlässigt.

Wir betrachten jetzt den Begriff der *globalen Variablen.*

Sollen bestimmte Variable ihren Wert im Bereich eines bestimmten Blockes unter Berücksichtigung aller inneren Blöcke, die in den gegebenen Block eingehen, beibehalten, dann muß man solche Variablen im äußersten Block und nicht in den inneren Blöcken vereinbaren.

Diese Variablen heißen globale Variablen bezüglich der inneren Blöcke. Sie kann man einheitlich im gesamten äußeren Block verwenden. Das gilt auch für die dazugehörigen inneren Blöcke, in denen diese Variablen nicht vereinbart sind. Variablen, die im gegebenen Block vereinbart, aber nicht vom Typ **own** sind, muß man vor ihrer Verwendung zu Berechnungen im gegebenen Block bestimmte Werte zuordnen, weil ihre Werte beim Eintritt in diesen Block unbestimmt sind. Eine Besonderheit der **own**-Variablen besteht darin, daß ihnen beim ersten Eintritt in einen Block ein Anfangswert zugeordnet werden muß. Das erfolgt mit Hilfe von Anweisungen in dem Block, in dem diese Variablen vereinbart sind. Diese Anweisungen dürfen jedoch beim wiederholten Eintritt in den gegebenen Block nicht verwendet werden. Es müssen also Einsprungstellen organisiert werden. Beim Wiedereintritt behalten die **own**-Variablen den Wert, den sie beim vorangegangenen Austritt aus diesem Block hatten.

Außer durch **own**-Vereinbarung können Variable ihren Wert auch auf andere Weise beim Austritt aus einem inneren Block beibehalten. Diese Variablen müssen im äußeren Block und nicht im inneren vereinbart werden. Es besteht jedoch zwischen diesem Verfahren und der Verwendung der **own**-Vereinbarung folgender Unterschied:

Beim ersten Verfahren, das mit Anweisungen arbeitet, sind die angegebenen Variablen für alle anderen Blöcke des äußeren Blocks, die keine Vereinbarungen dieser Variablen enthalten, erreichbar. Nach dem zweiten Verfahren sind diese Variablen außer von den Anweisungen desselben Blocks von nirgendwo erreichbar, sogar wenn dieselben Bezeichnungen in anderen Blöcken verwendet werden und im äußeren Block vereinbart sind.

Man kann also ohne **own**-Variable auskommen; das erfordert jedoch bestimmte Vereinbarungen bezüglich der Verwendung der globalen Variablen. Wenn Variable sowohl in einem benachbarten Block (d. h. in einem Block desselben äußeren Blocks) als auch in dem äußeren Block vereinbart sind, dann sind die Werte dieser Variablen im äußeren Block für die Anweisungen der inneren Blöcke nicht erreichbar. Ebenso sind die Werte der Variablen des inneren Blocks von den Anweisungen der äußeren Blöcke nicht erreichbar. Die wiederholte Vereinbarung derselben Variablen in inneren und äußeren Blöcken wirkt so, als würde es sich um völlig unterschiedliche Variable handeln.

2.1.3.4. Lokalisierung der Marken

Marken werden in ALGOL-Programmen nicht speziell vereinbart, sondern bei Bedarf eingeführt. Der Definitionsbereich einer Marke umfaßt alle Sprunganweisungen, die zur Anweisung mit der gegebenen Marke führen können. Nehmen wir an, daß der Definitionsbereich einer Marke jener äußere Block ist, in dem es nur diese Marke gibt. Wenn man dieselbe Marke sowohl in einem inneren als auch einem äußeren Block verwendet, dann führen die Sprunganweisungen im inneren Block zur inneren und im äußeren Block zur äußeren Marke. Es kann also nicht zur Anweisung eines äußeren Blocks mit derselben Marke von einem inneren Block, der ebenso markierte Anweisungen hat, gesprungen werden. In ALGOL sind Sprünge von außen zu einzelnen Anweisungen in einen Block hinein nicht zulässig. Sprünge können nur zum Anfang eines Blockes erfolgen. Austritte aus einem inneren Block zu entsprechenden Anweisungen eines äußeren Blockes sind zulässig, wenn dabei die oben genannten Regeln der Lokalisierung der Marken eingehalten werden.

2.1.3.5. Prozedurvereinbarungen

Struktur der Prozedurvereinbarungen.

Jede in einem Block verwendete Prozedur muß zu Beginn dieses oder eines den gegebenen Block einschließenden äußeren Blockes vereinbart werden. Durch die Prozedurvereinbarung werden der Eintritt in die Prozedur sowie die Operationen festgelegt, die durch die Prozedur ausgeführt werden sollen. Als einzige Vereinbarung umfaßt die Prozedurvereinbarung auch Anweisungen. Diese Anweisungen bilden den sogenannten Prozedurhauptteil. Die Prozedurvereinbarung ist syntaktisch wie folgt definiert:

⟨formaler Parameter⟩ :: = ⟨Bezeichnung⟩

⟨formale Parameterliste⟩ :: = ⟨formaler Parameter⟩ | ⟨formale Parameterliste⟩ ⟨Parameterbegrenzer⟩ ⟨formaler Parameter⟩

⟨formaler Parameterteil⟩ :: = ⟨Nullkette⟩ | (⟨formale Parameterliste⟩)

⟨Bezeichnungenliste⟩ :: = ⟨Bezeichnung⟩ | ⟨Bezeichnungenliste⟩ , ⟨Bezeichnung⟩

⟨Werteteil⟩ :: = **value** ⟨Bezeichnungenliste⟩ ; | ⟨Nullkette⟩

⟨Benennung⟩ :: = **string** | ⟨Typ⟩ | **array** | ⟨Typ⟩ **array** | **label** | **switch** | **procedure** | ⟨Typ⟩ **procedure**

⟨Benennungsteil⟩ :: = ⟨Nullkette⟩ | ⟨Benennung⟩ ⟨Bezeichnungenliste⟩ ; | ⟨Benennungsteil⟩ ⟨Benennung⟩ ⟨Bezeichnungenliste⟩ ;

⟨Prozedurvorspann⟩ :: = ⟨Prozedurbezeichnung⟩ ⟨formaler Parameterteil⟩ ; ⟨Werteteil⟩ ⟨Benennungsteil⟩

⟨Prozedurhauptteil⟩ :: = ⟨Anweisung⟩ | ⟨Code⟩

⟨Prozedurvereinbarung⟩ :: = **procedure** ⟨Prozedurvorspann⟩ ⟨Prozedurhauptteil⟩ | ⟨Typ⟩ **procedure** ⟨Prozedurvorspann⟩ ⟨Prozedurhauptteil⟩

Die Anweisungen des Prozedurhauptteiles legen die Operationen fest, die durch die Prozedur ausgeführt werden sollen.

Der Prozedurhauptteil kann in ALGOL auf zwei verschiedene Arten geschrieben werden:

1. durch entsprechende Anweisungen in ALGOL,

2. durch Anweisungen in irgendeiner anderen Sprache (Maschinensprache), z.B. als Maschinenprogramm für eine konkrete Maschine.

Die zweite Darstellung wird als Codedarstellung der Prozedur (kurz Codeprozedur) bezeichnet. In diesem Fall ist der Begriff Code in ALGOL eine nicht zu definierende syntaktische Einheit.

Typische Beispiele für in Maschinensprache geschriebene Prozeduren sind die Prozeduren der Datenein- und -ausgabe sowie des Datenaustausches zwischen den Speichergeräten. Diese Prozeduren werden später bei der Darstellung von ALGEM definiert. Werteteil und Benennungsteil sind nicht notwendige Bestandteile des Prozedurvorspanns. Bei vielen Prozeduren fehlen sie. Als formale Parameter können nur Bezeichnungen fungieren. Als aktuelle Parameter, die in den Zugriffen zu den Prozeduren angegeben werden, können auch Ausdrücke und Ketten verwendet werden. Die Anzahl der aktuellen Parameter muß mit der Anzahl der formalen Parameter im Prozedurvorspann übereinstimmen. Diese Übereinstimmung der formalen und aktuellen Parameter gilt auch für die Reihenfolge der entsprechenden Parameter. Die im Vorspann benutzten formalen Parameter sind Bezeichnungen von Variablen oder anderen Objekten (Verteilern oder Prozeduren), die in den Anweisungen des Prozedurhauptteils verwendet werden. Beim Eintritt in eine Prozedur wird der Wert jedes formalen Parameters durch den entsprechenden Wert des aktuellen Parameters ersetzt. Dabei sind zwei Verfahren der Ersetzung der formalen Parameter möglich:

1. Jedem formalen Parameter wird der Wert des entsprechenden zum Zeitpunkt des Eintritts in die Prozedur berechneten aktuellen Parameters zugeordnet. Dieses Verfahren wird als Ersetzung der formalen Parameter durch Aufruf des Wertes bezeichnet.

2. Jeder formale Parameter wird im Prozedurhauptteil durch den entsprechenden aktuellen Parameter ersetzt. Dabei werden (weil die aktuellen Parameter komplizierte Ausdrücke sein können) dort, wo es notwendig und möglich ist, die aktuellen Parameter in Klammern eingeschlossen. Dieses Verfahren wird als Ersetzung der formalen Parameter durch Aufruf des Namens (Bezeichnung) bezeichnet.

Für dieselbe Prozedur kann man gleichzeitig beide Verfahren anwenden, wobei ein Teil der Parameter durch Werte und ein Teil durch Namen ersetzt wird.

Im Prozedurvorspann wird das ALGOL-Grundsymbol **value** eingeführt. Damit gibt man an, welche formalen Parameter durch Werte zu ersetzen sind. Anschließend werden in einer Liste, der Bezeichnungenliste, alle formalen Parameter aufgezählt. **value** und die Bezeichnungenliste bilden den Werteteil.

⟨Werteteil⟩   :: = **value** ⟨Bezeichnungenliste⟩ ; | ⟨Nullkette⟩

⟨Bezeichnungenliste⟩ :: = ⟨Bezeichnung⟩ | ⟨Bezeichnungenliste⟩ , ⟨Bezeichnung⟩

Für alle im Werteteil angeführten formalen Parameter müssen Benennungen angegeben werden, d. h. Art und Typ der Objekte müssen festgelegt werden. Diese Benennungen bilden den Benennungsteil des Prozedurvorspanns.

$\langle$Benennungsteil$\rangle$ :: = $\langle$Nullkette$\rangle$ | $\langle$Benennung$\rangle$ $\langle$Bezeichnungenliste$\rangle$; |
$\langle$Benennungsteil$\rangle$ $\langle$Benennung$\rangle$ $\langle$Bezeichnungenliste$\rangle$;

$\langle$Benennungen$\rangle$ :: = **string** | **label** | **switch** | **array** | **procedure** | $\langle$Typ$\rangle$ | $\langle$Typ$\rangle$ **array** | $\langle$Typ$\rangle$ **procedure**

Der letzte Benennungstyp wird für Funktionsprozeduren verwendet. Benennungen können sowohl für formale Parameter der Bezeichnungenliste als auch für solche, die außerhalb der Bezeichnungenliste erscheinen, angegeben werden. Dies ist für die Vereinfachung des automatischen Programmierens der Prozeduren durch den Compiler notwendig. Die Prozeduren müssen unabhängig von der konkreten Form des Prozeduraufrufs programmiert werden. Allgemein enthält der Prozeduraufruf eine zusätzliche Information über den Charakter der Objekte, mit denen die Prozedur arbeiten muß.

Solche Informationen sind die im Prozeduraufruf vereinbarten aktuellen Parameter. Diese Vereinbarungen werden entweder in dem Block angegeben, aus dem die Prozedur aufgerufen wird, oder in einem übergeordneten Block. Weil die Prozeduren an verschiedenen Programmstellen (in verschiedenen Blöcken) eingesetzt werden, müssen sie in ihren Vereinbarungen Informationen enthalten, die einerseits notwendige Beschränkungen für den Aufruf der Prozeduren enthalten und es andererseits ermöglichen, die Prozeduren unabhängig von den restlichen Programmteilen zu programmieren. Diesem Ziel dienen die Benennungen, die den aktuellen Parametern die notwendigen Beschränkungen auferlegen und dadurch die Allgemeinheit im Aufbau und der Anwendung der gegebenen Prozedur sichern. Wenn die Werte der aktuellen Parameter einer Prozedur bei ihrer Ausführung verändert werden, dann werden diese Veränderungen auf den ganzen Block ausgedehnt, in dem diese aktuellen Parameter vereinbart wurden. Beim Austritt aus der Prozedur ändern diese Objekte ihren Wert nicht. Außer den in der formalen Parameterliste angeführten Objekten können im Prozedurhauptteil Objekte verwendet werden, ohne daß sie in der formalen Parameterliste angegeben wurden. Sie sind natürlich ohne Benennungen. Solche Objekte können einfache Variable, Felder, Verteiler und Prozeduren sein. Alle diese Objekte kann man in zwei Typen einteilen:

1. Objekte, die in dem Block vereinbart wurden, der Prozedurhauptteil ist. Dabei haben wir einen nach den ALGOL-Regeln formulierten Block vor Augen. Diese Objekte sind lokal für diesen Block.

2. Objekte, die nicht im Prozedurhauptteil vereinbart wurden und keine formalen Parameter sind.

Solche bezüglich der Prozedur globalen Objekte müssen unbedingt in einem äußeren Block vereinbart werden. Dieser äußere Block muß den Block einschließen, der die Vereinbarung der gegebenen Prozedur enthält. Die Vereinbarung der Objekte kann auch in dem Block erfolgen, der die Prozedurvereinbarung enthält, d. h., der Definitionsbereich der Vereinbarungen solcher Objekte muß unbedingt auf den Block ausgedehnt werden, der die Vereinbarung der gegebenen Prozedur enthält.

Daraus folgt, daß in allen Typ-, Feld-, Verteiler- und Prozedurvereinbarungen, die am Anfang eines Blockes stehen, beliebige in diesem Block vereinbarte Prozeduren verwendet werden dürfen.

Wir bemerken, daß das Vereinbarungszeichen **own** im Prozedurhauptteil verwendet werden kann, wenn diese Prozedur als Block formuliert ist; es wirkt dann so, als würde es in einem gewöhnlichen Block des Programms verwendet.

Als Beispiel betrachten wir eine Prozedur, deren in der Bezeichnungenliste aufgezählten Variablen lokal sind:

begin real m, x, y, z, p, q;

      real procedure $P(a, z, Q)$;

      value a, z;   **real** a, z, Q;

      $P := (a + y \uparrow m) \times Q/(z + y)$;

      $m := 3$; $p := 100$; $q := 10$;

      $x := 5$; $y := 15$; $z := 20$;

      $R := P(x, p, q) + z \uparrow m$;

end

Die Größe R muß in einem äußeren Block vereinbart werden. Die Ausführung der letzten Ergibtanweisung auf der rechten Seite der Funktionsprozedur P ist der Ausführung folgender Verbundanweisung äquivalent:

begin begin real a, z;

      $a := 5$; $z := 100$; $P := (a + y \uparrow m) \times q/(z + y)$

    end; $R := P + z \uparrow m$

end

Im Prozedurhauptteil werden die Variablen a, z, Q als formale Parameter sowie die Variablen m und y als bezüglich dieser Prozedur globale Variable verwendet. Außerdem ist in dem Block, der diese Prozedur enthält, die Variable z vereinbart. Sie ist genauso bezeichnet wie einer der formalen Parameter. Die beiden formalen Parameter a und z werden durch Werte und Q durch einen Namen ersetzt.

Beim Austritt aus der Prozedur erhält die Variable z ihren früheren Wert, die Variable a wird unbestimmt. Die im Prozedurhauptteil verwendete Variable z nimmt den Wert des aktuellen Parameters $p = 100$ an. Die in der Ergibtanweisung $R := \ldots$, verwendete Variable z nimmt den Wert an, der ihr vor Ausführung der gegebenen Ergibtanweisung zugeordnet war, d. h. $z = 20$. Entsprechend den Regeln zur Lokalisierung des Definitionsbereiches von Vereinbarungen in Blöcken üben alle in inneren Blöcken getroffenen Vereinbarungen keinen Einfluß auf äußere Blöcke aus. Deshalb darf man aus einem äußeren Block nicht zu einer in einem inneren Block vereinbarten Prozedur übergehen.

Umgekehrt ist im allgemeinen der Aufruf von in äußeren Blöcken vereinbarten Prozeduren aus inneren Blöcken möglich. Man kann dabei in einer Prozedur globale Größen verwenden, die keine formalen Parameter sind und bezüglich der Art mit Größen übereinstimmen, die im inneren Block vereinbart sind, aus dem heraus die Prozedur aufgerufen wurde. Dann nehmen die Größen bei der Ausführung der Prozedur den Wert und die Bedeutung an, die sie im äußeren Block, der die Prozedurvereinbarung enthält, hatten. Diese Regel gilt nur für bezüglich der Prozedur nichtlokale Größen, die keine formalen Parameter sind. Die formalen Parameter werden beim Prozeduraufruf immer, auch wenn dieser aus inneren Blöcken erfolgt, mit Hilfe der Vereinbarungen des Blockes aktualisiert, aus dem der Aufruf erfolgte. Es ist auch möglich, dazu die Vereinbarungen der äußeren Blöcke zu verwenden, deren Definitionsbereich auf den Block ausgedehnt wird, der den Prozeduraufruf enthält. Dadurch enthält der Prozeduraufruf gleichsam die gesamte notwendige Information aus diesem Block über die Parameter zur Abarbeitung der Prozedur.

Wir führen ein Beispiel einer im äußeren Block vereinbarten und im inneren Block verwendeten Prozedur an.

A: **begin real** b, x, y, z;

        real procedure $p(a)$

        value a; **real** a;

        begin $x := a \times x$; $p := x \uparrow 2 + y$ **end**;

        $x := 15$; $b := 50$; $y := 10$;

        B: **begin real** x, b;

        $x := 100$; $b := 10$;

        $z := p(b) + y$;

        end

end

Die Ausführung der Prozedur ist der Abarbeitung des Blockes äquivalent:

begin real a;

      $a := 10$; $x := a \times 15$; $p := x \uparrow 2 + 10$

end

Bei der Ausführung der Anweisungen des Prozedurhauptteils wird der Wert der Größe $b = 10$ (als aktueller Parameter), der im inneren mit B markierten Block erhalten wurde, verwendet. Dieselbe im äußeren Block vereinbarte Größe hat den Wert $b = 50$.

Gleichzeitig wird die globale Variable x im Prozedurhauptteil mit dem Wert $x = 15$ verwendet. Das ist der Wert für x im äußeren Block, im inneren Block hat die Größe x den Wert 100.

Regeln der Ausführung von Prozeduren

Beim Aufruf einer in ALGOL geschriebenen Prozedur mit Hilfe einer Prozeduranweisung oder einer Funktion werden folgende Operationen ausgeführt:

1. Die im Werteteil angeführten formalen Parameter werden aktualisiert, d. h., ihnen werden aktuelle Werte zugeordnet.

2. Die restlichen nicht im Werteteil aufgezählten formalen Parameter werden mit Namen konkretisiert, d. h., an ihre Stelle werden im Prozedurhauptteil Ausdrücke oder Bezeichnungen der entsprechenden aktuellen Parameter verwendet.

3. Es werden die Anweisungen ausgeführt, die den Prozedurhauptteil bilden. Wenn dieser sich in einem Block befindet, in dem die gegebene Prozedur vereinbart wurde, so wird zu ihm mit Hilfe einer Sprunganweisung von der Stelle aus gesprungen, an der sich die Prozeduranweisung oder die Funktion befindet.

4. Wenn im Prozedurhauptteil keine Sprunganweisung vorhanden ist, die aus dieser Prozedur zu einer anderen Programmstelle führt, dann wird nach Abarbeitung der Prozedur die nächste Anweisung des Programms ausgeführt, d. h. die der gegebenen Prozeduranweisung oder die der Funktion folgende Anweisung.

2.1.3.6.   Rolle der Benennungen und des Werteteiles

Die Benennungen legen den aktuellen Parametern in der Prozedurvereinbarung bestimmte Beschränkungen auf. Außerdem ergeben sich auf Grund der Verwendung der verschiedenen Variablen und der anderen Sprachobjekte ebenfalls bestimmte Forderungen an die aktuellen Parameter, die für eine Prozedur vorgegeben werden können. Beide Beschränkungen spielen im allgemeinen die gleiche Rolle. Die durch die Verwendung der Objekte im Prozedurhauptteil und die durch die Art des Prozeduraufrufs bedingten Beschränkungen sind schärfer als die in expliziter Form gegebenen Benennungen, weil die Benennungen meist nicht alle Möglichkeiten der Verwendung der Objekte umfassen. Deshalb muß man bei der Formulierung oder Verwendung von Prozeduren immer die inhaltliche Seite beachten, die Grundregeln zur Lokalisierung von Objekten und Ersetzung der Parameter einhalten sowie nicht vorgesehene Varianten der Abarbeitung einer Prozedur verhindern.

Um die Arbeit des Compilers zu vereinfachen, ist es jedoch notwendig und zweckmäßig, Benennungen zu verwenden. Die Benennungen geben die Objekttypen und -arten, die als aktuelle Parameter in der Prozedur erlaubt sind, in expliziter Form an.

Zu den Hauptbeschränkungen, die durch die Benennungen gegeben sind, zählen:

1. Durch die Typangabe (**real, integer, Boolean**) wird festgelegt, daß für diesen formalen Parameter ein Ausdruck des gegebenen Typs fungiert. Bei der Ersetzung durch einen

Wert muß (bei Unterschieden im Typ) der Typ in Übereinstimmung mit den Benennungen umgewandelt werden.

2. Einem durch einen Namen ersetzten und im Prozedurhauptteil als linke Seite einer Ergibtanweisung verwendeten formalen Parameter kann als aktueller Parameter nur eine Variable entsprechen (jedoch kein komplizierter Ausdruck, weil Anweisungen der Form $x + y := a + b$; in ALGOL nicht zugelassen sind).

3. Formale Parameter und entsprechende aktuelle Parameter sollten in ihrem Typ und den sonstigen Festlegungen übereinstimmen. So sollten etwa Felder als formale und aktuelle Parameter von gleichem Typ sein. Bei der Ersetzung durch einen Wert kann eine Typumwandlung erfolgen (von **integer** in **real** oder umgekehrt). Wenn ein Feld im Block des Prozedurhauptteils vereinbart wurde und von konstanter Dimension ist, dann muß das entsprechende Feld als aktueller Parameter dieselbe Dimension haben. Bei der Konkretisierung nimmt das formale Parameterfeld die Werte der Elemente und Indexgrenzen des entsprechenden aktuellen Parameterfeldes an.

4. Dem Spezifikationszeichen **label** – als formaler Parameter oder Marke im Prozedurhauptteil verwendet – muß als aktueller Parameter ein Zielausdruck entsprechen.

5. Das Spezifikationszeichen **string** in ALGOL gibt an, daß dem gegebenen formalen Parameter als aktueller Parameter eine Kette entspricht. Nach den ALGOL-Regeln können solche formalen Parameter nur in Code-Prozeduren verwendet werden.

Wir betrachten die Rolle des Werteteiles. Die Angabe eines Werteteiles erlaubt in Prozeduren als Ausgangsdaten die Werte beliebiger im Programm vorhandener Variablen oder Ausdrücke zu verwenden, wobei diese gleichzeitig im Hauptprogramm in unveränderter Form erhalten bleiben. Außerdem kann man bei der Ersetzung durch einen Wert beliebige Ausdrücke als aktuelle Parameter verwenden. Dies gilt auch für formale Parameter, die im Prozedurhauptteil als linke Seite von Anweisungen fungieren (obwohl letzteres kaum praktische Bedeutung hat). Es ist klar, daß formale Parameter, die als Prozedurbezeichnungen oder Verteiler verwendet werden, nicht durch einen Wert konkretisiert werden können. Formale Parameter, die als Zielausdrücke verwendet werden, können sowohl durch einen Namen als auch durch einen Wert konkretisiert werden, wobei diese Parameter für die Angabe der Sprünge aus dem Prozedurhauptteil in das Hauptprogramm verwendet werden können. In diesem Falle behält der durch einen Wert ersetzte formale Parameter auch außerhalb des Prozedurhauptteiles seine Bedeutung, d. h., im Unterschied zur allgemeinen Regel wird dieser im Prozedurhauptteil nicht lokalisiert. Beispiel einer Prozedur:

Es soll die Summe der Elemente der Hauptdiagonale einer quadratischen Matrix berechnet werden (Berechnung der Spur der Matrix). Prozedurvereinbarung:

```
procedure SPUR (a, n, S);   value n;
array a;   real S;   integer n;
begin integer k; S := 0;
        for k := 1   step 1   until n do S := S + a [k, k]
end
```

Die Prozeduranweisung zum Aufruf dieser Prozedur kann z. B. wie im folgenden Programmausschnitt aussehen:

begin real z;   **array** A $[1:20, 1:20]$; **integer** b;

   $b := 20$; $SPUR\ (A, b, z)$; ...

end

Die Ausführung der Prozeduranweisung der $SPUR\ (A, b, z)$; kann auch als Block dargestellt werden:

begin integer n;

   $n := b$;

   begin integer k;

    $z := 0$;

    for $k := 1$ **step** 1 **until** n **do**

    $z := z + A\ [k, k]$

   end

end

Die Variable k ist durch die Anweisung im Prozedurhauptteil des Blockes lokalisiert. Die Variable n ist durch die Angabe im Werteteil lokalisiert. Die formalen Parameter a und S werden durch einen Namen ersetzt, das Ergebnis der Prozedur wird in Form eines Wertes der Variablen z aufbewahrt (gespeichert). Zum Abschluß des vorliegenden Abschnitts über die Prozedurvereinbarung muß folgendes bemerkt werden:

Erstens können bei der Abarbeitung von Prozeduren globalen Variablen neue Werte zugeordnet werden, sogar dann, wenn diese nicht das Ergebnis der Prozedur sind. Diese Erscheinung wird als Nebeneffekt der Prozedur bezeichnet und ist bei der Verwendung der Prozeduren zu beachten.

Zweitens ist es nach den ALGOL-Regeln erlaubt, Prozeduren so zu verwenden, daß im Prozeß der Abarbeitung einer Prozedur (bis zu deren Beendigung) ein erneuter Aufruf dieser Prozedur entweder unmittelbar oder durch irgendeine andere Prozedur erfolgt. Solche vielfach aufgerufenen Prozeduren werden als *rekursiv* bezeichnet. Ihre Anwendung erlaubt in einer Reihe von Fällen Algorithmen, die rekursiven Charakter tragen, kompakt zu schreiben. Die Übersetzung solcher Prozeduren ist jedoch mit zusätzlichen Schwierigkeiten verbunden, und in vielen konkreten Versionen der Sprache ALGOL dürfen rekursive Prozeduren nicht verwendet werden.

2.2. Algorithmische Sprache ALGEM für die Programmierung ökonomischer und mathematischer Probleme

Die algorithmische Sprache ALGEM ist eine Erweiterung von ALGOL. Mit ihr sollen ökonomische und mathematische Probleme programmiert werden, deshalb wurden gegenüber ALGOL folgende Elemente neu eingeführt:

1. Kettenvariable und Kettenausdrücke;

2. Vereinbarungen von Variablenart und Stellenanzahl (Format);

3. Verbundvariable und Verbundfelder.

Diese Erweiterungen ergeben sich aus der Spezifik der Lösung ökonomischer Probleme. Solche Probleme sind durch eine komplizierte Datenorganisation (durch die Erfassung der Daten in Tabellen-, Listen-, Formularform usw.) sowie durch einen großen Anteil logischer Operationen (die Überprüfung verschiedener Kennzeichen, die Ermittlung des Vorzeichens der Zahlen usw.) charakterisiert. Daraus folgt, daß mit ALGEM nicht nur mathematische und ökonomische, sondern auch andere Probleme der logischen Informationsverarbeitung gelöst werden können. Diese Probleme ergeben sich etwa bei der Verarbeitung großer Informationsfelder mit einer komplizierten, nicht voll determinierten Struktur (Bearbeitung von Krankengeschichten in Kliniken, Suche von wissenschaftlichen Informationen, Verarbeitung von Versuchsdaten usw.).

2.2.1.   Kettenausdrücke und Variablenart

Die Zeichenketten (im folgenden kurz Ketten genannt) in ALGOL wurden im entsprechenden Abschnitt als eine beliebige in Kettenanführungszeichen eingeschlossene Symbolfolge definiert. Ketten sind im Unterschied zu Bezeichnungen keine Namen von Größen, sondern haben ähnlich den Zahlen konkrete, meist nichtnumerische Bedeutung.

Ein in Ketten häufig verwendetes Symbol ist das Leerzeichen. Außerhalb von Ketten hat es keinerlei Bedeutung. Es unterteilt eine Kette in einzelne Worte. Ketten können Namen irgendwelcher konkreter Objekte (Erzeugnisse, Städte usw.) wie beispielsweise Familiennamen oder Namen von einzelnen Personen sein. In ALGOL ist es möglich, Ketten bei Codeprozeduren als aktuelle Parameter zu verwenden, insbesondere bei Prozeduren zur Datenausgabe. Das ist etwa der Fall, wenn gleichzeitig mit einem Wert auch eine entsprechende Bezeichnung gedruckt werden soll. Diese Problematik und die der Codeprozeduren wird in ALGOL erst bei einer konkreten Sprachvariante behandelt. In ALGEM führt man Kettenvariable ein, d. h. Variable, deren Werte Ketten sein können (in Analogie dazu, daß der Wert von numerischen Variablen Zahlen und der von logischen Variablen logische Werte sind). Es werden demnach in ALGEM vier Variablentypen verwendet und die Vereinbarung des Typs hat folgendes Aussehen:

$\langle \text{Typ} \rangle ::= $ **integer** | **real** | **Boolean** | **string**

Als Ketten können sowohl einfache Variable, als auch Felder von Variablen auftreten. Die Kettenvariablen müssen ähnlich den Variablen anderer Typen am Anfang des Blockes, in dem man sie benutzt, vereinbart werden. Alles, was über die Typvereinbarungen gesagt wurde, gilt auch für das Vereinbarungszeichen **string**. Wir möchten jedoch ausdrücklich bemerken, daß mit der Einführung des Vereinbarungszeichens **string** in ALGEM das in ALGOL vorhandene Spezifikationszeichen **string** nicht mehr benutzt werden darf. An seiner Stelle kann man für die Bezeichnungen die Typvereinbarung **string** verwenden, weil die Ketten selbst den Typ kettenartig haben.

In ALGEM werden Kettenausdrücke eingeführt. Es gibt demnach vier Typen von Ausdrücken: Arithmetische, logische, Ziel- und Kettenausdrücke. Kettenausdrücke werden syntaktisch wie folgt definiert:

⟨einfacher Kettenausdruck⟩ :: = ⟨Kette⟩ | ⟨Variable⟩ | ⟨Funktion⟩ | (⟨Kettenausdruck⟩)

⟨Kettenausdruck⟩   :: = ⟨einfacher Kettenausdruck⟩ | ⟨Wenn-Klausel⟩ ⟨einfacher Kettenausdruck⟩ **else** ⟨Kettenausdruck⟩

Variable und Funktionen von Kettenausdrücken müssen den Typ **string** haben. Beispiele für Ketten und kettenartige Ausdrücke sind:

'*Iwanow*'

'*Einsatz* [i]'

if $Jahr[n] = 365$ **then** '*gewöhnlich*' **else** '*Schaltjahr*'

2.2.1.1.   Vereinbarung der Variablenart und Stellenangabe

In ALGEM muß die Art der Kettenvariablen aus ihrem Aufbau (Anzahl der Grundsymbole und Art der Variablen) hervorgehen. Numerische Variable (d. h. Variable vom Typ **integer** oder **real**) können auch eine Artangabe besitzen. Sie gibt an, aus wieviel und aus welchen (dekadischen, oktalen oder dualen) Stellen diese Variablen bestehen. Außerdem kann man das Vorzeichen und das dekadische Komma angeben.

Logische Variable besitzen offensichtlich keine Artangabe. Im Unterschied zu Verbundvariablen können nur einfache Variable über eine Artangabe verfügen (Verbundvariable werden weiter unten behandelt). Die Artangabe ist eine Erweiterung der Typvereinbarung. Sie sieht wie folgt aus:

⟨Zielsymbol⟩   :: = $9 \mid 7 \mid 1 \mid C \mid A \mid L \mid ⊔ \mid \cdot \mid D \mid_{10} \mid O \mid T \mid P \mid + \mid - \mid$

⟨Wiederholer⟩   :: = (⟨ganze Zahl ohne Vorzeichen⟩)

⟨Zielartteil⟩   :: = ⟨Zielsymbol⟩ | ⟨Zielsymbol⟩ ⟨Wiederholer⟩

⟨Zielart⟩   :: = ⟨Zielartteil⟩ | ⟨Zielart⟩ ⟨Zielartteil⟩

⟨Typenlistenteil⟩   :: = ⟨Bezeichnung⟩ | ⟨Bezeichnung⟩ **mode** ⟨Zielart⟩

⟨Typenliste⟩   :: = ⟨Typenlistenteil⟩ | ⟨Typenliste⟩ , ⟨Typenlistenteil⟩

⟨Typ⟩   :: = **integer** | **real** | **Boolean** | **string**

⟨lokaler
oder Eigentyp⟩   :: = ⟨Typ⟩ | **own** ⟨Typ⟩

⟨Typvereinbarung⟩ :: = ⟨lokaler oder Eigentyp⟩ ⟨Typenliste⟩

Als zusätzliches Grundsymbol wird das Vereinbarungszeichen **mode** eingeführt. Die Artangabe setzt man hinter die Bezeichnung der entsprechenden Variablen. Sie bezieht sich nur auf diese Variable.

Beispiele:

integer *P, Q, S* **mode** *9 (5)*;

string *Daten*   **mode** *99A (10) 9 (4) A*;

string *Detail*   **mode** *C (5) 99*;

string *Familie* **mode** *A (12)* ⊔ *A*;

Wir untersuchen nun die Bedeutung der einzelnen oben aufgezählten Zielsymbole. Einen Wiederholer setzt man nach dem entsprechenden Zielsymbol. Er besagt, wievielmal hintereinander dasselbe Symbol wiederholt werden muß. Man verwendet ihn, um die Notierung der Artangabe zu verkürzen.

Die Zielsymbole haben folgende Bedeutung:

9: An dieser Stelle darf nur eine der dekadischen Ziffern (0, 1, 2, 3, 4, 5, 6, 7, 8 oder 9) stehen.

7: An dieser Stelle darf nur eine Oktalziffer (0, 1, 2, 3, 4, 5, 6, 7) verwendet werden.

1: An dieser Stelle darf nur eine Dualziffer (0 oder 1) angegeben werden.

C: An dieser Stelle einer Kette kann ein beliebiges Symbol stehen.

A: Diese Stelle ist mit einem Buchstaben des russischen Alphabets oder einem Leerzeichen besetzt.

L: Diese Stelle wird von einem Buchstaben des lateinischen Alphabets oder einem Leerzeichen eingenommen.

⊔: Hier steht ein Leerzeichen.

·: Stellung des dekadischen Kommas in einer Zahl.

D: An dieser Stelle muß ein dekadisches Komma stehen. Es erscheint aber nicht und darf beim Zählen der Symbole des gegebenen Wortes nicht berücksichtigt werden.

$_{10}$: Basis des dekadischen Zahlensystems. Ihr folgt der Exponent dieser Zahl.

O: Der Ziffernwert dieser Stelle wird auf Null gerundet.

P: Alle Nullen, die links von der ersten von Null verschiedenen Ziffer stehen (eine Ausnahme bildet lediglich eine Null, die vor einem Komma eines Dezimalbruches steht. Sie wird nicht durch ein Leerzeichen ersetzt), werden durch Leerzeichen (⊔) ersetzt. Alle rechts von der letzten von Null verschiedenen Ziffer stehenden Nullen werden ebenfalls durch Leerzeichen ersetzt, vorausgesetzt, daß diese Ziffer rechts vom dekadischen Komma steht.

+: Stelle des Vorzeichens einer Zahl oder eines Exponenten (im letzten Fall steht dieses Symbol nach der tiefgesetzten $_{10}$). Das Vorzeichen einer Zahl wird dabei explizit angegeben (+ für positive Zahlen, − für negative Zahlen).

−: hat einen analogen Sinn, nur wird hier das Vorzeichen + bei positiven Zahlen durch ein Leerzeichen angegeben.

T: diese Ziffer wird ohne Abrunden durch ein Leerzeichen ersetzt.

Zu Beginn einer Artangabe können mehrere aufeinanderfolgende Vorzeichen + oder − stehen. Die Stellung des Vorzeichens einer Zahl wird nicht angegeben. Ein Vorzeichen ist stets anstelle der Null zu setzen, die vor der ersten zählenden Ziffer (d. h. der ersten von Null verschiedenen Ziffer) steht. Vor dem Vorzeichen stehen Leerzeichen. Auf diese Weise erhält man die höchsten Stellen einer Zahl, wenn sie größer als durch das Zielsymbol 9 vorgesehen wird. Eine analoge Rolle spielen auch die am Ende einer Artangabe stehenden Symbole + oder −. Fehlen bei einer Artangabe mehrere aufeinanderfolgende Symbole + oder − (zu Beginn und/oder am Ende), und hat die tatsächlich erhaltene Zahl einen größeren Stellenwert als durch die Artangabe mit Hilfe des Symbols 9 (7 oder 1) vorgesehen, dann erfolgt eine entsprechende Umwandlung der Zahl auf Grund der Artangabe. Dabei wird zunächst die Lage des dekadischen Kommas in der Zahl bestimmt. Die Artangabe legt weiter die niedrigsten und höchsten Ziffernstellen fest, die eine Zahl begrenzen. Außerhalb dieser Grenzen liegende Ziffern werden weggelassen. Dabei werden außerhalb der niedrigsten Ziffernwerte liegende Ziffern vorher aufgerundet. Ähnlich wird gewöhnlich eine Ergibtanweisung ausgeführt, wobei bei der Ausführung immer die Artangabe berücksichtigt werden muß. Dabei ist die Artangabe für eine Variable des linken Teils einer Ergibtanweisung unabhängig vom Vorhandensein einer solchen in den Vereinbarungen der Variablen der rechten Seite. Widerspricht eine Art der rechten Seite − außer in dem oben beschriebenen Fall − der Art der linken Seite, dann ist die Ergibtanweisung nicht definiert. Die Gesamtzahl der Zielsymbole (unter Berücksichtigung der Wiederholer) einer Artangabe bestimmt die Zahl der Stellen des Wortes, das diese Größe darstellt. Alle Stellen eines Wortes werden unabhängig von ihrer Art (duale, dekadische, Buchstaben usw.) nacheinander von links nach rechts numeriert. Das beschriebene Verfahren der Artangabe der Variablen erlaubt:

1. dem Compiler, die Speicherplatzverteilung der entsprechenden Größen anzugeben;

2. bei der Programmierung, die Genauigkeit und die Form der Zahlendarstellung anzugeben;

3. bei der Programmierung, den Zugriff zu den einzelnen Stellen einer Variablen zu ermöglichen.

Als Beispiel betrachten wir die Zahl 167, 835. In der folgenden Tabelle 18 steht links die Artangabe und rechts die danach entsprechend umgeformte Zahl.

Die Artangabe muß auch bei Funktionsprozeduren eingeführt werden. Gemäß ihrer Definition setzt man sie nach den Bezeichnungen der entsprechenden Größen.

Tabelle 18

+99.99	+67,84
++99.999	+167,835
−(5) 9.9 P (3)	⊔⊔⊔ 167,835 ⊔
−(5) D 9	⊔⊔ 1678

Im Falle einer Funktionsprozedur muß sie (wenn dies notwendig ist) demzufolge nach dem Namen der Funktion im Prozedurvorspann stehen. In Verbindung damit definiert man in ALGEM die Prozedurbezeichnungen:

⟨Prozedurbezeichnung⟩ :: = ⟨Bezeichnung⟩ | ⟨Bezeichnung⟩ **mode** ⟨Artangabe⟩

Wir befassen uns jetzt mit der Stellenangabe. Sie ist bei der Programmierung wichtig. Bei bestimmten Operationen betrachtet man einzelne Stellen von Größen oder Gruppen von Stellen. Die Artangabe macht es bei Variablen möglich, einzelne Stellen oder Gruppen von Stellen entsprechend ihrer Anordnung (Nummer) im Wort mit Hilfe der Artangabe auszusondern. Man kann auch Variable ohne Artangabe bestimmter Stellen angeben. Dazu benutzt man die Stellenanordnung in einer konkreten Rechenmaschine. Alle Dualstellen eines Wortes kann man der Reihe nach von links nach rechts, beginnend mit Null, bis zu einem bestimmten n durchnumerieren. Nehmen wir an, daß eine Größe in üblicher Weise in einer Maschine gespeichert ist. Die Stellenangabe stellt dann die Dualstellen eines Wortes dar und erlaubt damit einen Zugriff zu diesen Stellen, ohne daß eine Artangabe notwendig ist. Stellenangaben können sich ebenso wie Artangaben nur auf einfache (keine Verbund-) Variablen beziehen. Eine Stellenangabe ist demnach eine Liste von Nummern der auszusondernden Stellen. Sie werden in runde Klammern eingeschlossen und stehen vor der Bezeichnung der entsprechenden Größe. Sind verschiedene nebeneinander stehende Stellen auszusondern, dann werden zur Verkürzung der Schreibweise nur die Nummer der höchsten und der niedrigsten auszusondernden Stellen angegeben. Sie werden analog den Grenzpaaren in Feldvereinbarungen durch Doppelpunkt getrennt. Die syntaktische Definition einer Stellenangabe ist folgende:

⟨Stellenliste⟩   :: = ⟨arithmetischer Audsruck⟩ | ⟨Grenzen⟩ | ⟨Stellenliste⟩,
                           ⟨arithmetischer Ausdruck⟩ | ⟨Stellenliste⟩, ⟨Grenzen⟩

⟨Stellenangabe⟩   :: = ⟨Nullkette⟩ | (⟨Stellenliste⟩)

Im Zusammenhang damit wollen wir die Definition einer Variablen etwas erweitern.

⟨einfache Variable⟩   :: = ⟨Stellenangabe⟩ ⟨Bezeichnung⟩

⟨indizierte Variable⟩ :: = ⟨Stellenangabe⟩ ⟨Bezeichnung⟩ [⟨Indexliste⟩]

⟨Teilvariable⟩   :: = ⟨einfache Variable⟩ | ⟨indizierte Variable⟩

Wir betrachten hier den Terminus *Teilvariable* im Unterschied zu dem Begriff *Verbundvariable*. Auf die *Verbundvariablen* gehen wir später ein.
Beispiele:

$(1,5 : 10)\, x$ – die Stellen 1, 5, 6, 7, 8, 9, 10 der einfachen Variablen x
                             sollen ausgesondert werden.

$(i : i + 5, j, k : k + n)\, y$ – sondert folgende Stellen der einfachen Variablen y aus:
                             die i-te bis $(i + 5)$-te, anschließend die j-te, danach die k-te
                             bis $(k + n)$-te.

2.2.2.   Verbundvariable und -felder

In ALGEM benutzt man einfache Verbundvariable und Felder von Verbundvariablen. *Verbundvariable* heißen solche Variable, die in sich andere Variable einschließen. Die eingeschlossenen Variablen können sowohl Teil- als auch wieder Verbundvariable sein. Die Variable *Datum* ist ein Beispiel für eine Verbundvariable. Sie setzt sich aus den Teilvariablen *Tag*, *Monat* und *Jahr* zusammen. Typische Beispiele für Verbundvariable sind auch sog. Aufzeichnungen (Notierungen), d. h. Datensätze, die sich auf irgendein Projekt oder auf irgendeinen Prozeß beziehen. Speziell kann man hier die Stammdaten eines Arbeiters für die Lohnrechnung oder Rechnungen beim Verkauf irgendeiner Ware anführen.

Ein Feld aus Verbundvariablen eines Typs heißt *Verbundfeld*. Wie wir schon früher erwähnt hatten, reduziert sich die Lösung vieler ökonomischer Probleme oft auf eine wiederholte Verarbeitung von Datensätzen desselben Typs oder – wie wir auch sagen können – auf eine stereotype Verarbeitung von Verbundfeldern. In ALGEM ist es zudem erlaubt, als Elemente einfacher Verbundvariabler Felder zu verwenden. Im allgemeinen wird dabei die Anzahl der Hierarchieebenen beim Aufbau der Verbundvariablen und -felder nicht beschränkt. Analog den Teilvariablen und Feldern muß man auch die Verbundvariablen und -felder in dem Block, in dem sie verwendet werden, vereinbaren. Für diese Vereinbarung führt man zusätzlich zwei neue Grundsymbole ein:

Das Vereinbarungszeichen **compound** und das Trennzeichen **level**. In ALGEM gibt es demnach im Vergleich zu ALGOL vier neue Grundsymbole:

string, mode, compound, level.

Die syntaktische Definition der Vereinbarungen einer Verbundgröße (einer Verbundvariablen und eines Verbundfeldes) hat folgendes Aussehen:

⟨Vereinbarungsteil⟩ :: = ⟨Typvereinbarung⟩ | ⟨Feldvereinbarung⟩ | ⟨Verbundgrößenvereinbarung⟩

⟨Verbundvariablenbezeichnung⟩ :: = ⟨Bezeichnung⟩

⟨Verbundfeldbezeichnung⟩ :: = ⟨Bezeichnung⟩

⟨Verbundgröße⟩ :: = ⟨Verbundvariablenbezeichnung⟩ | **array** ⟨Verbundfeldbezeichnung⟩ [⟨Grenzenliste⟩]

⟨Struktur der Verbundgröße⟩ :: = ⟨Vereinbarungsteil⟩ | ⟨Vereinbarungsteil⟩ ; ⟨Struktur der Verbundgröße⟩

⟨Verbundgrößenvereinbarung⟩ :: = **compound** ⟨Verbundgröße⟩ ; ⟨Struktur der Verbundgröße⟩ **level**

Die Verbundgrößen enthalten keine Artangabe. Aus den angeführten syntaktischen Definitionen geht für die Struktur einer Verbundgröße auf einer Ebene weiter hervor, daß verschiedene Teilvariable desselben Typs, jedoch verschiedener Art, auf gewöhnliche Weise vereinbart werden. Nach dem Vereinbarungszeichen eines Typs werden demnach die entsprechenden Elemente der Typenliste durch Komma getrennt aufgezählt. Analog zu den Teilvariablen können auch die Teilfelder als Bestandteile der Verbundgrößen auftreten. Solche Vereinbarungen gehören zum Vereinbarungsteil, der entweder eine Typ- (mit der Typenliste), eine Feld- oder eine Verbundgrößenvereinbarung enthält. In ALGOL wird nach jeder Vereinbarung ein Semikolon gesetzt (nach einer Typvereinbarung, Feldvereinbarung usw.). Diese Regel wird in ALGEM beibehalten und nach jeder einzelnen Vereinbarung ein Semikolon gesetzt. Das gilt auch dann, wenn in den Vereinbarungen Verbundgrößen stehen.

Die Vereinbarung einer beliebigen Verbundgröße (Verbundvariable oder Verbundfeld) beginnt mit dem Symbol **compound**. Danach folgt entweder die Bezeichnung der Variablen oder die des Feldes mit der Grenzenliste in eckigen Klammern. Dann wird die Struktur der Verbundgröße vereinbart. Diese Vereinbarung besteht in einer Aufzählung der Komponenten, die die Verbundgröße enthält. Eine Vereinbarung einer Verbundgröße endet notwendigerweise mit dem Symbol **level**.

Demnach muß jedem Symbol **compound** ein Symbol **level** entsprechen. Zwischen diesen Symbolen stehen die Bezeichnung der Verbundgröße und die Vereinbarungen ihrer Komponenten. Einzelne Komponenten können ihrerseits dabei wieder Verbundvariable oder Verbundfelder sein. Deren Vereinbarung beginnt ebenfalls mit dem Symbol **compound** und endet mit dem Symbol **level**. Der Aufbau mit Hilfe der Symbole **compound** und **level** ist analog zur Verwendung gewöhnlicher (runder) Klammern bei arithmetischen Ausdrücken oder der Verwendung der Anweisungsklammern **begin** und **end** bei Blöcken oder Verbundanweisungen. Eine höhere Hierarchieebene der Komponenten einer Verbundgröße wird durch das Symbolpaar **compound** und **leve**

Tabelle 19

Dienstplan												
Anfangsdatum			Anzahl der Tage	Familiennamen								
TA	MO	JA										
01	01	65	08	Iwanow	Petrow	Sidorow	Iwanowskij	Petrowskij	Sidorowskij	Palkin	Galkin	

getrennt. Zur Veranschaulichung kann beim Programmieren die Nummer der Hierarchieebenen der einzelnen Komponenten explizit angegeben werden. Syntaktisch stellen solche Nummern jedoch einen Überschuß an Information dar. Compiler baut man meist so, daß sie auf eine Angabe dieser Nummern verzichten können. Als Beispiel betrachten wir die Vereinbarung einer Verbundvariablen folgender Struktur (Tab. 19).

In der Tabelle sind verschiedene konkrete Werte angegeben:

compound   *DIENSTPLAN*;

compound   *ANFANGSDATUM*;

integer   *TA* **mode** *99*,

        MO **mode** *99*,

        JA **mode** *99* **level;**

integer   *ANZAHL DER TAGE* **mode** *99*;

string array   *FAMILIENNAMEN*   **mode**   *L (15)* *[1 : 8]* **level**

Als zweites Beispiel möchten wir ein Verbundfeld anführen, das aus 500 Elementen besteht. Ein Element hat dabei folgende Struktur:

Tabelle 20

Verzeichnis							
Tabellen-Nr.	Datum			Gehalt	Anzahl der Fehltage	Anzahl der Kinder	Summe
	TA	MO	JA				
0125	06	01	65	650	30	01	610

Die Vereinbarung dieses Feldes sieht wie folgt aus:

compound array *VERZEICHNIS* *[1 : 500]*;

integer   *TABELLENNUMMER* **mode** *9 (4)*;

compound   *DATUM*;

integer   *TA* **mode** *99*,

        MO **mode** *99*,

        JA **mode** *99* **level;**

integer   *GEHALT* **mode** *9 (3)*;

        ANZAHL DER FEHLTAGE **mode** *99*,

        ANZAHL DER KINDER **mode** *99*,

        SUMME **mode** *9 (3)* **level**

Diese Vereinbarung des Verbundfeldes kann unter Verwendung der explizit ausgedrückten Nummer der Ebene folgendermaßen dargestellt werden:

compound array *VERZEICHNIS [1 : 500]*;

1 **integer**   *TABELLENNUMMER* **mode** *9 (4)*;

1 **compound**   *DATUM*;

2 **integer**   *TA* **mode** *99*,

                    MO **mode** *99*,

                    JA **mode** *99* **level**;

1 **integer**   *GEHALT* **mode** *9 (3)*,

                    ANZAHL DER FEHLTAGE **mode** *99*,

                    ANZAHL DER KINDER **mode** *99*,

                    SUMME **mode** *9 (3)* **level**

2.2.2.1. Aufruf von Komponenten der Verbundgrößen

Die Vereinbarungen von Verbundvariablen und -feldern erlauben den Zugriff zu den einzelnen Komponenten dieser Größen und das Rechnen mit ihnen. Außerdem kann man einzelne Stellen oder Gruppen von Stellen der Teilvariablen aufrufen und aussondern. Das geschieht nach folgenden Regeln.

Die Bezeichnung dieser Komponente wird herausgeschrieben, anschließend von links nach rechts die Bezeichnungen der größeren Komponente bis zur letzten Bezeichnung der Verbundvariablen. Dabei gehört eine auszusondernde Komponente zu den größeren Komponenten. Sind die Größen nicht indiziert und ruft das Fehlen von Zwischenbezeichnungen keine Mehrdeutigkeiten hervor, dann brauchen nicht alle Zwischenbezeichnungen herausgeschrieben werden. Auf diese Weise kann man mit einer Bezeichnung Komponenten verschiedener Verbundgrößen bezeichnen.

Die in der Reihenfolge der Aufteilung der Struktur herauszuschreibenden Komponenten werden durch Punkte voneinander getrennt.

Beispiel:

TA. DATUM. VERZEICHNIS [250]

Wenn die Verbundgröße *VERZEICHNIS* wie oben vereinbart wurde, dann kann die Zwischenstruktur *DATUM* weggelassen werden.

TA. VERZEICHNIS [250]

Eine Variable ist in ALGEM gemäß unseren Ausführungen wie folgt definiert:

⟨Stellenliste⟩   ::= ⟨Grenzen⟩ | ⟨arithmetischer Ausdruck⟩ | ⟨Stellenliste⟩ , ⟨Grenzen⟩ | ⟨Stellenliste⟩ , ⟨arithmetischer Ausdruck⟩

⟨Stellenangabe⟩   ::= (⟨Stellenliste⟩) | ⟨Nullkette⟩

⟨einfache Variable⟩   ::= ⟨Stellenangabe⟩ ⟨ Variablenbezeichnung⟩

⟨indizierte Variable⟩   ::= ⟨Stellenangabe⟩ ⟨Feldbezeichnung⟩ [⟨Indexliste⟩]

⟨Teilvariable⟩   ::= ⟨einfache Variable⟩ | ⟨indizierte Variable⟩

⟨Präzisierung der Variablen⟩ :: = · ⟨Verbundvariablenbezeichnung⟩ | · ⟨Verbund-
feldbezeichnung⟩ [⟨Indexliste⟩]

⟨Variable⟩   :: = ⟨Teilvariable⟩ | ⟨Variable⟩ ⟨Präzisierung
der Variablen⟩

Präzisierte Variable sowie Variable mit Stellenangabe können sowohl auf der rechten
als auch auf der linken Seite von Ergibtanweisungen stehen. Stehen sie auf der
linken Seite einer Ergibtanweisung, gilt diese nur für die präzisierten Komponenten
oder Stellen. Die restlichen Teile der Größen werden nicht berücksichtigt. Ist die
Stellen- oder Komponentenzahl einer Variablen (einer Teil- oder Verbundvariablen)
auf der linken Seite einer Ergibtanweisung größer als auf der rechten, und ist links
der Definitionsbereich der Stellen oder Komponenten nicht angegeben, dann erfolgt die
Wertzuweisung durch die Variable der rechten Seite so, als handle es sich um eine
Variable. Dabei müssen die dekadischen Kommas rechts und links (wenn sie in den
Artvereinbarungen angegeben sind) oder die kleinsten Stellen (wenn die Lage des
Kommas nicht angegeben ist) übereinstimmen. Teilvariable können sowohl einfache als
auch indizierte Variable sein. Bei beiden kann man Stellen angeben oder weglassen (die
Stellenangabe kann sich nur auf Teilvariable beziehen).

2.2.2.2.   Ergänzung der Prozedurvereinbarungen

Die Prozedurvereinbarungen wurden in ALGEM gegenüber ALGOL wesentlich erweitert. Auch bei Prozeduren können dadurch die Variablen gemäß ihrer Art vereinbart sowie Verbundvariable und -felder benutzt werden. So können solche Größen als
Prozedurparameter auftreten. Werden in einem Prozedurhauptteil Verbundgrößen benutzt, so muß ihre Struktur bekannt sein. Deshalb müssen alle diese Größen im Prozedurvorspann notwendig so benannt sein, daß ihre Struktur voll bestimmt ist. Diese
Bennennungen beschränken demnach die Struktur der als aktuelle Parameter auftretenden Verbundvariablen oder -felder. Werden Verbundgrößen als formale Parameter
benutzt, dann dürfen in der Liste der formalen Parameter nur die äußersten Bezeichnungen der Verbundvariablen oder -felder angegeben werden. Ihre volle Struktur muß
in den Benennungen vereinbart werden. Außerdem kann man im Einzelfalle fordern,
die kettenartigen Größen als formale Parameter einzeln zu benennen. Diese Benennungen sollen die Artangabe der kettenartigen Größen enthalten. Das ist insbesondere für
die kettenartigen Größen notwendig, die im Prozedurhauptteil unter Angabe der Stellenzahl verwendet werden. Ist kein Zugriff zu bestimmten Stellen der kettenartigen
Größen notwendig, kann man auf die Artangabe in den Benennungen verzichten.
Die zur Speicherplatzverteilung für diese Größen notwendige Information über die Art
erhält man aus den Artangaben der entsprechenden aktuellen Parameter. Im übrigen
erfolgen Prozedurvereinbarungen, die Konkretisierung der formalen Parameter (darunter auch der Verbunde) durch Namen und Werte sowie die Lokalisierung von Größen
nach denselben Regeln wie in ALGOL. So müssen die durch Werte zu ersetzenden formalen Parameter unbedingt benannt sein. Dasselbe gilt für die formalen Parameter,

denen als aktuelle Parameter Verbundgrößen entsprechen können. Der Begriff Benennungsteil ist gegenüber dem entsprechenden ALGOL-Begriff in seiner Bedeutung erweitert. Er enthält zusätzlich zwei Arten von Benennungen – die Benennung der kettenartigen Variablen und die Benennung der Verbundgrößen. Seine syntaktische Definition lautet:

⟨einfache Kette⟩ :: = ⟨Bezeichnung⟩ | **array** ⟨Feldbezeichnung⟩ | ⟨Bezeichnung⟩ **mode** ⟨Artbezeichnung⟩ | **array** ⟨Feldbezeichnung⟩ **mode** ⟨Artbezeichnung⟩

⟨Kettenliste⟩ :: = ⟨einfache Kette⟩ | ⟨Kettenliste⟩ , ⟨einfache Kette⟩

⟨Kettenbenennung⟩ :: = **string** ⟨Kettenliste⟩

⟨einfache Benennung⟩ :: = ⟨Benennung⟩ ⟨Bezeichnungsliste⟩ | ⟨Kettenbenennung⟩ | ⟨Verbundbenennung⟩

⟨Benennungsstruktur⟩ :: = ⟨einfache Benennung⟩ | ⟨Benennungsstruktur⟩ ; ⟨einfache Benennung⟩

⟨Verbundbenennung⟩ :: = **compound** ⟨Verbundvariablenbezeichnung⟩ ; ⟨Benennungsstruktur⟩ **level** | **compound array** ⟨Verbundfeldbezeichnung⟩ ; ⟨Benennungsstruktur⟩ **level**

⟨Benennungsteil⟩ :: = ⟨Nullkette⟩ | ⟨einfache Benennung⟩ ; | ⟨Benennungsteil⟩ ⟨einfache Benennung⟩;

Hier entspricht der Begriff „Benennung" dem ALGOL-Begriff. Der Benennungsteil enthält im Gegensatz zur Benennungsstruktur verschiedene Benennungen von Verbundgrößen. Die einzelnen Benennungen werden dabei durch Semikolon voneinander getrennt. Benennungen und Vereinbarungen von Verbundgrößen unterscheiden sich dadurch, daß bei den ersteren die Liste der Feldgrenzen und für Teilvariable, einschließlich der kettenartigen, die Art der Variablen im allgemeinen nicht angegeben werden. Die einzelnen Benennungen und Vereinbarungen werden in ALGEM genauso wie in ALGOL durch Semikolon getrennt. Einzelne Benennungen einer Verbundgröße sowie einzelne Vereinbarungen von Verbundgrößen werden ebenfalls durch Semikolon getrennt.

Wir möchten nun die Schreibweise von Werte- sowie Benennungsteilen für einige Prozeduren angeben:

value *fp, pp, rx, fond*;

compound array *fp*;

compound *jährlich*; **real** *n, o* **level**;

compound array *Wohnung*; **real** *n, o* **level level**;

compound array *pp*; **integer** *n, o* **level**;

array *rx*;

compound array *fond*;

compound *jährlich*; **integer** *n, o* **level**;

compound array *Wohnung*; **integer** *n, o* **level level**;

Als Beispiel für ein ALGEM-Programm haben wir die von A. P. GRUSCHEZKOI aufgestellte Prozedur zur Berechnung der Gesamtmaterialbestellung eines Betriebes ausgewählt. Außer den Variablen und Feldern, die als formale Parameter durch Werte (Alter, Definition, Betrieb, Position, Norm) und Namen (Bestellungen, Bedarf, Ausgabe, Reste, Plan) zu konkretisieren sind, werden im Prozedurhauptteil sowohl lokale als auch nichtlokale Variable und Felder verwendet.

procedure zur Bestimmung des Gesamtbedarfs (*Bedarf*) durch Bestellungen: (*Bestellungen*) auf Grund des Verbrauchs: (*Verbrauch*) der Reste: (*Reste*) des Planbedarfs: (*Planbedarf*) der Normen des Restbestandes: (*Norm*) des mittleren Wachstums des Bedarfs: (*Wachstum*) des Kennzeichens der Knappheit des Materials: (*Knappheit*) nach der Zahl der Betriebe: (*Betriebe*) und Zahl der Positionen: (*Positionen*);

value *Wachstum, Knappheit, Betriebe, Positionen, Norm;*

real *Wachstum;*

Boolean array *Knappheit;*

integer *Betriebe, Positionen;*

real array *Norm;*

compound array *Bestellungen;*

real *Produktion, kleine und Generalreparaturen Akzise, Reparatur* **level;**

real array *Planbedarf, Verbrauch, Reste, Bedarf;*

begin real $t, r, p, s, a;$ **integer** $i, j, k;$ **array**

    Summe $[1: Positionen]$;

    for $j := 1$ **step** 1 **until** *Positionen* **do**   *Summe* $[j] := 0;$

    for $i := 1$ **step** 1 **until** *Betriebe* **do**

    for $j := 1$ **step** 1 **until** *Position* **do**

Summe $[j] := Summe\,[j] + Produktion.\ Bestellungen\,[i, j] + kleine\ und\ Generalreparaturen.\ Bestellungen\,[i, j] + Akzise.\ Bestellungen\,[i, j] + Reparatur.\ Bestellungen\,[i, j];$

comment es wird die Summe des von allen Betrieben angegebenen Bedarfs in allen Positionen gebildet;

$t := 1 + Wachstum;$

for $j := 1$ **step** 1 **until** *Positionen* **do**

if *Verbrauch* $[j] \neq 0 \wedge Knappheit\,[j]$ **then**

Bedarf $[j] := $ **if** *Summe* $[j] > Planbedarf\,[j]$ **then**

Summe $[j] \times t$ **else**   *Planbedarf* $[j] \times t$

else

if $\neg$ (*Verbrauch* $[j] = 0$) **then**

begin $r := Verbrauch\ [j] \times t;$

$p := Planbedarf\ [j] \times t;$

$s := Summe\ [j] \times t;$

if *Reste* $[j] \leq$ *Verbrauch* $[j] \times$ *Norm* $[j]$ **ther.**

begin $a := $ **if** $r > p$ **then** r **else** $p;$

Bedarf $[j] := $ **if** $a > s$ **then** a **else** s **end**

else $a := $ **if** $r > p$ **then** p **else** $r;$

Bedarf $[j] := $ **if** $a < s$ **then** a **else** s **end**

else *Bedarf* $[j] := $ **if** *Planbedarf* $[j] <$ *Summe* $[j]$ **then**

Planbedarf $[j]$ **else** *Summe* $[j]$

end *der Prozedur zur Berechnung des Gesamtbedarfs;*

2.2.3.   Zusätzliche Möglichkeiten zur Beschreibung von Rechenprozessen

2.2.3.1.   Codeprozeduren in ALGEM

Im Vergleich zu ALGOL wird der Begriff der Codeprozedur in ALGEM etwas mehr konkretisiert. Durch diese Prozeduren kann man z. B. in ALGOL- oder ALGEM-Programmen (d. h. in Programmen, die in einer algorithmischen Sprache geschrieben sind) einzelne in Maschinensprache geschriebene Standardunterprogramme verwenden. Die Codeprozeduren haben keine Prozedurvereinbarungen in ALGEM. Die syntaktische Definition der Anweisung einer Codeprozedur ist folgende:

⟨Anweisung einer Codeprozedur⟩ :: = Code (⟨aktuelle Parameterliste der Code-
prozedur⟩)

⟨aktuelle Parameterliste
der Codeprozedur⟩   :: = ⟨Benennung der Codeprozedur⟩ | ⟨aktuelle
Parameterliste der Codeprozedur⟩ , ⟨aktueller
Parameter⟩

⟨Benennung der Codeprozedur⟩ :: = 'PS' | 'PS 2-10' | 'PR' | 'PR 2-10' | 'ST' |
'ST 10-2' | 'Schreiben' | 'Lesen'

Eine Anweisung für Codeprozeduren muß die Bezeichnung „*Code*" enthalten. Diese Bezeichnung darf für keinen anderen Zweck benutzt werden. Nach ihr werden in runden Klammern die aktuellen Parameter der Codeprozedur aufgeführt. Der erste aktuelle Parameter ist die sog. Benennung der Codeprozedur. Sie legt das konkrete Unterprogramm fest. Als Benennungen benutzt man bestimmte Zeichenketten, die dem jeweiligen Unterprogramm fest zugeordnet sind. So veranlaßt die Kette 'PS' die Ausgabe von Daten mittels Drucker ohne Übersetzung in ein anderes Zahlensystem. Bei 'PS 2-10' werden die Daten aus dem dualen in das dekadische Zahlensystem überführt und dann gedruckt. 'PR' bewirkt Lochen ohne Übersetzen, 'PR 2-10' Lochen mit Übersetzen aus dem dualen in das dekadische Zahlensystem. Die Kette 'ST' beinhaltet ein Unterprogramm Lesen (Eingabe) von Daten, die Kette 'ST 10-2' bewirkt ein Lesen mit Übersetzen aus dem dekadischen in das duale Zahlensystem. Mit Hilfe von 'Schreiben' werden durch ihre Bezeichnung gegebene Größen aus dem internen auf einen externen Speicher (Magnetband) transportiert. Durch 'Lesen' werden die Größen aus dem externen Speicher in interne, durch entsprechende Bezeichnungen festgelegte Zellen umgespeichert.

Die Liste der Benennungen von Codeprozeduren kann natürlich noch erweitert werden. Das hängt davon ab, wieviel Standardunterprogramme man aufnehmen will.

Die aktuellen Parameter aller aufgezählten Codeprozeduren außer 'Schreiben' und 'Lesen' können Ausdrücke, Feldbezeichnungen, Verbundvariable, Verbundfelder, Komponenten von Verbundvariablen oder Verbundfeldern sein. Eine Begrenzung der Zahl der aktuellen Parameter erfolgt bei diesen Prozeduren nicht. Bei der Abarbeitung der entsprechenden Prozedur werden die Zahlenwerte der durch ihre Bezeichnungen gegebenen Größen gelocht, gedruckt, eingelesen bzw. umgespeichert. Die Codeprozeduren 'Schreiben' und 'Lesen' müssen eine gerade Zahl von aktuellen Parametern haben, weil die Abarbeitung für jeweils ein Paar aktuelle Parameter erfolgt. Die ersten Elemente dieser Paare müssen Feldbezeichnungen oder Bezeichnungen von Variablen sein, die bestimmte Gruppen von Zellen des internen Speichers festlegen, die gelesen werden sollen (bei der Speicherung auf Magnetband) bzw. in die entsprechend gespeichert wird (beim Lesen vom Magnetband). Die zweiten Elemente der Paare müssen Bezeichnungen sein, die die Adressen des Bereichs und der Zellen auf den Magnetbändern festlegen sowie die Nummern der Blöcke des Magnetbandes, von denen gelesen wird bzw. in die die Daten gespeichert werden.

Zum Beispiel:

Code ('Schreiben', A. M 105020, B, M 020501)

Code ('Lesen', C, M 070301, D, M 110030)

2.2.3.2.   Ein- und Ausgabeprozeduren in ALGOL

In einem Bericht, den die Arbeitsgruppe IFIP/WG 2.1. – ALGOL (International Federation for Information Processing, Working Group 2.1. on ALGOL – Anm. der Bearbeiter) im Jahre 1964 veröffentlichte, wurden zusätzlich sog. einfache Prozeduren der Datenein- und -ausgabe standardisiert. Der Begriff Ein- und Ausgabe umfaßt dabei auch den Datenaustausch zwischen verschiedenen Datenmedien. Als einfach werden die Prozeduren deshalb bezeichnet, weil ihr Hauptteil nicht in ALGOL, sondern in einer konkreten Maschinensprache geschrieben werden muß. Die Vorspanne dieser Prozeduren sind standardisiert und hängen nicht von einer konkreten Maschine ab. Wenn man diese Prozeduren mit ALGOL kombiniert, kann man komplizierte Prozeduren aufbauen, mit deren Hilfe man Daten ein- und ausgeben sowie zwischen den verschiedenen Speichermedien austauschen kann. Den Begriff des Kanals führte man zur Vereinheitlichung der Bezeichnungen der verschiedenen Ein- und Ausgabegeräte sowie Speicher ein. Damit kann ein beliebiges Maschinenaggregat, das am Informationsaustausch teilnimmt, bezeichnet werden. Man verwendet die Bezeichnung „Kanal" als ersten formalen Parameter in den angeführten Prozeduren. Allen diesen Aggregaten (interne Speicher, Magnetbänder, -trommeln, -scheiben, Stanzer, Druckgeräte usw.) einer konkreten Maschine muß man eine bestimmte konstante Nummer zuordnen. Sie stellt den Wert des formalen Parameters „Kanal" beim Aufruf der entsprechenden Prozedur dar und ist somit der erste aktuelle Parameter in der Prozeduranweisung. Nehmen als externe Geräte Magnettrommeln, -bänder oder -scheiben am Informationsaustausch teil, dann muß die entsprechende Nummer des Kanals sowohl das Kennzeichen des konkreten Geräts (der Trommel, des Bandspeichergerätes usw.) als auch die Adresse der Anfangszelle der Trommel, des Magnetbandes oder der Scheibe enthalten. Dabei werden die Zahlen oder Symbole in der Reihenfolge steigender Adressen, beginnend bei der angeführten Zelle in das. Gerät eingegeben oder ausgegeben.

Die angeführten sieben Elementarprozeduren haben folgende verbindliche Bezeichnungen:

insymbol	– Eingabe eines Symbols,
outsymbol	– Ausgabe eines Symbols,
length	– Länge einer Kette,
inreal	– Eingabe einer reellen Zahl,
outreal	– Ausgabe einer reellen Zahl,
inarray	– Eingabe eines Feldes,
outarray	– Ausgabe eines Feldes.

Während der Berechnung kann man alle Ausgangsdaten sowie Zwischen- und Endergebnisse als Werte von Variablen oder Ketten (auch Werte von kettenartigen Variablen in ALGEM) darstellen. Speziell können die Daten nur in Form von Folgen codierter Symbole ein- und ausgegeben werden. Solche zulässigen Symbolfolgen hängen von der Konstruktion der Eingabegeräte, der Drucker sowie auch von der Konstruktion der Eingabe- und Ausgabelocher der jeweiligen Maschinen ab. Außer Codezahlen von einzelnen Symbolen kann man nichts in die Maschine eingeben bzw. aus der Maschine erhalten. Alle Grundsymbole von ALGOL können als Zahlen, die aus einzelnen Ziffern bestehen, dargestellt werden. Deshalb kann man aus einer linearen Symbolfolge, die in die Maschine eingegeben wird, in der Maschine sowohl Zahlen als auch Ketten formulieren. Der Informationsaustausch innerhalb der Maschine vollzieht sich demnach in Form von Symbolen, Zahlen und Ketten. Die Prozedur *insymbol* dient der Eingabe eines Grundsymbols aus einer Symbolfolge über einen Kanal. Sie ordnet diesem Symbol eine bestimmte ganze Zahl zu, die als Codezahl des Symbols bezeichnet wird. Diese Codezahl wird einer bestimmten Variablen zugeordnet, die als dritter aktueller Parameter (Ziel) in der Prozeduranweisung anzugeben ist. Auf diese Weise erhält die Variable einen Wert zugeordnet und ist dem Programm zugänglich. Dabei stimmt die Codezahl des gegebenen Symbols auf dem äußeren Medium (etwa Lochkarte) eindeutig mit der Codezahl im Inneren der Maschine überein. Das wird durch die Prozedur *insymbol* erreicht. Vereinbarung und Anweisung zu dieser Prozedur sollen nun dargestellt werden.

Vereinbarung:

procedure *insymbol* (Kanal, Kette, Ziel); **value** Kanal; **integer** Kanal, Ziel; **string** Kette; ⟨Prozedurhauptteil⟩;

Anweisung:

insymbol (⟨arithmetischer Ausdruck⟩ ⟨Parameterbegrenzer⟩ ⟨Kette⟩ ⟨Parameterbegrenzer⟩ ⟨Variable⟩)

Der erste aktuelle Parameter gibt die Nummer des Kanals an, wo die Eingabe des Symbols erfolgt. Er charakterisiert das Außenmedium. Der zweite aktuelle Parameter ist eine aus Grundsymbolen bestehende Zeichenkette. Alle Symbole dieser Kette (außer den äußeren Klammern) werden von links nach rechts durchnumeriert (1, 2, 3, ...). Ein eingegebenes Symbol wird zunächst mit den Symbolen dieser Kette verglichen. Stimmt das eingegebene Symbol mit einem Symbol der Kette überein, so wird dessen Nummer der Variablen zugeordnet, die der dritte aktuelle Parameter dieser Prozeduranweisung ist. Die angegebene Kette darf demzufolge nicht sich wiederholende Symbole enthalten, weil sonst eine Unbestimmtheit in der Zuordnung auftreten kann. Stimmt das eingegebene Symbol mit keinem Symbol der Kette überein, dann erhält die Variable den Wert 0. Ist das anliegende Symbol kein ALGOL-Grundsymbol, so wird der Variablen eine diesem Symbol zugeordnete Zahl zugewiesen. Eine grundlegende Forderung an eine Symbolzuordnung und allgemein an die Ein- und Ausgabeprozeduren besteht in der Umkehrbarkeit der Ein- und Ausgabeprozesse. Die Liste der Prozeduren zeigt, daß sich sechs der sieben Prozeduren in drei Paare gegenseitig umkehrbarer Prozeduren anordnen lassen:

insymbol   − *outsymbol,*
inreal   − *outreal,*
inarray   − *outarray.*

Jeder Eingabeprozedur entspricht jeweils genau eine Ausgabeprozedur und umgekehrt. Das bedeutet, wenn z. B. durch die Prozedur *insymbol* irgendein Symbol eingegeben wird und dabei eine Zahl zugeordnet erhält, dann muß die Prozedur *outsymbol* dasselbe Symbol ausgeben, wenn sie diese Zahl erhält. Die Prozedur *outsymbol* ist wie folgt vereinbart:

procedure *outsymbol* (Kanal, Kette, Herkunft);

value Kanal, Herkunft;

integer Kanal, Herkunft; **string** Kette;

⟨Prozedurhauptteil⟩;

Die Anweisung der Prozedur hat folgendes Aussehen:

outsymbol (⟨arithmetischer Ausdruck⟩ ⟨Parameterbegrenzer⟩ ⟨Kette⟩ ⟨Parameterbegrenzer⟩ ⟨arithmetischer Ausdruck⟩)

Die ersten beiden aktuellen Parameter der Prozeduranweisungen *outsymbol* und *insymbol* haben die gleiche Bedeutung. Der dritte aktuelle Parameter ist vom Typ **integer** und an Stelle des formalen Parameters „Herkunft" darf ein arithmetischer Ausdruck eingesetzt werden. Er kennzeichnet mit seinem Wert das auszugebende Symbol. Es wird in dem Kanal ausgegeben, dessen Nummer als erster aktueller Parameter gegeben ist.

Die Funktionsprozedur *length* ist wie folgt vereinbart:

integer procedure *length* (Kette);

string Kette; ⟨Prozedurhauptteil⟩; .

Der Aufruf dieser Prozedur erfolgt mit Hilfe des Funktionsaufrufs *length* (S). S ist dabei eine beliebige Symbolkette. Unter dem Wert von *length* versteht man die (ganzzahlige) Anzahl der Grundsymbole der offenen Kette, die zwischen den äußersten Kettenanführungszeichen eingeschlossen ist. Das Prozedurpaar *inreal* und *outreal* verwendet man zur Ein- und Ausgabe reeller Zahlen. Vereinbarung von *inreal*:

procedure *inreal* (Kanal, Ziel);

        value Kanal; **integer** Kanal;

        real Ziel; ⟨Prozedurhauptteil⟩;

Anweisung von *inreal*:

inreal (⟨arithmetischer Ausdruck⟩ ⟨Parameterbegrenzer⟩ ⟨Variable⟩)

Diese Prozedur dient der Eingabe einer reellen Zahl von einem Außenmedium in die Maschine. Der erste aktuelle Parameter, der durch einen arithmetischen Ausdruck gegeben wird, gibt die Nummer des Kanals und damit des entsprechenden Eingabegerätes an. Der Wert der eingegebenen Zahl wird der Variablen zugeordnet, die zweiter aktueller Parameter ist. Diese Prozedur ordnet demnach der als zweiter Parameter angegebenen **real**-vereinbarten Variablen einen eingegebenen reellen Zahlenwert zu. Analog gibt die Prozedur *outreal* den Wert der Variablen, die zweiter aktueller Parameter ist, aus. Vereinbarung von *outreal*:

procedure *outreal* (Kanal, Herkunft);

        value Kanal, Herkunft;

        integer Kanal; **real** Herkunft;

        ⟨Prozedurhauptteil⟩;

Prozeduranweisung:

outreal   (⟨arithmetischer Ausdruck⟩ ⟨Parameterbegrenzer⟩ ⟨arithmetischer Ausdruck⟩)

Zur Ein- und Ausgabe von Feldern reeller Zahlen (bzw. von ganzen Zahlen, wenn sie in der für reelle Zahlen vereinbarten Form vorliegen) dienen die zwei Prozeduren *inarray* und *outarray*.

Vereinbarung:

procedure *inarray* (Kanal, Ziel);

       value Kanal; **integer** Kanal; **array** Ziel;

       ⟨Prozedurhauptteil⟩;

Anweisung:

inarray   (⟨arithmetischer Ausdruck⟩ ⟨Parameterbegrenzer⟩ ⟨Feldbezeichnung⟩)

Vereinbarung:

procedure *outarray* (Kanal, Herkunft);

       value Kanal; **integer** Kanal;

       array Herkunft; ⟨Prozedurhauptteil⟩;

Anweisung:

outarray   (⟨arithmetischer Ausdruck⟩ ⟨Parameterbegrenzer⟩ ⟨Feldbezeichnung⟩)

In den Prozeduranweisungen der Ein- und Ausgabe von Feldern wird als zweiter aktueller Parameter nur die Feldbezeichnung angegeben. Umfang und Dimensionen der Felder werden aus den entsprechenden Feldvereinbarungen entnommen.

Bei der Eingabe eines Feldes müssen die Werte seiner Elemente auf dem externen Datenträger in Form einer linearen Zahlenfolge in lexikographischer Ordnung angegeben sein. Ist das Feld z. B. eine Matrix, dann müssen seine Elemente zeilenweise, beginnend bei der ersten Zeile, angeordnet sein. Allgemein geht das Element $a\,[k_1, k_2, ..., k_n]$ dem Element $a\,[j_1, j_2, ..., j_n]$ voraus, wenn $k_1 < j_1$ oder $k_i = j_i$ (für $i = 1, 2, 3, ..., p - 1$) und $k_p < j_p$ ist, wobei $1 \leqq p \leqq w$. In dieser Reihenfolge werden die Elemente des Feldes auch auf ein äußeres Medium (auf Magnetband, Magnettrommel usw.) ausgegeben.

Die angegebenen Elementarprozeduren können benutzt werden, um neue komplizertere Prozeduren aufzubauen. Dazu wollen wir einige Beispiele angeben, die der Mitteilung der Arbeitsgruppe ALGOL (Input – Output – Report) entnommen sind.

Eine Prozedur für die Eingabe ganzer Zahlen hat folgende Vereinbarung:

procedure *ininteger* (Kanal, integer); **value** Kanal; **integer** Kanal, *integer*;

comment gibt eine ganze Zahl ein, die auf einem aeußeren Medium als Ziffernfolge steht. Diese Zahl wird durch ein nachfolgendes Komma begrenzt, und es kann ihr ein Vorzeichen vorangehen. Jedes andere Symbol vor dem Vorzeichen wird ignoriert.

```
begin integer n, k  Boolean b;
    integer := 0;  b := true;
    for k := 1, k + 1 while  n = 0 do  insymbol  (Kanal, '0123456789 — +', n);
    if n = 11  then b := false;  if n > 10 then n := 1;
    for k := 1, k + 1  while n ≠ 13  do
    begin integer := 10 × integer + n — 1;
    insymbol (Kanal, '0123456789 — +', n)
    end 1;
    if ⌐ b then integer := — integer
end
```

Zum ersten Zyklus werden in dieser Prozedur die Symbole über den angegebenen Kanal eingegeben sowie überprüft, ob es sich um Ziffern handelt und welches Vorzeichen sie haben. Beim Vorzeichen minus erhält die Variable n den Wert 11, beim Vorzeichen plus den Wert 12. Jeder einzugebenden Ziffer wird ein Wert zugeordnet, der um eins größer ist als der Wert dieser Ziffer. Wird als erstes Symbol das Vorzeichen minus erkannt und ist damit n gleich 11, dann erhält die logische Variable b den Wert **false**. Dies benutzt man, um ganzen Zahlen das Vorzeichen minus zuzuordnen. Wird das Vorzeichen erkannt, dann wird der Zahl der Variablen n der Wert 1 zugeordnet. Der zweite Prozedurzyklus sorgt dafür, daß die Ziffern solange eingegeben werden, bis ein eine Zahl begrenzendes Komma erreicht ist. Gleichzeitig mit der Ziffernangabe werden die Absolutbeträge der Zahlen berechnet. Wir betrachten abschließend eine Prozedur zur Ausgabe einer Symbolkette.

Die Vereinbarung dieser Prozedur sieht wie folgt aus:

```
procedure outstring (Kanal, Kette);
value Kanal; integer Kanal; string Kette;
begin integer i;
    for i := 1 step 1 until length (Kette) do
    outsymbol (Kanal, Kette i)
end
```

Im Prozedurhauptteil wird hier die Funktion *length* (Kette) verwendet, die die Anzahl der Symbole in der einzugebenden Kette angibt und dadurch die Zahl der Wiederholungen der Laufanweisung begrenzt. Bei jeder Wiederholung des Zyklus wird ein Symbol ausgegeben.

3. Assoziatives Programmieren

3.1. Allgemeines über das assoziative Programmieren

3.1.1. Das Wesen des assoziativen Programmierens und Verfahren für das Aufstellen von Listen

3.1.1.1. Allgemeines

Ein wesentliches Problem der logischen Informationsverarbeitung ist die sog. Kategorisierung von Objekten, d. h. die Einteilung von Objekten in Arten, Typen, Klassen usw. in Abhängigkeit von ihren Eigenschaften und Kennzeichen. Mit Hilfe der Werte dieser Kennzeichen kann man neue Informationen über die Objekte in der Maschine speichern oder Informationen in der Maschine suchen. Als Beispiele solcher oder ähnlicher Probleme können die Berechnung und Planung der materiell-technischen Versorgung, das Kaderwesen, die bibliographische Suche, die Bearbeitung und Speicherung wissenschaftlicher Informationen, die maschinelle medizinische Diagnostik (von Krankheiten) usw. dienen. Für eine effektive Lösung muß die Arbeit der Speichergeräte der Maschinen speziell organisiert sein, und es muß möglich sein, Informationen nicht nur von Adressen, sondern auch in Abhängigkeit von Kennzeichen zu suchen. Dabei gibt es zwei Hauptwege einer solchen maschinellen Speicherung. Sie werden beide als *assoziativ* bezeichnet und gestatten eine schnelle Suche der Objekte in Abhängigkeit von ihren Kennzeichen.

Der erste Weg beruht auf der Verwendung von bestimmten Schaltungen, die es gestatten, bei einem speziellen Speicher in den Speicherzellen (teilweise oder vollständig) Vergleichsoperationen durchzuführen. Die Informationssuche geschieht in einem solchen Speicher, indem eine bestimmte Folge von Kennzeichen anstelle von Adressen angegeben wird.

In den Speicherzellen werden nun die gespeicherten Kennzeichen mit den eingegebenen verglichen. Auf diese Weise werden die Adressen der Zellen ermittelt, in denen die Informationen mit den bestimmten Kennzeichen gespeichert sind. Es gibt auch Fälle, wo die gesuchte Information sofort ausgegeben wird. Eine solche durch Schaltungen realisierte Speicherorganisation kann man als *schaltungsassoziativ* bezeichnen. Bei diesem Verfahren müssen die notwendigen Kennzeichen in allen Speicherzellen gespeichert sein, und die Suche erfolgt gleichzeitig und unabhängig im gesamten Speicher. Eine direkte assoziative Kopplung, d. h. eine Kopplung zwischen einzelnen Speicherzellen mit ähnlichen Kennzeichen, fehlt. Die Speicherorganisation heißt deshalb assoziativ, weil die Objekte auf Grund ihres Kennzeichens gesucht werden können, d. h., charakteristisch ist die Kopplung zwischen Speicher und Suchkennzeichen. Assoziativ ist die Speicherung auch deshalb, weil man gleichzeitig aus allen Zellen Informationen über Objekte mit der gleichen betrachteten Kennzeichenmenge erhält. Auf diese Weise kann man vorhandene gemeinsame Eigenschaften bei Daten, die in verschiedenen Zellen gespeichert sind, ermitteln. Man kann also vorhandene assoziative Verbindungen zwischen den Daten feststellen.

Den zweiten Weg einer assoziativen Speicherorganisation können wir als *programmiert-assoziativ* bezeichnen. Bei ihm benutzt man das gewöhnliche Adressensystem eines Speichers. Assoziative Verbindungen zwischen den verschiedenen gespeicherten Daten kann man herstellen, indem man die Daten entweder im Maschinenspeicher speziell anordnet oder als aufeinanderfolgende Ketten unter Benutzung spezieller Verbindungsadressen speichert. Dabei speichert man die verschlüsselten Verbindungsadressen zusammen mit den Daten in denselben Speicherzellen. Gruppen aufeinanderfolgender oder durch Adressen verbundener Daten heißen *Listen*. Die notwendigen Kennzeichen können entweder in allen Gliedern der Liste oder nur in einzelnen Zellen am Anfang einer Liste gespeichert werden.

Von Listen können Verzweigungen zu anderen Listen, sog. *Unterlisten*, ausgehen. Eine beliebige Liste mit allen von ihr ausgehenden Unterlisten heißt *Listenstruktur*. Die praktische Verwendung des programmiert-assoziativen Verfahrens ist offensichtlich bei großen Umfängen variabler Informationen günstiger, weil es nicht notwendig einen speziellen assoziativen Speicher großer Kapazität erfordert. Es ist ein sehr flexibles Verfahren, bei dem nicht nur die Algorithmen der Informationssuche sondern auch die Struktur und der Charakter der Kennzeichen, nach denen die Suche durchgeführt wird, sehr variabel sein können. Man kann vielstufige und rekursive Suchprozesse durchführen. Die Gesamtheit aller Lösungsverfahren der logischen Informationsverarbeitung auf der Grundlage programmiert-assoziativer Verbindungen zwischen den gespeicherten Daten wollen wir unter dem Begriff *assoziative Programmierung* zusammenfassen. Man bezeichnet diesen Fragenkomplex auch wie folgt:

Listenmäßige Verarbeitung, knotenartige (Modul-)Verarbeitung, kettenartige Adressierung, Methode der Steuerworte.

Die assoziative Programmierung verwendet man zweckmäßig für solche Probleme, die ihre Struktur und ihren Umfang ändern, sowie für Suchprozesse und Informationsverarbeitung mit hierarchischem und rekursivem Charakter. Im allgemeinen fordert man bei der assoziativen Programmierung von vornherein keine feste Speicherverteilung. Die Speicherplätze werden automatisch im Verlaufe des Verarbeitungsprozesses auf Grund der tatsächlich eingehenden Daten verteilt. Die assoziative Programmierung erlaubt eine wesentlich beschleunigte (etwa 100 bis 1000mal, in Abhängigkeit von den betrachteten oder verarbeiteten Daten) Suche, Analyse und Verarbeitung der Daten. Für den Listenaufbau gibt es im Maschinenspeicher verschiedene Möglichkeiten.

Verfahren des Listenaufbaus:

1. seriell, 2. kettenartig, 3. nestartig, 4. knotenartig.

3.1.1.2. Serielle Listen

Einzelne Glieder einer Liste heißen (Listen-)Worte. Beim seriellen Listenaufbau werden assoziative (Listen-)Worte nacheinander in aufeinanderfolgende Zellen des Maschinenspeichers gespeichert. Werden gewisse Listenteile angefordert und sind diese Teile in den Zellen so gespeichert, daß sich ein Kennzeichen (z. B. die Nummer eines Objektes) monoton ändert, dann ist eine schnelle Suche dieser Listenteile möglich. Das ist ein wesentlicher Vorzug des Verfahrens. Für die Suche eines Objektes mit einer bestimmten Nummer kann man dann z. B. eine serielle Halbierungsmethode der Listen verwenden.

Eine solche Suche erfordert näherungsweise $N = \log_2 n$ Vergleichsoperationen, wobei n die Zahl der Teile der Liste ist. Nachteile serieller Listen sind:

1. die Notwendigkeit, von vornherein die Zahl der Listenteile jeder Liste zu kennen und eine entsprechende Speicherverteilung für jede Liste machen zu müssen. Dabei wird der Maschinenspeicher nicht rationell ausgenutzt, weil die erwarteten Listenumfänge meist nicht mit den tatsächlichen übereinstimmen. Bestimmte Speicherbereiche reichen für die Speicherung der Listen nicht aus, während gleichzeitig andere Speicherbereiche nicht voll ausgenutzt werden.

2. die Schwierigkeit, neue Glieder in die Listen aufzunehmen und alte Glieder zu eliminieren. Sollen etwa die Listen nach irgendeinem Merkmal geordnet werden, dann erfordert die Aufnahme eines neuen Gliedes in die Mitte einer Liste oder die Eliminierung eines alten Gliedes aus der Mitte einer Liste den Transport aller nachfolgenden Glieder. Ist die Lage eines neuen bzw. alten Listengliedes in der Liste zufällig, dann muß durchschnittlich die Hälfte der Liste transportiert werden.

3.1.1.3.   Kettenartige Listen

Beim kettenförmigen Listenaufbau erfolgt die Speicherung einzelner Listenglieder im Maschinenspeicher beliebig. Sie werden untereinander mit Hilfe sog. Verbindungsadressen gekoppelt. Die Verbindungsadresse speichert man zusammen mit den Daten des Listenteils. Sie gibt die Lage des nächstfolgenden Listengliedes an. Die Idee der kettenartigen Adressierung von Listen und die detaillierte Ausarbeitung der Methodik des Aufbaus und der Verarbeitung kettenartige Listen (im folgenden auch Kettenlisten genannt) stammt von den amerikanischen Wissenschaftlern NEWELL, SIMON und SHAW [28].

Gewöhnlich werden beim Verarbeiten der Daten die Objekte auf die verschiedenen Listen verteilt, wobei dasselbe Objekt in verschiedenen Listen vorkommen kann.

Um nun zu vermeiden, daß die gesamte Information über ein Objekt in allen Listen wiederholt gespeichert werden muß, ist dafür ein besonderer Speicherbereich vorgesehen. Hier wird die gesamte Information über ein Objekt gespeichert (gewöhnlich auf Magnetband). Das geschieht in aufeinanderfolgenden Teilen, den sogenannten Notierungen. Jedem Objekt entspricht dabei eine bestimmte Position (eine Notierung) mit einer entsprechenden Adresse. Die nach verschiedenen Kennzeichen gebildeten Objektlisten entstehen gewöhnlich im internen oder Zwischenspeicher (auf Magnettrommeln oder -scheiben). Den Speicherteil, in dem die Listen gespeichert werden, nennen wir Listenteil.

Werden Listen auf Magnetband gespeichert, müssen sie gewöhnlich zur Verarbeitung in den internen Speicher blockweise umgespeichert werden. Die Notierungen, die die volle Information über die Objekte enthalten, werden in den Listen nur durch entsprechende Namen geführt. Gewöhnlich sind solche Maschinennamen die Adressen der ersten Speicherzellen, in denen die Notierungen der entsprechenden Objekte gespeichert sind, d. h., die Adressen der Notierungen sind die Maschinennamen der Objekte. Unter diesen Namen treten die Objekte in allen Listen auf. Tabelle 21 stellt ein Beispiel eines

Speicherbereichs dar, der die Notierungen verschiedener Objekte enthält. Im betrachteten Falle sind alle Notierungen vom gleichen Typ und enthalten eine bestimmte äußere Nummer des Objektes Ni sowie seine Koordinaten xi, yi, zi. Die in der linken Spalte stehenden Adressen der Notierungen (1000, 1001, 1002 usw.) sind die Maschinennamen der Objekte; sie werden in der gemäß Tabelle 22 angeführten Kettenliste angegeben.

Jede Zelle wird im Listenbereich des Speichers in zwei Teile geteilt:

In einem Teil steht der Maschinenname des Objektes, das Glied der Liste ist; im anderen die Verbindungsadresse zur Angabe der Lage des folgenden Listengliedes. Wir möchten darauf hinweisen, daß wir im weiteren die Adjektive „listenartig" und „assoziativ" als Synonyma verwenden (z. B. Listenbereich und assoziativer Bereich, Listenwort und assoziatives Wort).

Der Aufbau der Kettenlisten ist durch eine kettenartige Organisation der freien Zellen des Listenteils im Speicher charakterisiert. Alle freien Zellen dieses Speicherbereichs sind in einer Liste der freien Zellen (FZ) vereinigt (anfangs, wenn im Speicher

Tabelle 21

Adressen der Notierungen	Notierungen der Objekte			
1000	$N\,1,$	$x\,1,$	$y\,1,$	$z\,1$
1001	$N\,3,$	$x\,3,$	$y\,3,$	$z\,3$
1002	$N\,9,$	$x\,9,$	$y\,9,$	$z\,9$
1003	$N\,6,$	$x\,6,$	$y\,6,$	$z\,6$
1004	$N\,2,$	$x\,2,$	$y\,2,$	$z\,2$
1005	$N\,11,$	$x\,11,$	$y\,11,$	$z\,11$
1006	$N\,8,$	$x\,8,$	$y\,8,$	$z\,8$

Tabelle 22

	Adressen der Zellen	Inhalt der Listenzellen	
		Maschinennamen der Objekte	Verbindungsadressen
Fixator der freien Zellen	100	3	110
Fixator der Objektliste	101	6	108
	102	1003	105
	103	1004	107
	104	1005	EL
	105	1002	104
	106		109
	107	1001	102
	108	1000	103
	109		EL
	110		106

noch keine Liste vorhanden ist, handelt es sich jedoch um alle Zellen des Listenbereichs des Speichers). Eine Speicherzelle (in unserem Beispiel ist es die Zelle mit der Adresse 100) wird ständig als Fixator (oder als Hinweiser) der freien Zellen benutzt. In der ersten Hälfte des Fixators der freien Zellen steht die Zahl der vorhandenen freien Zellen und in der zweiten Hälfte die Verbindungsadresse, die die Lage der ersten freien Zelle angibt. In der ersten freien Zelle steht die Verbindungsadresse zur Angabe der zweiten freien Zelle, in der zweiten eine zur Angabe der dritten usw. In der letzten freien Zelle (genau wie in der letzten Zelle einer beliebigen Kettenliste) wird anstelle der Verbindungsadresse ein vereinbartes Wort (EL) zur Angabe des Listenendes gespeichert. Die Liste der freien Zellen dient als Reserve. Aus ihr können Zellen für den Aufbau von Listen entnommen werden und in sie können Zellen, die aus einer Liste ausscheiden, zurückkehren. Die Entnahme von Zellen aus der Liste und die Rückkehr in die Liste brauchen nicht programmiert zu werden, sondern erfolgen automatisch und zwar entweder durch Standardunterprogramme oder auf Grund von Schaltungen. Beim Aufbau einer Kettenliste merkt der Programmierer von vornherein eine Zelle vor, die die Rolle eines Fixators (oder Anweisers) dieser Liste spielt. Ihre Adresse kennt der Programmierer. Sie wird in allen Befehlen, die den Zugriff zu dieser Liste enthalten, als Listenadresse (Maschinenname) angegeben. In Tabelle 22 ist die Zelle mit der Adresse 101 ein solcher Fixator einer Liste. Die Zellen für die Fixatorenlisten entnimmt der Programmierer gewöhnlich nicht den freien Zellen. Für diesen Zweck sieht er eine spezielle Gruppe von Zellen vor, obwohl man diese Zellen prinzipiell auch aus den freien Zellen nehmen könnte. Für den Aufbau eines Listenfixators (Listenanweiser) gibt es verschiedene Möglichkeiten. Er kann z.B. ebenso wie der Fixator der freien Zellen zwei Teile enthalten: den ersten zur Angabe der Zahl der Listenglieder der gegebenen Liste und den zweiten zur Angabe der Adresse des ersten Listengliedes. Alle Listenglieder werden mit Hilfe von Verbindungsadressen genauso zu einer Kette vereinigt, wie es für die Listen der freien Zellen beschrieben wurde. Während im ersten Teil der Zellen der Liste der freien Zellen nichts steht, enthalten die ersten Zellenteile der Objektlisten die Maschinennamen (Adressen ihrer Notierung) derjenigen Objekte, die Glieder der gegebenen Listen sind. Tabelle 22 zeigt eine Kettenliste. Sie enthält die Objekte (1. 2, 3, 6, 9. 11). Alle übrigen Zellen sind freie Zellen. Die Buchstaben (EL) sind das Vereinbarungswort für das jeweilige Listenende. Das angeführte Beispiel zeigt, daß die Anordnung der Zellen, die die verschiedenen Teile der Kettenlisten enthalten, im Speicher beliebig sein kann. Die Verbindung zwischen ihnen stellen die Verbindungsadressen her. Die Anzahl der Zellen kann dabei für jede Liste variabel sein. Hinzukommende Zellen werden aus der Gesamtreserve der freien Zellen für alle Listen entnommen, ausscheidende vergrößern die Gesamtreserve. Dadurch ist eine flexible Ausnutzung des Speichers gewährleistet. Ein anderer wichtiger Vorteil der Kettenlisten ist die sehr bequeme Art der Aufnahme neuer, sowie die Eliminierung nicht notwendiger Listenglieder. Sowohl die Aufnahme als auch die Eliminierung kann, unabhängig von der Stelle des betreffenden Listengliedes, ohne Transport der übrigen Glieder vorgenommen werden. Neue Glieder werden in die Kettenliste gewöhnlich dann aufgenommen, wenn ein neues Objekt auftritt. Für dieses wird zunächst die Notierung in

Tabelle 23

Adresse der Zelle	Inhalt der Zelle	
	Maschinenname der Objekte	Verbindungsadresse
100	2	106
101	7	110
102	1003	105
103	1004	107
104	1005	EL
105	1002	104
106	—	109
107	1001	102
108	1000	103
109	—	EL
110	1006	108

einem freien, für Notierungen reservierten Bereich gespeichert. In diesem Speicherbereich muß demnach ebenfalls eine Kettenliste freier Zellen oder Gruppen von Zellen vorhanden sein. Aus ihr werden die Bereiche für die Notierungen neuer Objekte entnommen, und in sie werden freiwerdende Bereiche nach der Aussonderung nicht notwendiger Objekte aus allen Listen aufgenommen. Die Aufnahme einer neuen Notierung geschieht so, daß in die Notierung des neuen Objektes die nächste freie Zelle gespeichert wird. Die Adresse dieser Notierung wird zum Maschinennamen des neuen Objektes. Danach wird anhand der Kennzeichen der Notierung dieses Objektes festgelegt, in welche Liste es einzutragen ist. Anschließend wird das gegebene Objekt seriell in die entsprechenden Listen aufgenommen.

Am einfachsten ist die Aufnahme eines neuen Gliedes am Listenanfang. Man kann jedoch das neue Glied auch nach jedem beliebigen Glied aufnehmen, ohne die restlichen Listenglieder umzuspeichern. Zur Aufnahme eines neuen Gliedes muß in jeder beliebigen Liste (sowie an jeder beliebigen Stelle der Liste) zu Beginn eine freie Zelle aus der freien Zone entnommen werden. In der linken (ersten) Hälfte dieser Zellen wird der Maschinenname (die Adresse der Notierung) des neuen Objektes eingeschrieben. Danach muß noch die Verbindungsadresse eingetragen werden. Das kann auf zwei verschiedenen Wegen geschehen. Bei der Aufnahme eines neuen Objektes am Listenanfang wird die Verbindungsadresse des Fixators der betreffenden Liste eingeschrieben. Im Fixator der Liste trägt man dann anstelle dieser Verbindungsadresse und damit als neue Verbindungsadresse die Adresse der neuen Zelle ein. Erfolgt die Aufnahme des neuen Gliedes irgendwo in der Mitte, wird zu Beginn das Listenglied gesucht, das dem neuen Glied vorangehen soll. Anschließend werden die Verbindungsadressen ausgetauscht. Das vorangehende Listenglied erhält die Verbindungsadresse des neuen Gliedes, das neue Glied die Verbindungsadresse des vorangehenden Gliedes.

In beiden Fällen muß der Zähler für die Gliederanzahl im Fixator der entsprechenden Liste um eins erhöht werden. Der Fixator der Liste der freien Zellen muß genauso wie der Fixator der freien Zonen) bei Entnahme einer Zelle aus der Liste der freien Zellen (oder aus der Zone der Liste der freien Zonen) entsprechend um eins verringert werden. Tabelle 23 enthält die schon in Tabelle 22 angegebenen Listen (d. h. die Liste der freien Zellen (FZ) und die Objektliste). Aus der Liste der freien Zellen wurde die Zelle 110 entnommen und in die Objektliste (an den Listenanfang) ein für diese Liste neues Objekt mit dem Maschinennamen 1006 hinzugefügt. Glieder von Kettenlisten werden durch Ersetzen der Verbindungsadresse eliminiert. Man sucht den Vorgänger (d. h. das vorangehende Glied) des auszuschließenden Gliedes (für das erste Glied ist dies der Fixator der Liste). Die Verbindungsadresse des Vorgängers wird durch die Verbindungsadresse des auszuschließenden Gliedes ersetzt. Gleichzeitig wird die Gliederzahl im Fixator der gegebenen Liste um eins verringert. Das kann man beim vorigen Beispiel anhand der Eliminierung einer Zelle aus der Liste der freien Zellen verfolgen. Ein bestimmtes Glied kann aus einer Liste entweder durch Übertragung in eine andere Objektliste eliminiert oder völlig gelöscht werden. Im letzten Fall wird die entsprechende Listenzelle zu einer freien Zelle zugeordnet, ebenso wie die entsprechende Speicherzone, in der dieses Objekt gespeichert war, der Liste der freien Zonen zugeordnet wird. Die Glieder von Kettenlisten bestehen aus zwei Adressen: der Verbindungsadresse (Adresse des folgenden Listengliedes) und dem Maschinennamen (Adresse der Notierung des Objektes). Dieser Listenaufbau ist hinreichend flexibel, führt jedoch zu einem erhöhten Speicherbedarf durch Speicherung der angeführten Adressen in expliziter Form. Etwas wirtschaftlicher in dieser Beziehung sind die Nestlisten.

3.1.1.4.   Nestlisten

Bei den Nestlisten werden die zu einer Liste gehörenden Listenworte nebeneinander in aufeinanderfolgenden Speicherzellen gespeichert. Die Adresse des folgenden Listengliedes braucht deshalb nicht in jedem Listenglied in expliziter Form angegeben zu werden. In den Listenworten erscheinen nur die Maschinennamen (Adressen der Notierungen) der Objekte (die Glieder der gegebenen Liste sind) und verschiedene zusätzliche Kennzeichen. Weil die Struktur der verschiedenen Listen variabel ist, kann man die Länge der Listen von vornherein nicht festlegen und die entsprechenden Speicherplätze reservieren. Aus diesem Grund baut man die Liste nicht als umfangreiche Folge von Zellen, sondern in Form eines *Nestes* von Listengliedern. Innerhalb des Nestes speichert man die Glieder nacheinander. Nur die Nester selbst sind durch Verbindungsadressen verbunden. Daher rührt auch die Bezeichnung „Nestlisten“. Diese Listen sind eine Kombination der seriellen und Kettenlisten. Sie benötigen gegenüber dem o. a. Kettenlisten weniger Speicherplatz, und die Listenglieder innerhalb eines Nestes können schneller überprüft werden. Das sind ihre Vorteile. Die Listenworte der Nestlisten enthalten außer den zu einer Liste gehörenden Maschinennamen der Objekte zwei Kennzeichen: das Sprungwortkennzeichen (P) und das Listenendekennzeichen (EL). Die Sprungworte verbinden die Nester einer Liste. In den Tabellen 24 und 25 ist ein Beispiel einer Nestliste angegeben.

Genauso wie bei den Kettenlisten muß für jede Nestliste ein Fixator (Anweiser) der Liste vorhanden sein, d. h., es muß eine feste Zelle geben, in die die Adresse der ersten

Tabelle 24

Adressen der Zellen	Listenwort			
	P	EL		
100			105	Fixator der freien Nester
101			108	Fixator der Objektliste
102	0	0	1004	zweites Nest
103	0	0	1003	
104	1	0	114	
105		0	111	freies Nest
106				
107				
108	0	0	1000	erstes Nest
109	0	0	1001	
110	1	0	102	
111		1		freies Nest
112				
113				
114	0	1	1002	drittes Nest
115				(nicht voll
116				besetzt)

Tabelle 25

Adressen der Notierungen	Notierungen der Objekte			
1000	$N\,1,$	$x\,1,$	$y\,1,$	$z\,1$
1001	$N\,3,$	$x\,3,$	$y\,3,$	$z\,3$
1002	$N\,9,$	$x\,9,$	$y\,9,$	$z\,9$
1003	$N\,5,$	$x\,5,$	$y\,5,$	$z\,5$
1004	$N\,4,$	$x\,4,$	$y\,4,$	$z\,4$

Zelle des ersten Nestes dieser Liste gespeichert wird. Die freien Zellen bilden beim Nestverfahren keine Ketten freier Zellen, sondern Nester freier Zellen. Eine genauere Beschreibung des Nestverfahrens erfolgt im Abschnitt 3.2.1.

Die Objektliste in Tabelle 3.4. besteht aus drei Nestern, wobei beim dritten Nest nur eine Zelle besetzt ist. Die Liste der freien Nester umfaßt zwei Nester. Die freien Nester werden mit Hilfe der in den ersten Zellen der Nester stehenden Verbindungsadressen vereinigt. In der ersten Zelle des zweiten freien Nestes ist das Listenende angegeben. Das geschieht dadurch, daß das Listenendekennzeichen gleich Eins gesetzt wird und die Verbindungsadresse dieses Nestes fehlt.

3.1.1.5. Knotenlisten

Die Knotenlisten stellen verallgemeinerte Kettenlisten dar und dienen zum Aufbau von aus vielen Listen bestehenden Strukturen. Im Unterschied zu den Kettenlisten,

in denen von einem Listenglied nur zum nächsten Listenglied übergegangen werden
kann, ist bei Knotenlisten der Übergang zu mehreren anderen Gliedern möglich. In
jedem Glied eines Knotens überlappen sich viele Listen. Bei diesem Verfahren speichert
man alle Listenworte, die dasselbe Objekt in verschiedenen Listen verkörpern, im
Maschinenspeicher nicht unabhängig voneinander (wie beim Aufbau der einfachen
Kettenlisten), sondern nacheinander. Gewöhnlich bringt man sie gemeinsam in einer
Speicherzelle oder in einer Gruppe nacheinander gelegener Zellen, die einen sog. Knoten
bilden, unter.

Den Knoten selbst kann man auch in Form einer Ketten- oder Nestliste darstellen.
Die Information über ein Objekt (die Notierung des Objektes) kann man entweder
gemeinsam mit dem Knoten dieses Objekts speichern, oder man gibt den Maschinennamen des Objektes an, d. h. die Adresse der Notierung des Objektes im Maschinenspeicher. Eine gemeinsame Speicherung von Knoten und Notierungen der Objekte ist
bei einer konstanten Struktur dieser Knoten und Notierungen bequem, während man
die getrennte Speicherung bei variabler Struktur verwendet. In den Knotenlisten (mit
gemeinsamer oder getrennter Speicherung von Knoten und Notierungen) ist es nicht
notwendig, in jedem Listenwort eines Knotens den Namen des Objekts zu wiederholen.
Jeder Knoten besteht aus dem Knotenvorspann und aus mehreren Listenwörtern. Der
Knotenvorspann besteht aus einem Wort. Es enthält die Angabe des Namens des Objektes (die Adresse der Notierung) sowie eine zusätzliche Information über das Objekt
und den Knoten selbst (z. B. die Zahl der Listenworte im Knoten). Die Listenwörter
enthalten die Verbindungsadressen der entsprechenden Glieder der nächsten Liste.
Außerdem kann man Suchkennzeichen von Listengliedern und verschiedene zusätzliche
Kennzeichen (Typ des Listenwortes, Kennzeichen nach denen die Eliminierung des
Objektes aus der gegebenen Liste erfolgt u. a.) angeben. Für jedes Objekt bildet man
einen Knoten und eine Notierung. Allgemeine Kennzeichen aller Glieder einer Liste
können nicht in jedem Listenglied angegeben werden, sondern nur im Fixator (im Anweiser) der Liste (in der Zelle, die die Adresse des ersten Listengliedes und verschiedene
andere Daten über die Liste enthält). Mit Hilfe von Knotenlisten kann man Listenstrukturen zur Widerspiegelung komplizierter assoziativer Verbindungen einer Vielzahl verschiedener Objekte aufbauen. Jede Kette von Verbindungsadressen vereinigt
die Objekte mit gleichen Werten für bestimmte Kennzeichen in gemeinsamen Listen.

In den Tabellen 26, 27 und 28 ist der Aufbau einer aus vielen Listen bestehenden
Knotenstruktur mit getrennter Speicherung von Knoten und Notierungen der Objekte
schematisch dargestellt. In diesem Beispiel wird in jeder Zelle ein Listenwort gespei-

Tabelle 26

	Adressen der Zellen	Adresse des ersten Listen- gliedes	Nr. des Listen- wortes	Wert des Kenn- zeichens	Zahl der Listen- glieder
Fixator der Liste *A*	001	108	1	SM1	4
Fixator der Liste *B*	002	114	2	SM2	2

Tabelle 27

		Adressen der Zellen	Inhalt der Zellen der assoziativen Knoten	
			SM	VA
Knoten	⎫	105	1026	
des 5. Objektes	⎬	106	001	114
	⎭	107	000	000
Knoten	⎫	108	1024	
des 1. Objektes	⎬	109	001	111
	⎭	110	002	EL
Knoten	⎫	111	1028	
des 3. Objektes	⎬	112	001	105
	⎭	113	000	000
Knoten	⎫	114	1030	
des 8. Objektes	⎬	115	001	EL
	⎭	116	002	108
		117		

Tabelle 28

Adressen der Zellen der Notierungen	Notierungen der Objekte	Adressen der Zellen der Notierungen	Notierungen der Objekte
1024 1025	$N\,1$ $x\,1$ 1. Objekt $y\,1$ $z\,1$	1028 1029	$N\,3$ $x\,3$ 3. Objekt $y\,3$ $z\,3$
1026 1027	$N\,5$ $x\,5$ $y\,5$ 5. Objekt $z\,5$	1030 1031	$N\,8$ $x\,8$ $y\,8$ 8. Objekt $z\,8$

chert, das aus einem Suchmerkmal (SM) und einer Verbindungsadresse (VA) besteht. Jeder Knoten besteht aus drei Zellen. In der ersten Zelle des Knotens steht jeweils der Objektname. Er stellt die Adresse der Notierungen dar. Das Suchkennzeichen dient zur Auswahl des notwendigen Objektes bei der Durchsicht der Listen. Es besteht gewöhnlich aus zwei Teilen: Dem Namen des Kennzeichens und seinem Wert. Der Name des Kennzeichens ist für alle Glieder (Knoten) der gegebenen Liste gleich, der Wert kann unterschiedlich sein. Man kann auch in den Listen nur Glieder mit gleichem Wert des gegebenen Kennzeichens vereinigen, dann gibt man diesen Wert nur einmal und zwar im Fixator der Liste an. Als Namen kann man die Adresse des Listenfixators verwenden.

Sollen bestimmte Objekte aus allen Listen, in die sie eingehen, eliminiert werden, dann müssen die Namen der Kennzeichen in den entsprechenden Listenwörtern aller Knoten angegeben werden. Die Namen der Kennzeichen sind deshalb notwendig, um bei der Eliminierung eines bestimmten Objektes mit Hilfe der Namen der Kennzeichen (die in den entsprechenden Knoten vorhanden sind) festzustellen, zu welchen Listen dieses Objekt gehört. Ist eine Eliminierung der Objekte aus den Listen nicht notwendig, dann benötigt man die Namen der Kennzeichen nicht in allen Listenwörtern. Es genügt, wenn sie in den Fixatoren der entsprechenden Listen angegeben werden (oder können dann weggelassen werden, wenn die Namen die Adressen der Fixatoren sind).

Als Verbindungsadresse gibt man im Listenwort die Adresse der ersten Knotenzelle und die Nummer des Listenwortes im Knoten der gegebenen Kettenliste an. Die Listenworte werden ohne Berücksichtigung des Knotenvorspanns numeriert. Diese Nummer und die Verbindungsadresse trennt man gewöhnlich durch Komma. Werden die Listenworte einer Liste im Knoten auf den gleichen Plätzen gespeichert, dann braucht man die Nummer des Listenwortes im Knoten nur einmal im Fixator der gegebenen Liste anzugeben. Die assoziativen Knoten können von variabler oder konstanter Struktur sein. Die konstante Struktur der Knoten vereinfacht ihre Verarbeitung (die Speicherung, die Aufnahme und Eliminierung), führt aber zu einem überflüssigen Speicherplatzverbrauch, weil dann, wenn irgendein Objekt nicht in die Liste eingeht, die entsprechende Zelle des Listenwortes leer bleibt.

In Tabelle 27 ist eine aus vielen Listen bestehende Struktur mit konstanter Zusammensetzung der Knoten (je drei Zellen in einem Knoten) und konstant zugeordneten Listenworten in den Listen gezeigt. Das erste Listenwort ist in allen Knoten unseres Beispiels der Liste A zugeordnet, das zweite Wort der Liste B. Deshalb fehlt die Nummer der Listenwörter in den Verbindungsadressen. Im allgemeinen können Listenworte, die in verschiedenen Knoten dieselbe Position einnehmen (z. B. die ersten Listenworte), für den Aufbau verschiedener Listen verwendet werden, wenn diese Listen mit sich gegenseitig ausschließenden Werten der Kennzeichen gebildet werden. Dasselbe Objekt (derselbe Knoten) kann dabei gleichzeitig nur in eine dieser Listen eingehen.

In Tabelle 28 ist der Ausschnitt eines Listenbereiches des Speichers mit den Notierungen der Objekte gezeigt, in Tabelle 26 der Ausschnitt eines Speicherbereichs mit den Fixatoren der Listen A und B. In jedem Listenfixator wird die Adresse des ersten Listengliedes, die Nummer der Listenworte im entsprechenden Knoten, der für alle Listenglieder gemeinsame Wert des Kennzeichens der in dieser Liste vereinigten Objekte und die Zahl der Listenglieder angegeben. Den Namen der Kennzeichen entsprechen im betrachteten Beispiel die Adressen der Listenfixatoren, die in den Listenworten angegeben werden.

Die Liste A enthält alle Objekte in steigender Reihenfolge ihrer Nummern. Die Liste B enthält die zwei Objekte $N8$ und $N1$. Die Listenenden sind mit dem Endesymbol EL gekennzeichnet. Die freien Listenworte müssen in den Knoten auf Nullen gelöscht werden. Das ist Kennzeichen dafür, daß ein Objekt nicht in die Liste eingeht.

Beim praktischen Aufbau von Listenstrukturen der betrachteten Typen (kettenartig, nestartig, knotenartig) bedient man sich verschiedener zusätzlicher Hilfsmittel.

Durch spezielle Worte (Strukturworte) baut man in die Listen Verzweigungen ein, die zu den Fixatoren von Unterlisten führen. Der Aufbau dieser Fixatoren kann sehr unterschiedlich sein. Sie regulieren nicht nur die Zahl der Listenglieder, sondern sie erlauben auch, zu den Unterlisten zu springen. Dadurch wird es z. B. möglich, die nach der Eliminierung von ausscheidenden Listengliedern frei werdenden Zellen wiederholt zu benutzen, sowie die Nestlisten durchzusehen und zu vervollständigen.

3.1.1.6.   Adressierungsverfahren von Kettenlisten

Es werden vier Adressierungsverfahren von Kettenlisten unterschieden:

a) *die vollständige direkte Adressierung.* Die Verbindungsadressen der Listenworte sind vollständige direkte Adressen der zur Speicherung der Listen verwendeten Zellen. Dieses Verfahren ist flexibel, einfach zu programmieren und vereinfacht den Aufbau von Schaltungen zur Adressierung. Die Objekte haben in allen Listen dieselben Maschinennamen (ihre vollständigen direkten Adressen), die als Suchkennzeichen verwendet werden können. Ein Nachteil dieses Verfahrens ist die große Stellenzahl der Verbindungsadressen. Deshalb benötigt man auch sehr viele Zellen bei der Speicherung der Listen.

b) *Die relative symbolische Adressierung.* Bei diesem Verfahren stellt die Verbindungsadresse in einem Listenwort die Differenz der Adressen (mit dem entsprechenden Vorzeichen) des gegebenen und des folgenden Listengliedes dar. Übersteigt die Adressendifferenz zweier benachbarter Listenglieder die für die Verbindungsadressen vorgesehene Stellenzahl, dann geht man zur indirekten Adressierung über. Die Verbindungsadresse gibt dann die Adresse der Zellen an, in der die vollständige direkte Adresse des folgenden Listengliedes gespeichert ist. Die Speicherung aller indirekten Adressen kann in einem bestimmten Speicherbereich (z. B. in der Anfangszone) geschehen. Das erlaubt, die Adressen in Zellen mit einer geringeren Stellenzahl unterzubringen. Die relative symbolische Adressierung kann in Kombination mit der indirekten Adressierung auch zur Adressierung bedingter und unbedingter Sprünge in den Befehlen verwendet werden. Die relativen und indirekten Adressen unterscheiden sich in den Listenworten durch entsprechende Kennzeichen.

Vorzüge des gegebenen Verfahrens sind:

- Einsparung von Speicherkapazität für die Verbindungsadressen. [Die Stellenzahl ist bei der relativen symbolischen Adressierung gewöhnlich wesentlich geringer (um 50% und mehr)];

- die Verbindungsadressen der Listen sowie die Adressen der bedingten und unbedingten Sprünge im Programm sind von der jeweiligen Anordnung der Listen und Programme im Maschinenspeicher unabhängig.

Nachteile des gegebenen Verfahrens sind:

- bestimmte Beschränkungen bezüglich der Anordnung der Listenglieder im Speicher [die Glieder ein und derselben Liste müssen im Speicher nebeneinander (in derselben Zone) gespeichert werden, um die Zahl der indirekten Adressen zu minimieren. Dabei muß man das Auffüllen und Eliminieren einzelner Speicherzonen berücksichtigen (in den Speicherbereichen sind einzelne Ketten freier Zellen notwendig)];

– die relativen symbolischen Adressen kann man nicht als Objektnamen verwenden, weil es sich um verschiedene Adressen handelt, die die Sprünge zu demselben Objekt von verschiedenen Stellen einer Liste oder von verschiedenen Listen aus ermöglichen;

– die komplizierten Schaltungen zur Adressierung, wobei es notwendig ist, die indirekte und relative Adressierung kombiniert sowie die relativen Verbindungsadressen zur Auswahl der tatsächlichen (vollständigen) Sprungadresse zu verwenden.

c) *Die relative Adressierung mit Hilfe von Leitadressen.* Bei diesem Verfahren geben die Verbindungsadressen der Listenworte die relativen Adressen der nächsten Listenglieder nicht bezüglich des gegebenen Listengliedes an, sondern bezüglich einer bestimmten konstanten (Anfangs-) Adresse eines Feldes oder Speicherbereiches (Zone). Diese Anfangsadresse wollen wir Leitadresse nennen. Zur Ermittlung der tatsächlichen Adressen der Listenglieder müssen die relativen Verbindungsadressen und Leitadressen der Zone (des Feldes) der gesamten Liste addiert werden. Die Anfangsadresse kann dabei in ein Indexregister gebracht und automatisch zu den relativen Adressen addiert werden. Glieder außerhalb der Grenzen des gegebenen Speicherbereichs erreicht man, indem wie oben die indirekte Adressierung angewendet wird. Die Vorzüge dieses Verfahrens sind dieselben wie die des zuletzt beschriebenen Verfahrens. Außerdem sind die relativen Verbindungsadressen innerhalb ihres Anwendungsbereiches in allen Listen gleich. Deshalb kann man sie in Form von Objektnamen als Suchkennzeichen verwenden. Die Nachteile dieses Verfahrens sind dieselben wie im vorangegangenen Fall, jedoch mit dem Unterschied, daß die Adressen als Objektnamen verwendet werden können. Außerdem ist die Verwendung der relativen Adressen, bezogen auf eine fest vorgegebene Anfangsadresse (deshalb nur positive Zahlen), einfacher als die Verwendung von relativen symbolischen Adressen mit positiven und negativen Werten. Bei einem Vergleich der relativen symbolischen und der relativen Adressierung mit Hilfe von Leitadressen möchten wir darauf hinweisen, daß die symbolische Adressierung im Prinzip eine willkürliche Erweiterung der Bereiche des Maschinenspeichers (innerhalb deren die assoziativen Verbindungen bestehen) durch nacheinanderfolgende Sprünge von einem Punkt des Speichers zum anderen ermöglicht. Dabei wird jedesmal in einem Schritt gesprungen, ohne die Grenzgröße der relativen Adresse zu überschreiten. Gleichzeitig wird der Definitionsbereich der assoziativen Verbindung durch die Grenzgröße der relativen Adressen scharf begrenzt. Will man diesen Bereich verlassen, muß man indirekte Adressen verwenden.

d) *Die indirekte Adressierung.* Die indirekte Adressierung erfordert einen speziellen Speicherbereich, dessen Kapazität gleich der maximalen Anzahl aller zu verarbeitenden Objekte der verschiedenen Typen ist. In diesen Zellen werden die vollständigen direkten Adressen der ersten Zellen der Notierungen (Gruppen von Zellen) der Objekte, sowie bestimmte zusätzliche Kennzeichen der Objekte gespeichert (z. B. ein Kennzeichen zum Eliminieren eines Objektes). Die indirekten Adressen benötigen eine wesentlich geringere Stellenzahl als die vollständigen direkten Adressen der Notierungen der Objekte, da die Gesamtzahl der Notierungen um ein oder zwei Stellen geringer als die Gesamtzahl der Speicherzellen ist. Die indirekten Adressen können unmittelbar als Maschinennamen der Objekte und als Verbindungsadressen in den Ketten- oder Nestlisten verwendet werden.

Das angegebene Verfahren wird zweckmäßig bei der gemeinsamen Speicherung von assoziativen Knoten und Notierungen von Objekten angewendet, weil dabei die für die Speicherung der Informationen über ein Objekt mittlere notwendige Zellenzahl anwächst.

Vorteile dieses Verfahrens sind:

- die Verringerung des Umfanges der Verbindungsadressen in den Listen;

-- die Möglichkeit, im Speicher der Maschine Informationen über die Objekte verschiedenen Typs in beliebiger Reihenfolge, jedoch nicht nach Zonen zu speichern.

Nachteile des gegebenen Verfahrens sind:

- die Notwendigkeit eines zweifachen Speicherzugriffs zu den Notierungen der Objekte bei der Adressierung. Dadurch wird die Geschwindigkeit der Auswahl und Notierung der Daten vermindert;

- die Notwendigkeit, auf Grund der Gesamtzahl der Objekte aller Typen den Stellenwert der Verbindungsadressen entsprechend zu berücksichtigen. Dadurch vergrößert sich der Umfang der Verbindungsadressen;

- die Notwendigkeit, zusätzlichen Speicherraum für die indirekten Adressen bereitzustellen. Dadurch wird der Einsparung an Speicherkapazität durch Verringerung des Umfangs der Verbindungsadressen entgegengewirkt.

3.1.2.   Assoziative Listenstrukturen

3.1.2.1.   Grundtypen assoziativer Listenstrukturen

Bisher haben wir das serielle, Ketten-, Nest- und Knotenverfahren zum Aufbau von Listen kennengelernt. Wir setzen dabei voraus, daß die Listenglieder einzelne Objekte sind und jedem Objekt ein Listenwort entspricht. Die Listenglieder können wiederum auch andere Listen, sog. Unterlisten sein. Sie bilden zusammen mit den Grundlisten eine assoziative Listenstruktur. Im allgemeinen bezeichnet man als assoziative Listenstruktur eine beliebige Gesamtheit untereinander verbundener Listen und Unterlisten. Bei den Listenstrukturen unterscheidet man zwei Grundtypen: *Objekt-* und *Kennzeichenstruktur*. In *Objektstrukturen* verteilt man die Objekte auf die Listen in Abhängigkeit von verschiedenen konkreten Objekten. Diese dienen als Ausgangspunkte eines Einteilungs- oder Gruppierungssystems. Die Objektstrukturen unterteilen sich in zwei Arten: in einschließende und ausschließende.

Mit Hilfe von *einschließenden Objektstrukturen* gruppiert man homogene Objekte. Sie werden so aufgebaut, daß die Ausgangsobjekte, von denen die Unterlisten ausgehen, selbst die ersten Glieder dieser Unterlisten sind. Dabei können von einem Objekt verschiedene Unterlisten niederer Ebene ausgehen. Das Objekt ist dann gleichzeitig Glied aller dieser Unterlisten.

Die ausschließenden Objektstrukturen werden zur Gruppierung heterogener Objekte verwendet. Die Ausgangsobjekte können dabei nicht selbst Glieder der von ihnen ausgehenden Unterlisten sein.

Als Beispiel einer einschließenden Objektlistenstruktur möchten wir eine Struktur anführen, die bei der Auswahl verschiedener beweglicher Objekte nach der Methode der sukzessiven Unterteilung der Gesamtheit dieser Objekte in Gruppen entsteht. Das gleiche Objekt kann dabei in Objektgruppen verschiedenen Aggregationsgrades als Gruppierungsobjekt dienen, d. h. als Objekt bezüglich dessen die Gruppen gebildet werden. Ein Beispiel für eine ausschließende Objektstruktur ist die Unterteilung eines bestimmten Besiedlungsgebietes:

Zunächst unterteilt man das gesamte Territorium in autonome Teile, die Länder.

Sie bilden die Liste der Objekte der oberen Ebene. Jedem Land kann man eine Liste von Bezirken als Liste zweiter Ebene zuordnen. Jedem Bezirk wiederum entspricht eine Liste von Kreisen als Liste dritter Ebene usw. Hier sind die Gruppierungsobjekte der Unterteilung nicht selbst Glieder der von ihnen ausgehenden Listen.

Die assoziativen Objektstrukturen sind baumartig (verzweigt). Die obere Ebene solcher Strukturen bildet eine Kettenliste verschiedener Objekte, von denen jedes Verzweigungspunkt einer Kettenunterliste anderer Objekte (oder verschiedener Unterlisten) sein kann. Diese Kettenunterlisten bilden die zweite Ebene der Listenstruktur. Von ihnen können Kettenunterlisten dritter Ebene ausgehen usw. In assoziativen Objektstrukturen beginnt die Suche von Objekten bei der Kettenliste oberer Ebene. Man sucht bei allen Objekten dieser Ebene nach einem vorgesehenen Kennzeichen und wählt die davon ausgehenden Unterlisten der zweiten Ebene aus. Anschließend werden die ausgewählten Unterlisten der zweiten Ebene durchgesehen und auf Grund anderer Kennzeichen Objekte sowie die davon ausgehenden Unterlisten der dritten Ebene ausgewählt. Das setzt man solange fort, bis entweder alle Ebenen der Struktur (im untersuchten Zweig) durchgesehen oder die vorgegebenen Suchkennzeichen abgearbeitet sind. Bei Kettenlisten werden die assoziativen Objektstrukturen mit Hilfe von Objekt- und Strukturlistenworten gebildet. Diese Worte werden durch einen zusätzlichen Fixator S unterschieden. Dessen Wert ist für Objektlistenworte gleich null und für Strukturlistenworte gleich eins. Die Objekt- und die Strukturlistenworte haben gewöhnlich dasselbe Format. Im einfachsten Fall besteht jedes Wort aus drei Teilen (Silben): dem Fixator der Wortart S, dem Namen des Listengliedes H und der Verbindungsadresse VA. In Objektlistenworten gibt H den Namen des Objektes an, das Glied der Liste ist. Als Maschinenname verwendet man gewöhnlich die Adresse der Notierung (das Formular der Notierung), die die eigentliche Information über das Objekt enthält.

In Strukturlistenworten bedeutet H die Adresse des Kopfes der Unterliste, die sich von dem unmittelbar vor dem gegebenen Strukturwort stehenden Glied der Objektliste abzweigt.

Eine oder mehrere von einem Objekt sich abzweigende Unterlisten bildet man dadurch, daß man nach jedem beliebigen Objektlistenwort eine entsprechende Anzahl Strukturlistenworte setzt.

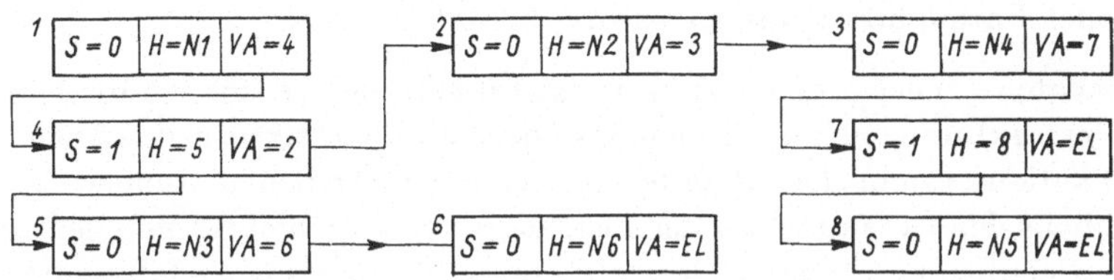

Abb. 14. Assoziative Objektstruktur

Abbildung 14 stellt eine assoziative Objektstruktur mit zwei sich von der Grundliste abzweigenden Unterlisten dar. In der Grundliste befinden sich die Objekte $N1$, $N2$ und $N4$. Vom Objekt $N1$ (nach ihm) geht eine Unterliste aus, in der die Objekte $N3$ und $N6$ stehen. Vom Objekt $N4$ geht eine andere Unterliste mit dem Objekt $N5$ aus. Die vor den Rechtecken stehenden Ziffern kennzeichnen die Adresse der entsprechenden Speicherzellen. Die Symbole EL als Verbindungsadressen geben das Listenende an. In den Strukturlistenworten ersetzt man die Verbindungsadresse (VA) gleichsam durch die Verbindungsadresse der vorhergehenden Listenworte. Von ihnen aus verzweigen sich die Unterlisten.

In den *Kennzeichenstrukturen* werden zur Klassifizierung der Objekte nicht die konkreten Objekte, sondern bestimmte Kennzeichen oder Kombinationen von Kennzeichen verwendet. Sie brauchen im allgemeinen nicht mit den konkreten Objekten zusammenzuhängen. Kennzeichen eines Objektes heißen solche Eigenschaften, die zur Suche und Charakterisierung verwendet werden. Für jedes Kennzeichen muß ein Name, (ein Kennzeichencodewort) und eine Reihe von Werten existieren. Dabei wird vorausgesetzt, daß sich die Werte eines Kennzeichens nicht überschneiden. Das bedeutet, daß ein Objekt nicht gleichzeitig durch verschiedene Werte eines Kennzeichens charakterisiert werden darf (d. h., es darf z. B. nicht gleichzeitig weiß und rot oder groß und klein usw. sein). Sind die Werte der Kennzeichen qualitativ (Farbe, Geschmack usw.), dann verwendet man Kettengrößen. Sonst benutzt man ganzzahlige oder reelle Größen. Bei alternativen Kennzeichen verwendet man jedoch auch logische Größen.

Im allgemeinen kann von einer Kennzeichenfolge ein hierarchisches System gebildet werden. Die Werte eines Kennzeichens sind dabei die Verzweigungspunkte für die Unterteilung der Objekte nach einem anderen Kennzeichen. Zum Beispiel werden die Objekte anfangs nach der Farbe eingeteilt, dann werden die Objekte einer Farbe nach dem Gewicht unterteilt, danach die Objekte einer Farbe und eines Gewichts nach der Größe usw.

Es lassen sich zwei grundlegende Wege der Objektsuche in Kennzeichenstrukturen (oder Listenobjekten) unterscheiden:

1. *der Strukturweg*, der mit Hilfe verschiedener Arten von Suchbäumen realisiert wird (baumartige Kennzeichenstrukturen)

2. *der Berechnungsweg*, der mit Hilfe verschiedener Algorithmen zur Berechnung der Adressen der Objekte nach dem Wert ihrer Kennzeichen (der Adressen ihrer Notierungen oder Formulare) realisiert wird.

Wir betrachten zunächst den Strukturweg. Im allgemeinen können die baumartigen Kennzeichenstrukturen aus zwei Teilen bestehen: aus dem eigentlichen Suchbaum, der das Klassifikationssystem der Objekte nach dem vorgegebenen Kennzeichensatz bestimmt, und aus den Gesamtheiten der Listenobjekte mit Objekten von gleichen Kennzeichen. Die Suchbäume können vielgestaltig sein. Wir untersuchen folgende zwei Modifikationen:

a) den Positionssuchbaum. Seine Struktur wird von vornherein bei der Programmierung festgelegt. Jedem Kennzeichen entspricht eine bestimmte Stelle (Position) einer mehrstelligen Zahl eines Systems von Positionszahlen. Die zulässigen Kennzeichen und die Werte, die jedes Kennzeichen annehmen kann, werden vorher festgelegt.

b) den erweiterungsfähigen Suchbaum. Er wird bei der Aufnahme neuer Objekte in das System gebildet. Die zulässigen Kennzeichenwerte legt man bei ihm nicht fest. Sie können sich in Abhängigkeit von den aktuellen Kennzeichenwerten der in einer Objektliste eingeschlossenen Objekte beliebig verändern. Als Glieder von Objektlisten können im allgemeinen auch assoziative Listenstrukturen verschiedener Arten auftreten, darunter baumartige Kennzeichenstrukturen, Objektstrukturen, einfache Objekte usw.

3.1.2.2.   Kennzeichenstrukturen mit Positionssuchbäumen

In diesen Kennzeichenstrukturen stellt man die Wertevorräte der Kennzeichen der verschiedenen Objekte als mehrstellige Zahlen dar. Dabei entspricht eine Stelle einem Kennzeichen. Jedem Kennzeichen ordnet man demnach eine bestimmte Stelle zu. Der Wert dieser Stelle entspricht der Wertmenge des entsprechenden Kennzeichens. Allgemein kann man Zahlensysteme mit unterschiedlicher Basis benutzen. Einfacher ist es jedoch, in einem System mit einer Basis zu arbeiten. Dabei werden möglicherweise die Werte bestimmter Kennzeichen unökonomisch codiert, weil die Basis eines Zahlensystems anhand des Kennzeichens mit der größten Wertezahl festgelegt wird. Für die übrigen Kennzeichen wird die zugrundegelegte Codierung dann unvollkommen ausgenutzt.

Einen Positionssuchbaum baut man gewöhnlich wie folgt auf. An die Spitze des Baumes stellt man die Liste der obersten (der ersten) Ebene. Mit Hilfe dieser Liste werden alle Objekte nach einem Kennzeichen (z. B. Farbe) unterteilt. Von jedem

Glied dieser Liste geht eine Unterliste der zweiten Ebene aus. Diese Liste unterteilt die Objekte nach einem weiteren Kennzeichen (z. B. nach dem Gewicht). Von den Gliedern dieser Unterlisten gehen Unterlisten der dritten Ebene aus. Diese Unterlisten führen zu einer Unterteilung nach einem dritten Kennzeichen usw. Die Glieder der Unterlisten unterster Ebene des Baumes besitzen Kennzeichenwerte von Gliedern der Unterlisten aller darüberliegenden Ebenen. Anstelle einzelner Objekte können in den Unterlisten der untersten Ebene Objektlisten mit einem bestimmten Kennzeichensatz stehen. Allgemein können in Suchbäumen nicht nur Objekte und Objektlisten, sondern auch andere Listenstrukturen (Objekt- und Kennzeichenstrukturen) Glieder von Unterlisten der untersten Ebene sein. Die Positionssuchbäume verwendet man dann zweckmäßig zur Suche von Objekten, wenn ein vollständiger Kennzeichensatz gegeben ist und die Anordnung der Kennzeichen denen der Suchbäume entspricht (d. h. entsprechend der Kennzeichenfolge in den Ebenen des Baumes). Ist ein Kennzeichensatz vorgegeben, dann beginnt die Suche mit den Gliedern der obersten Ebene des Baumes. Suchkennzeichen ist das erste Kennzeichen des Satzes, d. h. die höchste Stelle im Kennzeichensatz. In der von dem gefundenen Glied ausgehenden Unterliste wird dann nach Gliedern mit dem Wert des zweiten Kennzeichens (zweithöchste Stelle) des Satzes gesucht usw.

Ein unvollständiger Kennzeichensatz und/oder eine andere Reihenfolge der Kennzeichen im Satz erschwert den Suchprozeß. Es ist dann notwendig, alle Werte der nicht gegebenen Kennzeichen zu überprüfen, d. h. auf verschiedenen parallelen Zweigen des Baumes zu suchen. Zur Erleichterung der Suche von Objekten nach unvollständig vorgegebenen Kennzeichensätzen, kann man Suchbäume mit horizontalen oder vertikalen Verbindungen benutzen. Die Suchbäume der Kennzeichen bilden ein hierarchisches Klassifikationssystem der Objekte nach dem vorgegebenen Kennzeichensatz. In diesen Bäumen können in den Unterlisten der verschiedenen Ebenen – außer der obersten Ebene – Unterlisten eines Typs wiederholt auftreten. Solche Unterlisten unterteilen die Objekte nach den gleichen Kennzeichen.

Sind die Kennzeichen z. B. Farbe und Gewicht und ist die Liste der obersten Ebene nach der Farbe unterteilt, dann werden sich die Listen der Werte des Kennzeichens (d. h. das Gewicht) teilweise oder vollkommen wiederholen.

Analog können sich auch die Unterlisten anderer Ebenen mehrfach wiederholen.

In den Suchbäumen mit Querverbindungen werden die Unterlisten eines Typs oder sogar die Glieder eines Typs von solchen Unterlisten mit Hilfe zusätzlicher Verbindungsadressen zu neuen Kettenlisten vereinigt. Diese Verbindungen durchschneiden die baumartige Struktur gleichsam in horizontaler Richtung. Die Ausnutzung solcher Verbindungen erlaubt in bestimmten Fällen, die Effektivität der Objektsuche nach verschiedenen, nicht vollständigen Kennzeichenkombinationen im Vergleich zu gewöhnlichen baumartigen Strukturen zu erhöhen. Dabei hat jede horizontale Kettenliste Gipfel. Als Codezahl des entsprechenden Kennzeichens verwendet man die Adresse der Zelle, die den Gipfel dieser horizontalen Liste darstellt. So braucht man jedes Kennzeichen nur einmal zu verschlüsseln und durch Vorgabe der Kennzeichenkombination als Codezahlenfolge kann man die ihnen entsprechenden Objektlisten eindeutig finden.

Man kann auch einen Kennzeichensuchbaum ohne Zwischenverbindungen aufbauen. Der Name der Unterliste, der Ausgangspunkt von Unterlisten des Suchbaums ist, muß in jedem Glied dieser Unterlisten angegeben werden.

Die Werte dieses Kennzeichens gibt man durch eine spezielle Codezahl in jedem Glied dieser sich verzweigenden Unterliste an. So befinden sich also in jedem Glied einer beliebigen Unterliste außer den zwei Verbindungsstrecken noch zwei Kennzeichencodezahlen: die Codezahl der Werte eines bestimmten Kennzeichens und die des Namens eines folgenden Kennzeichens. Die Suchbäume kann man als gerichtete Graphen auffassen. Graphen bestehen aus Punkten (Knoten) und Pfeilen (Kanten). Bei den Knoten haben wir einen Anfangsknoten (Eingang) sowie Zwischen- und Endknoten (Ausgang). Die Knoten werden durch Kanten verbunden. In jeden Knoten kann nur eine Kante hinein, jedoch mehrere herausgehen. Die Knoten eines Baumes können in verschiedenen Ebenen liegen. Knoten ohne austretende Kanten werden als Endknoten bezeichnet. Eine Folge von Knoten und Kanten, die von dem Anfangsknoten zu irgendeinem Endknoten führt, heißt Weg. Benutzt man Kettenlisten zum Aufbau von Suchbäumen, so ist es bequem, diese Bäume graphisch wie folgt darzustellen (Abbildung 15):

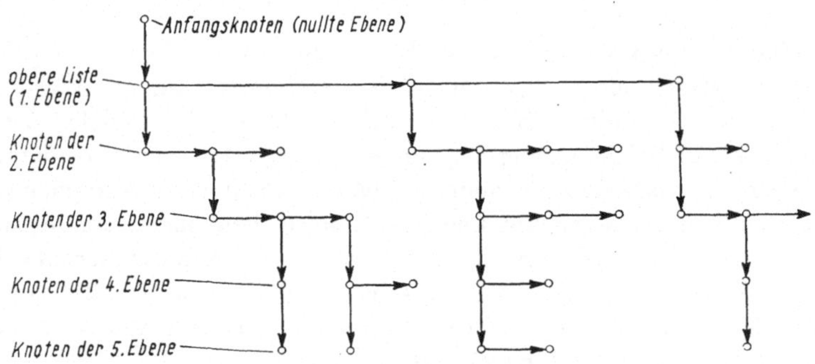

Abb. 15. Schema eines Suchbaumes

Man unterscheidet vertikale und horizontale Kanten eines Baumes. Die Verbindungsadressen in den Listengliedern entsprechen den horizontalen Kanten. Vom Anfangsknoten kann nur eine vertikale Kante ausgehen. Den mit Hilfe einer vertikalen Kante realisierten Übergang von einem Knoten zum anderen können wir als Sprung zu einer anderen Ebene des Baumes auffassen (als Sprung zu einer Unterliste).

Ein mit Hilfe einer horizontalen Kante realisierter Sprung kennzeichnet eine Verschiebung innerhalb der Ebene eines Baumes (innerhalb einer Unterliste).

Einer Unterliste entspricht demnach die Gesamtheit der durch horizontale Kanten verbundenen Knoten. Die Nummer der Ebene eines beliebigen Knotens kann man durch die Zahl der vom Anfangsknoten zum gegebenen Knoten führenden vertikalen Kanten bestimmen.

Ein Objekt sucht man in den Kennzeichenstrukturen gewöhnlich in zwei Schritten: Zunächst sucht man nach vorgegebenen Kennzeichen mit Hilfe des Suchbaumes die benötigte Objektliste und anschließend das Objekt in dieser Liste (entweder nach anderen Kennzeichen oder nach den eigentlichen Informationen über das Objekt). Die Suchbäume können konstant oder variabel sein. *Konstante Suchbäume* werden von vornherein beim Programmieren des Problems aufgestellt und umfassen alle möglichen Unterteilungen der Klassifikation der Objekte. *Variable Suchbäume* bildet man im Prozeß der Informationsverarbeitung. Sie umfassen nur jene Unterabteilungen der Klassifikation, die sich auf tatsächlich im System vorhandene Objekte beziehen.

Als Kennzeichen können auch Kombinationen verschiedener Kennzeichen verwendet werden. Dann ist die Gesamtzahl der Werte eines kombinierten Kennzeichens gleich dem Produkt der Werte der elementaren Kennzeichen (wenn alle Kombinationen der Werte dieser Kennzeichen vereinbar sind).

Die Zahl der verschiedenen von einem Suchbaum ausgehenden Kennzeichen der Objektlisten ist gleich der Gesamtzahl der Unterabteilungen der Klassifikation unterer Ebene (die unteren Ebenen sind für verschiedene Wege nicht notwendig gleich). Die Werte von quantitativen Suchkennzeichen gibt man gewöhnlich im dekadischen Zahlensystem an. In diesem Fall kann man binärdekadische Suchbäume aufbauen, in denen jeder Stelle einer dekadischen Zahl ein aus zwei Ebenen bestehender Suchunterbaum entspricht. Auf der obersten Ebene eines Unterbaums wird eine Unterliste mit drei Gliedern (00, 01, 10) gebildet. Auf der untersten Ebene jedoch bildet man drei Unterlisten, von denen die zwei ersten über je vier Glieder verfügen (00, 01, 10, 11), und die dritte zwei Glieder (00, 01) hat. Aus ähnlichen Unterbäumen kann man Suchbäume für beliebige mehrstellige im dekadischen System gegebene Kennzeichen aufbauen.

3.1.2.3.   Beispiel einer Positionssuchstruktur für die Wortsuche im Wörterbuch

Die Suche von Wörtern im Wörterbuch ist ein typisches bei der Verarbeitung großer Informationsmengen auftretendes Problem (Maschinenübersetzung, Suche wissenschaftlich-technischer Informationen usw.). Sie wird in einer natürlichen Sprache gestellt. Ist das Wörterbuch alphabetisch geordnet und konstant, dann kann effektiv die binäre Suche (die Halbierungsmethode) angewendet werden. Nach dieser Methode müssen insgesamt $\log_2 N$ Glieder des Wörterbuches überprüft werden, wobei N die Gesamtzahl der Glieder im Wörterbuch und $\log_2$ der Duallogarithmus ist. Das Wörterbuch ist eine serielle Liste. Diese Listenform ist dann nicht gut geeignet, wenn das Wörterbuch häufig geändert werden muß (wenn alte Glieder zu streichen oder neue hinzuzufügen sind).

Sind etwa Glieder neu aufzunehmen, dann müssen bei einer gleichmäßigen Verteilung der aufzunehmenden Glieder über das gesamte Wörterbuch durchschnittlich für jede Aufnahme $N/2$ Glieder bewegt werden. Ein alphabetisches Wörterbuch in Form einer Kettenliste kann leichter verändert werden, erfordert jedoch beim Suchen einen hohen Arbeitsaufwand. Eine baumartige Kennzeichenstruktur erlaubt eine schnelle Suche (fast wie bei der binären Methode) der Daten und ein leichtes Verändern des Wörterbuches.

Wir wollen nun den Aufbau eines Suchbaums für ein solches Wörterbuch beschreiben. Der Baum wird nach dem Kettenverfahren aus dreisilbigen Suchworten aufgebaut. Teile der Suchworte (Silben):

1. die Namen der Listenglieder H; im speziellen Falle die Codezahlen eines bestimmten Buchstaben;

2. die erste Verbindungsadresse $VA1$; die die Adresse der sich abzweigenden Unterliste ist;

3. die zweite Verbindungsadresse $VA2$, die die Adresse des folgenden Gliedes der gegebenen Unterliste ist.

Das Format eines assoziativen Wortes hat folgende Form:

H	VA 1	VA 2

Das Ende einer Kettenliste kennzeichnet man wie gewöhnlich durch das Symbol EL. Die oberste Ebene des Suchbaumes ist eine Kettenliste, in der jedes Glied einem Buchstaben des Alphabets entspricht. Dabei gehen in diese Liste nur die Anfangsbuchstaben von Worten ein (z. B. werden im Russischen die Buchstaben ы, й, ь, ъ nicht in die Liste der obersten Ebene aufgenommen, da sie nicht Anfangsbuchstaben eines Wortes sein können). Von jedem Listenglied der obersten Ebene geht eine Kettenunterliste aus. Sie enthält die an zweiter Stelle stehenden Buchstaben des Wortes. Man beginnt dabei mit den Buchstaben, der schon in den entsprechenden Listengliedern der obersten Ebene enthalten ist. Von jedem Glied einer Liste der zweiten Ebene geht eine Unterliste der dritten Ebene aus. Diese enthält den dritten Buchstaben eines Wortes. Die ersten zwei Buchstaben sind durch die Listen der zwei ersten Ebenen bestimmt usw.

Abbildung 16 zeigt einen Ausschnitt einer Listenstruktur für verschiedene mit dem Buchstaben D beginnende Worte. Die vor den Rechtecken stehenden Ziffern sind die Adressen der entsprechenden Speicherzellen.

Das Beispiel stellt das Fragment einer Listenstruktur ohne Angabe des Endes der Kettenliste einer Ebene (der Unterlisten) dar. Anstelle der zweiten Verbindungsadressen stehen Leerfelder in den Suchworten, nach denen die nächste Unterliste fehlt. Sie sollen zum Ausdruck bringen, daß man diese Unterlisten fortsetzen kann. Im Suchbaum können verschiedene Zweige gemeinsame Teile (alle vertikalen Glieder) besitzen. So können in solchen Zweigen Worte mit gleichen Anfangsbuchstaben verschieden lang sein. Zum Beispiel haben die Zweige der Worte „Don" und „Donau" den gemeinsamen Teil „Don". Alle Zweige in Abbildung 16 haben einen gemeinsamen Knoten, der dem Anfangsbuchstaben D entspricht. Für die Angabe des Endes eines beliebigen Zweiges werden sog. *assoziative Suchworte* verwendet, in denen anstelle des Namens des Listengliedes (Buchstabencodezahlen in unserem Beispiel) das Symbol EL zu setzen ist. In den am Ende stehenden Listenworten wird $VA1$ als Adresse der Notierung im Wörterbuch verwendet. Sie enthält die eigentliche Information über das gegebene Objekt (z. B. die Übersetzung des Wortes in eine andere Sprache, grammatikalische Infor-

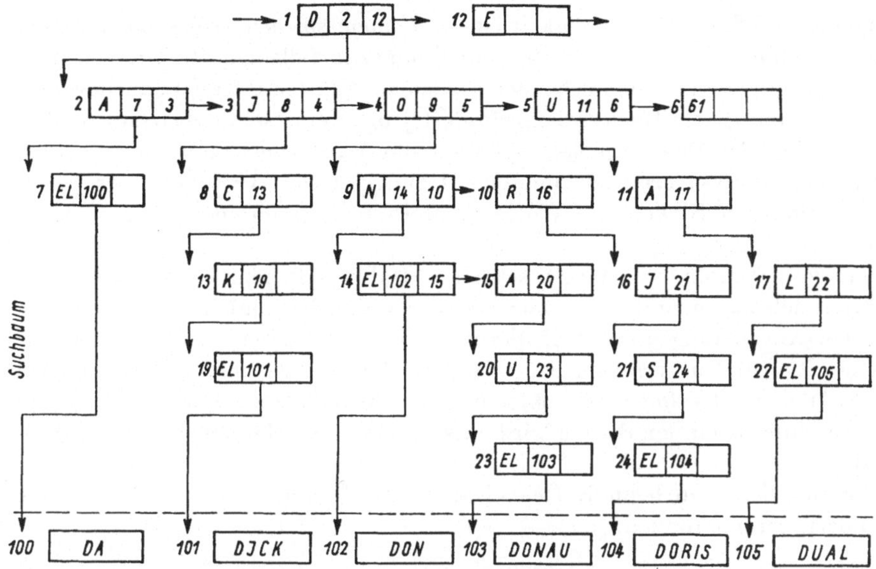

Abb. 16. Baumartiges Wörterbuch

mationen über das Wort usw.). Verwendet man ein am Ende stehendes Listenwort zur Angabe eines Wortendes, und ist dieses Wort selbst nicht das längste aus der gegebenen Wortfamilie, dann gibt $VA2$ in diesem Listenwort die Adresse des folgenden Gliedes in der Unterliste an. Das ist die Adresse des folgenden Buchstabens des längeren Wortes. Der Anfangsteil des längeren Wortes ist gleich dem vorangehenden Endwort. Nur in dem am Ende des längsten Zweiges stehenden Listenwort wird $VA2$ nicht verwendet. Die Kettenadressierung garantiert in der gegebenen Listenstruktur, daß sowohl die horizontalen (durch Veränderung der zweiten Verbindungsadresse $VA2$) als auch die vertikalen Unterlisten (durch Veränderung der ersten Verbindungsadresse $VA1$) leicht verändert werden können.

Die Speicherzellen zur Speicherung von Gliedern ähnlicher baumartiger Strukturen können beliebig angeordnet werden. Die Geschwindigkeit einer Objektsuche mit Hilfe solcher Strukturen hängt entscheidend von der Zahl der Ebenen der Struktur und der Zahl der Glieder in den horizontalen Unterlisten ab.

Zu den Nachteilen solcher Wörterbücher muß man den verhältnismäßig großen Speicheraufwand für die Suchbäume rechnen. Dieser Aufwand hängt von der Gesamtzahl der Wörter im Wörterbuch, vom mittleren Umfang der Wörter sowie vom Grad der Nestbildung (von den Worten mit gemeinsamen Anfangsteilen) der Wörter ab.

Verschiedene Beziehungen, die eine allgemeine Orientierung bei der Auswahl des Umfangs der Unterlisten und der Zahl der Ebenen in den Suchbäumen geben, werden im nächsten Abschnitt behandelt.

Zur Erhöhung der Suchgeschwindigkeit ist es in einem solchen Wörterbuch zweckmäßig, die Buchstaben in den Unterlisten des Baumes in fallender Reihenfolge ihrer Häufigkeit, in der sie an den entsprechenden Stellen der Wörter auftreten, anzuordnen. Eine solche Anordnung der Buchstaben erfordert jedoch eine sehr arbeitsaufwendige Analyse des Textes des Wissensgebietes, für das das Wörterbuch aufgestellt werden soll. Anhand der Analyse ermittelt man die Häufigkeit des Auftretens der Buchstaben an bestimmten Stellen der Wörter und nach bestimmten Buchstabenkombinationen.

Man kann auch einen anderen Weg beschreiten. Dabei stellt man ein solches baumartiges Wörterbuch zu Beginn mehr oder weniger willkürlich auf und verbessert es während seiner Anwendung durch Selbstlernen. Zu diesem Zweck ermittelt man die Häufigkeit des Zugriffs zu verschiedenen Wörtern (Buchstaben) im Wörterbuch. Auf Grund dieser Häufigkeit erfolgen die notwendigen Umstellungen, d. h., die Lage der Wörter in den Unterlisten der Bäume wird entsprechend der Häufigkeit ihres Auftretens verändert.

Es ist offensichtlich, daß beim Kettenverfahren des Baumaufbaus die Unterlisten leicht verändert werden können.

3.1.2.4.   Kennzeichenstruktur mit erweiterungsfähigem Suchbaum

Nach dem von W. I. LANDAUER und N. S. PRYWES [15] vorgeschlagenen Verfahren der erweiterungsfähigen Suchbäume werden die Suchbäume während der Bearbeitung in Abhängigkeit von den aktuellen Werten der Kennzeichen der untersuchten Objekte verändert.

Solche Suchbäume benutzt man vor allem zur Suche von Kennzeichen in einer vorgegebenen Menge von Kennzeichenwerten (Deskriptoren). Einen erweiterungsfähigen Suchbaum kann man in den Suchstrukturen verbunden mit den nach verschiedenen Prinzipien aufgebauten Objektlisten (seriell, nestartig, kettenartig, knotenartig) verwenden. Die Suche der Objekte vollzieht sich in zwei Etappen. Zunächst sucht man mit Hilfe des Suchbaums die notwendige Objektliste. Dann ermittelt man die gesuchte Position der Daten (des Objektes) innerhalb dieser Liste. Ein erweiterungsfähiger Suchbaum ist die Gesamtheit der auf einer bestimmten Ebene der Tabelle 29 angegebenen Kanten und Knoten. Die Zahl der von jedem Knoten ausgehenden Kanten wird durch die Bedingung bestimmt, die Suchzeit zu minimieren (siehe weiter unten). Der Einfachheit halber betrachten wir in den Beispielen einen Baum, bei dem von jedem Knoten nicht mehr als drei Kanten ausgehen. Die Knoten des Baumes stellen im Maschinenspeicher einzelne Zellennester (Gruppen aneinanderliegender Zellen $N1$, $N2$, $N3$ usw.) dar. Jedes Nest enthält die in einzelnen Zellen gespeicherten Listenworte. So wird in jedem Zellennest eine serielle Unterliste des Suchbaumes gespeichert. Die Zahl der Glieder (der Listenworte) ist in der Unterliste gleich der Zahl der vom gegebenen Knoten ausgehenden Kanten.

Die Adresse der Unterliste ist die Adresse der ersten Zelle des Nestes (des ersten Listenwortes).

Tabelle 29

Nummer des Knotens des Baumes	Adresse des Listenwortes	Wert des Kennzeichens	Listenwort		
			EP	EB	Verbindungsadresse
N1	0100	P0	0	0	1022 ⎫ Adresse des Knotens
	0101	P1	0	0	0135 ⎬ des Baumes
	0102	P2	1	0	0511 ⎭
N2	0135	P5	0	1	0612
	0136	P1	0	1	2031
	0137	P8	1	1	5042
N3	0511	P9	0	1	0256
	0512	P12	0	1	6011 Adressen der Knoten
	0513	P10	1	1	1531 der Objektlisten
N4	1022	P15	0	1	2041
	1023	P7	0	1	2512
	1024	P6	1	1	0172

Nach Tabelle 29 enthält jedes Listenwort zwei Silben:

die Kennzeichensilbe und Adressensilbe.

Die Kennzeichensilbe verkörpert eine bestimmte Codezahl. Das ist die Bezeichnung eines Knotens des Baumes. Mit ihrer Hilfe kann man die einzelnen Knoten des Baumes unterscheiden. Ein erweiterungsfähiger Suchbaum wird für quantifizierbare Suchmerkmale aufgestellt. Der Name dieses Kennzeichens ist für den gesamten Baum gleich und wird deshalb in den Kennzeichensilben nicht angegeben. In diesen stehen nur die Werte des Kennzeichens.

Eine Besonderheit des untersuchten Baums ist die Anordnung der Listenworte in den Nestern (Unterlisten) in der Reihenfolge steigender Werte des Suchkennzeichens (z. B. in dem Nest $N1$ $P0 < P1 < P2$; im Nest $N2$ $P5 < P1 < P8$ usw.). Außerdem wachsen in den Bäumen des betrachteten Typs die Werte der Kennzeichen in den Listenworten aller Unterlisten (Nester) innerhalb einer Ebene ebenso wie beim Übergang von Nest zu Nest von links nach rechts (z. B. für alle Unterlisten der ersten Ebene: $P5 < P1 < P8 < P9 < P12 < P10 < P15 < P7 < P6$).

Die Adressensilbe enthält die eigentliche Verbindungsadresse und zwei Hilfsstellen EP und EB. Mit Hilfe der Verbindungsadressen gibt man die Sprünge innerhalb eines Suchbaumes von den Gliedern der höherstehenden Unterlisten zu den niederstehenden, sich verzweigenden Unterlisten an.

Die Hilfsstelle EP (Ende der Position) ist das Kennzeichen des Endes eines Nestes (eine Unterliste, die einem bestimmten Knoten des Baumes entspricht). Diese Stelle ist dann wichtig, wenn die Unterlisten des Suchbaumes variabel strukturiert sind. Die Hilfsstelle EB kennzeichnet das Ende eines Suchbaumes. In allen Unterlisten (außer den Unterlisten unterster Ebene) ist diese Stelle gleich Null. Nur in Listenworten der Unterlisten der untersten Ebene ist diese Stelle gleich Eins. Diese Eins bedeutet, daß die Verbindungsadressen in den Unterlisten der untersten Ebene des Baumes schon nicht mehr die Adressen von darunterliegenden Unterlisten des Baumes sind, sondern die Adressen der Knoten der Objektlisten. Die Hilfsstelle EB ist insbesondere dann von Bedeutung, wenn die Zahl der Ebenen in verschiedenen Zweigen des Baumes unterschiedlich ist.

Für die Objektsuche gibt man den gemeinsamen Wert des Kennzeichens für alle in einer Objektliste vereinigten Objekte an. Alle Kanten eines Baumes werden bei der Suche von oben nach unten durchlaufen, wobei der Wert des Suchkennzeichens mit dem Wert des Kennzeichens der untersuchten Unterlisten verglichen wird. Man baut einen Baum so auf, daß in allen Unterlisten, die von einem bestimmten Listenwort einer höherstehenden Unterliste abgehen, der größte Wert des Kennzeichens (d. h. der Wert des Kennzeichens im letzten Glied dieser Unterliste) gleich dem Wert des Kennzeichens im Listenwort der höherstehenden Ebene ist. Bei der Durchsicht der Unterlisten des Baumes ist es notwendig, zu einer niederstehenden Unterliste überzugehen, die von einem Listenwort einer bestimmten Unterliste ausgeht. Der Wert des Kennzeichens dieses Listenwortes ist dann gleich oder größer als der vorgegebene Wert (unter der Bedingung, daß im vorhergehenden Listenwort der Unterliste der Wert des Kennzeichens kleiner als der vorgegebene war).

So teilt in einem erweiterungsfähigen Suchbaum die Unterliste der obersten Ebene den gesamten Variabilitätsbereich des Wertes des Kennzeichens in bestimmte, hinreichend große Intervalle. Jede Unterliste der nächsten Ebene, d. h. eine Unterliste, die sich von jedem Listenwort einer oberen Unterliste abzweigt, teilt das entsprechende Intervall in kleinere Intervalle. Die Unterliste dritter Ebene teilt die entsprechenden Teilintervalle in noch kleinere Teilintervalle usw.

Als *bilanzierten Baum* bezeichnet man einen solchen, bei dem sich die Zahl der Ebenen in verschiedenen Zweigen um nicht mehr als eins voneinander unterscheidet. Eine neue Ebene eines Baumes wird dabei nur nach Ausfüllung aller freien Listenwörter in den Unterlisten der vorangegangenen Ebene gebildet. Einen bilanzierten Baum kann man in Abhängigkeit von der Aufnahme neuer Objekte und der Bildung von Objektlisten mit anderen Kennzeichenwerten erweitern. Bildet man eine Unterliste des Baumes, dann nimmt man ein neues Nest freier Zellen des Speichers in Anspruch. Ein solches Nest besteht aus einer Gruppe nebeneinanderliegender Zellen. Die Zahl der Zellen im Nest muß gleich der Zahl der Listenworte der neuen Unterlisten sein. Diese Zahl muß vorher festgelegt und bei der Bildung der neuen Unterliste bekannt sein. In das letzte Listenwort der neuen Unterliste trägt man den Wert des Kennzeichens ein, das aus dem höherstehenden Ausgangslistenwort stammt. Im vorletzten Listenwort der neuen Unterliste wird der neue Wert des Kennzeichens eingetragen, der die Bildung der neuen Unterliste veranlaßt. Dabei bleiben mehrere am Anfang des neuen Nestes gelegene Zellen zeitweilig leer.

Später wird das bei der Suche solcher freier Zellen berücksichtigt, indem man nur die ersten Zellen eines Nestes überprüft.

Bei der Aufzeichnung jedes neuen Objektes wird im Suchbaum überprüft, ob der Wert des neuen Kennzeichens, der das aufzuzeichnende Objekt charakterisiert, schon vorhanden ist. Ist dieser Wert vorhanden, dann fügt man das neue Objekt einfach in die entsprechende Objektliste ohne Veränderung des Baumes ein. Ist der Wert des Kennzeichens im Baum nicht vorhanden, dann muß er auf der untersten Ebene des Baums an die Stelle gesetzt werden, die der Bedingung des monotonen Ansteigens der Werte des Kennzeichens entspricht. Sind in der entsprechenden Unterliste keine freien Zellen vorhanden, sucht man die nächstliegenden freien Zellen in anderen Unterlisten unterster Ebene.

Anschließend werden alle Zwischenglieder in den Unterlisten unterster Ebene nach rechts oder links transportiert, wobei die Werte der Kennzeichen in den Unterlisten höherstehender Ebene korrigiert wurden.

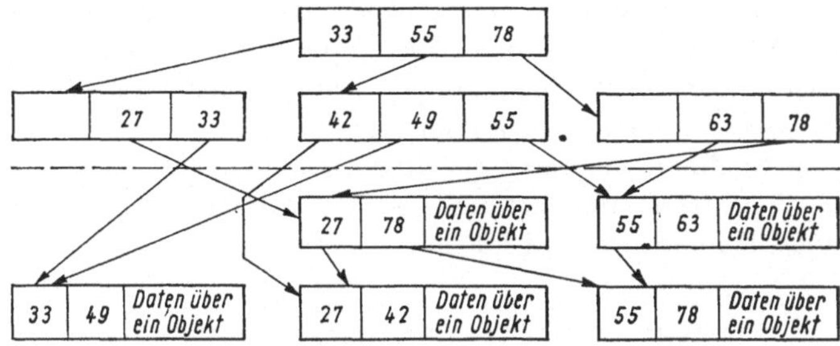

Abb. 17. Assoziative Struktur mit erweiterungsfähigem Baum

Abbildung 17 zeigt ein Beispiel der erwähnten Kennzeichenstruktur. Der über der gestrichelten Linie liegende Teil ist der erweiterungsfähige Baum. Im Baum stellt jedes Rechteck eine aus drei Gliedern bestehende Unterliste dar. Anstelle von Worten gibt man nur die Werte der Kennzeichen an. Die Verbindungsadressen sind durch Pfeile ersetzt. Sie führen von den Ausgangsworten zu den sich abzweigenden Unterlisten. Unter der gestrichelten Linie befinden sich die Objektlisten, die die Daten über die Objekte mit den entsprechenden Werten des Suchkennzeichens enthalten. Objekte mit gleichen Werten sind zu einer gemeinsamen Liste mit Hilfe von Verbindungsadressen vereinigt worden. Im Beispiel läßt man zu, daß ein Objekt mehrere Werte des Suchkennzeichens besitzt (das ist z.B. dann möglich, wenn man unter einem Objekt eine Gruppe von Gegenständen versteht), d. h., verschiedene Werte des Kennzeichens, für das der gegebene Suchbaum aufgestellt wurde, schließen sich gegenseitig nicht aus.

Bei der Informationsverarbeitung der beschriebenen Speicherorganisation [15] bildet man faktisch zwei assoziative Strukturen: eine für die Befehle des Programms und die andere für die Information über die Objekte.

Die Ausgangsprogramme schreibt man dabei in einer Pseudosprache, die aus einer Menge von Listenanweisungen besteht. Sie können bei Bedarf erweitert werden. Jede Anweisung entspricht einem Maschinenunterprogramm, das in einer Unterliste gespeichert ist. Die Maschine arbeitet nach dem Interpretationsverfahren, bei dem die

Anweisungen des Ausgangsprogramms nacheinander durch ein interpretierendes Programm ausgeführt werden.

Die Vorzüge der erweiterungsfähigen Suchkennzeichenbäume bestehen darin, daß die Variabilitätsbreite des Kennzeichens in Abhängigkeit von der tatsächlichen Struktur der ankommenden Objekte beliebig unterteilt und der Speicher flexibel ohne vorhergehende Aufteilung ausgenutzt werden kann. Zudem ist die Datensuche durch optimale Auswahl der Zahl der Zweige und Ebenen im Baum effektiv. Ein Nachteil des Verfahrens besteht darin, daß die Werte der Kennzeichen bei Erweiterung des Baumes transportiert werden müssen.

3.1.2.5.   Aus vielen Listen bestehende assoziative Strukturen

Von N. S. Prywes und H. I. Gray wurden in [26] Listenstrukturen beschrieben, die denen im vorangegangenen Abschnitt weitestgehend entsprechen. Sie bauen ebenfalls auf der kettenartigen Adressierung auf. Wir wollen kurz darauf eingehen. Der gesamte Maschinenspeicher wird in zwei Teile geteilt: in den Teil der Suchbäume und in ein viellistiges Gebiet oder das Gebiet der assoziativen Knoten.

Für den Aufbau von Suchbäumen und assoziativen Knoten verwendet man zweierlei Worte (sog. *Katene*): *Datenworte* und *Listenworte*. Beide Wortarten haben eine Dimension. Das Format eines Datenwortes hat folgendes Aussehen:

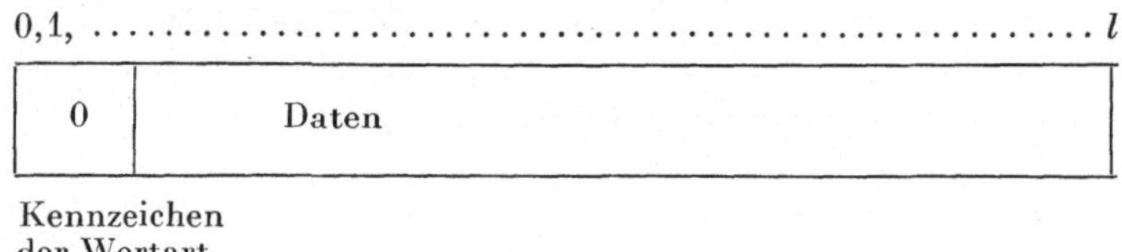

Das Format eines Listenwortes sieht wie folgt aus:

Aus diesen Worten bildet man Informationspositionen, d. h. einzelne Notierungen, die bestimmten Objekten entsprechen. Diese Positionen stellen in den Suchbäumen die Knoten des Baumes dar und in dem viellistigen Gebiet die assoziativen Knoten. Die Knoten können von variabler Struktur sein, d. h., die Anzahl der Worte kann unterschiedlich sein. In jeder adressierbaren Speicherzelle kann man eine feste Zahl von Worten unterbringen. Reicht z.B. die n-te Zelle nicht aus, dann benutzt man die nächste Zelle (die $(n + 1)$-te Speicherzelle). Ist die folgende Zelle besetzt, trägt man im letzten Wort der n-ten Zelle anstelle des Schlüssels die Adresse ein, wo die Position fortgesetzt wird (Fortsetzung des assoziativen Knotens). In jedem Wort ist noch eine zusätzliche Stelle zur Angabe des Endes einer Position vorgesehen. Mit Hilfe der Listenworte werden die verschiedenen Positionen (Knoten) zu Listen mit gleichen Schlüsseln (Kennzeichen) vereinigt. Jeder Knoten kann in soviel Listen eingehen, wie in ihm Listenworte vorhanden sind. Objekte mit bestimmten Kennzeichenwerten sucht man in zwei Etappen: zunächst wandelt man mit Hilfe des Suchbaumes den in der Anfrage gegebenen Schlüssel in die Adresse des Listenanfangs der Objekte um, die den gegebenen Schlüssel besitzen. Dann erfolgt eine Durchsicht der Liste sowie eine Auswahl jener Objekte, die alle in der Anfrage gegebenen Schlüssel besitzen. In [26] wird als Beispiel ein Informationssystem für das Kaderwesen (für 1 Million Positionen) beschrieben. Jede Person charakterisiert man durch 15 Kennzeichen, wobei jedes Kennzeichen 10 verschiedene Werte annehmen kann. Die Informationen über eine Person entsprechen demnach einer 15stelligen Dezimalzahl.

Dem System liegt eine konstante Dimension der Positionen zugrunde, die sowohl Knoten des Suchbaumes als auch assoziative Knoten sein können. Jede Position enthält 5 Listenworte. Um in einer Position (mit Hilfe von 5 Worten) 15 Kennzeichen darzustellen, werden diese Kennzeichen in 5 Gruppen zu drei Kennzeichen unterteilt. Jede Gruppe aus drei Kennzeichen bildet ein Unterkennzeichen, das 1000 verschiedene Werte (000 bis 999) annehmen kann. Demzufolge können einem Unterkennzeichen 1000 Objektlisten entsprechen. Allen 5 Unterkennzeichen entsprechen maximal 5000 verschiedene Objektlisten des Systems.

Der Suchbaum besteht aus 5 bzw. teilweise aus 6 Ebenen. Auf der ersten Ebene (der obersten) gibt es eine Position – eine aus 5 Worten bestehende serielle Liste. Von ihr gehen fünf Zweige zu fünf Unterlisten der zweiten Ebene ab. Jede Unterliste der zweiten Ebene entspricht einem Unterkennzeichen. Von diesen Unterlisten gehen Unterlisten der dritten Ebene aus, die ebenfalls aus fünf Gliedern bestehen. Von den Unterlisten der dritten Ebene gehen Unterlisten der vierten Ebene und von den Unterlisten der vierten Ebene gehen Unterlisten der fünften Ebene aus.

In diesen Unterlisten geben die ersten vier Glieder die Knoten der Objektlisten an, die in dem viellistigen Gebiet gelegen sind. Das letzte Glied jeder Unterliste der fünften Ebene gibt die Unterliste der sechsten Ebene an, die aus vier Unterlisten besteht, von denen jede die Adressen des Knotens der Liste im viellistigen Gebiet enthält.

Abbildung 18 gibt einen Überblick über die beschriebene assoziative Struktur. Punktierte Linien stellen die Verbindungen des gegebenen assoziativen Knotens mit den Suchunterbäumen dar, die den zweiten und vierten Suchunterkennzeichen entsprechen. Um die Abbildung nicht zu überladen, sind die Verbindungen vereinfacht dargestellt. In Wirklichkeit haben sie das Aussehen verzweigter Bäume wie auch die Verbindungen für die übrigen Suchunterkennzeichen.

Der assoziative Knoten besteht aus fünf Listenworten und mehreren Datenworten.

Für den in Abbildung 18 dargestellten Knoten haben die Schlüssel in den Listenworten, die die Unterkennzeichen darstellen, folgende Werte:

500	Ver- bindungs- adresse	ʼ250	Ver- bindungs- adresse	496	Ver- bindungs- adresse	650	Ver- bindungs- adresse	503	Ver- bindungs- adresse

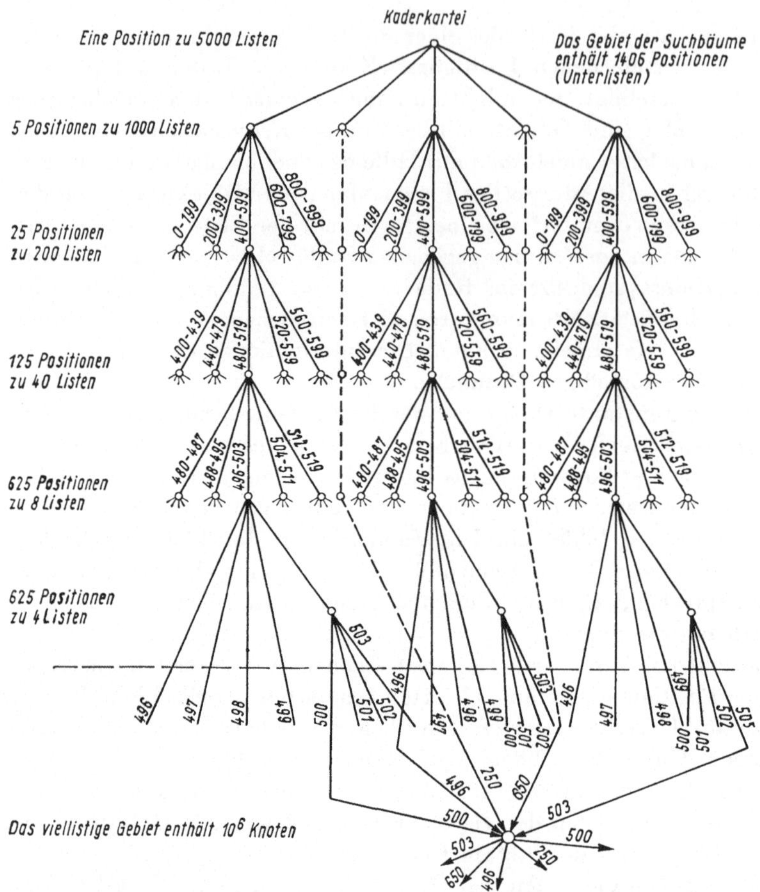

Abb. 18. Viellistige Struktur

Für die Einschätzung der Effektivität ähnlicher assoziativer Systeme ist von PRYWES und GRAY ein kombiniertes Kriterium vorgeschlagen worden, das als Produkt der Suchzeit des gegebenen Objektes und der notwendigen Gesamtspeicherkapatität definiert ist [26]. Ausführlicher werden diese Fragen in Abschnitt 3.1.3. behandelt.

3.1.2.6.   Verfahren der berechenbaren Adressen

Das Verfahren der berechenbaren Adressen besteht darin, daß die Suchkennzeichen entweder in Adressen der Notierungen (mit eigenen Informationen über die Objekte), in Adressen der assoziativen Knoten der Objekte oder in Adressen der Knoten der Listenobjekte umgewandelt werden.

Natürliche Forderungen an diese Berechnungen sind die Eindeutigkeit der Umwandlungen und die Äquivalenz des erhaltenen Änderungsbereichs der Adressen mit dem Speicherbereich, der für die Speicherung der gesuchten Positionen vorgesehen ist.

Man kann *direkte Adressen* (wenn man als Ergebnis die unmittelbaren Adressen der gesuchten Positionen erhält) und *indirekte Adressen* (wenn man als Ergebnis die Adressen der Zellen erhält, die die Adressen der gesuchten Positionen enthalten) berechnen. Allgemein können sich die Werte der Kennzeichen beliebig verändern. Viele Objekte können dieselben Werte des Suchkennzeichens besitzen. Paßt etwa nur ein Listenglied in eine Zelle, dann kann man natürlich alle Objekte mit gleichem Wert des Suchkennzeichens in Kettenlisten vereinigen. Die Adressen der Knoten dieser Listen kann man berechnen.

Es existiert noch ein anderes, ein sogenanntes *offenes Verfahren* zur Verteilung und Suche für Objekte mit gleichen Werten des Suchkennzeichens. Bei diesem Verfahren schreibt man das erste erscheinende Objekt in die Zelle ein, deren Adresse sich beim Umwandeln des Wertes des Kennzeichens in eine Adresse ergibt. Jedes folgende Objekt speichert man in die nächste freie Speicherzelle in der Reihenfolge wachsender Adressen. Die Suche der Glieder geht dabei in zwei Etappen vor sich. Zunächst ermittelt man auf Grund des vorgegebenen Wertes des Suchkennzeichens die Adresse des ersten Objektes. Anschließend sucht man die restlichen Objekte mit demselben Wert dieses Kennzeichens durch direkte Durchsicht der Zellen in der Reihenfolge steigender Adressen. Sowohl das Einschreiben als auch die Suche der Glieder geschieht zyklisch, d. h., nach Belegen der letzten Speicherzelle beginnt man erneut bei der ersten Zelle usw.

Die Adressen werden auf zwei Arten notiert. Entweder sieht man eine spezielle Gruppe von Speicherzellen vor oder einen bestimmten Teil jeder Speicherzelle. Der letzte Fall garantiert eine größere Variationsbreite der Adressen, doch steigt der Speicheraufwand beträchtlich, weil in allen Speicherzellen zwei Adressenteile vorgesehen werden müssen: für die zu berechnenden (indirekten Adressen) der Knoten der Listen und für die Adressen, die unmittelbar zur Verbindung der Glieder innerhalb der Kettenlisten verwendet werden. Der gleiche Adressenteil kann für beide Zwecke nicht verwendet werden, weil der Fall eintreten kann, daß eine Zelle die Lage des Knotens einer bestimmten Kettenliste angibt (d. h. eine indirekte Adresse enthalten soll) und gleichzeitig das Glied einer bestimmten kettenartigen Objektliste mit deren Verbindungsadressen enthält.

Das Verfahren der berechenbaren Adressen ist besonders dort geeignet, wo sich die Werte der Kennzeichen, nach denen die Objekte gesucht werden, monoton ändern, auch dort, wo es gelingt, diese durch eine monotone Funktion zu approximieren. Man kann dieses Verfahren etwa anstelle der behandelten konstanten Suchbäume mit gleicher Zahl von Gliedern in allen Unterlisten anwenden.

Wir setzen z. B. ein Klassifikationssystem von Objekten voraus, das sechs Merkmale *P1, P2, ..., P6* umfaßt, von denen jedes drei Werte annehmen kann. Für diesen Fall wollen wir beide Verfahren vergleichen. Wir konstruieren drei Suchbäume, die jeweils drei Merkmale in einem Untermerkmal vereinigen.

Abbildung 19 enthält eine Tabelle der Werte der Kennzeichen von *P1* bis *P6*. Die Merkmale sind wie folgt zu Unterkennzeichen zusammengestellt worden: die Merkmale *P1* und *P2* bilden das erste Unterkennzeichen, dem der Suchbaum I entspricht. Die Merkmale *P3* und *P4* bilden das zweite Unterkennzeichen, dem der Suchbaum II ent-

Unterkennzeichen

I		II		III	
P1	P2	P3	P4	P5	P6
01	01	01	01	01	01
10	10	10	10	10	10
11	11	11	11	11	11

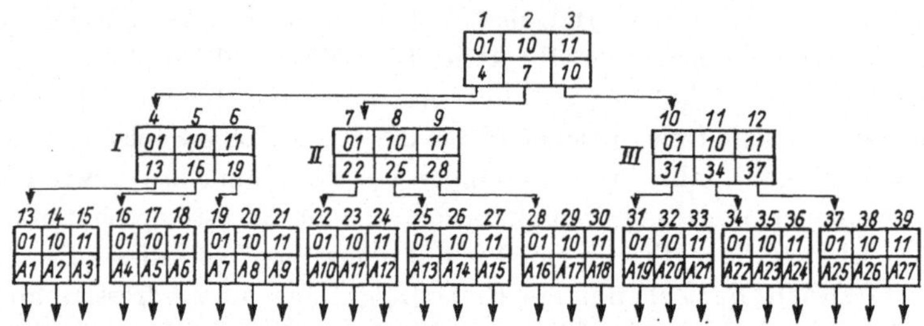

Abb. 19.
Tabelle der Werte der Kennzeichen (Binärzahlen)

Abb. 20. Assoziative Struktur mit Positionssuchbaum

spricht, und die Kennzeichen *P5* und *P6* werden zum dritten Unterkennzeichen zusammengefügt. Ihnen entspricht der Suchbaum III.

In Abbildung 20 sind die drei Suchbäume I, II, III abgebildet. Die Unterlisten sind in nebeneinanderliegenden Speicherzellen mit den Adressen von 1 bis 39 angeordnet. Jede Zelle besteht aus zwei Teilen: dem Wert des Kennzeichens und der Adresse der sich abzweigenden Unterliste. In den Unterlisten der untersten Ebene geben die Adressenteile die Lage der Knoten der entsprechenden vereinigten Objektlisten (von *A1* bis *A27*) an. Über den Kästchen stehen die Adressen der entsprechenden Zellen der Glieder der Unterlisten des Suchbaumes.

Wenn man die gegebenen Suchbäume (I, II, III) verwendet, können die Objekte wie folgt gesucht werden:

1. Aus der gegebenen Wertmenge der sechs Kennzeichen (*P1* bis *P6*) wird ein Kennzeichenpaar (*P1* und *P2* oder *P3* und *P4* oder *P5* und *P6*) als Suchunterkennzeichen und der diesen Kennzeichen entsprechende Suchbaum ausgewählt. Die Adresse des Knotens dieses Suchbaumes ermitteln wir mit Hilfe des Suchbaumes der obersten Ebene auf Grund der Codezahlen des Suchbaumes (I-01, II-10, III-11).

2. Im ausgewählten Suchbaum sehen wir die Liste der obersten Ebene durch und suchen dort ein Glied, das denselben Wert wie das erste Kennzeichen des von uns ausgewählten Suchunterkennzeichens hat.

3. Mit Hilfe der in diesem Glied vorhandenen Verbindungsadresse suchen wir die Unterliste der zweiten Ebene (s. Abb. 20).

4. Wir sehen die Unterliste der zweiten Ebene durch und suchen in ihr ein Glied, das denselben Wert des Kennzeichens wie das zweite Kennzeichen des Suchunterkennzeichens hat.

5. Mit Hilfe der Verbindungsadresse dieses Gliedes finden wir die gesuchte Objektliste.

6. Wir sehen die gefundene Objektliste durch und wählen in ihr jene Objekte aus, die den gegebenen Werten der restlichen vier Kennzeichen entsprechen (die nicht in das Suchunterkennzeichen eingehen).

Dabei müssen durchschnittlich die Hälfte der Glieder der Unterlisten der ersten und zweiten Ebene und die Hälfte der Glieder der Objektliste durchgesehen werden (wir unterstellen dabei, daß alle Kennzeichen gleichwahrscheinlich sind).

Anstelle das geforderte Objekt (oder ein einzelnes Objekt) mit Hilfe des Suchbaumes zu suchen, kann die Adresse, in der die Adresse des Knotens der Objektliste gespeichert ist, berechnet werden.

Dafür ist es ausreichend, anstelle der drei Suchbäume I, II und III über eine Gruppe aus n nebeneinander angeordneten Speicherzellen zu verfügen, in denen die Adressen der Knoten der Objektlisten ($A1$ bis An) gespeichert sind, wobei n die Gesamtzahl der Objektlisten ist. Mit $b0$ bezeichnen wir die Adresse der Anfangszelle, auf die die Zellen der betrachteten Gruppe folgen. Unter den gemachten Voraussetzungen über das Codierungssystem der Kennzeichen ($P1$ bis $P6$) und der angegebenen Lage der Zellen, die die Adressen der Knoten der Objektlisten enthalten, werden die Adressen dieser Knoten mit Hilfe der gegebenen Werte der Kennzeichen n_i und n_{i+1} sowie der Nummer (Codezahl) des Suchbaumes k ($k = 1$, 2 oder 3) wie folgt berechnet

$$A = b0 + 3^2\,(k - 1) + 3\,(n_i - 1) + n_{i+1}.$$

Ähnlich einfach sehen die Formeln zur Berechnung der Adressen bei anderer Konfiguration der Suchbäume aus.

Allgemein können mit dem Verfahren der berechenbaren Adressen in vielen Fällen Speicherzellen eingespart und die Zahl der Suchoperationen verringert werden. Die Zahl der zur Berechnung der indirekten Adressen notwendigen Operationen ist proportional zur Zahl der Kennzeichen (d. h. der Zahl der Ebenen des Baumes) und hängt nicht von der Zahl der Werte der Kennzeichen ab (d. h. von der Zahl der Glieder in den Unterlisten des Suchbaumes). Gleichzeitig ist die Zahl der Operationen zur Durchsicht der Unterlisten bei der Suche mit Hilfe des Suchbaumes proportional dem Produkt aus der Zahl der Kennzeichen und der Zahl der Werte der Kennzeichen (der Zahl der Ebenen des Baumes und der Zahl der Glieder in den Unterlisten). Es muß erwähnt werden, daß bei variablen Suchbäumen und konstanten Bäumen mit verschiedener Länge der Kennzeichenunterlisten noch Zellen zur Speicherung der Informationen über die Zahl der Glieder in den Kennzeichenunterlisten benötigt werden und der Berechnungsalgorithmus der indirekten Adressen sich durch Berücksichtigung der Dimensionen der Unterlisten kompliziert.

Ein weiteres Beispiel für die Anwendung des Verfahrens der berechenbaren Adressen ist ein Algorithmus zur Registrierung verschiedener Objekte in Abhängigkeit von ihrer Lage in der Ebene oder im Raum. Die Lage von Objekten möge durch die kartesischen

Koordinaten (x, y, z) charakterisiert werden. Mit Hilfe einer bestimmten vorgegebenen Zahl von höheren Stellen der Koordinaten der Objekte kann man den gesamten Raum in Gebiete gliedern.

Alle Objekte eines solchen Gebietes sollen in einer Liste vereinigt werden. Aus den entsprechenden höheren Stellen der Koordinaten x, y, z kann man eine Dualzahl als Adresse der Zelle bilden, in der die Adresse des Knotens der entsprechenden Liste gespeichert ist.

Ein Nachteil dieses Verfahrens besteht offensichtlich darin, daß Zellen für die indirekten Adressen aller Listen reserviert werden müssen, obwohl in Wirklichkeit viele Listen leer bleiben werden.

Eine der verbreitetsten Modifikationen des Verfahrens der berechenbaren Adressen ist das *Verfahren der Wortsuche im Wörterbuch mit Hilfe von Faltungen* des gebildeten Wortes. Die Faltungen erhält man durch die Buchstabencodezahlen.

Alle Buchstaben des Alphabets mögen z. B. konstante Codezahlen haben, die als sechsstellige Dualzahlen dargestellt sind. Dann kann für jedes beliebige Wort eine Faltung gewonnen werden, d. h. eine Dualzahl mit gegebener Stellenzahl (z. B. 10 oder 15 Stellen). Ein einfaches Verfahren der Faltung besteht darin, daß die Codezahlen der Buchstaben, die ein Wort bilden, stellenweise addiert und um eine Stelle nach rechts oder links verschoben werden. Die Verschiebung wird durch die vorgegebene Stellenzahl begrenzt. Alle Codezahlen der restlichen Buchstaben addiert man ohne Verschiebung. Liegen z. B. folgende Codezahlen vor: $g - 000001$, $a - 000010$, $l - 001000$, $n - 001010$, $t - 100100$, $f - 100101$, $u - 100110$. Dann kann die 10stellige duale Faltung des Wortes „Faltung" wie folgt erhalten werden:

Tabelle 30

Nr. der Stellen des Faltungscodes

	1	2	3	4	5	6	7	8	9	10	
f	1	0	0	1	0	1					
a		0	0	0	0	1	0				Codezahlen
l			0	0	1	0	0	0			der einzelnen
t				1	0	0	1	0	0		Buchstaben
u					1	0	0	1	1	0	
n					0	0	1	0	1	0	
g					0	0	0	0	0	1	
	1	0	0	0	0	0	0	1	0	1	

Faltungscodezahlen, erhalten durch stellenweise Addition der Buchstabencodezahlen (ohne Übertrag)

Ein Hauptmangel des Verfahrens der Faltung besteht darin, daß nichteindeutige Faltungen auftreten können, d. h. Fälle, in denen verschiedene Worte nach der Faltung dieselbe Faltungscodezahl haben können. Um die Unbestimmtheit in diesen Fällen zu vermeiden, fügt man Hilfskennzeichen hinzu, deren Einführung natürlich den Suchprozeß komplizierter macht. Außerdem führt die Verwendung von Faltungscodezahlen der Worte in Form von Adressen der Speicherzahlen, in denen die Informationen über die gegebenen Worte gespeichert werden, zu einer ungleichmäßigen Ausnutzung des Speichers, weil die erhaltenen Adressen im allgemeinen zufälligen Charakter tragen.

3.1.3. Einige Beziehungen für assoziative Listenstrukturen

Betrachten wir einen symmetrischen Suchbaum, d. h. einen Baum, dessen Zweige alle die gleiche Zahl k von Ebenen haben und bei dem von jedem Glied der Unterlisten einer solchen Ebene eine Unterliste mit n Gliedern ausgeht. Von jedem Glied der Unterliste niederer Ebene können Objektlisten mit einer beliebigen Zahl m von Gliedern ausgehen. Bei einem solchen Suchbaum ist die Maximalzahl der Objektlisten gleich der Zahl der Glieder in den Unterlisten niederer Ebene des Baumes:

$$N = n^k. \tag{3.1}$$

Für das Aufsuchen irgendeiner Objektliste nach einer angegebenen Folge der k Kennzeichen müssen k Unterlisten überprüft und im Mittel in jeder Unterliste μn Glieder durchgesehen werden, wobei $\mu \leqq 1$.

Bei der Objektsuche müssen mitunter in jeder Ebene des Baumes (in jeder Unterliste dieser Ebene) alle n Glieder der Unterliste geprüft werden.

Das ist insbesondere dann der Fall, wenn sich bei den Objektstrukturen mehrere Glieder in einer Unterliste befinden, die alle Suchkennzeichen besitzen und alle ermittelt werden sollen. In Kennzeichenstrukturen kann in jeder Unterliste nur ein Glied mit einem gegebenen Wert des Kennzeichens auftreten, und deshalb kann die Durchsicht einer Unterliste nur zum Auffinden eines Gliedes führen, das den gegebenen Wert des zu überprüfenden Kennzeichens besitzt. Daher rührt auch der Faktor $\mu \leqq 1$. Die notwendige Gesamtanzahl an Überprüfungen von Gliedern des Suchbaumes für das Auffinden der geforderten Objektliste ist gleich:

$$L_{pd} = \mu n k = \mu n \, \frac{\ln N}{\ln n}. \tag{3.2}$$

Die Größe L_{pd} erreicht bei festem N ihr Minimum bei $n = \mathrm{e}$ (wobei $e = 2{,}71\ldots$). Wählt man die Parameter des Suchbaumes gemäß der Forderung nach der maximalen Suchgeschwindigkeit aus, dann benutzt man zweckmäßig eine der natürlichen Zahl $e = 2{,}71\ldots$ naheliegende ganze Zahl ($n = 2$ oder 3). Wir wollen nun die Zahl der von einem Suchbaum eingenommenen Speicherzellen überschlagsmäßig abschätzen. In den Unterlisten niederer Ebene ist die Gesamtzahl der Glieder gleich der Gesamtzahl der Objektlisten N.

In den Unterlisten der vorletzten Ebene ergaben sich n-mal weniger Glieder, in den Unterlisten der der vorletzten vorausgehenden Ebene n^2 weniger Glieder usw. Die Gesamtzahl der Glieder in dem Suchbaum ergibt sich demnach gemäß der geometrischen Reihe:

$$\Phi = N + \frac{N}{n} + \frac{N}{n^2} + \cdots + \frac{N}{n^{k-1}} = N \frac{n(n^k - 1)}{(n - 1)\, n^k}. \tag{3.3a}$$

Wenn wir nach Formel (3.1) n^k durch N ersetzen, dann erhalten wir

$$\Phi = \frac{n(N - 1)}{n - 1} \approx \frac{nN}{n - 1}. \tag{3.3b}$$

Aus Formel (3.3b) sieht man, daß beginnend bei $n = 2$, für das $\Phi = 2\,(N - 1)$ ist, die Größe Φ mit wachsendem n kleiner wird und bei $n = N$ gleich N ist. Eine weitere Vergrößerung von n wäre sinnlos. Damit ist klar, daß sich Φ mit Vergrößerung von n einerseits verringert, d. h. die zur Speicherung des Suchbaums notwendige Kapazität wird kleiner, andererseits vergrößert sich die Zahl der Suchoperationen (bei $n > e$). Es interessiert nun eine gemeinsame Bewertung, die sowohl den Speicheraufwand als auch die Zahl der Suchoperationen berücksichtigt. Als Kriterium dieser Art benutzt man manchmal gemäß [26] das Produkt aus der Zahl der für den Aufbau eines Suchbaumes notwendigen Speicherzellen und der Zahl der zum Auffinden der Objektliste notwendigen Überprüfung der Glieder des Suchbaumes.

$$K = L\,\Phi = \mu n \, \frac{Nn}{(n - 1)} \cdot \frac{\ln N}{\ln n}. \tag{3.4}$$

Die Größe K hat ihr Minimum bei $n = 4{,}2 \approx 4$.

Eine solche Gliederzahl in den Unterlisten des Suchbaumes (unter sonst gleichen Bedingungen) ist sowohl vom Standpunkt des Speicheraufwandes als auch vom Standpunkt der Suchgeschwindigkeit am vorteilhaftesten.

Die Zahl der verschiedenen Objektlisten, in denen gleichzeitig ein bestimmtes Objekt zu finden ist, wird durch die Zahl der Listenworte im assoziativen Knoten des Objektes bestimmt. Wir nehmen an, daß ein Listenwort aus der Verbindungsadresse und der Codezahl des Kennzeichens besteht (Deskriptor).

Ein Klassifikationssystem von Objekten, nach dem ein Suchbaum aufgebaut wird, kann in allgemeiner Form wie folgt beschrieben werden. Jedes Objekt ist durch eine bestimmte Menge (S) von Kennzeichen (Eigenschaften) charakterisiert: Farbe, Gewicht, Länge, Koordinaten usw. Die Objekte müssen dabei nicht notwendig alle S Kennzeichen besitzen. Jedes Kennzeichen kann eine bestimmte Zahl von Werten annehmen. Zum Beispiel für die Farbe: weiß, rot usw.; b_i sei die Zahl der verschiedenen Werte, die das i-te Kennzeichen annehmen kann. Die unterschiedlichen Werte desselben Kennzeichens sind – wie oben schon erwähnt – miteinander unvereinbar (sie schließen sich gegenseitig aus). Unterschiedliche Kennzeichen sind miteinander vereinbar, obwohl verschiedene Objekte nicht alle Kennzeichen zu besitzen brauchen. Für ein ähnliches Klassifikationssystem können wir verschiedene Suchbäume aufstellen. Wir betrachten zwei Grenzfälle:

1. Für den Wert jedes Kennzeichens stellen wir eine getrennte Objektliste auf, die alle Objekte mit dem Wert dieses Kennzeichens umfaßt. Die Gesamtzahl der Objektlisten ist dann gleich

$$N = \sum_{i=1}^{S} b_i. \tag{3.5}$$

Jedes Objekt kann in S Listen gleichzeitig eingehen und deshalb müssen in den assoziativen Knoten der Objekte jeweils S Listenworte vorhanden sein.

2. Für jede Wertekombination aller S Kennzeichen stellen wir eine getrennte Objektliste auf. Die „Liste" besitzt entweder ein Glied oder ist überhaupt gliedlos, wenn wir annehmen, daß die zu untersuchenden Objekte sich notwendig zumindest durch den Wert eines Kennzeichens unterscheiden. Die assoziativen Knoten der Objekte fehlen in diesem Fall. Die Gesamtzahl der Glieder in den Unterlisten niederer Ebene, d. h. die Zahl der Endknoten des Baumes, ist gleich:

$$N = \prod_{i=1}^{S} b_i. \tag{3.6}$$

Diese Zahl kann die tatsächliche Anzahl der betrachteten Objekte bedeutend übertreffen. Im allgemeinen (bei der Verwendung sich gegenseitig ausschließender Kennzeichenwerte) kann sich jedes Objekt nur auf einen Endknoten eines Baumes beziehen. Im ersten Fall erhält man eine minimale Zahl von Objektlisten und die Suche einer Objektliste ist sehr einfach. Dafür wird die Suche komplizierter, wenn in jeder Objektliste eine große Zahl von Gliedern vorhanden ist. Der Speicheraufwand für die Listenworte in den assoziativen Knoten steigt ebenfalls beträchtlich an. Im zweiten Fall entartet die gesamte assoziative Struktur faktisch in einen Suchbaum ohne Objektlisten, der sehr verzweigt sein kann (bei Vorhandensein einer großen Zahl von Kennzeichen mit einer großen Wertezahl). Dabei reduziert sich der gesamte Suchprozeß der Objekte auf die Suche nach dem notwendigen Endknoten des Suchbaums. Die gesamte für die assoziative Information notwendige Speicherkapazität verwendet man für den Suchbaum.

Ein Zwischenstadium zwischen diesen zwei Grenzfällen kann durch eine Aufteilung aller S Kennzeichen in verschiedene Gruppen erreicht werden, wobei jede dieser Kennzeichengruppen in Form eines sog. Unterkennzeichens dargestellt werden kann. Der Wert des Unterkennzeichens ist eine Wertekombination der in ihm enthaltenen Kennzeichen. Die Gesamtzahl der verschiedenen Werte eines Unterkennzeichens ist gleich dem Produkt aus den Anzahlen der in das Kennzeichen eingehenden Werte. Sind die verschiedenen Werte jedes Kennzeichens unvereinbar, dann gilt das auch für die verschiedenen Werte eines Unterkennzeichens.

Wir wollen voraussetzen, daß wir S Kennzeichen in l Unterkennzeichen unterteilt haben. Die Zahl der Kennzeichen, die im i-ten Unterkennzeichen vereinigt sind, bezeichnen wir mit h_i. Offensichtlich gilt:

$$\sum_{i=1}^{l} h_i = S. \tag{3.7}$$

Die Zahl der verschiedenen Werte des i-ten Unterkennzeichens ist gleich

$$N_i = \prod_{j=q_i}^{r_i} b_j, \tag{3.8a}$$

wobei

$$q_i = \sum_{k=1}^{i-1} h_k + 1, \tag{3.8b}$$

$$r_i = \sum_{k=1}^{i} h_k. \tag{3.8c}$$

Wir wollen weiter voraussetzen, daß die in einem Unterkennzeichen vereinigten Kennzeichen nacheinander angeordnet werden. Das ist immer möglich, weil keinerlei Beschränkungen hinsichtlich der Umstellung der Kennzeichen gemacht wurden. Jetzt können wir für jedes Unterkennzeichen einen entsprechenden Suchbaum aufstellen, wobei die Gesamtzahl der Endknoten dieses Baumes gleich der Zahl der verschiedenen Werte dieses Unterkennzeichens ist. Wenn alle S Kennzeichen in l Unterkennzeichen gegliedert sind, dann können wir l Suchbäume aufstellen. Für jeden Wert des Unterkennzeichens bildet man eine Objektliste. Sie nimmt alle Objekte auf, die den Wert des gegebenen Unterkennzeichens besitzen. Die Gesamtzahl der Objektlisten, die sich auf ein bestimmtes i-tes Unterkennzeichen bezieht, ergibt sich aus Formel (3.8a). Die Gesamtzahl aller Objektlisten für alle l Unterkennzeichen ist deren Summe:

$$N = \sum_{i=1}^{l} N_i. \tag{3.9}$$

Jedes Objekt kann nur in eine der Objektlisten eingehen, die sich auf ein gegebenes Unterkennzeichen bezieht. Es kann natürlich auch in verschiedene Unterlisten eingehen, falls diese sich auf verschiedene Unterkennzeichen beziehen. Die Maximalzahl der Objektlisten, in die ein Objekt eingehen kann, ist gleich der Zahl l der Unterkennzeichen; deshalb müssen in einem assoziativen Knoten der Objekte l Listenworte vorgesehen sein. Weil in dem beschriebenen Klassifikationssystem nicht ein, sondern l verschiedene Suchbäume aufgebaut werden können (gemäß der Zahl der Unterkennzeichen), werden wir diese Assoziativstruktur als *vielbäumige assoziative Struktur* bezeichnen.

Im allgemeinen ist die Anzahl der Ebenen in Suchbäumen, die zu verschiedenen Unterkennzeichen gehören, unterschiedlich. Sie ergibt sich aus der Anzahl der verschiedenen Werte der entsprechenden Unterkennzeichen N_i. Im assoziativen Knoten eines

Objektes wird für jedes Unterkennzeichen ein Listenwort vorgesehen. In diesem Wort gibt man eine Verbindungsadresse an, mit deren Hilfe die Objektliste der Glieder gebildet wird, die den gegebenen Wert des Unterkennzeichens besitzen; außer der Verbindungsadresse geht in das Listenwort noch die Kennzeichencodezahl der Objektliste ein. Die Stellenzahl des Kennzeichens wählt man so, daß man die N_i Objektlisten unterscheiden kann, die zu den N_i Werten des entsprechenden Unterkennzeichens gehören.

Die codierten Kennzeichen der Listenworte, mit dessen Hilfe man die Unterlisten eines Suchbaumes bildet, müssen es ermöglichen, die Glieder innerhalb einer Unterliste zu unterscheiden. Die Objekte werden in der beschriebenen vielbäumigen assoziativen Struktur wie folgt gesucht. Man gibt alle Werte der S Kennzeichen des gesuchten Objektes vor. Fehlen Kennzeichen, verläuft die Suche nicht eindeutig, d. h., es können mehrere Objekte gefunden werden, die den geforderten Bedingungen entsprechen.

Die gegebenen S Werte der Kennzeichen unterteilt man in l Unterkennzeichen in Übereinstimmung mit der für den Aufbau der Suchbäume zugrundegelegten Einteilung. Dann wählt man aus den l Unterkennzeichen ein Kennzeichen als Suchunterkennzeichen aus. Mit Hilfe des sich darauf beziehenden Suchbaumes sucht man die Objektliste, die dem gegebenen Wert des Suchunterkennzeichens entspricht. Nachdem diese Objektliste gefunden ist, sucht man das notwendige Objekt in dieser Liste durch nacheinander erfolgende Durchsicht ihrer Glieder (assoziativer Knoten). Die Werte der Kennzeichen in den restlichen Listenworten jedes Knotens werden mit den gegebenen Werten der restlichen Unterkennzeichen (außer dem gesuchten) verglichen. Als Ergebnis erhält man ein Glied, dessen sämtliche Kennzeichenwerte mit den vorgegebenen Listenworten des Knotens übereinstimmen.

Der Suchprozeß eines Objektes zerfällt also in drei Schritte:

1. die Auswahl des Suchunterkennzeichens,

2. die Suche der Objektliste, die dem gegebenen Wert des gesuchten Unterkennzeichens entspricht,

3. die Suche des Objektes in der Objektliste.

In jedem Knoten einer Objektliste müssen maximal $(l-1)$ Codezahlen von Unterkennzeichen durchgesehen werden. Erfolgen diese Durchsichten nacheinander, dann werden im Mittel weniger als $(l-1)$ Codezahlen überprüft, weil nach der ersten nicht übereinstimmenden Codezahl aufgehört werden kann. Die Suche kann wesentlich beschleunigt werden, wenn alle Kennzeichencodezahlen in jedem assoziativen Knoten gleichzeitig, d. h. in einem Arbeitstakt der Maschine überprüft werden.

Aus dem Dargelegten ist ersichtlich, daß eine Objektsuche in einer vielbäumigen Knotenstruktur nur mit einem Suchbaum und nach einer Objektliste erfolgt. In den assoziativen Knoten der Objekte benutzt man dabei eine Verbindungsadresse als Bestandteil des dem gewählten Unterkennzeichen entsprechenden Listenwortes und $(l-1)$ Codezahlen von Unterkennzeichen als Bestandteil der Listenworte, die den restlichen Unterkennzeichen entsprechen.

So ist bei jeder konkreten Objektsuche die tatsächlich ausgenutzte Speicherkapazität bedeutend geringer als die von der entsprechenden vielbäumigen Struktur beanspruchte Gesamtspeicherkapazität (nicht gerechnet die Speicherkapazität, die durch die Formulare der Objekte als zusätzliche Information über die Objekte beansprucht wird). Daraus geht hervor, daß zur Objektsuche nach einem gegebenen Kennzeichensystem eine nur aus einem Suchbaum bestehende Struktur aufgebaut werden kann, in der als Suchunterkennzeichen eine bestimmte fixierte Gruppe von h Unterkennzeichen ($h < S$) ausgewählt wird. In den assoziativen Knoten der Objekte muß dabei ein Listenwort vorhanden sein, daß in sich eine Verbindungsadresse und eine komplizierte Kennzeichencodezahl einschließt, die alle restlichen $(S - h)$ Kennzeichen umfaßt. Solche Kennzeichenstrukturen wollen wir als einbäumige assoziative Strukturen bezeichnen. Der Hauptvorzug der vielbäumigen Struktur besteht darin, daß die Suche der Objekte auf mehreren Wegen erfolgen kann. Dabei wählt man in den jeweiligen Fällen ein beliebiges aus den vorhandenen l Unterkennzeichen aus. Verschiedene Objektarten können auch durch eine unvollständige Menge ihrer Kennzeichen ausgewählt werden. Als Suchunterkennzeichen kann jedesmal ein Unterkennzeichen gewählt werden, das alle Kennzeichen einer bestimmten Objektart besitzt. Ein weiterer wichtiger Vorzug der vielbäumigen Knotenstruktur besteht in einer Suche der Objekte auf kürzestem Wege, d. h., es wird ein Suchunterkennzeichen mit der kürzesten Objektliste ausgewählt. Das kann man dadurch erreichen, daß man die Wahrscheinlichkeiten oder Häufigkeiten des Auftretens der Objekte bei den verschiedenen Werten der Unterkennzeichen berücksichtigt.

Um die Zweckmäßigkeit einbäumiger assoziativer Strukturen einschätzen zu können, muß man vom Charakter der Objektsuche (der Suche einzelner Objekte mit vollständiger Angabe der Kennzeichen) bzw. der Suche von Objektarten mit unvollständiger Angabe der Kennzeichen ausgehen und die Wahrscheinlichkeitsverteilung des Auftretens der Objekte mit unterschiedlichen Kennzeichenwerten (Unterkennzeichen) beachten. Wir wollen zu diesem Zweck verschiedene Abhängigkeiten, die den Suchprozeß in einer einbäumigen assoziativen Struktur bestimmen, untersuchen. Setzen wir voraus, daß als Suchunterkennzeichen die h ersten (von S) Kennzeichen gewählt wurden. Die restlichen $(S - h)$ Kennzeichen vereinigen wir in einem Unterkennzeichen, das wir *Objektunterkennzeichen* nennen wollen. Da wir die Kennzeichen beliebig umstellen können, genügt es zu fordern, daß h beliebige (fixierte) aus den S Kennzeichen ausgewählt werden. Entsprechend Formel (3.8a) ist die Zahl der Objektlisten mit dem gegebenen Suchunterkennzeichen gleich

$$N = \prod_{i=1}^{h} b_i. \tag{3.10}$$

Um die Objektliste mit dem Wert des Suchkennzeichens zu finden, müssen die Glieder des Suchbaumes überprüft werden. Die benötigte Anzahl der Operationen ergibt sich gemäß Formel (3.2),

$$L_{pd} = \mu n \cdot \frac{\ln N}{\ln n}. \tag{3.2}$$

Diese Größe ist bei $n =$ e minimal, so daß in den Unterlisten des Suchbaumes zweckmäßigerweise zwei bis drei Glieder vorhanden sein sollten. Der Koeffizient μ berücksichtigt, daß nicht alle Glieder der Unterlisten des Suchbaumes untersucht werden, weil nur bis zum Auffinden des geforderten Wertes eines Kennzeichens überprüft wird.

Wir wollen voraussetzen, daß die Anzahl der Überprüfungen zum Auffinden eines bestimmten Gliedes (Objektes) in einer ausgewählten k-ten Objektliste zur Länge dieser Objektliste proportional ist (d. h. zur Zahl der Glieder in dieser Objektliste)

$$L_{oc_k} = \eta \, Q_{oc_k},\tag{3.11}$$

wobei

L_{oc_k} die Länge der entsprechenden Objektliste,

η ein Proportionalitätsfaktor und

Q_{oc_k} die Zahl der entsprechenden Objekte sind.

Wir wollen weiter annehmen, daß die Länge jeder Objektliste proportional zur Wahrscheinlichkeit des Auftretens der Objekte mit den entsprechenden Werten der Suchunterkennzeichen ist. (Dabei bedeutet offensichtlich eine Wahrscheinlichkeit von 0,01, daß ein Objekt mit dem Wert dieses Unterkennzeichens kaum auftritt). Die Wahrscheinlichkeit des Auftretens eines Objektes mit einem bestimmten k-ten Wert des Suchunterkennzeichens werden wir mit p_k bezeichnen. Jedes der untersuchten Objekte (deren Gesamtzahl wir mit P bezeichnen) darf sich in genau einer der Objektlisten befinden, die sich auf ein gegebenes Unterkennzeichen beziehen. Deshalb muß die Zahl der Objekte in den Objektlisten, die den verschiedenen Werten der Suchunterkennzeichen entsprechen, proportional zu den Wahrscheinlichkeiten des Auftretens dieser Werte der Unterkennzeichen sein:

$$Q_{oc_k} = P p_k.\tag{3.12}$$

Wir setzen voraus, daß alle S Kennzeichen voneinander unabhängig sind. Dann ist die Wahrscheinlichkeit des Auftretens eines bestimmten Wertes des Unterkennzeichens gleich dem Produkt der Wahrscheinlichkeit des Auftretens der Werte der Kennzeichen, die das gegebene Unterkennzeichen bilden:

$$p_k = \prod_{i=1}^{h} p_{i,j_i},\tag{3.13}$$

wobei p_{i,j_i} die Wahrscheinlichkeit des Auftretens des j-ten Wertes beim i-ten Kennzeichen ist.

Wir nehmen an, daß für alle Werte der S Kennzeichen die Wahrscheinlichkeiten des Auftretens in Form einer Tabelle gegeben sind, die S Spalten und in jeder i-ten Spalte b_i Zeilen (Werte) besitzt.

Der Index j läuft für jedes i von 1 bis b_i. In Formel (3.13) entspricht eine bestimmte fixierte Menge von Werten j dem k-ten Suchunterkennzeichen. Bestimmte voneinander abhängige Kennzeichen können zu einem Kennzeichen zusammengefaßt werden (mit einer großen Zahl von Werten, die keine Unterkennzeichen sind). Dieses Kennzeichen ist von den restlichen Kennzeichen unabhängiger, und so kann der Fall abhängiger auf den untersuchten Fall unabhängiger Kennzeichen zurückgeführt werden.

Die Häufigkeit eines Zugriffes zu einer bestimmten Objektliste zwecks Suche der darin enthaltenen Objekte ist ebenfalls der Wahrscheinlichkeit des Auftretens des Wertes des Suchunterkennzeichens proportional. Damit ist die Zahl der auf eine bestimmte Objektliste entfallenden Überprüfungen proportional zur Länge dieser Liste und der Häufigkeit des Zugriffs zu ihr:

$$L_{oc_k} = \eta P \prod_{i=1}^{h} p_{i,j_i} \, M \prod_{i=1}^{h} p_{i,j_i}, \tag{3.14}$$

wobei der Index j eine bestimmte feste Menge von Werten, die der k-ten Objektliste entspricht, besitzt und der Koeffizient M die Gesamtzahl der gesuchten Objekte darstellt.

$M \prod\limits_{i=1}^{h} p_{i,j_i}$ ist die Zahl der auf die k-te Objektliste entfallenden Suchvorgänge. Auf Grund der Formel (3.14) erhalten wir

$$L_{oc_k} = \eta \, M P \prod_{i=1}^{h} p_{i,j_i}^2, \tag{3.15}$$

Die Gesamtzahl der Überprüfungen von Gliedern der Objektlisten, die bei allen M gesuchten Objekten durchgeführt werden, ist gleich der Zahl der Überprüfungen in allen N Objektlisten:

$$L_{oc} = \sum_{k=1}^{N} L_{oc_k}. \tag{3.16}$$

Diese Summe erhält man durch Variation des Index j, der für jedes k eine feste Menge von Werten annimmt. Die Summe gemäß Formel (3.16) erhält man wie folgt:

$$L_{oc} = \eta \, M P \sum_{j_h=1}^{b_h} \cdots \sum_{j_2=1}^{b_2} \sum_{j_1=1}^{b_1} \prod_{i=1}^{h} p_{i,j_i}^2. \tag{3.17}$$

Der Ausdruck kann zusammengefaßt werden, wenn man die mehrfache Summation der Produkte durch das Produkt der Summen ersetzt:

$$L_{oc} = \eta \, M P \prod_{i=1}^{h} \sum_{j_i=1}^{b_i} p_{i,j_i}^2. \tag{3.18}$$

Gemäß Formel (3.18) erhält man nach Division durch M die mittlere Zahl der Überprüfungen, die auf den Suchvorgang eines Objektes in der Objektliste entfallen:

$$L_{oc}^{(cp)} = \eta P \prod_{i=1}^{h} \sum_{j_i=1}^{b_i} p_{i,j_i}^2. \tag{3.19}$$

Durch Vereinigung der Formeln (3.2) und (3.19) erhalten wir das Gesamtmittel der Operationen zur Überprüfung des Suchbaumes und der Objektliste, die für das Auffinden eines Objektes notwendig ist:

$$L^{(\mathrm{cp})} = L_{pd} + L_{oc}^{(\mathrm{cp})} = \mu n \frac{\ln N}{\ln n} + \eta P \prod_{i=1}^{h} \sum_{j_i=1}^{b_i} p_{i,j_i}^2 . \tag{3.20}$$

Ersetzt man N noch durch das Produkt $\prod\limits_{i=1}^{h} b_i$, so ergibt sich:

$$L^{(\mathrm{cp})} = \frac{\mu n}{\ln n} \ln \prod_{i=1}^{h} b_i + \eta P \prod_{i=1}^{h} \sum_{j_i=1}^{b_i} p_{i,j_i}^2 . \tag{3.21}$$

Hier sind

μ und η konstante Koeffizienten;

n die Zahl der Glieder in den Unterlisten des Suchbaums (die konstant ist);

b_i die Zahl der verschiedenen Werte des i-ten Kennzeichens;

P die Gesamtzahl der betrachteten Objekte;

p_{i,j_i} die Wahrscheinlichkeit des Auftretens des j-ten Wertes eines i-ten Kennzeichens.

Auf Grund der Formel (3.21) kann man zwei Fragen untersuchen:

1. Mit Hilfe der tabellierten Wahrscheinlichkeiten p_{i,j_i} sind h aus S Kennzeichen derart auszuwählen (die Zahl $h \leqq S$ ist dabei selbst zu bestimmen), daß die mittlere Zahl der Überprüfungsoperationen zum Auffinden der Objekte minimal wird. Das ist das Problem des Aufbaus zeitoptimaler einbäumiger assoziativer Strukturen. Die Kennzeichen müssen unter Berücksichtigung der Zahl der verschiedenen Werte jedes Kennzeichens und der Wahrscheinlichkeitsverteilung des Auftretens der einzelnen Werte ausgewählt werden. Offensichtlich kann als verallgemeinerte Wahrscheinlichkeitscharakteristik eines Kennzeichens die Entropie der verschiedenen Werte dieses Kennzeichens dienen.

2. Mit Hilfe der tabellierten Wahrscheinlichkeiten p_{i,j_i} sind die S Kennzeichen so in l Suchkennzeichen zu unterteilen, daß bei der Objektsuche jedesmal das vorteilhafteste Suchunterkennzeichen verwendet und die Gesamtzahl der Überprüfungen minimal wird.

Hier geht es demnach um suchzeitoptimale, einbäumige assoziative Strukturen. So kann man mit Hilfe der Werte p_{i,j_i} die sich beim Übergang zu einer vielbäumigen Knotenstruktur ergebende Zeiteinsparung bei der Suche einschätzen und die eingesparte Suchzeit mit dem dadurch bedingten zusätzlichen Speicheraufwand vergleichen.

Wir möchten an dieser Stelle ausdrücklich bemerken, daß den angegebenen Formeln die Annahme voneinander unabhängiger Kennzeichen zugrunde lag. Es besteht jedoch die Möglichkeit, abhängige Kennzeichen zu einem Kennzeichen (kein Unterkennzeichen) mit einer großen Zahl von Werten zu vereinigen. Es ist dann von den übrigen Kennzeichen unabhängig. Auf diese Weise führt man diesen Fall auf den untersuchten zurück.

Die Formel (3.21) erlaubt keine analytische Untersuchung. Aus diesem Grund wollen wir sie mit Hilfe konkreter Zahlenwerte für P, S, b_i und p_{i,j_i} diskutieren, wobei eine elektronische Rechenmaschine die dabei notwendigen numerischen Rechnungen ausführen kann. Wir untersuchen zunächst den speziellen Fall, daß alle S Kennzeichen die gleiche Zahl von Werten besitzen ($b_1 = b_2 = \cdots = b_s = b$) und die Wahrscheinlichkeit des Auftretens der Objekte mit verschiedenen Werten der Kennzeichen ebenfalls gleich ist ($p_{i,j_i} = 1/b$). Dann erhält die Formel (3.21) folgendes Aussehen:

$$L = \mu n \log_n b^h + \eta P \frac{1}{b^h}. \tag{3.22}$$

Wir bestimmen, bei welchem h die Größe L ihr Minimum erreicht. Wir setzen $n = \mathrm{e}$:

$$\frac{dL}{dh} = \mu \mathrm{e} \ln b - \eta P \frac{\ln b}{b^h} = 0. \tag{3.23}$$

Daraus wird

$$h = \log_b \frac{\eta P}{\mu \mathrm{e}} = \frac{1}{\ln b} \ln \frac{\eta P}{\mu \mathrm{e}}. \tag{3.24}$$

Setzen wir zum Beispiel $\eta = \mu = 0{,}5$, beträgt $h \approx 8$ bei $P = 1024$ und $b = 2$, dagegen beträgt $h \approx 5$ bei $P = 10^6$ und $b = 10$. Dabei ist die mittlere Zahl der Überprüfungen in der Objektliste gleich $\eta \mathrm{e}$, d. h., sie ist genau so groß wie die Zahl der Überprüfungen in jeder der Unterlisten des Suchbaumes. Formel (3.24) gibt das Verhältnis der Zahl der in einer Objektliste notwendigen Überprüfungen zur Zahl der Überprüfungen im Suchbaum wider. Dieses Verhältnis wird durch die Zahl der Ebenen des Suchbaumes bestimmt.

$$K = \ln \frac{\eta P}{\mu \mathrm{e}}.$$

Wenn man $\eta = \mu = 0{,}5$ setzt, erhält man $K = \ln P - 1$. Zum Beispiel bei $P = 10^3$ ist $K \approx 6$, bei $P = 10^6$ ist $K \approx 13$.

So ist, wenn man von der Bedingung der Minimierung der Gesamtzahl der Überprüfungen ausgeht, jene Struktur am vorteilhaftesten, die gleichsam nur aus einem Suchbaum besteht. In dieser Struktur müssen die Objektlisten im Durchschnitt dieselbe Gliederzahl besitzen, wie die Unterlisten des Suchbaumes. Im Unterschied dazu sind jedoch die Objektlisten verschieden lang. Der Hauptteil der Überprüfungen entfällt dabei auf den Suchbaum, für die Objektlisten verbleibt nur ein geringer Rest.

Wir wollen nun die notwendige Speicherkapazität für den Suchbaum und die Objektlisten schätzen. Wenn die maximal zulässige Zahl von Objektlisten gleich P ist und die Zahl aller Kennzeichen gleich S, dann ist der Speicheraufwand für die Listenworte in den Objektlisten gleich:

$$Q_{\mathrm{VA}} \approx P \left(\log_2 P + \log_2 b^{S-h}\right), \tag{3.25}$$

wobei der erste Summand eine Verbindungsadresse, der zweite eine Kennzeichencodezahl ist. Der Speicheraufwand für den Suchbaum ist gleich

$$Q_{\mathrm{SB}} \approx \frac{nN}{n-1}\lambda,$$

wobei $N = b^h$ die Gesamtzahl der Objektlisten und λ die Stellenzahl in dem Listenwort des Baumes ist. Wir unterstellen, daß es in einem Listenwort zwei Hilfsstellen gibt, die Verbindungsadresse (relativ, sie hat ungefähr $\log_2 \dfrac{nN}{n-1}$ Zeichen. Es wird angenommen, daß der Baum eine freie Zone von Zellen einnimmt) und die Kennzeichencodezahl, mit deren Hilfe die Glieder innerhalb der Grenzen einer Unterliste aufgeteilt werden (sie hat ungefähr $\log_2 n$ Stellen).

$$\lambda \approx 2 + \log_2 \frac{nN}{n-1} + \log_2 n. \tag{3.26}$$

Daraus folgt

$$Q_{SB} \approx \frac{nb^n}{n-1}\left(2 + \log_2 \frac{nb^h}{n-1} + \log_2 n\right).$$

Wir berechnen für einige konkrete Beispiele den Quotienten $q = Q_{\mathrm{VA}}/Q_{\mathrm{SB}}$, d. h. das Verhältnis des Speicheraufwandes für Listenworte in den Objektlisten und im Suchbaum.

Bei $P = 10^3$, $b = 2$, $S = 16$, $h = 8$, $n = 3$ erhalten wir $q = Q_{\mathrm{VA}}/Q_{\mathrm{SB}} \approx 4$; bei $P = 10^6$, $b = 10$, $S = 16$, $h = 4$, $n = 3$ erhalten wir $q \approx 200$. Im allgemeinen hängt der Speicheraufwand für die Objektlisten hauptsächlich von der Zahl P der Objekte ab und der Speicheraufwand für den Suchbaum von der Zahl $N = b^h$ der Objektlisten.

Obwohl die Zahl P der Objekte gewöhnlich wesentlich größer als die Zahl N der Objektlisten ist, entfällt der wesentlichste Speicheraufwand auf die Objektlisten. Wir untersuchen jetzt den speziellen Fall des Aufbaus einer assoziativen Struktur. Wie oben setzen wir voraus, daß alle Kennzeichen eine gleiche Wertezahl besitzen ($b_1 = b_2 = \cdots = b_S = b$) und die Wahrscheinlichkeiten des Auftretens der Objekte mit unterschiedlichen Kennzeichenwerten gleich sind ($p_{i,j_i} = 1/b$ für $i = 1, 2, \ldots, S$). S Kennzeichen teilen wir in l Unterkennzeichen zu h Kennzeichen ($h = S/l$).

Im assoziativen Knoten jedes Objektes gibt es l den einzelnen Unterkennzeichen entsprechende Listenworte. Wir setzen voraus, daß alle l Kennzeichencodezahlen im Knoten gleichzeitig überprüft werden.

Aus der Formel (3.21) erhalten wir (indem wir $p_{i,j_i} = 1/b$ und $h = S/l$ setzen)

$$L^{(cp)} = \mu n \log_n b^{\frac{S}{l}} + \frac{\eta P}{b^{\frac{S}{l}}}. \tag{3.27}$$

Durch Differentiation nach l und Nullsetzen des so gewonnenen Ausdrucks erhalten wir den Wert l, für den die Zahl der Überprüfungen minimal wird:

$$\frac{dL^{(cp)}}{dl} = -\frac{\mu n S}{l^2} \log_n b + \frac{\eta P S}{l^2} \frac{\ln b}{b^{\frac{S}{l}}} = 0.$$

Daraus (indem wir $\eta \approx \mu$ setzen) ergibt sich

$$l = \frac{\ln b^S}{\ln P + \ln \ln n - \ln n}.$$

Wenn wir annehmen, daß $n = e$ ist, erhalten wir:

$$l = \frac{\ln b^S}{\ln P - 1}. \tag{3.28}$$

Nach Formel (3.28) wächst die optimale Zahl von Unterkennzeichen, in die die S Kennzeichen unterteilt werden sollen, mit wachsendem b_S, d. h. mit der Zahl aller möglichen Kennzeichenkombinationen. Wächst die Zahl der zu überprüfenden Objekte P, dann verringert sich l.

Zum Beispiel erhalten wir $l \approx 2$ für $P = 10^3$, $b = 2$, $S = 16$; für $P = 10^6$, $b = 10$, $S = 16$ ergibt sich $l \approx 3$.

Die Zahl der Suchbäume und der assoziativen Worte in einem Knoten vergrößert sich mit steigender Zahl von Unterkennzeichen. Die für die assoziative Information benötigte Speicherkapazität steigt dadurch an, wobei der größte Teil des Speichers für die Listenworte in den Knoten benötigt wird. Für den Aufbau von Strukturen mit einer variablen Zahl von Werten der Kennzeichen sowie unterschiedlich wahrscheinlichen Kennzeichen können die untersuchten speziellen Fälle des Aufbaus einbäumiger assoziativer Strukturen als allgemeine Orientierung dienen.

Zur exakteren Analyse und Auswahl der Parameter solcher Strukturen kann unmittelbar Formel (3.21) verwendet werden. Eine Analyse zeigt, daß der Hauptteil der Operationen bei einer Objektsuche auf die Überprüfung des Suchbaumes entfällt. Der größte Teil der Kapazität zur Speicherung der assoziativen Information wird für die Listenworte in den Knoten der Objekte verwendet. Wenn man das berücksichtigt, kann man vielbäumige assoziative Strukturen benutzen. Sie garantieren eine schnellere Suche und einen geringeren Speicheraufwand. Dabei werden die S gegebenen Kennzeichen der Objekte in l Unterkennzeichen aufgespalten und für jedes Unterkennzeichen ein entsprechender Suchbaum aufgebaut. Dadurch enthält die Listenstruktur l Bäume.

In den Knoten der Objekte wird jedoch Platz nur für ein Listenwort zur Aufnahme der Verbindungsadresse und eines Objektunterkennzeichens vorgesehen.

Folglich kann jedes Objekt nur in einer der Objektlisten bei einem der aufgezählten Suchbäume auftreten.

Der Suchbaum, d. h. das Suchunterkennzeichen, mit dessen Hilfe das Objekt gesucht werden soll, wird unter Berücksichtigung der Wahrscheinlichkeiten der Werte der Unterkennzeichen der Objekte ausgewählt. Bei der Programmierung werden die Werte p_{i,j_i} – die Wahrscheinlichkeiten des Auftretens der Objekte mit den verschiedenen Kennzeichenwerten – ausgehend vom Inhalt des Problems und der vorhandenen Information über die Häufigkeit des Auftretens der Objekte tabelliert.

Wenn ein Objekt mit den Werten seiner S Kennzeichen auftritt, werden die Wahrscheinlichkeiten des Auftretens jedes der l Unterkennzeichen mit Hilfe der Tabelle ermittelt und als Suchunterkennzeichen jenes ausgewählt, das den kleinsten Wahrscheinlichkeitswert besitzt. Nach diesem Unterkennzeichen wird die Suche durchgeführt. Bei diesen Verfahren sind in jeder Objektliste nicht alle Objekte mit den gegebenen Werten des Unterkennzeichens enthalten, sondern nur jene, für die die Eintrittswahrscheinlichkeit im Vergleich zu den Werten der anderen Unterkennzeichen am geringsten ist. Das Verfahren verringert den Speicheraufwand für assoziative Knoten beträchtlich, weil in jedem Knoten nicht l, sondern nur ein Listenwort vorhanden ist. Da in jeder Objektliste im Mittel $l$mal weniger Objekte enthalten sind und die Objekte sich auf die Objektlisten mehr oder weniger gleichmäßig verteilen, beschleunigt dieses Verfahren die Suche.

Dabei wird jedesmal optimal gesucht, d. h., es wird eine Objektliste mit den kleinsten Werten p_{i,j_i} verwendet.

Zusätzliche Operationen, die bei der Suche eines Unterkennzeichens mit Hilfe der tabellierten Wahrscheinlichkeiten entstehen, können als Standardunterprogramme oder schaltungsmäßig als spezielle Befehle realisiert werden.

3.2.   Speicherorganisation bei der assoziativen Programmierung

3.2.1.   Aufbau assoziativer Strukturen mit Nestlisten

3.2.1.1.   Allgemeines

Beim Aufbau assoziativer Strukturen auf der Basis von Nestlisten werden drei verschiedene Arten von Listenworten verwendet: *Objekt-*, *Struktur-* und *Sprunglistenworte*. Glieder von Listen können nur Objekt- und Strukturlistenworte sein. Sprungworte spielen eine Hilfsrolle und sind keine Listenglieder.

Die Objekt- und Strukturlistenworte enthalten folgende Komponenten:

1. den Fixator des Worttyps T. Für Objekt- und Strukturworte ist diese Angabe gleich Null, für Sprungworte ist $T = 1$;

2. den Fixator der Wortart S. Für Strukturworte ist $S = 1$, für Objektworte ist $S = 0$;

3. das Suchkennzeichen P;

4. den Namen des Listengliedes H.

Die Sprungworte enthalten außer T (den Fixator des Worttyps) einen Fixator B (der Art des Sprungwortes) und die Verbindungsadresse (VA). B gibt in den Sprungworten die Bedeutung des Wortes an. $B = 0$ bedeutet, daß es sich um ein ausschließendes Sprungwort handelt, d. h., es ersetzt das ausgeschlossene Listenglied. Ein Wort mit $B = 1$ ist ein fortsetzendes Sprungwort und verbindet verschiedene Nester einer Liste.

Für den Aufbau assoziativer Strukturen mit Nestlisten sind außer den angegebenen Worten noch Listenfixatoren notwendig. Das sind spezielle Speicherzellen, die die Rolle der Listenvorspanne spielen. Ein solcher Fixator besteht aus dem *Zähler der Listenglieder* (ZF), der Adresse (AB) des Knotens der Liste und der Adresse (AF) der nächstfolgenden freien Zelle des Nestes. Die Listenfixatoren stehen in einem bestimmten Bereich des Hauptspeichers. In den Strukturlistenworten werden als Namen (H) der Glieder die Bezeichnungen der Fixatoren oder ihre Adressen angegeben. Der Gliedzähler ZF gibt die Zahl der Objekte und Strukturglieder einer Liste an. Bei der Aufnahme eines neuen Gliedes erhöht sich der Zähler; bei Ausschluß eines Gliedes verringert er sich um eins. Wenn der Zähler gleich Null ist, dann sind keine Listenglieder mehr vorhanden. Der Zähler der Listenglieder ist notwendig;

1. um Strukturglieder auszuschließen (diese Glieder können dann ausgeschlossen werden, wenn die von ihnen ausgehenden Unterlisten leer sind);

2. um die Anzahl der in einer bestimmten Liste registrierten Objekte eines gegebenen Typs anzugeben;

3. zur Begrenzung der Durchsichten der Listen.

Bei assoziativen Nestlisten muß man den gesamten Hauptspeicher bei der Programmierung orientierungsweise auf Anfangsnester entsprechend der zu erwartenden Listenumfänge aufteilen. Die Zellen jedes Anfangsnestes vereinigt man zu einer Kette. Das geschieht, indem man in jeder Zelle die Adresse der folgenden Zelle angibt. Die restlichen Stellen dieser Zellen sind gleich Null. In der letzten Zelle der Kette wird anstelle der Verbindungsadresse das Symbol EL für das Listenende gesetzt.

Die Adressen der ersten Zellen von Listen stehen in AB, die Adressen der Knoten (der Anfangszellen) der Ketten von freien Nestzellen in AF der Fixatoren von entsprechenden Listen.

Außer den angegebenen Nestern und den Listenfixatoren, die bei der Programmierung bereitgestellt werden müssen, muß man eine bestimmte Zahl von Hauptspeicherzellen und von Fixatoren zur Bildung neuer oder zur Erweiterung vorhandener Listen reservieren. Alle Reservezellen des Hauptspeichers müssen ebenfalls in einer einheitlichen Kette angeordnet sein. Die Adresse des Knotens dieser Kette befindet sich in einer festen, dafür vorgesehenen Zelle, dem Fixator der Kette der freien Zellen (FZ).

3.2.1.2. Regeln zur Arbeit mit Nestlisten

Die Notierung des ersten Listengliedes. Das erste Listenglied notiert man wie folgt: Kennzeichen für die Notierung eines ersten Listengliedes ist, daß der Zähler ZF im Fixator der entsprechenden Liste gleich Null ist. Die Adresse der ersten freien Zelle des ersten Nestes dieser Liste speichert man von der AF nach der AB um (sie ist dann von Null verschieden). Ihr Wert ist die Adresse der ersten Zelle des Nestes, in die das erste Listenglied eingeschrieben werden soll. Aus dieser Zelle speichert man die Adresse der folgenden freien Zelle nach der AF um. Danach schreibt man in diese Zelle das erste Listenglied. Mit der Erhöhung des Wertes von ZF um eins ist die Notierung des ersten Listengliedes beendet. Bei der Notierung der folgenden Listenglieder der Liste werden die Adressen der Zellen analog aus der AF entnommen. Die Glieder müssen in Abhängigkeit von der Art des Gliedes mit $T = 0$ und $S = 0$ oder 1 aufgezeichnet werden.

Die Anordnung der Speicherzellen nach serieller Notierung des n-ten Listengliedes ist aus Abbildung 21 zu ersehen.

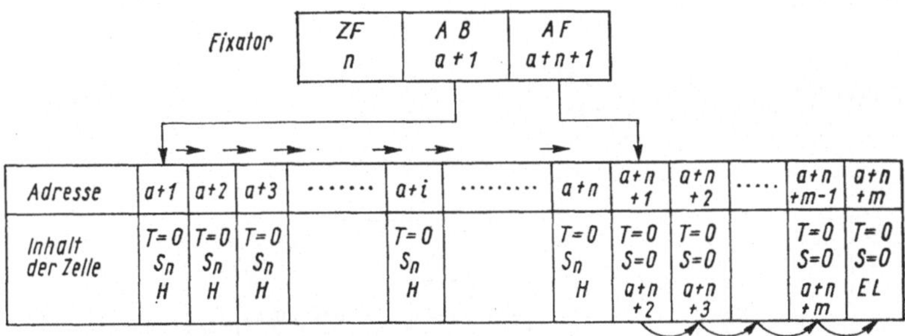

Abb. 21. Beispiel des Aufbaus einer Nestliste

Wir setzen voraus, daß für die Notierung einer Liste ein Nest aus $(m + n)$ Zellen vorgesehen ist. Die Bezeichnung H kennzeichnet den Namen des entsprechenden Listengliedes. Er beinhaltet als Charakteristik des gegebenen Listengliedes das Suchkennzeichen P. Die Pfeile über den Kästchen geben die natürliche Reihenfolge der bei einer Durchsicht der Listen verwendeten Adressen an. Die gekrümmten Pfeile unterhalb der Kästchen zeigen die Kettenadressen.

Die Eliminierung von Objektlistengliedern. Die Glieder einer Liste werden in der Regel in beliebiger Reihenfolge eliminiert. Für die Eliminierung des i-ten Listengliedes mit der Adresse $a + i$ ist es notwendig:

1. anstelle des auszuschließenden Gliedes, d. h. in die Zelle mit der Adresse $a + i$, ein Sprungwort mit den Werten der Kennzeichen $T = 1$, $B = 0$ und einer Adresse, die einem Wert von AF gleich ist, einzuschreiben;

2. in AF die Adresse $a + i$ des auszuschließenden Gliedes einzuschreiben;

3. im Fixator der entsprechenden Liste den Wert von ZF um eins zu verringern. In Abbildung 22 ist diese Belegung der Zellen schematisch dargestellt.

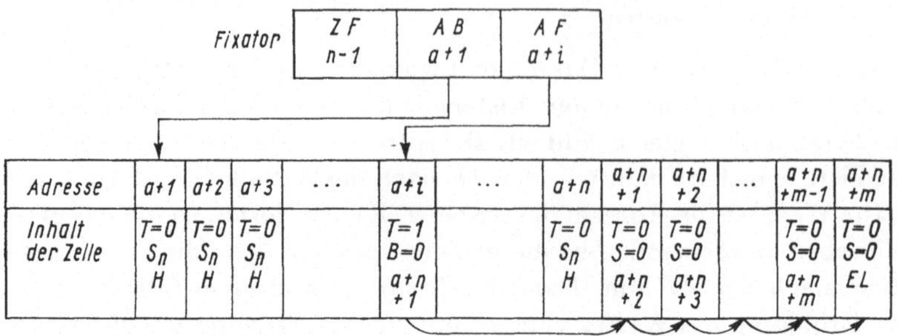

Abb. 22. Eliminierung eines Gliedes aus der Nestliste

Die Eliminierung mehrerer Glieder einer Liste geschieht durch mehrere aufeinanderfolgende Eliminierungen eines Listengliedes. Nach dem Ausschluß z. B. von drei Gliedern (in der Reihenfolge n-tes, erstes und dann i-tes) ergibt sich das in Abbildung 23 gezeigte Bild der Belegung der Zellen.

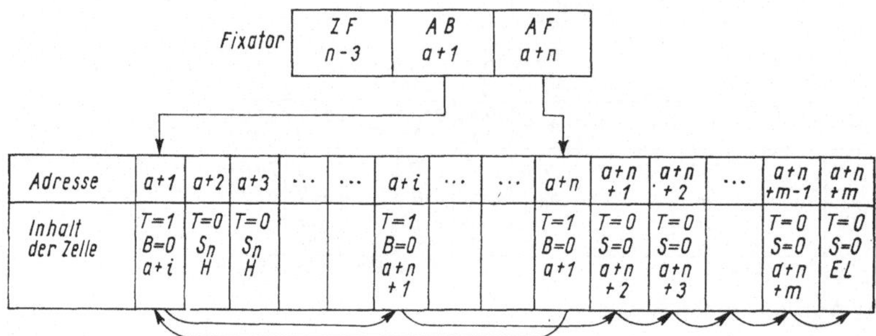

Abb. 23. Mehrmalige Eliminierung von Listengliedern aus einer Nestliste

Die serielle Durchsicht der Listen und die Notierung neuer Listenglieder nach mehrmaliger Eliminierung von Gliedern. Die Listen werden immer in steigender Reihenfolge der Adressen von links nach rechts durchgesehen. Bei der Durchsicht überprüft man die Werte des Suchkennzeichens P in den Objekt- und Strukturgliedern der Listen und wählt jene Glieder aus, die das gegebene Kriterium befriedigen. Wenn dabei eliminierte Glieder auftreten, dann wird anhand der Kennzeichen $T = 1$, $B = 0$ festgestellt, daß die betreffende Zelle das ausgeschlossene Listenglied enthält und weggelassen werden muß. Anschließend springt man zur nächsten Zelle. Auch wenn mehrmals Zellen eliminiert wurden, ändert sich der Überprüfungsmodus nicht, d. h., es wird mit der in AB angegebenen Anfangszelle begonnen. In Abbildung 23 wurden die Zellen $a + 1$, $a + i$, $a + n$ eliminiert. Eine Liste mit neuen Gliedern wird aufgestellt, indem zuerst die Zelle $a + n$, danach $a + 1$ und dann $a + i$ belegt werden. Danach belegt man die neuen Zellen $a + n + 1$, $a + n + 2$ usw. Die neuen Listenglieder speichert man nach Eliminierung gewisser Glieder in die Zellen, deren Adressen in AF angegeben waren.

Bei der beschriebenen Speicherorganisation werden zu Beginn immer die inneren Zellen des Nestes belegt und erst danach die neuen Zellen.

Die Fortsetzung der Listen bei Überfüllung der Nester. Bei der seriellen Belegung der freien Zellen eines Nestes mit Listengliedern kann das für eine Liste vorgesehene Listenende erreicht werden. Das spezielle Symbol EL gibt das Listenende an. Es steht anstelle der Verbindungsadresse in der letzten freien Zelle eines Nestes. Eine Liste kann wie folgt fortgesetzt werden (s. Abb. 24):

1. Das besetzte Zellennest erweitert man um ein neues Nest bestimmten Umfangs, das aus der Reserve der freien Zellen stammt. Deshalb muß man aus dem Fixator FZ der Kette der freien Zellen die Adresse der Anfangszelle des neuen Nestes entnehmen. Zum Inhalt des Fixators wird eine entsprechende Größe addiert. In die letzte Zelle des neuen Nestes trägt man das Symbol EL des Listenendes ein.

2. In die letzte Zelle des besetzten Nestes schreibt man anstelle eines folgenden Listengliedes das Sprungwort mit dem Kennzeichen $T = 1$, $B = 1$ und als Verbindungsadresse VA die Adresse eines neuen Nestes. Durch dieses Sprungwort wird die Liste richtig fortgesetzt.

3. In AF trägt man die um eins erhöhte Adresse der ersten Zelle des neuen Nestes ein.

4. In die erste Zelle des neuen Nestes bringt man das neue Listenglied.

5. Der Zähler des Fixators erhöht sich um eins (nicht um zwei, weil das Sprungwort kein Listenglied ist).

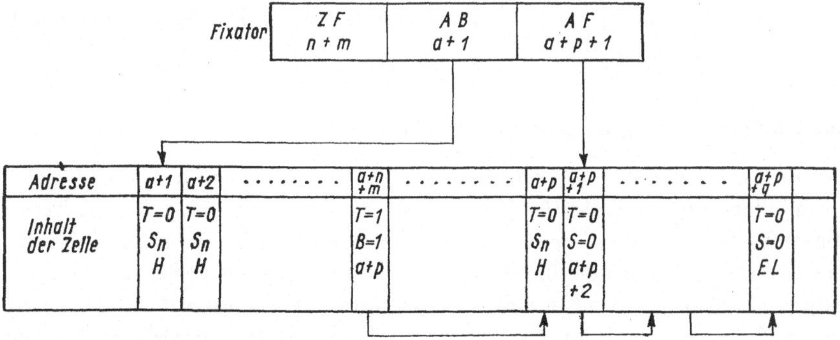

Abb. 24. Erweiterung eines Nestes

Bei der nächsten Notierung eines weiteren neuen Gliedes (wenn vor ihm nicht andere Glieder eliminiert wurden) speichert man dieses Glied in die Zelle $a + p + 1$. In AF wird die Adresse der nächstfolgenden freien Zelle gespeichert. Sie ist gleich $a + p + 2$. Eine Durchsicht der Glieder von Listen beginnt bei der Zelle $a + 1$ und endet bei $a + n + m$. Der Inhalt der Zelle $a + n + m$ legt fest, ob zur Zelle $a + p$ gesprungen wird. In ihr befindet sich das nächste Listenglied. Die weitere Fortsetzung erfolgt analog. Wie wir schon angeführt haben, können Nester bei Bedarf mehrmals erweitert werden. Bei der Notierung neuer Glieder werden dabei in erster Linie immer die inneren, früher freigewordenen Zellen der Nester belegt. Dadurch gewährleistet man eine gewisse Dichte der Notierung und eine ökonomische Ausnutzung des Speichers.

Der Prozeß des Listenaufbaus ist bezüglich folgender Beziehungen nicht umkehrbar:

1. Bei der Eliminierung von Listengliedern werden die restlichen Listenglieder nicht bewegt. Die eliminierten Glieder werden durch Sprungworte ersetzt. Bei der Durchsicht der Listen müssen diese Sprungworte übersprungen werden, was Zeit erfordert. Eine Liste wird demzufolge bei einer Eliminierung von Gliedern nicht verkürzt, d. h., ein Anwachsen der Liste nach rechts innerhalb eines Nestes ist nicht umkehrbar.

2. Das Erweitern der Nester ist ebenfalls ein nicht umkehrbarer Vorgang, weil die Nesterweiterungen nicht automatisch in die Reserve zurückkehren, sogar dann nicht, wenn alle Listenglieder einer Nesterweiterung vollkommen eliminiert werden.

Zur Beseitigung dieser Mängel sind bei längerer ununterbrochener Arbeit spezielle Prozeduren zur Verdichtung der Listen vorgesehen, die periodisch parallel zum Hauptprogramm ausgeführt werden müssen. Diese Prozeduren bewegen alle Listenglieder, korrigieren die Fixatoren entsprechend und führen die freigewordenen Zellennester in die Kette der freien Zellen zurück.

Das automatische Überspringen der eliminierten Listenglieder ($P = 1$, $B = 0$) bei der Durchsicht der Listen geschieht zweckmäßigerweise mit Hilfe von Schaltungen. Dazu benutzt man spezielle Register und Operationen. Mit Hilfe von Schaltungen muß auch die Entnahme von Zellen aus den Ketten der freien Nestzellen (AF) und beliebiger freier Zellen sowie die Aufnahme freigewordener Zellen in diese Ketten realisiert werden.

3.2.1.3.   Wiederholte Verwendung freigewordener Zellennester

Will man freigewordene Zellennester wiederholt verwenden, dann müssen sie zu einer Kette vereinigt werden, die *Liste der freigewordenen Nester* (*FN*) heißt. Die Adresse des Knotens dieser Liste ist in einer speziellen als Fixator von FN bezeichneten Zelle gespeichert. Die Listen bestehen allgemein aus durch Sprungworte verbundenen verschiedenen Nestern (aus Grund- und erweiterten Nestern). Aus diesem Grund kehren die freigewordenen Zellen ebenfalls in die Nester der Liste der freigewordenen Nester zurück. Sollen Zellennester einer Liste (die für die weiteren Berechnungen nicht mehr notwendig sind) in die FN aufgenommen werden, dann muß man diese Liste beginnend bei der ersten Zelle überprüfen. Die Adresse dieser Liste steht im Fixator (AB). Die Adresse des ersten gefundenen Sprungwortes ($T = 1$, $B = 1$) gibt das Ende des ersten Nestes an. Den Wert VA des am Anfang des nächsten Nestes stehenden Sprungwortes merkt man vor. In die Zelle des Sprungwortes speichert man die im Fixator von FN gespeicherte Adresse (d. h. die Adresse des Knotens von FN). Dabei bleiben die Kennzeichen $T = 1$, $B = 1$ im Sprungwort erhalten. In jede der restlichen Zellen des ersten Nestes schreibt man die Kennzeichen $T = 0$, $B = 0$ und die Verbindungsadresse, d. h. die Adressen der nächsten Zelle im Nest. In den Fixator von FN schreibt man die Adresse der ersten Zelle des Nestes. Damit sind alle Zellen des ersten Nestes in die Liste FN zurückgeführt. Die Rückführung der restlichen Nester einer Liste erfolgt analog. Somit hat man alle freigewordenen Zellen der gegebenen Liste in einer einheitlichen Kette von Nestern vereinigt.

Innerhalb der Nester sind die Zellen in natürlicher Reihenfolge angeordnet. Am Ende jedes Nestes steht ein Struktursprungwort mit dem Kennzeichen $T = 1$, $B = 1$ zur Fortsetzung der Kette der freien Zellen. Dabei sind die Nester in der Kette FN in umgekehrter Reihenfolge wie in der gelöschten Liste angeordnet. Das spielt bei ihrer Weiterverwendung keine Rolle. Die Programmierung erfordert eine vorherige Festlegung einer konstanten minimalen Dimension der Zellennester (z. B. jeweils vier Zellen). Die Dimension der Listen und ihrer Erweiterungen ist dieselbe oder ein Vielfaches davon. Für die Dimension der Nester der gelöschten und in die Liste FN aufzunehmenden Zellen gilt das gleiche. Voraussetzung für eine wiederholte Nutzung der Zellennester ist die Verwendung gleicher Dimensionen. Dadurch wird garantiert, daß die Sprungworte an den Enden der gelöschten Nester mit den Sprungworten übereinstimmen, die an den Enden der Zellennester stehen, die in die Listen eingeschlossen werden sollen.

3.2.2. Aufbau verallgemeinerter assoziativer Knotenstrukturen

Assoziative Strukturen mit Knotenlisten erlauben große Informationsmengen zu speichern, zu verarbeiten und bei Bedarf auszugeben. Bei solchen Strukturen kann man durch verschiedene Kennzeichen der Objekte erreichen, daß diese Objekte automatisch kategorisiert und gesucht werden können. Dadurch kann man solche logischen Probleme lösen, die mit der Systematisierung und Analyse experimenteller Daten verbunden sind. Die Entdeckung bestimmter Gesetzmäßigkeiten zwischen den verschiedenen Eigenschaften und Kategorien der Objekte ermöglicht es, Objekte begrifflich zu klassifizieren. Das Wort Objekt ist dabei im weitesten Sinne des Wortes als ein beliebiger Gegenstand oder eine beliebige Erscheinung, über die eine bestimmte Information vorhanden ist, zu verstehen. Objekte können etwa Siedlungspunkte, einzelne Menschen, Dokumente, Zweige der Wissenschaft, Krankheiten usw. sein. Sie können wiederum auch Gruppen anderer Objekte sein.

Wir wollen nun die Objekte betrachten und dabei berücksichtigen, was bei der Suche beachtet werden muß. Man kann die gesamten Informationen über ein Objekt in assoziative und Eigeninformationen einteilen. Die assoziative Information besteht aus einem zweigliedrigen Kennzeichensatz. Die beiden Teile des Kennzeichensatzes sind:

1. Name des Kennzeichens (z. B. Farbe),

2. Wert des Kennzeichens (z. B. rot).

Die Namen und Werte der Kennzeichen kann man auf verschiedene Weise darstellen. Entweder man verwendet entsprechende Codezahlen oder Worte unter Zugrundelegen eines bestimmten Wörterbuches und einer Syntax der Sätze. Die assoziativen Informationen über die Objekte speichert man dann in den Maschinen in Form von Suchbäumen und als assoziative Knoten. Jeder Knoten entspricht einem Objekt und enthält außer seiner assoziativen Information noch einen Hinweis auf seine Eigeninformation. Man kann auch in einem Knoten assoziative Information und Eigeninformation gemeinsam speichern. Die Eigeninformation besteht aus bestimmten zusätzlichen Mitteilungen über die Objekte, die bei der Suche der Objekte nicht interessieren. Meist speichert man diese Information getrennt von der assoziativen als Druckmaterial oder Magnetbandaufzeichnung. Die Daten über die Objekte sucht man mit Hilfe der assoziativen Information. Typische Anfragen bei der Suche enthalten folgendes:

1. die Namen der gesuchten Objekte;

2. Namen und Werte der Kennzeichen, die die gesuchten Objekte besitzen (oder nicht besitzen) sollen.

3.2.2.1.   Aufbau assoziativer Knoten

Assoziative Knoten bestehen im allgemeinen aus Gruppen von Speicherzellen. In ihnen speichert man den Knotenvorspann und mehrere Listenworte. Dabei ist der Knoten selbst eine Liste, und man kann ihn im allgemeinen nach einem beliebigen der drei Verfahren aufbauen: nach dem seriellen, dem Nest- oder dem Kettenverfahren.

Das serielle Verfahren verwendet man dann, wenn die Dimension der Knoten fixiert ist oder sich die gebildeten, unterschiedlich strukturierten Knoten nicht mehr verändern. Man kann es ebenso anwenden, wenn die Objekte operativ eliminiert werden (die Daten über die Objekte werden nur gespeichert). Dabei bildet man jeden neuen Knoten durch Auswahl einer Gruppe nebeneinander gelegener Zellen aus der freien Speicherzone. Diese Speicherzone verändert sich im weiteren nicht.

Kettenlisten sind dann zweckmäßig, wenn die Dimensionen der Knoten von vornherein nicht feststehen und sich auch später ändern können (bestimmte Listenworte können eliminiert und andere aufgenommen werden). Jedes Listenwort wird um eine weitere Verbindungsadresse erweitert. Sie dient der Vereinigung aller Worte eines Knotens zu einer Kettenliste, die wiederum die Aufnahme des Knotens in die Listen ermöglicht, die den verschiedenen Kennzeichen der Objekte entsprechen. Auf diese Weise kann man den Knoten einfach verändern. Es erhöht sich jedoch der Speicheraufwand sowie die Zugriffszeit zu den einzelnen Worten innerhalb des Knotens.

Zwischen den beiden angeführten Verfahren steht das Nestverfahren. Hier wird ein Knoten aus einem oder mehreren Nestern nebeneinander gelegener Speicherzellen gebildet. Den ursprünglichen Knoten bildet man aus einem solchen Nest von Zellen, wie es der Zusammensetzung des Knotens im betreffenden Moment entspricht. Später kann man, um den Knoten zu vergrößern, zum ursprünglichen Knoten zusätzliche Nester hinzufügen. Dieses Verfahren ermöglicht einen flexiblen Aufbau der Knoten. Wenn zudem die Mehrheit der Knoten aus einem Nest besteht, bleibt der Vorteil des seriellen

Verfahrens erhalten. Wir wollen nun näher auf dieses *Nestverfahren des Knotenaufbaus* eingehen.

Man baut Knoten aus Nestern von Zellen einer vorher festgelegten Dimension auf. Wir bezeichnen sie als *Einheitsnester*. Den gesamten zur Speicherung der assoziativen Information vorgesehenen Maschinenspeicher unterteilt man von vornherein in solche Einheitsnester. Sie werden zu einer Kette freier Einheitsnester vereinigt (*FEN*). Die Verwendung von Einheitsnestern konstanter Dimension vereinfacht den Prozeß, Nester aus dem *FEN* zu erhalten und sie beim Freiwerden durch Löschen oder durch Verkleinern der Knoten in die *FEN* zurückzuführen. Den ursprünglichen Knoten bildet man, indem man aus der FEN in Abhängigkeit vom tatsächlichen Umfang des zu bildenden Knotens ein oder mehrere Einheitsnester entnimmt. Der Knoten kann sowohl um ein als auch mehrere Einheitsnester erweitert werden. Die Nestverfahren beim Knotenaufbau und beim Aufbau von Listenobjekten unterscheiden sich. Beim Knotenaufbau ist es nicht notwendig, einzelne Glieder innerhalb der Nester operativ aufzunehmen oder zu eliminieren. Man muß beachten, daß die Glieder nicht Objekte sind, sondern Listenworte, die man unabhängig von den Grenzen der Zellen speichern kann. Deshalb wendet man auch ein vereinfachtes Verfahren des Aufbaus der Nestlisten an. In der ersten Hälfte der ersten Zelle jedes Nestes steht ein sog. *Fixator des Nestes*. Hier kann folgendes stehen:

1. die Nummer des nächstfolgenden freien Teils der Zellen des Nestes (s. u.);

2. Nullen. Sie zeigen an, daß alle Zellen (alle Teile) des Nestes belegt sind;

3. eine volle direkte Adresse des nächsten Einheitsnestes (die erste Zelle dieses Nestes) als Fortsetzung des gegebenen assoziativen Knotens.

Der Unterschied zwischen dem ersten und dem dritten Fall besteht darin, daß die Nummer des folgenden freien Teils eines Nestes stets kleiner sein muß als die Gesamtzahl der Teile eines Einheitsnestes. Die volle direkte Adresse des Nestes als Fortsetzung eines Knotens muß stets größer als die Gesamtheit der Teile eines Einheitsnestes sein. Das kann man immer durch eine entsprechende Wahl des Umfanges der zu erweiternden Nester erreichen.

Die Werte der Nestfixatoren zur Aufnahme neuer Listenworte in die Knoten oder zur Durchsicht der Listen können entweder mit Hilfe spezieller Unterprogramme (es handelt sich meist um Standardunterprogramme) oder mit Hilfe von speziellen Befehlen (die durch Schaltungen realisiert werden) überprüft und verändert werden. Die Struktur eines assoziativen Knotens besteht aus:

1. dem *Knotenvorspann*, der den Namen des Objektes und die Adresse der Eigeninformation über das Objekt enthält. Speziell kann die Adresse der Eigeninformation gleichzeitig der Name des Objektes sein.

2. *Listenworten*, die die assoziative Information über das Objekt darstellen sowie zur Aufnahme des Objektes in die entsprechenden Listen und zur Suche nach einem Kennzeichen dienen. Jedes Listenwort besteht aus mehreren Silben, einer *Adressensilbe* und einer oder mehreren *Datensilben*.

Die Adressensilbe beginnt immer mit einem Adressensymbol (Symbol einer Adressensilbe). Nach diesem folgt die Adressencodezahl. Sie endet mit einem beliebigen Hilfssymbol (s. unten). Die sich auf die gegebene Adressensilbe beziehenden Datensilben folgen unmittelbar danach. Sie können mit einem beliebigen Hilfssymbol (außer einem Adressensymbol) beginnen und entweder mit einem Adressensymbol (als Anfang des folgenden Listenwortes) oder mit dem Symbol des Endes eines assoziativen Knotens enden (für das letzte Listenwort des Knotens).

In den Listenwörtern werden für jedes Kennzeichen Name und Wert in expliziter Form angegeben. Der explizit angegebene Name der Kennzeichen vergrößert den Umfang der gespeicherten Information etwas, macht den Aufbau der Knoten jedoch flexibel und vereinfacht die Suche der Objekte. Dabei muß man verschiedene Kennzeichen der Objekte innerhalb eines Knotens nicht notwendig in gleicher Reihenfolge anordnen.

Aus Zweckmäßigkeitsgründen und zur Konkretisierung unserer Überlegungen wollen wir von 48stelligen Speicherzellen ausgehen. Wir setzen weiter voraus, daß der maximale Umfang einer assoziativen Information durch die Speicherkapazität von 2^{24} Zellen begrenzt ist. Die vollen direkten Adressen dieser Zellen stellen 24stellige Dualzahlen dar. Bei der Speicherung der Knoten auf Magnetband enthalten die Verbindungsadressen Informationen wie die Nummer des Magnetbandes, die Adresse der Zone (Blockes) des Magnetbandes sowie die Adresse der Zellen innerhalb dieser Zone.

Der Einfachheit halber verwenden wir volle direkte Adressen der Listenglieder. Die assoziativen Knoten stellen wir durch sechsstellige Dualzahlen dar. Sie bezeichnen die einzelnen Symbole. In den Knoten kann die Zahl der Nester und folglich auch die Zahl der Zellen nur ganzzahlig sein. Bestimmte Zellen oder ein Teil der Zellen kann dabei ungenutzt bleiben. In diesen Zellen müssen Nullen stehen.

Wir wollen eine Möglichkeit zur besseren Ausnutzung des Maschinenspeichers betrachten. Die 48 Stellen jeder Zelle werden in 8 sechsstellige Segmente unterteilt. Eine sechsstellige Dualzahl erlaubt 64 verschiedene Symbole darzustellen. Zu den Symbolen können z. B. alle 26 Buchstaben des Alphabets, 10 Ziffern sowie die Symbole der Negation und Konjunktion gehören (die logische Operation „oder" kann man einfach durch die Notierung der entsprechenden Werte angeben). Diese Symbole ergänzt man durch *Hilfssymbole* mit folgender Bedeutung: Beginn eines Knotens, Ende eines Knotens, Anfang eines Deskriptors (dieses Symbol gibt das Ende einer Verbindungsadresse und den Anfang des Namens eines Kennzeichens an), Beginn des Wertes eines Kennzeichens, Ende eines Kennzeichens, Objektverbindungsadresse, Verbindungsadresse von Kennzeichen, Ende eines Nestes (Symbol eines Sprungs), Befehle, Gradienten, semantisches Symbol, Ende einer Liste, Fixator einer Liste u. a. Auf die Bedeutung einiger dieser Hilfssymbole sind wir schon näher eingegangen. Nun einige Bemerkungen zu den anderen.

Das *Symbol der Objektverbindungsadresse* bedeutet, daß die nach ihm stehenden Symbole die Adresse des folgenden Objektes (Knotens) der Liste bilden. Wenn wir die Objektverbindungsadressen verfolgen, gelangen wir von Knoten zu Knoten, wobei in diesen Knoten nur die Werte der Kennzeichen (der Deskriptoren), die sich auf eine Objektverbindungsadresse beziehen, beibehalten werden. Die restlichen Objektkennzeichen können sich verändern. Zu den Objektverbindungsadressen können auch Gradientensilben gehören (s. u.), die die Veränderungsrichtung gewisser anderer Kennzeichen angeben.

Die nach dem *Symbol der Strukturverbindungsadresse* folgenden Symbole bilden die Adresse des ersten Knotens der Unterliste, die vom gegebenen Knoten ausgeht. Für alle Glieder der Unterliste werden die Werte der Kennzeichen des gegebenen Knotens (der Deskriptoren) beibehalten. Die sich verzweigenden Unterlisten stellen kleinere Klassifikationsunterteilungen der Objekte eines bestimmten Typs dar. Sie sind durch den Knoten definiert, von dem die Unterliste ausgeht.

Auf das *Symbol der Kennzeichenadresse* folgt die Adresse des Knotens eines bestimmten Suchbaumes. Dieser stellt eine sich von einem Objekt abzweigende Kennzeichenstruktur dar. Dabei werden alle Kennzeichen des Objektes für die Glieder der sich daraus abzweigenden Struktur beibehalten.

Das *Befehlssymbol* gibt an, daß die folgenden Symbole einen Befehl darstellen, der nach Überprüfung des Symbols ausgeführt werden muß. Das setzt voraus, daß es bei der Ausführung solcher zwischen Daten angeordneten Befehle natürlich möglich sein muß, das Programm mehrmals zu unterbrechen, weil die Aufnahme einzelner Befehle oder ganzer Unterprogramme in die zu verarbeitende Information zu Unterbrechungen des Hauptprogramms führt.

Dem *Gradientensymbol* folgende Symbole sind Gradienten. Sie zeigen die Veränderungsrichtung anderer Kennzeichen an, wobei z.B. folgendes Codierungsverfahren der Gradienten angewendet werden kann: in jeder sechsstelligen Dualzahl eines Symbols kennzeichnen fünf Stellen die Ordnungsnummer (≤ 32) eines Listenwortes im gegebenen Knoten. Die sechste Stelle gibt die Richtungsänderung an und zwar nach oben (1) oder nach unter (0).

Die einem *semantischen Symbol* folgenden paarweise auftretenden Symbole sind Fixatoren der semantischen Verbindung eines Listenwortes mit anderen Listenworten des Knotens. Dabei gibt das erste Symbol des Paares die Nummer des anderen Listenwortes an, das zweite Symbol die semantische Beziehung.

Beispiele für semantische Beziehungen sind:

1. *Objekt sein* bedeutet, daß das betreffende Listenwort sich auf eine Liste bezieht, die eine bestimmte Kategorie von Objekten eines bestimmten Prozesses darstellt. Die Beschreibung steht in einem anderen Listenwort.

2. *Prinzip sein* heißt, daß das Listenwort eine bestimmte Kategorie von Objekten (einen Begriff) darstellt, deren Wirkungsprinzip durch ein anderes Listenwort beschrieben wird.

3. *Material sein* gibt an, daß die durch dieses Listenwort dargestellte Kategorie von Objekten durch Material charakterisiert wird. Die Beschreibung erfolgt in einem anderen Listenwort.

4. *Teil sein;* das gegebene Listenwort verkörpert eine Kategorie von Objekten, von denen jeder zusammengefügte Teil wieder ein Objekt ist, das durch ein anderes Listenwort dargestellt wird.

Ähnliche semantische Beziehungen (mit einer Gesamtzahl von 10—30) finden wir bei Informationssprachen für faktographische Suchsysteme. Sie gestatten es, komplizierte Begriffe zu bilden, die die Eigenschaften der Objekte vollständiger und genauer beschreiben als einfache Sätze einzelner nicht miteinander verbundener Deskriptoren. Die Dimension der Verbindungsadresse ist im allgemeinen konstant (in unserem Beispiel ist sie 24stellig), sie kann aber auch variabel sein. Die restlichen Daten haben einen variablen Umfang (Stellenzahl). Die aus mehreren Symbolen gebildeten Datensilben kann man zur Bezeichnung von Objektnamen oder als Adressen der Notierungen (Formulare) mit der Eigeninformation über die Objekte verwenden, aber auch zur Darstellung der Namen und Werte von Kennzeichen. Die Datensilben stehen am Anfang eines Knotens, wenn man damit die Namen von Objekten oder die Adressen der Eigeninformation über die Objekte bezeichnet. Diese Datensilben können den Vorspann eines assoziativen Knotens bilden. Daraus geht hervor, daß der Umfang eines Knotenvorspanns nicht fixiert ist. Das Ende eines Vorspanns bestimmt das erste im gegebenen Knoten angegebene Adressensymbol. Nach dem Knotenvorspann folgen Listenworte, wobei auch bei ihnen der Umfang verschieden sein kann. Jedes Listenwort besteht aus einer Verbindungsadresse und einem Deskriptor (Vereinbarungszeichen). Eine Adresse wird durch eine Adressensilbe (eines Objektes, eines Kennzeichens oder einer Struktur), ein Deskriptor durch Datensilben dargestellt.

Die als Deskriptoren der Objekte (Namen und Werte der Kennzeichen) verwendeten Datensilben folgen nach den entsprechenden Adressensilben. Zu jeder Adressensilbe gehören alle bis zur nächsten Adressensilbe folgenden Datensilben (oder bis zum Ende des Knotens einschließlich der Fortsetzung desselben).

Ein einfaches Kennzeichen eines Objektes ist eine bestimmte durch einen Namen gegebene (benannte) Variable. Diese Variable kann verschiedene Werte (nicht unbedingt nur zwei) annehmen. Die Werte jedes Kennzeichens müssen diskreten Charakter haben. Wenn die Kennzeichen ihrer Natur nach durch stetige Größen dargestellt werden, so werden ihre Werte beim Programm ausgehend von der Bedeutung dieser Kennzeichen und der Exaktheit ihrer Darstellung, quantifiziert.

Jedes einfache Kennzeichen enthält zwei Komponenten: den Namen und den Wert. Die Komponenten können mit Hilfe eines oder mehrerer Symbole bezeichnet werden. Jeder Deskriptor, der nach einer Adressensilbe steht, kann entweder ein einfaches Kennzeichen sein oder ein kompliziertes. Im letzteren Fall wird er als logische Funktion mehrerer einfacher Kennzeichen gebildet.

Die Adressensilbe bildet zusammen mit dem entsprechenden Deskriptor ein Listenwort, das einer Liste entspricht. Außer dem Vorspann und den Listenworten kann ein Knoten noch Sprungworte enthalten. Sie werden zur Fortsetzung eines Knotens in den Fällen verwendet, wo das anfangs für den Knoten vorgesehene Nest (Kollektiv von Zellen) sich beim Einfügen neuer assoziativer Informationen während des Verarbeitungsprozesses als nicht ausreichend erweist. Innerhalb des Sprungwortes folgen nach dem Symbol des Beginns eines Sprungwortes Symbole, die die vollständige direkte Adresse der ersten Zelle des neuen Nestes darstellen. Dieses Nest ist die Fortsetzung des betreffenden Knotens.

Die Objekt-, Struktur- und Kennzeichenadressensilben (Verbindungsadressen) benötigt man zum Aufbau von Listen und Listenstrukturen verschiedener Art (Objektund Kennzeichenlisten). Die Objektverbindungsadressen benutzt man für den Aufbau
von Objektlisten eines bestimmten Typs, die in der Regel Knoten eines bestimmten
Formats verbinden. In diesen Knoten gibt es außer dem Symbol des Adressentyps die
Verbindungsadresse. Sie gibt die erste Zelle eines anderen Knotens an, der sich gewöhnlich, aber nicht immer, in derselben Zone des Magnetbandes befindet.

Nach der Objektverbindungsadresse folgen ein oder mehrere Datensilben (mit den
entsprechenden Listenworten), die den Deskriptor der Liste bilden. Sie entsprechen
der Verbindungsadresse. Das Ende des Deskriptors legt ein folgendes Symbol einer
Adressensilbe oder das Symbol des Endes eines Knotens fest.

Die Listenfixatoren sind einzelne Zellen, in denen man folgendes speichern kann: die
Adresse des Listenbeginns, die Zahl der Listenglieder, die Adresse des folgenden Gliedes
einer Liste, die gemeinsamen Kennzeichen aller Listenglieder und anderer Daten.

Es gibt auch Listen ohne Fixatoren. Dort üben Struktur- oder Kennzeichenverbindungsadressen, die sich im Knoten der Liste der nächsthöheren Ebene befinden, die
Funktion des Fixators aus. Sie geben sofort das erste Glied der Unterliste an.

Bei assoziativen Listenstrukturen kann man sog. geschlossene Kettenlisten verwenden. Zur Angabe der Listenenden benutzt man dabei Rückkopplungsadressen. Sie
bezeichnen die Adressen der entsprechenden Listenfixatoren. Die geschlossenen Kettenlisten ermöglichen es, die Listen wiederholt zyklisch durchzusehen. Dadurch wird die
Stabilität des Systems gegenüber zufälligen Ausfällen erhöht. Außerdem ist es bei
zyklischer Durchsicht der geschlossenen Kettenlisten relativ einfach möglich, den Vorgänger für ein beliebiges Kettenglied zu finden. Das ist insbesondere für die Eliminierung
von Listengliedern notwendig. Bei einer solchen Bestimmung des Listenendes sind spezielle Schaltungen notwendig, die die Adressen der Listenfixatoren automatisch speichern und die nächstfolgenden Verbindungsadressen in den untersuchten Listengliedern
mit den Adressen des Fixators vergleichen. Stimmen diese Adressen überein, ist das
Listenende erreicht.

In Objekt-, Struktur- und Kennzeichenverbindungsadressen gibt man – wie schon
erwähnt – die Adressen der ersten Zellen des Knotens, in denen sich die Listenworte
der durchzusehenden Liste befinden, an. Es wäre auch möglich, die Adressen der Zellen
der entsprechenden Worte sofort anzugeben. Dadurch würde die Durchsicht der
Kettenlisten erleichtert, weil jede Verbindungsadresse sofort die Zelle angibt, in der sich
die folgende Verbindungsadresse derselben Liste befindet usw.

Bei der Durchsicht von Objektlisten sowie dann, wenn mit Hilfe von Struktur- oder
Kennzeichenadressensilben zu den Unterlisten gesprungen wird, müssen in der Regel
alle Deskriptoren der Knoten überprüft werden. Deshalb ist zur Bestimmung der
nächstfolgenden Verbindungsadresse innerhalb eines Knotens keine zusätzliche Zeit
erforderlich. Die unmittelbare Adressierung der entsprechenden Worte innerhalb eines
Knotens ist dann unbequem, wenn der Knoten erweitert wurde und Listen, deren
Listenworte sich in den Erweiterungen befinden, überprüft werden. Um Anfangsnester
der Knoten zu überprüfen, sind spezielle Rücksprungadressen von den letzten Nestern

zu den Anfangsnestern des Knotens notwendig. Außerdem erfordert die unmittelbare Adressierung der Listenworte (nicht der Knoten) eine gleichartige Anordnung der Listenworte innerhalb eines Knotens.

Wenn die Listensprünge mit Hilfe der Anfangszellen der Knoten adressiert und die Verbindungsadressen durch die sich darauf beziehenden Deskriptoren (oder mit Hilfe spezieller Fixatoren der Nummern der Worte, Zellen oder einer einzelnen Zelle) bestimmt werden, ist der Aufbau der Knoten sehr flexibel (siehe Beispiel 4 im Abschnitt 3.3.3.). Diese Knoten können sogar für in derselben Liste stehende Objekte desselben Typs verschieden zusammengesetzt sein. Die Listenworte darin können verschieden angeordnet sein. Zur Überprüfung aller Deskriptoren in den Knoten ist es nicht notwendig, Rücksprungadressen von den letzten zu den Anfangsnestern einzuführen, weil die Überprüfung der Knoten immer in einer Richtung verläuft, d. h. vom Anfang zum Ende des Knotens. Außerdem sind die als Verbindungsadressen angegebenen Adressen der ersten Zelle der Knoten in allen Fällen des Zugriffs zu einem Knoten gleich. Deshalb kann man für diese Objekte Maschinennamen verwenden.

3.2.2.2.   Aufbau von Suchbäumen

Suchbäume können wir in der untersuchten assoziativen Knotenstruktur auf verschiedenen Ebenen zur Bildung von Kennzeichenstrukturen verwenden. Der Zugriff zu den Suchbäumen oberer Ebene erfolgt mit Hilfe spezieller Fixatoren. In jedem Fixator werden die Adressen des ersten Gliedes der Unterliste der oberen Ebene des Suchbaumes (mit Hilfe einer Kennzeichenverbindungsadresse) sowie sein Deskriptor angegeben. Die Fixatoren selbst können wir mit Hilfe einer zweiten Verbindungsadresse in Kettenlisten vereinigen.

Der Zugriff zu den Suchbäumen einer anderen Ebene wird mit Hilfe von Kennzeichenverbindungsadressen verwirklicht. Hinter der Kennzeichenverbindungsadresse folgt ebenfalls ein Deskriptor des Suchbaumes. Die Suchbäume selbst können genauso wie die assoziativen Knoten nach dem Nestverfahren aufgebaut werden. Man beginnt mit der Auswahl eines Einheitsnestes nacheinanderfolgender Zellen. In diesem Nest ordnet man im gegebenen Moment die zu bildenden Unterlisten des Baumes an. Im weiteren können wir den Baum durch Unterbäume erweitern. Sie werden entweder im gegebenen Einheitsnest gespeichert (wenn darin noch Platz ist) oder in anderen Nestern, die Erweiterungen dieses Nestes sind.

Die Sprünge zwischen den Gliedern der Unterliste sowie zwischen den Listen und Unterlisten innerhalb eines Suchbaumes kann man sowohl durch direkte als auch durch relative Adressen angeben. Da sich alle Glieder der Unterlisten in der Regel in einem Einheitsnest befinden, können die Verbindungsadressen eine geringe Stellenzahl besitzen (6 oder 12). Gleichzeitig ist es sinnlos, den Gliedern der Unterlisten von Suchbäumen als Adressen Maschinennamen zu geben. Das ist jedoch für die Knoten, die einzelne Objekte verkörpern, notwendig. Aus diesem Grund ist die relative Adressierung im betrachteten Falle kein Nachteil, obwohl man relative Adressen nicht als Objektnamen verwenden kann.

In den Unterlisten einer niederen Ebene eines Baumes können wir als Zugriff zu den Fixatoren der Objektlisten auch relative Adressen verwenden, weil diese Fixatoren sich in denselben Nestern befinden. In den Fixatoren der Objektlisten benutzt man für den Zugriff zu den ersten Gliedern der Objektlisten die vollen direkten Adressen (die Objektverbindungsadressen).

Jedes Glied einer Unterliste eines Baumes stellt ein Listenwort dar und besteht aus zwei Adressen- und mehreren Datensilben. Beim Aufbau von Suchbäumen gibt es Adressensilben von dreierlei Typ. Jedes Wort beginnt mit einer Strukturverbindungsadresse, die im betrachteten Fall die Adresse (die relative) des folgenden Gliedes einer Unterliste ist. Nach dieser Adresse folgt eine Datensilbe (bzw. Datensilben). Sie gibt den Wert des dem Glied der Unterliste entsprechenden Kennzeichens an. Danach folgt eine Kennzeichenverbindungsadresse als Adresse (auch relative) des ersten Gliedes der Unterliste, die sich vom betrachteten Glied abzweigt. Nach der Kennzeichenverbindungsadresse steht eine Datenadresse als Name des Kennzeichens. Danach folgt die abzweigende Unterliste. In den Unterlisten der unteren Ebene stehen anstelle der Kennzeichenverbindungsadressen Objektverbindungsadressen als Adressen (auch relative) der Fixatoren der Objektlisten. So werden in den Suchbäumen im Gegensatz zu den Knoten die zwei Grundkomponenten jedes Deskriptors nicht zusammen (nacheinander in einem Listenwort), sondern getrennt angeordnet: der Name des Kennzeichens befindet sich in einem Glied einer Unterliste höherer Ebene, der Wert des Kennzeichens jedoch in Gliedern einer sich abzweigenden Unterliste. Eine Rückkopplungsadresse auf dem ersten Platz eines Wortes (d. h. anstelle der Strukturadresse) legt die Enden der Unterlisten fest. Dabei sind Rückkopplungsadressen stets volle direkte Adressen. Soll eine Unterliste des Suchbaumes fortgesetzt werden, und es ist kein Platz im Nest mehr, dann schreibt man anstelle der Rückkopplungsadresse das Symbol einer Sprungadresse und danach das einer Strukturverbindungsadresse. Eine solche Kombination von Symbolen (der Sprung- und Strukturverbindungsadresse) bedeutet, daß danach die relative Adresse des nächsten Gliedes dieser Unterliste folgt. Dieses Glied befindet sich nicht im gegebenen, sondern in einem anderen Nest. Seine vollständige direkte Adresse erhält man durch Hinzufügen der angegebenen relativen Adresse zur Anfangsadresse des folgenden Nestes. Sie ist im Fixator (der ersten Hälfte der ersten Zelle) des Nestes angegeben.

Das untersuchte System assoziativer Informationen erlaubt, aus vielen Ebenen bestehende assoziative Strukturen aufzubauen.

In diesen gehen von einem oder mehreren Suchbäumen Objektlisten aus. Diese Objektlisten bildet man aus Knoten. Von ihnen wiederum können sich neue Strukturen abzweigen (sowohl Objekt- als auch Kennzeichenstrukturen).

Zur schnelleren Suche von Objekten mit vorgegebenen Kennzeichen, und durch die Suche in einer bestimmten Richtung kann man assoziative Knoten so aufbauen, daß alle Deskriptoren in den Knoten nacheinander in der Reihenfolge abnehmender Werte angeordnet sind. Im Anfangsteil jedes Knotens stehen alle Deskriptoren und im Endteil alle Verbindungsadressen. Zusammen mit jeder Verbindungsadresse führt man einen zusätzlichen Fixator der Deskriptoren ein. Er gibt an, auf welche Deskriptoren sich diese Verbindungsadresse bezieht. Die Verbindungsadressen müssen in fallender Reihenfolge der als Dualzahlen zu betrachtenden Fixatoren angeordnet werden. In den Fixatoren der Deskriptoren entsprechen einzelne Stellen bestimmten Deskriptoren, wobei die erste Stelle dem ersten (dem wichtigsten) Deskriptor entspricht, die zweite Stelle dem zweiten, usw. Ein neues Objekt setzt man möglichst nahe an jene Stellen der Liste, wo die Objekte stehen, die die größte Zahl von Fehlern mit den Deskriptoren gemeinsam haben. Die sich abzweigenden Unterlisten müssen in diesem Fall von einem Knoten ausgehen, unabhängig von irgendeiner Verbindungsadresse oder einem Deskriptor. Deshalb kann man alle Zugriffe zu den Unterlisten nacheinander an den Enden des Knotens anordnen.

Ein Nachteil des Verfahrens ist der zusätzliche Speicheraufwand für die Fixatoren der Deskriptoren. Dadurch kann man jedoch Sprünge innerhalb der Listen unter Berücksichtigung vieler Deskriptoren ausführen.

3.2.2.3. Einige Bemerkungen zur Anordnung der assoziativen Listenstrukturen auf Magnetband

Bei dem obigen Programmierungssystem verwendet man Verbindungsadressen, die vollständige direkte Adressen der Speicherzellen innerhalb des zulässigen Speicherbereiches sind. Dadurch können Sprünge zwischen zwei beliebigen Zellen eines Bereichs ausgeführt werden. Zur Zeit bieten sich Magnetbänder als Speichereinrichtungen für große Informationsmengen an. Das erfordert, während der Arbeit periodisch Informationen zwischen dem Magnetband und dem internen Speicher umzuspeichern. Weil die Informationen auf dem Magnetband in Blöcken (Zonen) gespeichert sind und das Umspeichern blockweise erfolgt, ist es zur Verringerung der Zahl der Umspeicherungen zweckmäßig, die Listenstrukturen ebenfalls blockweise anzuordnen. Deshalb schlagen wir folgendes Verfahren vor: Die sich auf eine Liste (Struktur) beziehenden Knoten ordnet man in einem Block (Zone) an. Die Durchsicht der Objektlisten einer Struktur erfolgt beim Aufruf des betreffenden Blocks im internen Speicher. Jede neue Struktur beginnt zweckmäßigerweise mit einem neuen Block, ohne Rücksicht darauf, ob früher begonnene Blöcke frei und mit anderen Strukturen besetzt sind. Auf den Magnetbändern speichert man parallel in mehreren Blöcken. Bei dieser blockweisen Anordnung der Knoten benötigt man für jeden Block eine Kette freier Nester. Sind die Blöcke belegt und will man die Listenstruktur in einem anderen Block fortsetzen, dann muß man in der ersten Hälfte der ersten Zelle des Blockes das Ende des vorigen Blockes in Form einer entsprechenden Codezahl angeben. In der zweiten Hälfte dieser Zelle muß man die Nummer des fortsetzenden Blockes speichern.

3.2.3. Assoziatives Programmieren für gesteuerte Maschinen

Ein grundsätzlicher Unterschied zwischen Problemen der automatischen Steuerung und Problemen der Speicherung und Suche wissenschaftlicher Informationen liegt in der Determiniertheit der Zusammensetzung und dem Charakter der zu verarbeitenden Informationen.

Probleme der automatischen Steuerung. Bei der Lösung von Problemen der Steuerung auf elektronischen Rechenautomaten ist es von vornherein möglich, die zu erwartende Zusammensetzung der Listen und Listenstrukturen zu bestimmen. In ihnen muß man die Objekte, die Zusammensetzung und Planung der assoziativen Knoten sowie die Formulare der Objekte fixieren. Knoten und Formulare haben dabei gewöhnlich nur geringe Ausmaße. Deshalb ist es zweckmäßig, sie überlappt anzulegen, ähnlich den Gruppenzellen bei der gewöhnlichen Programmierung. Die assoziativen Knoten und Formulare für Objekte verschiedener Typen können unterschiedlich sein, für alle Objekte desselben Typs sollten sie jedoch einheitliches Format haben.

Die Zusammensetzung der Objektformulare liegt von vornherein fest. Aus diesem Grunde kann man die Objekte mit Hilfe beliebiger in den Formularen enthaltenen Informationen suchen. Dabei verwischt der Unterschied zwischen den assoziativen und den in den Formularen der Objekte enthaltenen Eigeninformationen. Man kann die gesamte Information als assoziativ betrachten: alles hängt vom konkreten Suchalgorithmus ab. Einerseits kann man die Daten der Objekte als Kennzeichen bei der Suche benutzen, andererseits kann man dieselben Daten für die Berechnung, für Auskünfte usw. verwenden.

Die Struktur der Objekttypen und die maximal zu erwartende Anzahl der Objekte jedes Typs ist von vornherein festgelegt. Auf Grund der angeführten Determiniertheit der Problemstellung kann man den internen Speicher vorher verteilen. Dadurch lassen sich assoziative Programmierverfahren leichter realisieren. Das Speichersystem assoziativ gesteuerter Maschinen umfaßt im allgemeinen drei Typen von Geräten:

1. einen Befehlsspeicher (BS);

2. einen internen Speicher (S);

3. als externe Speicher Magnetbänder (MB) oder Magnettrommeln (MT).

Die bei der Informationsverarbeitung im Augenblick nicht benötigten Informationen werden im externen Speicher gespeichert. Im Prinzip wäre es möglich, für die Programmbefehle und die Informationen einen gemeinsamen Speicher zu benutzen. Wenn man jedoch berücksichtigt, daß das Programm in den assoziativ gesteuerten Maschinen in der Regel unverändert bleibt und die einseitigen Ferritkernspeichereinheiten bedeutend ökonomischer und zuverlässiger als interne Speicher arbeiten, dann erscheint es sinnvoll, das Programm in einem speziellen einseitigen Speicher unterzubringen. Außerdem speichert man zweckmäßig die verschiedenen ständig verwendeten Konstanten, Tabellen, Listen und Listenstrukturen ebenfalls in einseitigen Speichern. Dabei ersetzt dieser einseitige Speicher einen Teil des internen Speichers. Der interne Speicher hat in solchen Maschinen funktionell drei grundlegende Bereiche:

1. den Arbeitsbereich, der die Arbeitszellen und Konstanten enthält. Dieser Bereich steht gewöhnlich am Anfang eines internen Speichers. Dadurch erreicht man, daß die Zellen dieses Bereichs direkt adressierbar sind. Diese Adressen haben dieselbe Stellenzahl wie die relativen Adressen für den Zugriff zu den anderen Zellen des Speichers,

2. den Bereich der assoziativen Knoten und Objektformulare,

3. den Bereich der Suchbäume und der Fixatoren der Listen.

Die konstanten Suchbäume plant man von vornherein, während für die variablen Suchbäume nur die Zahl der Ebenen und das Codierungssystem der Kennzeichen vorher bestimmt wird. Die Struktur der Kennzeichen der Unterlisten kann man nicht von vornherein festlegen. Diese Unterlisten bilden sich automatisch im Verlaufe der Datenverarbeitung. Bei einer solchen Speicherorganisation assoziativ gesteuerter Maschinen erfolgt die Speicherplatzverteilung vorher, ähnlich wie in gewöhnlichen elektronischen Rechenmaschinen. Die assoziative Programmierung hat dabei das Ziel, eine hohe Geschwindigkeit bei der Lösung von Problemen der logischen Informationsverarbeitung zu erreichen, sowie die logische Struktur der Programme und die Programmierung zu vereinfachen. Bei der beschriebenen Speicherorganisation assoziativ gesteuerter Rechenmaschinen sind vor allem homogene Objekte in entsprechende Listen vereinigt. Das bedeutet, daß in einer Liste nur Objekte eines Typs stehen, mit gleicher Zusammensetzung der assoziativen Knoten sowie der Formulare mit der Eigeninformation. In den von den Objekten einer Liste ausgehenden Unterlisten können im allgemeinen auch Objekte anderer Typen stehen, in jeder einzelnen Unterliste jedoch nur Objekte eines Typs.

Nimmt man an, daß alle assoziativen Knoten und Objektformulare eines Typs in einem assoziativen Speicherblock zusammengefaßt werden, dann kann man für die Adressen der Sprünge zwischen den Gliedern einer Liste relativ indizierte Adressen verwenden. Die Auswahl dieses Adressierungsverfahrens ergibt sich erstens aus den von vornherein festen Dimensionen der Blöcke und zweitens aus einer von vornherein festen Struktur der assoziativen Knoten. Wenn man die indizierte (Basis-) Adresse eines Blocks ändert, kann man ihn in einem beliebigen Bereich des internen Speichers unterbringen, ohne die Sprünge innerhalb der Listen und Listenstrukturen verändern zu müssen. Die relativen Adressen innerhalb eines Blockes (in bezug auf die Basisadresse des Blockes) erlauben die Stellenzahl der Verbindungsadressen in den Listen im Vergleich zu vollständigen direkten Adressen wesentlich (um 30–40 %) zu verkürzen. Die überlappten Formulare und assoziativen Knoten wollen wir im weiteren kurz Objektformulare nennen (sie enthalten eine bestimmte Zahl von Listenworten, sowie Eigeninformationen über das Objekt).

Innerhalb eines assoziativen Blockes können wir die Objektformulare auf zwei verschiedene Arten anordnen:

1. seriell nach Formularen; dabei belegt jedes Formular eine Gruppe aufeinanderfolgender Speicherzellen, die Formulare selbst werden der Reihe nach angeordnet;

2. parallel nach Worten in Form von Unterblöcken. Sie entstehen, indem von Formularen verschiedener Objekte Worte eines Typs zusammengefaßt werden. Dabei hat ein assoziativer Block soviel Unterblöcke wie Worte im Formular sind. Im ersten Unterblock stehen alle ersten Worte der Objektformulare, im zweiten Unterblock alle zweiten Worte der Objektformulare in derselben Reihenfolge usw.

Alle Formulare eines Typs sind gleich. Die Listenworte, die sich auf eine Liste beziehen, stehen demzufolge an der gleichen Stelle im Formular. Dadurch vereinfacht sich bei der zweiten Art der Anordnung der Objektformulare die Adressierung beim Überprüfen der Listen. Betrachtet man die Glieder einer Liste, so bewegt man sich nur in den Grenzen jenes Unterblocks, der von dem entsprechenden Listenwort abhängt. Damit bestimmt die maximale Stellenzahl des Unterblocks die Stellenzahl der Verbindungsadressen. Für Sprünge zwischen den Knoten kann man als Verbindungsadressen relative Adressen verwenden.

Im allgemeinen kann man solche verkürzte Verbindungsadressen auch bei der seriellen Datenanordnung anwenden. Dann benötigt man jedoch bei jedem Zugriff zum fälligen Listenglied die im Formular angegebenen relativen Adressen. Die tatsächliche relative Adresse erhält man, indem man die angegebenen Verbindungsadressen mit der Zahl der Zellen im Formular multipliziert und dazu die relative Nummer der Zellen innerhalb der Formulare addiert. Wir setzen dabei voraus, daß die Worte innerhalb des Formulars in einzelnen Zellen angeordnet sind. Diese Anordnung der Informationen über die Objekte in Formularen besitzt eine Reihe wesentlicher Vorteile. Sie gestattet, die assoziativen Blöcke flexibel zu speichern, und der Zugriff zu den verschiedenen sich auf dasselbe Objekt beziehenden Informationen ist recht einfach.

Wir können außerdem die Dimensionen eines Blocks sogar während des Rechenprozesses ändern. Den internen Teil können wir dabei für andere Informationen nutzen, was bei paralleler (wörtlicher) Belegung der Blöcke nur schwer möglich ist. Wenn die gesamte Information über ein Objekt in einer Gruppe von Zellen gespeichert ist, kann man eine beliebige Größe innerhalb eines Formulars durch Angabe der höchsten Stelle dieser Größe bezüglich des Anfangs des Formulars und durch Angabe der Stellenzahl ermitteln. Das gesamte Formular kann man als große Zelle betrachten. Bei der Aufstellung eines Schemas zur Berechnung der tatsächlichen Adressen für die Durchsichten der Listen muß man zweierlei beachten. Erstens führt die Multiplikation einer relativen Verbindungsadresse mit einer Zweierpotenz zu einem einfachen Transport, wenn die Umfänge der Formulare ohne Rest durch zwei teilbar sind. Zweitens ist die Durchsicht der Listen in der Regel mit irgendwelchen Umwandlungen oder Überprüfungen von Größen verbunden, die sich auf jedes durchgesehene Listenglied beziehen. Deshalb kann man die Berechnung der nächstfolgenden Adresse für den Zugriff zum nächsten Listenglied zeitlich mit den angegebenen Überprüfungen und Informationsumwandlungen über die Objekte überlappen, ohne die Informationsverarbeitung zu verzögern.

Wir können in den von bestimmten Gliedern einer Liste ausgehenden Unterlisten Objekte verschiedener Typen vereinigen. In jeder konkreten Liste oder Unterliste stehen dabei nur Objekte eines Typs. Die Formulare der Objekte verschiedenen Typs sind von unterschiedlicher Struktur und werden in verschiedenen Blöcken gespeichert. Für jeden Objekttyp ist ein entsprechender Block vorgesehen. So sind im allgemeinen von den Gliedern einer Liste ausgehende Sprünge zu den Unterlisten mit Sprüngen in andere Blöcke verbunden. Deshalb muß man bei diesen Sprüngen die vollständigen direkten Adressen verwenden. Die Sprünge in die Unterlisten können wir mit Hilfe spezieller Zellen, den Fixatoren dieser Unterliste angeben. Um die schaltungsmäßige

Realisierung der relativen Adressierung zu vereinfachen, wählt man die Anfangsadressen (Basisadressen) der Blöcke so, daß sie ohne Rest durch Zweierpotenzen teilbar
sind. Dabei werden die höchsten Stellen der vollständigen Adresse einer beliebigen
Zelle eines Blocks automatisch im entsprechenden Register beim ersten Zugriff zur
Liste des Blocks gebildet.

Bei der nachfolgenden Durchsicht der Listenglieder verändern sich nur die den relativen Verbindungsadressen entsprechenden niederen Stellen der vollständigen Adresse.
Es ist zweckmäßig, in den Objektlisten relative indizierte Adressen der Anfangszellen
der Formulare als Verbindungsadressen zu verwenden. Sie sind dann Maschinennamen
der Objekte. In allen Listen mit zumindest einem Objekt werden zur Vereinfachung
der Objektsuche als Verbindungsadressen einheitliche Maschinennamen des Objekts
verwendet. Beim Zugriff zu einer beliebigen Liste ist es jedoch zusätzlich notwendig,
die relative Nummer der Zelle innerhalb des Formulars anzugeben, in der das entsprechende Listenwort steht. Diese Zellennummer kann man einmal im Fixator der
Liste angeben. Zur Konkretisierung der oben gemachten allgemeinen Ausführungen
über die Organisation des internen Speichers assoziativ gesteuerter Maschinen betrachten wir als Orientierung ein zahlenmäßiges Beispiel. Wir setzen voraus, daß jedes Listenwort in einer Zelle gespeichert wird und nur die zwölf letzten Stellen der Zelle beansprucht. Das Listenwort umfaßt eine zehnstellige Verbindungsadresse (dadurch kann
man in jeder Liste bis zu 1023 Glieder unterbringen), ein einstelliges Kennzeichen eines
Struktur- oder Objektwortes und das einstellige Kennzeichen des Listenendes. Die Verbindungsadressen in den letzten Listengliedern verwendet man als Rückkopplungsadressen (sie geben die Knoten einer Liste an) und dienen zur Kontrolle. In den restlichen Teilen jeder Zelle bringt man Objektkennzeichen und andere Daten über die
Objekte unter.

Stehen lauter Nullen anstelle eines Listenwortes, so ist das betrachtete Objekt nicht
in der entsprechenden Liste enthalten. Alle Speicherzellen sind gleichrangig. Der Programmierer legt mit Hilfe entsprechender Befehle die Rangfolge des Speicherns der
Information in die Speicherzellen sowie den Charakter ihrer Belegung fest. Erfolgt insbesondere bei der Durchsicht einer Liste ein fehlerhafter Zugriff zu einer Zelle, die nur
die Eigeninformation enthält, so werden die zwölf letzten Stellen dieser Zelle als Listenwort verwendet. Umgekehrt betrachtet die Maschine den Inhalt einer das Listenwort
enthaltenden Zelle als gewöhnliche Dualzahl.

Wir wollen zur Konkretisierung einen internen Speicher mit einer Kapazität von
32 628 Zellen à 32 Stellen betrachten. Wir nehmen ferner an, daß wir in jeder Zelle
nicht mehr als ein Listenwort in den 12 letzten Stellen gespeichert haben. Dem Wesen
nach stellt das Listenwort eine einfache Verbindungsadresse dar, weil in ihm einzelne
Kennzeichen des Objektes nicht angegeben sind. Dies liegt daran, daß die Objektformulare ein vorher festgelegtes Format haben und als Suchkennzeichen beliebige
Daten des Formulars verwendet werden sollen. Dann können wir die Objektkennzeichen oder die Eigeninformation über die Objekte in den ersten 20 Stellen speichern.
In verschiedenen Zellen werden wir nun die Eigeninformation speichern. Die Belegung
der Zellen in den Formularen legt der Programmierer vorher fest. Sie werden während

der Arbeit der gesteuerten assoziativen Maschinen fest eingehalten. Wir hatten schon oben gesagt, daß für die Sprünge zwischen den Gliedern einer Liste relative indizierte Adressen verwendet werden. Als Verbindungsadressen treten dabei Maschinennamen der Objekte auf, d. h. durch die Zahl der Zellen im Formular dividierte relative Adressen der Anfangszellen der Formulare. Dabei berechnen sich die aktuellen Adressen der Listenglieder wie folgt:

1. Die Verbindungsadresse (der Maschinenname des Objektes) multipliziert man mit der Zahl der Zellen im Formular. Diese Zahl ist für alle Formulare eines Blockes konstant und kann in der ersten Zelle des Blocks gespeichert werden. Beim Zugriff zu einem bestimmten Block überträgt man sie in ein spezielles Register. Hier verbleibt sie während der Zeit, in der mit dem Block gearbeitet wird.

2. Die Nummer des Listenworts (der Zelle) des entsprechenden Formulars ist zum erhaltenen Produkt zu addieren. Diese Nummer ist für alle Listenworte einer Liste konstant und kann im Fixator der Liste stehen.

3. Das erhaltene Resultat addiert man zur Basisadresse des Blocks, d. h. zur Adresse, die um eins geringer ist als die Adresse der ersten Zelle dieses Blocks. Beim Zugriff zu einem bestimmten Block muß diese Zelle in ein spezielles Register geschrieben werden, in dem sie gespeichert bleibt, solange die Maschine mit diesem Block arbeitet.

Verzweigungen zu Unterlisten realisiert man durch Strukturverbindungsadressen (Kennzeichen $S = 1$), in denen die eigentliche Adresse auch zehnstellig ist. Die Verbindungsadresse gibt dabei die relative Adresse des Fixators der Unterliste an. Sie ist in einem bestimmten Bereich des internen Speichers gespeichert. Die relative Adresse ist ebenfalls eine indizierte Adresse, d. h., sie wird auf den Anfang dieses Bereichs bezogen. Bei zehnstelligen Adressen können in einem Bereich nicht mehr als 1023 Fixatoren vorhanden sein, und somit können in der assoziativ gesteuerten Maschine nicht mehr als 1023 Listen und Unterlisten gleichzeitig gebildet werden.

Wir setzen voraus, daß jeder Fixator eine 32stellige Zelle belegt. Die ersten sechs Stellen geben die Nummer des Listenwortes einer Liste innerhalb der Formulare an. Die folgenden 15 Stellen werden von der vollständigen direkten Adresse des ersten Gliedes der Liste belegt (sie wiederum ist Unterliste in bezug auf die Liste, die zum gegebenen Fixator führt). Die letzten 11 Stellen bestehen aus der Stelle eines Kennzeichens des Adressentyps S sowie den 10 Stellen der Verbindungsadresse. Bei $S = 0$ wird durch diese Verbindungsadresse die Grundliste fortgesetzt, d. h., die zehnstellige Verbindungsadresse, die im Strukturwort für den Zugriff zum entsprechenden Fixator diente, wird gleichsam völlig ersetzt. Bei $S = 1$ gibt diese Adresse die Lage eines anderen Fixators an, der den vom gleichen Glied der Grundliste sich abzweigenden Knoten einer anderen Unterliste bestimmt. In diesem Fixator können andererseits auch Abzweigungen zum nächsten Fixator enthalten sein usw. Im letzten Fixator dieser Fixatorkette muß das Kennzeichen $S = 0$ stehen, dann wird durch die entsprechende Verbindungsadresse die Grundliste fortgesetzt.

Dieses Verfahren erlaubt sog. *Trauben* verzweigter Unterlisten einer Grundliste zu bilden. Dabei umfassen die Verzweigungen verschiedene Ebenen. Dieses Verfahren kann man verwenden, um z. B. Objektstrukturen für die Auswahl bestimmter Objekte aufzubauen. Dabei kann dasselbe Objekt Glied mehrerer Gruppen von Objekten verschiedener Aggregationsstufe sein, und von einem Listenglied oberer Ebene können mehrere Unterlisten nacheinander niedriger werdender Ebenen ausgehen.

Die Fixatoren der Listen können entweder adressierbar oder nichtadressierbar sein. Adressierbare Fixatoren stellen einzelne Zellen dar, deren Adressen dem Programmierer bekannt sind und mit deren Hilfe die Lage der Knoten der Grundlisten oder der Listenstrukturen angegeben wird. In diesen Fixatoren verwendet man die ersten 15 Stellen für die vollständigen direkten Adressen der Knoten der Listen. Die restlichen elf Stellen kann man nach dem Ermessen des Programmierers zur Speicherung verschiedener Kennzeichen oder Charakteristika der Liste verwenden. Mit Hilfe der nichtadressierbaren Fixatoren bildet man während der Informationsverarbeitung automatisch Unterlisten oder nichtadressierbare Listen. Alle zur Speicherung der Fixatoren vorgesehenen Zellen des Speicherbereiches (mit Ausnahme der Zellen der adressierbaren Fixatoren) ordnet man in die Kette der freien Zellen (*FZ*) ein. Aus dieser Kette können Zellen automatisch zur Bildung von Unterlisten entnommen bzw. automatisch nach Löschung der Unterlisten in sie zurückgeführt werden.

In den assoziativen Blöcken sind alle freien Zellen in Gruppen nach der Zahl der Zellen in den entsprechenden Formularen unterteilt. Diese Zellengruppen (Nester) bilden Kettenlisten freier Formulare der Objekte (FFO). Aus diesen Listen werden die Formulare bei der Notierung neuer Objekte entnommen und kehren beim Ausscheiden der Formulare in diese zurück.

Die freien Formulare verbindet man in den FFO mit Hilfe vollständiger 15stelliger Adressen, die man in den höchsten Stellen der ersten Zellen der freien Formulare speichert.

In den ersten Zellen (in den ersten 15 Stellen) jedes assoziativen Blocks steht die Adresse des freien Formulars (dessen erste Zelle) und in den folgenden 6 bis 8 Stellen die Zahl der Zellen in den Formularen des Blocks. Andere Stellen bleiben frei.

Wenn irgendeine Liste oder Unterliste mit Hilfe der aus dem Fixator entnommenen vollständigen direkten Adresse des Knotens der Liste das erstemal aufgerufen wird, muß der entsprechende Bereich der ersten Zelle des Blocks automatisch (mit Hilfe einer Schaltung) aufgerufen werden, um daraus die Zahl der Zellen in den Formularen der Objekte des betreffenden Typs entnehmen zu können. Diese Zahl ist notwendig, um die notwendigen Sprungadressen für die Durchsicht der im entsprechenden Block gelegenen Listen zu ermitteln. Bei der Notierung neuer Objekte oder dem Ausschluß ausgeschiedener Objekte verwendet man den ersten Teil der ersten Zelle eines Blocks. Dieser Teil ist Fixator der Kette der entsprechenden freien Formulare. Es sei bemerkt, daß die Maschinennamen der Objekte relative indizierte Adressen ihrer Formulare sind: Das kann bei der Suche von Objekten mit Hilfe ihrer Maschinennamen ausgenutzt werden.

Die oben dargelegten allgemeinen Vorstellungen über die Organisation des Maschinenspeichers in gesteuerten sowie in Maschinen zur Lösung von Problemen der logischen Informationsverarbeitung können bei der Ausarbeitung eines assoziativen Programmierungssystems zugrunde gelegt werden. Selbstverständlich ist dabei, daß die beschriebenen Verfahren der Organisation des Speichers und die Codierungsverfahren während der konkreten Realisierung verändert und präzisiert werden können.

3.3.   Methodik der assoziativen Programmierung

Mit Hilfe der algorithmischen Sprache ALGEM lassen sich verschiedene Algorithmen dann verarbeiten, wenn Umfang und Art der Daten (Menge und Struktur ihrer Notierungen) vorher bekannt sowie exakt beschreibbar sind. Es gibt jedoch auch Probleme, für die das nicht zutrifft.

Während der Verarbeitung kann sich die Struktur von Informationen ändern, wodurch etwa der Speicher entsprechend umverteilt werden muß. Zu diesen Problemen gehören Speicherung und Suche wissenschaftlicher und bibliographischer Informationen, maschinelle Übersetzung, automatische Programmierung, Erkennen von Schriftzeichen, programmierter Unterricht usw.

Zur effektiven Beschreibung solcher Prozesse ist eine spezielle algorithmische Sprache notwendig. In dieser Richtung wurde schon viele Jahre in verschiedenen Ländern gearbeitet. Als Ergebnis liegen eine Reihe von Sprachen (LISP, IPL-V, COMIT u. a.) für diese sog. nichtnumerische Datenverarbeitung vor. Gegenwärtig kann man eine Tendenz zur Vereinheitlichung dieser Programmiersprachen erkennen. Solche Sprachen baut man meist auf der Basis von ALGOL auf.

Wir haben in einem früheren Kapitel gewisse Erweiterungen der Sprache ALGEM (die ihrerseits eine Erweiterung von ALGOL ist) betrachtet. Dadurch konnten wir verschiedene Algorithmen mit einem flexibleren Datenorganisationssystem effektiver beschreiben. Im Rahmen dieser Erweiterungen führten wir zwei durch entsprechende Klammerarten dargestellte Adressierungsoperationen (Adressenklammern und Inhaltsklammern) ein. Wir benutzen die Vereinbarungszeichen **list** bzw. **format** des Formats von Listengrößen (wenn es verschiedene Formate gibt). Diese Erweiterungen und die gesamte Sprache ALGEM, insbesondere auch die Prozeduren, ermöglichen Algorithmen von solchen Informationsverarbeitungsprozessen zu schreiben, die sowohl gewöhnliche (nicht listenmäßige) als auch Listengrößen umfassen.

Als Hauptmittel der assoziativen Programmierung verwendet man:

1. Verbindungsadressen für den Aufbau von Kettenlisten verschiedener Art, die Objekte mit gemeinsamen Kennzeichen vereinigen;

2. Listenstrukturen, die aus Listen bestehen, die viele Ebenen umfassen, d. h. Listen, von denen sich viele Unterlisten für den Aufbau hierarchischer Datenorganisationssysteme verzweigen;

3. Bewegungslisten (Magazine) für die serielle Speicherung und Regenerierung von Daten bei rekursiven Berechnungen;

4. die Organisation eines freien Speichers in Form von zu Listen verketteten Zellen, wodurch die Flexibilität gesichert und die völlige Ausnutzung der gesamten Speicherkapazität garantiert wird. Dabei ist eine vorherige vollständige Speicherplatzverteilung nicht notwendig..

Die assoziative Programmierung wurde auf sehr unterschiedliche Weise konkretisiert und maschinenmäßig realisiert.

Ausgehend von den angegebenen Ideen haben viele Wissenschaftler in verschiedenen Ländern daran gearbeitet.

Die Arbeiten von A. NEWELL, SIMON, SHAW, TONGE und GELERNTER zählen zu den ersten und wichtigsten auf diesem Gebiet. Im Ausland ist dieser Problemkreis unter verschiedenen Namen bekannt: als Listenverarbeitung, Knotenverarbeitung, Kettenadressierung oder Methode der Steuerworte. In bestimmter Beziehung berührt auch die Adressenprogrammierung von E. L. JUSTSCHENKO diese Problematik. Die Arbeiten stellen in der Regel Beschreibungen spezieller Programmiersprachen dar, die auf einer bestimmten Maschine realisiert werden (d. h. mit einer bestimmten Anordnung der Daten in den Zellen des Maschinenspeichers).

Im vorliegenden Kapitel wollen wir eine Methode zur Beschreibung der Algorithmen von Listeninformationen untersuchen. Sie basiert auf ALGOL sowie ALGEM.

Mit Hilfe von ALGEM können wir Informationsverarbeitungsprozesse mit vorher festgelegter Struktur beschreiben. Im Vergleich zu ALGOL können in ALGEM Verbundgrößen vereinbart sowie einzelne Stellen oder Symbole von Größen angegeben und verarbeitet werden. Außerdem führten wir den Typ der Kettengröße ein. Die im folgenden beschriebene assoziative Programmiersprache stellt eine Erweiterung von ALGEM dar. Die wichtigste Besonderheit dieser Sprache besteht in der Möglichkeit, Verarbeitungsprozesse mit Listeninformationen variabler Struktur und beliebiger Anordnung im Maschinenspeicher darzustellen.

3.3.1.   Adressenbeziehungen

3.3.1.1.   Allgemeines

In ALGOL unterscheidet man folgende Klassen von Größen:

einfache (oder auch nichtindizierte) Variable, Felder, Marken, Verteiler und Prozeduren, d. h. Objekte, die durch Bezeichnungen dargestellt werden. Da Marken durch vorzeichenlose ganze Zahlen dargestellt werden können, fallen die Zahlen teilweise auch mit unter diese Definition von Größen.

Wir erweitern nun den Begriff „Größe" so, daß er außer den aufgezählten Objekten auch Zahlen, Ketten und Listen in sich einschließt. Man kann diesen Begriff „Größe" syntaktisch wie folgt definieren:

⟨Größe⟩ :: = ⟨Zahl⟩ | ⟨Marke⟩ | ⟨Kette⟩ | ⟨einfache Variable⟩ | ⟨indizierte
          Variable⟩ | ⟨Feld⟩ | ⟨Liste⟩ | ⟨Verteiler⟩ | ⟨Prozedur⟩

Eine Größe ist somit eine bestimmte Informationseinheit (keine Informationsmenge), die entweder durch ihre Bezeichnung (d. h. ihren Namen) oder unmittelbar durch ihren Wert (letzteres bezieht sich auf Zahlen, Ketten und Marken) dargestellt wird.

In den Maschinen stellen alle Größen Codezahlen (in der Regel Binärcodezahlen) dar. Diese Codezahlen können sowohl Werte als auch Namen von Größen sein. Man speichert sie in den Zellen des Speichers und bezeichnet sie als Inhalt. Jeder Speicherzelle ordnet man zudem eindeutig eine konstante Codezahl zu und bezeichnet sie als Adresse. Das Vorhandensein zweier Arten von Maschinencodezahlen (von Adressen und von Inhalten) ist eine prinzipielle Besonderheit der maschinellen Informationsverarbeitung, die man bei den Lösungsalgorithmen für Probleme der logischen Informationsverarbeitung berücksichtigen muß.

Gewöhnlich sind die Begriffe der Adresse und des Inhalts an bestimmte konkrete Maschinen gebunden. Um in einer algorithmischen Programmiersprache diese Besonderheit der maschinellen Problemlösungen berücksichtigen zu können, führen wir in die Sprache nicht an eine konkrete Maschine gebundene Begriffe von Adresse und Inhalt ein.

Formale syntaktische Definition der Begriffe Adresse und Inhalt:

$\langle$Adresse$\rangle$ :: = $\langle$arithmetischer Ausdruck$\rangle$ | [$\langle$Größe$\rangle$]

$\langle$Inhalt$\rangle$ :: = ⌊$\langle$Adresse$\rangle$⌋

Die oberen rechtwinkligen Klammern heißen Adressenklammern. Sie bedeuten, daß anstelle einer in diesen Klammern eingeschlossenen Größe ihre Adresse, d. h. eine bestimmte ganze Zahl zu verwenden ist. Die unteren rechtwinkligen Klammern bezeichnet man als Inhaltsklammern. Anstelle der in diesen Klammern eingeschlossenen Adresse ist die Größe zu nehmen, die sich in der Zelle mit dieser Adresse befindet. Verwendet man die Symbole (Adressen- und Inhaltsklammern) bei Programmen, die in einer algorithmischen Sprache geschrieben sind, ohne zusätzlich sogenannte Adressenbeziehungen (siehe unten) zu vereinbaren, dann stellen sie Adressen und Inhalte von Speicherzellen der jeweiligen konkreten Maschine dar, auf der die Aufgabe gelöst werden soll. Man setzt dabei die standardmäßige Speicherung der eingeklammerten Größen (in Adressen- oder Inhaltsklammern) in einzelne Speicherzellen der Maschine (mit Festkomma, mit Gleitkomma oder mit Hilfe alphanumerischer Zeichen) voraus.

Erfolgt die Speicherung der Größen in den Speicherzellen nicht standardmäßig (z. B. besetzt eine Größe verschiedene Zellen oder befinden sich in einer Zelle verschiedene Größen) oder sind als Inhalte der gleichen Adresse komplizierte Größen wünschenswert (Felder, Listen, Verbundvariable, Prozeduren, Verteiler), muß man im entsprechenden Programmblock zusätzlich Adressenbeziehungen vereinbaren. Die Adressenbeziehungen vereinbart man wie folgt:

Eine Adressenbeziehung besteht aus zwei Teilen, einem rechten und einem linken. Beide Teile sind durch ein Gleichheitszeichen verbunden. Im linken Teil stehen in Adressenklammern eine oder verschiedene Größen, die der Inhalt der angegebenen Adresse sind (verschiedene Größen mit einer gemeinsamen Adresse trennt man durch Komma). Im rechten Teil befindet sich die Größe, die Adresse ist. Adressen können

Zahlen, Variable oder arithmetische Ausdrücke sein. Zum Beispiel kann eine Summe zweier Variabler eine Adresse sein, wobei etwa die eine Variable Basisadresse und die andere eine relative Adresse ist. Jede Vereinbarung einer Adressenbeziehung endet wie jede andere Vereinbarung mit einem Semikolon.

Ein durch Komma getrenntes Aufzählen von Größen gibt die Anordnung dieser Größen in einer Zelle oder in mehreren nebeneinander liegenden Speicherzellen an. Solche Größen bilden eine serielle Liste, deren Lage durch die Adresse ihres ersten Gliedes eindeutig bestimmt ist. Ähnlich kann man Adressenbeziehungen für Felder, Elemente von Feldern, Verbundvariable sowie für Listengrößen angeben. Wir wollen nun diese Frage ausführlicher untersuchen.

Um die Adresse eines Feldes von Variablen anzugeben, muß man in die Adressenklammern die Bezeichnung dieses Feldes schreiben. Dann ist der Inhalt, der mit Hilfe dieser Adresse aufgerufen wird, das gesamte Feld. Die Dimensionen dieses Feldes sind durch eine gewöhnliche Feldvereinbarung bestimmt. Soll der mit Hilfe einer Adresse aufzurufende Inhalt nicht das ganze Feld, sondern nur ein Feldelement sein, dann muß man bei der Vereinbarung der Adressenbeziehung hinter der Feldbezeichnung in den Adressenklammern leere Indexklammern (viereckig) angeben.

Analog darf man bei Adressenbeziehungen für Verbundvariable die Bezeichnung dieser Verbundvariablen nur dann in Adressenklammern einschließen, wenn als Inhalt der Adresse die gesamte Verbundvariable angesehen werden soll. Ist der Inhalt einer Adresse nur eine bestimmte Komponente der Verbundvariablen, so muß man in den Adressenklammern die Bezeichnung dieser Komponente mit oder ohne (wenn das Fehlen der Präzisierung keine Unbestimmtheit hervorruft) Präzisierung angeben.

Bei einer in Adressenklammern eingeschlossenen Listenbezeichnung ist nicht die gesamte Liste, sondern nur der Vorspann Inhalt der Adresse (siehe im folgenden bei Listenvereinbarungen). Soll nur irgendeine Komponente des Vorspanns Inhalt der angegebenen Adresse sein, dann erfolgt das mit Hilfe einer solchen Adressenbeziehung, wie sie auch für eine Komponente von einer Verbundgröße benutzt wird.

Die Adressenbeziehungen für Listenglieder werden nach denselben Regeln gebildet wie die für Komponenten von Verbundvariablen. Um die Unbestimmtheit aufzuheben, werden die Bezeichnungen solcher Größen zusammen mit ihren Präzisierungen in Adressenklammern eingeschlossen. Als Präzisierung dienen nicht nur Bezeichnungen von Verbundvariablen mit den entsprechenden Komponenten, sondern auch Listenbezeichnungen mit Listengliedern, die die betreffenden Komponenten enthalten. Als Adressen auf den rechten Seiten der Adressenbeziehungen dürfen nicht nur einfache Variable stehen, sondern auch Elemente von Feldern, Komponenten von Verbundvariablen sowie Komponenten von Listengliedern. Eindeutig bestimmte Größen gibt man einfach durch ihre Bezeichnungen an (z. B. gibt man eine Adresse, die Element eines Feldes ist, ohne Indexklammern an, weil klar ist, daß die Adresse nur ein Element dieses Feldes sein kann). Unbestimmte Größen muß man zusammen mit den nach den ALGEM-Regeln zusammengestellten Präzisierungen angeben.

Manchmal können mehrere Variable (oder arithmetische Ausdrücke) Adresse einer Größe sein. In einem solchen Fall zählt man sie alle auf und trennt sie in der Adressenbeziehung durch Gleichheitszeichen. So sind z. B. die Variablen i, j, k Adresse einer Größe A. Die Adressenbeziehung hat dann die Form

$$[A] = i = j = k;$$

In einer vereinbarten Adressenbeziehung ist der Inhalt für eine Adresse immer eine auf der linken Seite stehende, in Adressenklammern eingeschlossene Größe. Setzen wir voraus, daß jede Größe in einer Zelle zu speichern (standardmäßig) ist, so ist die Vereinbarung einer Adressenbeziehung nicht notwendig. Für Größen, die bei der Programmierung nicht zusammen mit den Adressen oder Inhaltsklammern auftreten, brauchen Adressenbeziehungen nicht vereinbart zu werden, sogar dann nicht, wenn sie nicht standardmäßig angeordnet sind.

Syntaktische Definition der Vereinbarung der Adressenbeziehung:

⟨Vereinbarung
der Adressenbeziehung⟩ :: = [⟨Größe⟩] = ⟨arithmetischer Ausdruck⟩ | ⟨Vereinbarung der Adressenbeziehung⟩ = ⟨arithmetischer Ausdruck⟩

3.3.1.2.   Beispiele

1. die Größen p, q, r, s sollen in einer Zelle mit der Adresse a gespeichert werden. Die Adressenvereinbarung hat für diesen Fall die Form

$$[p, q, r, s] = a;$$

2. Die Verbundgröße ANORDNUNG nimmt mehrere nebeneinanderliegende Zellen ein. Die Adresse der ersten Zelle ist gleich b. Die Adressenbeziehung muß in folgender Form geschrieben werden

$$[ANORDNUNG] = b;$$

3. Die Adressen der Elemente des Feldes „Listenvorspann" mögen z. B. die Elemente des Feldes „Deskriptor" sein. Dann sieht die Adressenbeziehung wie folgt aus:

$$[Listenvorspann [ ]] = Deskriptor;$$

4. Die drei Größen b, m, n bilden eine Kettenliste. Jeder dieser Größen ist in der ersten Hälfte einer Zelle gespeichert, in deren zweiten Hälfte sich die Verbindungsadresse befindet, d. h. die Zahl, die die Adresse der Zelle angibt, in der die folgende Größe der Liste gespeichert ist. In der zweiten Hälfte der Zelle mit dem letzten Glied der Kettenliste befindet sich eine bestimmte konstante Codezahl. Sie wird mit EL bezeichnet und gibt das Listenende an. Die Adresse der Zelle, in der sich das erste Glied dieser Liste befindet, sei gleich a. Dann hat die Adressenbeziehung folgendes Aussehen:

$$[b, [m, [n, EL]]] = a;$$

Den Begriff der Adresse und des Inhaltes kann man im allgemeinen als Begriff des Namens und der Bedeutung eines bestimmten Objektes interpretieren. Beide Begriffe tragen relativen Charakter. Dieselbe Symbolgruppe, die gleiche Codezahl kann den Namen einer Objektkategorie darstellen, und gleichzeitig kann sie der Wert eines Objekts sein, das Glied der Kategorie einer höheren Klassifikationsebene ist.

In maschineller Interpretation kann die Adressencodezahl als Name jener Informationseinheit betrachtet werden, deren Wert Inhalt dieser Zelle ist. Der relative Charakter der Begriffe *Namen der Objektkategorie* sowie *Werte dieser Objekte* zeigt sich bei der maschinellen Realisierung darin, daß der Inhalt einer bestimmten Zelle die Adresse einer anderen Zelle sein kann, usw.

3.3.1.3.   Aussonderung von Komponenten der Inhalte

Adressen und Inhalte können *Operanden* bei allen in einer algorithmischen Sprache vorgesehenen Operationen sein und somit auch auf der linken Seite einer Ergibtanweisung stehen. Ebenso können Adressen- und Inhaltsklammern mehrfach auftreten. Dadurch erhält man Adressen und Inhalte höheren Ranges. Auf solche Adressen und Inhalte sind die in ALGEM beschriebenen Möglichkeiten des Zugriffs zu Komponenten von Verbundvariablen und Stellen voll anwendbar.

Gibt es für die Inhalte keine Artvereinbarung, dann bezieht sich die Stellenangabe auf die Binärstellen der Zelle des Maschinenspeichers. Dabei nimmt man an, daß alle Binärstellen einer Zelle nacheinander von links nach rechts, beginnend bei Null, bis zu einem bestimmten n durchnumeriert sind und die Stellenangabe diese Binärstellen der Zelle bestimmt.

Die auszusondernden Stellen einer Variablen oder die auszusondernden Komponenten eines Verbunds können wir als Adressen verwenden, indem wir sie in Inhaltsklammern einschließen. Setzt man auszusondernde Komponente einer Verbundgröße (oder ausgesonderter Stellen) in Inhaltsklammern, dann soll diese Komponente als Adresse unabhängig von ihrer Ausgangslage in der Verbundgröße verwendet werden (d. h. zur Aussonderung). So transportiert man diese Komponenten gleichsam automatisch nach der Seite der niedrigeren Stellen der Adressen. Analog behandelt man die auszusondernden Komponenten, wenn mit ihnen arithmetische Operationen ausgeführt werden. Das bedeutet, daß man eine ausgesonderte Komponente immer als eine einzelne Größe betrachtet.

Entsprechend den ALGEM-Regeln gelten folgende Beziehungen zwischen den ausgesonderten Komponenten auf der rechten und linken Seite von Ergibtanweisungen. Ist die rechte Seite der Ergibtanweisung eine ausgesonderte Komponente und ist für die linksstehende Größe keine Komponente oder Größe angegeben, so ordnet man der gesamten links stehenden Größe die ausgesonderten Komponenten der rechten Seite zu. Sind für die Größe der linken Seite der Ergibtanweisung Stellen oder Komponenten angegeben, dann ordnet man ihnen die ausgesonderte Komponente der rechten Seite so zu, daß die kleinsten Stellen der ausgesonderten Komponenten der linken und der rechten Seite der Ergibtanweisung übereinstimmen (dies gilt für alle ganzen Zahlen.

Im Falle von gebrochenen oder gemischten Zahlen muß die Zuordnung in Abhängigkeit von der Stellung des dekadischen Kommas erfolgen). In diesem Falle ändert sich beim Ausführen der Ergibtanweisung der Rest einer im linken Teil der Ergibtanweisung angegebenen Variablen außer in ihren ausgesonderten Komponenten (oder den ausgesonderten Stellen) nicht.

Hat die ausgesonderte Komponente der rechten Seite eine größere Stellenzahl als die der linken Seite, dann bleiben die nichtübereinstimmenden Stellen (die überflüssigen der Komponente) der rechten Seite unberücksichtigt. Zum Beispiel gibt eine Notierung der Form

$$a. \lfloor A \rfloor := C;$$

an, daß der Wert C der Größe a zuzuordnen ist.

a ist Komponente einer Verbundgröße mit einer Adresse, die gleich dem Wert von A ist. In diesem Fall bedeutet die Komponente des Inhalts in Form $a. \lfloor A \rfloor$ die Bezeichnung einer Größe. Die Ergibtanweisung erfolgt so, als würde auf der linken Seite einfach nur die Bezeichnung a stehen. Die Angabe eines Teils der Zelle mit Hilfe der Stellenangabe geschieht durch eine Bezeichnung. Eine Notierung der Art

$$(i : j) \lfloor A \rfloor := C;$$

bedeutet die Zuordnung des Wertes C zu einer Zellengruppe, deren Adresse gleich dem Wert von A ist. Die niedrigste Stelle einer Zellengruppe hat die Nummer i die höchste Stelle hat die Nummer j. Wenn eine Größe des Inhalts einer Adresse A über eine Vereinbarung der Adressenbeziehung und der Art verfügt, dann ist die linke Seite der Ergibtanweisung eine Gruppe von Symbolen dieser Größe mit den Nummern von i bis j. Soll eine ausgesonderte Komponente des Inhalts selbst die Adresse einer Zelle bezeichnen, in die der Wert einer bestimmten Größe gespeichert werden soll, dann wird folgender Ausdruck geschrieben:

$$\lfloor a. \lfloor A \rfloor \rfloor := C; \quad \lfloor (i : j) \lfloor A \rfloor \rfloor := C;$$

Diese Notierungen bedeuten, daß der Wert einer bestimmten Größe C dem Inhalt der Zelle zugeordnet wird, die als Adresse entweder den Wert $a. \lfloor A \rfloor$ hat oder die Codezahl, die sich in den Stellen von i bis j in der Zelle mit dem Wert von A befindet.

3.3.2. Listenvereinbarungen

Alle Größen (mit Ausnahme einiger Standardgrößen wie etwa die Standardfunktionen) von Programmen, die in einer algorithmischen Sprache geschrieben sind (im folgenden auch kurz algorithmische Programme genannt), müssen am Anfang des Blockes (oder in äußeren Blöcken) vereinbart sein, in denen sie verwendet werden. Diese Forderung bezieht sich auch auf Listengrößen (Listen und Strukturlisten), obwohl sich die Vereinbarung von Listengrößen wesentlich von anderen Vereinbarungen unterscheidet.

Die Vereinbarungen gewöhnlicher Nichtlistengrößen (von elementaren und Verbundvariablen) verwendet ein Compiler zur

1. Speicherplatzverteilung für diese Größen;

2. Festlegung der mit diesen Größen auszuführenden Operationen (mit Rundung oder ohne Rundung u. a.).

Wir hatten schon erwähnt, daß die Speicherplatzverteilung für Listengrößen anders verläuft. Umfang und Struktur von Listen können sich im Verlaufe eines Arbeitsprozesses wesentlich ändern. Sie müssen automatisch der aktuellen Struktur der zu verarbeitenden Informationen angepaßt und in den freien Speicherplätzen der Maschine angeordnet werden.

Treten bei der Programmierung Listengrößen auf, dann muß man ungeachtet der erwähnten Flexibilität beim Verwenden dieser Größen zwei Grundbedingungen einhalten:

1. die Struktur (das Format) der Listenglieder sowie deren Anordnung bezüglich eines Speicherbereiches der Maschine muß vorher festgelegt sein;

2. der für die Listengrößen vorgesehene freie Speicherbereich muß vorher festgelegt sein. Während die Speicherplatzverteilung bei dem nicht von Listen beanspruchten Bereich wie gewöhnlich erfolgt, muß die Speicherplatzverteilung in dem von Listen beanspruchten Bereich in Übereinstimmung mit dem Typ der verwendeten Listen geschehen (als Gesamtkettenliste freier Zellen, als Kettenliste freier Nester von Zellen eines fixierten Umfanges, als serielle Liste freier Zonen auf Magnetband oder im Hauptspeicher usw.).

Diese Beschränkungen ergeben sich deshalb, weil die Prozeduren zum Verarbeiten von Listeninformationen an die Formate der Listenglieder und die Verteilung des freien Speicherbereichs der Maschine gebunden sind.

Listengrößen vereinbart man mit Hilfe des Vereinbarungszeichen **list**. Es bildet zusammen mit dem Symbol **level** ein Paar von Vereinbarungsklammern, analog dem Paar **compound ... level**. Die Listenvereinbarung besteht aus zwei Teilen: aus der Vereinbarung des Listenvorspanns (dem Fixator der Liste) und aus der Vereinbarung der Struktur eines Listengliedes. Die beiden Teile trennt man durch Semikolon. Eine Listenvereinbarung beginnt mit dem Symbol **list**, danach folgt die Vereinbarung des Listenvorspanns und anschließend gibt man die Struktur eines Listengliedes an. Das Symbol **level** beendet die Vereinbarung. Sowohl Listenvorspann als auch Listenglied sind im allgemeinen Verbundvariable. In einigen Fällen darf der Listenvorspann überhaupt fehlen. Ein Listenglied kann als Element eine andere Liste oder sogar mehrere Listen enthalten. Deshalb müssen die Listenvereinbarung und insbesondere die Struktur des Listengliedes entsprechend aufgebaut sein. Die Struktur von Listengliedern und Verbundvariablen ist analog, jedoch können in ALGEM neben den Vereinbarungselementen in die Struktur eines Listengliedes auch Listenvereinbarungen eingehen.

Verbundgrößen vereinbart man in ALGEM wie folgt:

⟨Vereinbarungsteil⟩ ::= ⟨Typvereinbarung⟩ | ⟨Feldvereinbarung⟩ | ⟨Verbundgrößenvereinbarung⟩

⟨Verbundgröße⟩ ::= ⟨Variablenbezeichnung⟩ | **array** ⟨Feldbezeichnung⟩ [⟨Grenzenliste⟩]

⟨Struktur der Verbundgröße⟩ ::= ⟨Vereinbarungsteil⟩ | ⟨Struktur der Verbundgröße⟩ ; ⟨Vereinbarungsteil⟩

⟨Verbundgrößenvereinbarung⟩ ::= **compound** ⟨Verbundgröße⟩ ; ⟨Struktur der Verbundgröße⟩ **level**

Unter Beachtung der Definition einer Verbundgröße ergibt sich folgende Definition für Listenvereinbarungen:

⟨Listenbezeichnung⟩ ::= ⟨Bezeichnung⟩

⟨Vereinbarung des Listenvorspanns⟩ ::= ⟨Nullkette⟩ | ⟨Listenbezeichnung⟩ | ⟨Verbundgrößenvereinbarung⟩

⟨Strukturteil eines Listengliedes⟩ ::= ⟨Vereinbarungsteil⟩ | ⟨Listenvereinbarung⟩

⟨Struktur eines Listengliedes⟩ ::= ⟨Strukturteil eines Listengliedes⟩ | ⟨Struktur eines Listengliedes⟩ ; ⟨Strukturteil eines Listengliedes⟩

⟨Listenvereinbarung⟩ ::= **list** ⟨Vereinbarung des Listenvorspanns⟩ ; ⟨Struktur eines Listengliedes⟩ **level**

Aus der Vereinbarung des Listenvorspanns geht hervor, daß drei Möglichkeiten bestehen.

Erstens kann die Vereinbarung des Listenvorspanns überhaupt fehlen. In diesem Fall steht hinter dem Symbol **list** ein Semikolon. Danach folgt die Vereinbarung der Struktur des Listengliedes.

Zweitens kann man den Listenvorspann nur durch die Listenbezeichnung vereinbaren, nach der ein Semikolon folgt. In diesem Fall spielt die Listenbezeichnung die Rolle einer Bemerkung, die zur Erläuterung für den menschlichen Bearbeiter gedacht ist. Der Compiler verwendet die Listenbezeichnung nicht.

Drittens kann der Vorspann eine Verbundgrößenvereinbarung sein. In diesem Falle gibt man als Verbundgröße die Listenbezeichnung an. Sie ist die aktuelle Bezeichnung des Vorspanns (des Fixators) der Liste. Die Struktur dieser Verbundgröße stellt die Struktur des Listenvorspanns dar. Hier kann man die Gliederzahl der Liste, die Adresse des Listengliedes sowie andere Daten, die sich auf die gesamte Liste beziehen, vorgeben. Auf Grund einer solchen Vereinbarung des Listenvorspanns ermittelt der Compiler die entsprechende Zelle (Zellen) im Maschinenspeicher zur Speicherung des

Fixators der Liste. Aus diesem Grunde kann man den aktuellen Listenvorspann bei einer Listenvereinbarung nur áls Verbundgröße darstellen. Dabei muß nach dem Symbol **list** sofort das Symbol **compound** stehen. Mit diesem Verfahren kann man Listen unterschiedlichen Typs vereinbaren (serielle, nestartige, Ketten-, Knotenlisten). Wichtig ist, daß für zwischen den Symbolen **list ... level** eingeschlossene Größen der Speicher gewöhnlich nicht bereitgestellt zu werden braucht, sondern die Listenstruktur bei der vorangehenden Verteilung des freien Speicherbereichs sowie bei Aufstellung der Operatoren des Programms berücksichtigt wird.

3.3.2.1.   Vergleich des Adressen- und Indexverfahrens bezüglich des Zugriffs zu den Listengliedern

Wir wollen nun die Zugriffsmöglichkeiten zu den Listengliedern mit Hilfe ihrer Adressen und mit Hilfe der in ALGOL üblichen indizierten Variablen vergleichen. Den Aufruf des Inhalts durch eine vorgegebene Adresse kann man allgemein als Zugriff zu einem Feldelement nach einem bestimmten Index darstellen. Zu diesem Zweck nimmt man in die Vereinbarung der Daten im entsprechenden Programmblock ein bedingtes eindimensionales Feld als Folge von Speicherzellen auf. Die Indizes der Feldelemente stimmen mit den Adressen des Feldes überein. Manchmal genügt es auch, ein bedingtes Feld einzuführen, das nicht den gesamten Speicher, sondern nur jenes Feld umfaßt, in dem die Listeninformation gespeichert werden soll. Zu beachten ist, daß dabei jedes Listenglied in einer Speicherzelle gespeichert werden muß.

Zur Illustration der beiden angeführten Möglichkeiten des Zugriffs zu Listengrößen betrachten wir ein Beispiel. Eine im internen Maschinenspeicher gespeicherte Kettenliste soll durchgesehen und ein Listenglied mit dem Wert GW des Kennzeichens P ausgesondert werden. Wir führen ein bedingtes Feld $HS\,[1:N]$ vom Umfang N (N Zellen des Speichers) ein. In diesem speichern wir die Liste. Wir nehmen an, daß jedes Listenglied in einer Zelle steht und aus drei Komponenten besteht: aus dem Kennzeichen P, der Verbindungsadresse VA und dem Kennzeichen des Listenendes EL. Die Verbindungsadresse VA gibt die Lage des folgenden Listengliedes bezüglich des Anfangs eines Bereichs des Hauptspeichers an (d. h., es handelt sich um eine relative und nicht um die absolute Adresse). Der Index des ersten Listengliedes (der Knoten der Liste) des bedingten Feldes $HS\,[1:N]$ heißt PHI. Er ist gegeben. Die ausgewählten Glieder schreiben wir in das Feld $T\,[1:n]$. Der Index dieses Feldes gibt die Zahl der ausgesuchten Glieder an. Die Größen HS, PHI, $T[i]$, i, n betrachten wir als global bezüglich des betrachteten Programmblocks. Die Verbindungsadresse VA ist die Ordnungsnummer des zur Speicherung der Liste vorgesehenen Hauptspeicherbereichs.

```
begin . . . . ;
      compound array HS [1 : N];
      integer P mode 1 (10), VA mode 1 (20);
      Boolean EL level ;
      integer J, j; . . . . . . ;
```

$i := 1;\ \mathrm{j} := PHI;$

for $J := \mathrm{j}$ **while** $\rceil EL.\ HS[J], j$ **do**

begin if $P.\ HS[J] = GW$ **then**

begin $T[i] := HS[J];\ i := i + 1$ **end**;

$\mathrm{j} := VA.\ HS[J]$ **end**;

end

Derselbe unter Verwendung von Adressensymbolen und des Vereinbarungszeichens **list** geschriebene Programmteil sieht wie folgt aus:

begin ... ;

    list *Ketle* ; **compound** *Element,* **integer** P **mode** $1\ (10)$,

    VA **mode** $1\ (20)$;   **Boolean** EL **level**

    level;

    integer J, j; . . . . . ;

    $\lfloor Element \rfloor = VA;$

    $i := 1;\ \ \mathrm{j} := PHI;$

    for $VA := \mathrm{j}$ **while** $\neg EL.\ \lfloor VA \rfloor, j$ **do**

    begin if $P.\ \lfloor VA \rfloor = GW$ **then**

            begin $T[i] := \lfloor VA \rfloor;\ i := i + 1$ **end;**

    $j := VA.\ \lfloor VA \rfloor$ **end;**

end

Hier bezeichnet man die gesamte Liste mit „Kette" (diese Bezeichnung wird praktisch nicht benutzt) und ein Listenglied mit „Element".

Beide Programmvarianten stimmen annähernd überein. Die zweite Variante enthält in den Blockvereinbarungen eine zusätzliche Vereinbarung (und zwar die Adressenbeziehung). Diese Vereinbarung kann man in diesem Fall sogar weglassen, weil sich jedes Listenglied in einer einzelnen Zelle befindet, d. h., die Listenglieder sind standardmäßig verteilt.

Ein prinzipieller Mangel der ersten Variante besteht darin, daß man ein fiktives Feld $HS\ [1 : N]$ des Hauptspeichers benötigt, in dem nur bestimmte Zellen durch Listenglieder besetzt sind. Dabei müssen in den Vereinbarungen solche fiktiven Felder von den tatsächlichen Feldern unterschieden werden, weil fiktive Felder einander aufschaukeln können. Außerdem sollten sie nach Möglichkeit groß dimensioniert sein, um bei der Speicherung der Listen im Maschinenspeicher flexibel zu sein.

Die Verwendung von Adressensymbolen zur Vereinbarung von Kettenlisten bietet sich aus folgenden Gründen an:

1. Sie sind beim Programmieren für die Maschinendarstellung natürlicher und anschaulicher, weil sie dem Wesen der Maschinenoperationen beim Zugriff zu den Listengrößen entsprechen.

2. Die Anwendung von Inhaltsklammern erfordert keine zusätzlichen Vereinbarungen fiktiver Felder im Hauptspeicher, die vom Compiler von den anderen Feldern unterschieden werden müssen.

3. Die Inhaltsklammern kann man für zusätzliche Funktionen nutzen. Sie können die Rolle gewöhnlicher (runder) Klammern zur Eliminierung bestimmter Ausdrücke übernehmen.

3.3.2.2.   Vereinbarung von Verbund- und Listengrößen mit unterschiedlichen Formaten

Manchmal müssen Listen- oder Verbundgrößen mit unterschiedlich strukturierten Listengliedern oder Verbundgrößen verarbeitet werden, d. h., es sind unterschiedliche Formate vorhanden. Diese mehrformatigen Größen bilden organisch eine Liste oder ein Feld. Ihre Unterteilung in verschiedene Listen oder Felder in Abhängigkeit von den Formaten erweist sich als unzweckmäßig bzw. unmöglich. Die Formate gleicher Größe unterscheiden sich gewöhnlich durch die Werte bestimmter Kennzeichenstellen. Deshalb ist es bei der Vereinbarung dieser Größen notwendig, die Kennzeichen und deren Werte anzugeben. Dafür stehen mehrere modifizierte Methoden zur Verfügung.

Nach der Bezeichnung des Kennzeichens, das vom Format unterschieden wird, schreiben wir gewöhnlich die Artangabe und danach das Symbol **format**. Darauf folgt der Wert dieses Kennzeichens für das Format. Nach diesem Wert vereinbart man nach einem Komma wie gewöhnlich die Struktur der Verbund- oder Listengröße für das Format. Nach der Strukturvereinbarung schreibt man erneut das Symbol **format**, danach einen anderen Wert des Kennzeichens. Nach einem Komma folgt dann die Vereinbarung eines neuen Formats, usw. So vereinbart man mehrere verschiedene Formate der gleichen Größe nach der Bezeichnung des Kennzeichens, durch das sich diese Formate unterscheiden. Die Vereinbarung verschiedener Formate trennt man durch das Symbol **format**. Nach ihm steht der Wert des entsprechenden Kennzeichens. Nach der letzten Vereinbarung eines Formats muß notwendigerweise das Symbol **level** stehen, weil jede beliebige, aus vielen Formaten bestehende Größe eine Verbundgröße ist. Ist sie zusätzlich eine Listengröße, dann muß natürlich am Anfang ihrer Vereinbarung das Vereinbarungszeichen **list** mit dem Listenvorspann stehen sowie am Ende der Vereinbarung die Struktur des Listengliedes und das entsprechende Symbol **level**.

3.3.2.3.   Vereinbarung von Listenprozeduren

Zur Vereinbarung von Listengrößen kann man Prozeduren verwenden, z. B:

> Aufnahme eines neuen Gliedes in die Liste,
> Eliminieren eines Gliedes aus der Liste,

Vereinigen von Listen,

Trennen von Listen in Teile,

Suche gegebener Glieder in einer Liste,

Kopieren von Listen usw.

Diese Prozeduren formuliert man nach den ALGOL-Regeln unter Berücksichtigung der in ALGEM gemachten Erweiterungen. Dabei benutzt man die in diesem Kapitel eingeführten Adressenbeziehungen, die Vereinbarungsklammern **list ... level** sowie den Begrenzer **format**. Sie treten dabei nicht nur im Prozedurhauptteil, der als Block formuliert ist, auf, sondern auch im Prozedurvorspann und im Benennungsteil. In ALGEM ist es notwendig, die formalen Größen mit Verbundgrößen zu benennen. Das gleiche gilt auch beim Programmieren von Listenprozeduren. Formale Parameter müssen mittels Listengrößen benannt werden. Benennungen von Listengrößen sind Vereinbarungen von Listen- und Adressenbeziehungen, die in voller Übereinstimmung mit den o. a. Regeln des Aufbaus solcher Vereinbarungen in Blöcken aufzustellen sind. Für Listenprozeduren gelten alle ALGOL-Regeln zur Lokalisierung von Größen in Blöcken und in Prozeduren. Insbesondere kann man einen formalen Prozedurparameter, dessen Bezeichnung mit einer globalen Prozedurgröße übereinstimmt, in der Prozedur nicht verwenden. Bei der Benennung einer Listenprozedur (Adressenbeziehung) kann man also nur Größen verwenden, die bezüglich der Prozedur global, in ihr jedoch keine formalen Parameter sind.

In den Vereinbarungen der Listenprozeduren dürfen alle anderen Vereinbarungen des Programmblocks stehen (oder irgendeines äußeren Blocks), wenn dadurch nicht die allgemeinen Regeln zur Lokalisierung von Größen in Blöcken verletzt werden. In den Adressenbeziehungen der Vereinbarungen des Prozedurhauptteiles (eines Blockes) kann man sowohl in diesem Block selbst vereinbarte Größen, im Benennungsteil der Prozedur vereinbarte Größen sowie bezüglich der Prozedur globale Größen verwenden. Die Listengrößen muß man in den Prozeduren deshalb voll benennen, weil jede konkrete Prozedur für eine bestimmte Listenstruktur aufgestellt wird. Deshalb kann man solche Prozeduren nur zur Bearbeitung von Listen mit gleicher Struktur und entsprechender Organisation des freien Listenspeichers benutzen.

Wir wollen nun nochmals alle zusätzlichen Vereinbarungen aufzählen, die man bei der assoziativen Programmierung verwendet:

die Vereinbarung von Listenprozeduren, darunter eine spezielle Prozedur zur Organisation des freien Listenspeichers;

die Vereinbarung von Adressenbeziehungen;

die Vereinbarung von Listengrößen.

3.3.3. Vergleich der algorithmischen Sprachen

Aus den bisherigen Darlegungen geht klar hervor, daß die von uns beschriebene algorithmische Sprache zur Programmierung von Problemen der logischen Informationsverarbeitung durch Verwendung einer Reihe schon bestehender algorithmischer Sprachen zustandegekommen ist. Dem Wesen nach wurden mehrere Sprachen zu einer

Sprache vereinigt. Das erfolgt jedoch nicht durch eine einfache Summierung aller Elemente der einzelnen Sprachen zu einer Sprache, sondern indem wir die als Grundlage verwendete Sprache ALGOL um solche Elemente anderer Sprachen erweitert haben, die zur Programmierung der entsprechenden spezifischen Probleme notwendig sind.

Zu den Sprachen, die beim Aufbau von ALGEM benutzt wurden, gehören ALGOL 60, COBOL, die Adressensprache des Instituts für Kybernetik der Akademie der Wissenschaften der UdSSR, LISP (von McCARTHY in den USA ausgearbeitet) und IPL-V (von NEWELL, SIMON und SHAW (USA) erarbeitet). Im Hinblick auf ALGOL 60 haben wir schon erwähnt, daß diese Sprache mit unwesentlichen Veränderungen, die sich auf Details von Bezeichnungen und Benennungen verschiedener Begriffe beziehen, die Grundlage von ALGEM bildet. Aus der Sprache COBOL, die zur Programmierung ökonomischer Probleme bestimmt ist, stammt die Vereinbarung von Verbundvariablen und -feldern sowie die Vereinbarung der Art der Größen und die Stellenangabe.

Den von KOROLJUK eingeführten Begriff des Adressenalgorithmus entnahmen wir der Adressensprache des Instituts für Kybernetik der Akademie der Wissenschaften der UdSSR, ebenso die Definition des Ranges einer Adresse sowie eine Reihe allgemeiner Begriffe, die den Aufbau von Formeln und Operationen mit Adressen betreffen. Aus den Sprachen zur listenmäßigen Verarbeitung von Daten (LISP, IPL-V, ALP) stammen die wichtigsten Verfahren mit Kettenlisten und Listenstrukturen (Kettenlisten freier Zellen zur Organisation des freien Speicherbereichs der Maschine, bewegliche Listen zur Speicherung von Zwischenergebnissen, zwei Arten von Listengliedern – Struktur- und Objektlistenglieder, der Aufbau sich verzweigender Unterlisten, usw.).

Die im letzten Kapitel dargelegte Methode des assoziativen Programmierens (AP) steht im untrennbaren Zusammenhang mit ALGOL und ALGEM. Sie enthält spezielle Elemente, die nur bei der Verarbeitung von Listengrößen verwendet werden. Außer bei diesen speziellen Elementen geschieht die Verarbeitung von Listengrößen notwendigerweise nach den Grundregeln von ALGOL und ALGEM. Einer der Grundbegriffe der assoziativen Programmierung ist der Begriff des Inhalts. Er bildet die Grundlage einer von E. L. JUSTSCHENKO erarbeiteten Adressenprogrammiersprache und wird dort mit Hilfe von sogenannten Strichoperationen bestimmt. Bezüglich der Verwendung dieses Begriffs hat die assoziative Programmiersprache viel mit der Adressensprache gemeinsam. In der gleichzeitig und unabhängig von ALGOL ausgearbeiteten Adressensprache gibt es eine entsprechende Symbolik und Methoden zur Darstellung aller übrigen Operationen (Lauf- und Sprunganweisungen, Verteiler, Vereinbarungen usw.), während in der assoziativen Programmiersprache alle diese Elemente ALGOL genau entsprechen. Außerdem ist in der assoziativen Programmiersprache der Begriff der Adresse, der reziprok zum Begriff des Inhalts ist, eindeutig definiert. Für ihn wurde eine spezielle Bezeichnung eingeführt (Adressenklammer ⌈ ⌉). Die Adressenklammern entsprechen zusammen mit dem bei der assoziativen Programmierung verwendeten Komma zur Trennung von Gliedern sequentieller Listen der Punktbezeichnung (dem Punkt oder den runden Klammern), die in der Sprache LISP zur Darstellung der inneren Struktur von Kettenlisten verwendet wird.

In LISP verwendet man Listenglieder mit konstanten Formaten. Man nimmt an,
daß jedes Listenglied in einer aus zwei Teilen bestehenden Speicherzelle untergebracht
wird. Das Symbol steht in der ersten Hälfte der Zelle und die Verbindungsadresse in
der zweiten Hälfte. Zur Bezeichnung von Listenenden verwendet man das Symbol *EL*,
das man an die Stelle der Verbindungsadresse setzt. In LISP werden nur Kettenlisten
verwendet, d. h., jedes vorgesehene Listenglied muß die Verbindungsadresse enthalten,
die die Lage des folgenden Listengliedes angibt. Das Wesen der in LISP verwendeten
Punktdarstellung der inneren Struktur der Listen besteht im folgenden. Wenn zwei
beliebige Größen *A* und *B* in zwei Teilen einer Zelle gespeichert sind, dann bezeichnet
man die Adresse dieser Zelle mit

$$(A.\ B)$$

Dabei weist der Punkt auf das Vorhandensein von zwei Größen in einer Zelle hin, die
runden Klammern kennzeichnen die Adresse dieser Zelle. Befindet sich im zweiten
Teil der Zelle die Adresse einer anderen Zelle, in der das nächste Glied der Liste *B*
gespeichert ist, und ist diese Zelle die letzte der Liste, dann schreibt man das Glied
in LISP wie folgt:

$$(A.\ (B.\ EL))$$

Grafisch stellt man die Glieder in LISP in Form von zweifach unterteilten Rechtecken
dar. In den ersten Teil schreibt man das Symbol, das das Listenglied darstellt, die zweite
Hälfte bleibt leer. Darunter versteht man, daß sich darin die auf das nächste Listenglied hinweisende Verbindungsadresse befindet. Anstelle einer Adresse zeichnet man
Pfeile. Sie gehen von dem Teil aus, in dem diese Verbindungsadresse stehen muß, und
führen zu dem Rechteck, das durch die Verbindungsadresse angegeben werden soll.
Anstelle des Symbols EL zeichnet man in den entsprechenden Teil der Zellen eine Dia-
gonale (s. Abb. 25).

Erstes Beispiel:

Eine aus drei Gliedern *A, B, L* bestehende Kettenliste schreibt man in LISP wie
folgt:

$$(A.\ (B.\ (L.\ EL)))$$

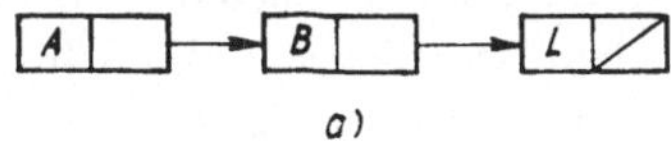

a)

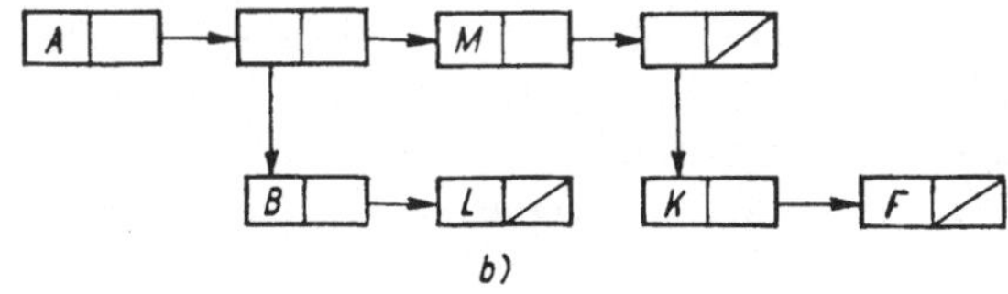

b)

Abb. 25.
Darstellung einer Liste und Listenstruktur

a) Liste $(A.\ (B.\ (L.EL)))$
b) Listenstruktur $(A.\ ((B.\ (L.EL)).$
$(M.\ ((K.(F.EL)).\ EL))))$

Diese Liste gibt Abbildung 25 a wieder. Mit Hilfe der von uns bei der assoziativen Programmierung eingeführten Symbole schreiben wir diese Liste wie folgt:

$$[A, [B, [L, EL]]]$$

Ein zweites Beispiel, dessen graphische Darstellung auf Abbildung 25 b zu sehen ist, schreibt man in LISP wie folgt:

$$(A.((B.(L. EL)). (M. ((K. (F. EL)). EL))))$$

Bei der assoziativen Programmierung hat diese Liste folgendes Aussehen:

$$[A, [[B, [L, EL]], [M, [[K, [F, EL]], EL]]]]$$

Daraus erkennt man klar, daß die von uns verwendeten Adressenklammern und Kommas vollkommen der Punktedarstellung der Listen in LISP mit Hilfe von runden Klammern und Punkten entspricht. Wodurch ergibt sich nun die Notwendigkeit, die in LISP verwendete Punktsymbolik durch die von uns in der assoziativen Programmiersprache verwendete Symbolik zu ersetzen?

Erstens garantiert die von uns zugrundegelegte Symbolik eine größere Flexibilität. Bei der assoziativen Programmierung können wir mit Hilfe des Kommas nicht nur die in zwei Teilen einer Zelle gespeicherten Größen trennen, wie es in LISP mit Hilfe eines Punktes üblich ist, sondern allgemein Glieder serieller Listen, d. h. Größen, die nacheinander in einer oder mehreren Zellen des Speichers angeordnet sind. Folglich kann man mit Hilfe des Verfahrens nicht nur Kettenlisten bezeichnen, sondern auch kombinierte Listen, die sowohl kettenartige als auch serielle Unterlisten enthalten.

Zweitens verwendet man runde Klammern zur Kennzeichnung von Adressengrößen und gleichzeitig in ALGOL zum Aufbau arithmetischer Ausdrücke. Das kann zur Zweideutigkeit führen und es notwendig machen, den in Adressenklammern eingeschlossenen Größen Beschränkungen aufzuerlegen. Deshalb ist es zweckmäßig, für die Adressenklammern andere Symbole zu verwenden.

Drittens trennt man in ALGOL Elemente verschiedener sequentieller Listen durch ein Komma (z. B. die Indexliste der indizierten Variablen, die Grenzenliste, die Liste der Namenausdrücke in den Verteilerlisten, die Listen der formalen und aktuellen Parameter) und nicht durch einen Punkt. Deshalb ist es folgerichtig, auch die Elemente sequentieller Listen durch Komma zu trennen. Außerdem ist es logisch, die Adressenklammern, die den umgekehrten Sinn der Inhaltsklammern haben, mit Symbolen zu bezeichnen, die ebenfalls die umgekehrte Form haben. Ein Hauptunterschied gegenüber den Sprachen der listenmäßigen Datenverarbeitung LISP, IPL-V, FLPL, ALP und anderer besteht in dem unmittelbaren Zusammenhang der assoziativen Programmiersprache mit ALGOL (und deren Erweiterung ALGEM) sowie deren großer Universalität.

Alle oben aufgezählten Listensprachen verwenden streng fixierte Formate der Listenglieder. Einige von ihnen, z. B. FLPL, verwenden Listenglieder, die streng an die Stellenanordnung der jeweiligen Maschine gebunden sind.

Mit Hilfe der assoziativen Programmiersprache ist es möglich, Algorithmen der Listenverarbeitung mit unterschiedlicher Struktur der Listenglieder zu beschreiben. Das wird dadurch möglich, weil man

1. die Struktur der Listenglieder unter Verwendung der Vereinbarungsklammern **list** und **level** beschreiben kann;

2. mit Hilfe der Adressenbeziehungen den Charakter der Adressenverbindungen zwischen den Listengliedern angeben kann.

Als Beispiel kann man mit Hilfe der angeführten Methode die Struktur von Listengliedern vereinbaren, wie sie in IPL-V verwendet werden. In dieser Sprache enthält jede Speicherzelle ein Listenwort, das aus vier Teilen besteht; aus zwei Präfixen (P und Q), dem Symbol (*symb*) und der Verbindungsadresse (*link*).

P	Q	symb	link

P möge drei, Q zwei, *symb* 20 und *link* 20 Binärstellen einnehmen. Dann hat die Vereinbarung einer Liste folgendes Aussehen (der Listenvorspann ist weggelassen):

list; compound *Listenglied;*

integer P **mode** *1* (*3*), Q **mode** *1* (*2*);

real *symb* **mode** *1* (*20*);

integer *link* **mode** *1* (*20*) **level level**

Die Adressenbeziehung, die die Verbindung zwischen den Gliedern der Kettenliste festlegt, schreibt man wie folgt:

$$[LISTENGLIED] = link;$$

In der Sprache FLPL verwendet man Listenglieder folgenden Formats:

	0,	1, 2,	3, ...,	17, 18, 19, 20, 21, ...,	35
SN	Typcodezahl	Verbindungsadresse		Kennzeichen	Adressenfeld .

Oberhalb des Rechtecks angegebene Zahlen sind die Nummern der Binärstellen des Listenwortes. Die Vereinbarung der Liste hat folgendes Aussehen:

list; compound *LISTENGLIED*;

Boolean *SN*; **integer** *Typcodezahl* **mode** *1* (*2*),

VERBINDUNGSADRESSE **mode** *1* (*15*),

KENNZEICHEN **mode** *1* (*3*),

ADRESSENFELD **mode** *1* (*15*) **level level**

3.3.4.   Beispiele zur assoziativen Programmierung

3.3.4.1.   Programmierung von Kettenlisten und -strukturen

Wir gehen davon aus, daß man für den Aufbau von Kettenlisten und Kettenstrukturen Listenworte verwendet. Dabei kann man jeweils ein Wort in einer Speicherzelle speichern. Jedes Listenwort besteht aus drei Teilen: dem Typkennzeichen des Wortes S, dem Namen I und der Verbindungsadresse VA. Die gesamte Liste (Listenstruktur) heißt *KETTENLISTE*. Diese Bezeichnung verwenden wir in unserem Beispiel nicht.

Das Listenende (Unterliste) kennzeichnen wir mit der Konstanten EL als Verbindungsadresse VA. Bei $S = 0$ spielt der Name I die Rolle des Namens eines Objekts, das Glied der Liste ist, d. h., in diesem Fall ist das Listenwort ein Objektwort. Bei $S = 1$ ist I eine Adresse, die zur entsprechenden Unterliste führt, d. h., in diesem Fall ist das Listenwort ein Strukturwort.

So hat ein Listenwort (abgekürzt mit LG, d. h. Listenglied) zwei Formate, die sich durch den Wert des Kennzeichens S unterscheiden. Die Formate stimmen jedoch beide überein. Die Stellen eines Listenwortes verteilt man in den Artvereinbarungen der entsprechenden Größen so, daß ein Listenwort vollständig in einer Zelle der Maschine „Minsk-2", die 37 Binärstellen hat, untergebracht werden kann.

Weiter unten folgen bei der assoziativen Programmierung verwendete Vereinbarungen von Typprozeduren. Als Beispiel eines komplizierten Programms führen wir das Programm der Kopierung einer Listenstruktur an.

Ein analoges jedoch anders aufgebautes Programm wurde in der Sprache ALP [4] angegeben.

Verschiedene in der Sprache ALP gebräuchliche und dort wörtlich beschriebene Listenanweisungen verwenden wir in der assoziativen Programmiersprache als Prozeduren ebenfalls. Die Vereinbarungen von Listenprozeduren führen wir nicht getrennt an, sondern vereinbaren sie im Programmblock als eine Liste von Prozedurvereinbarungen. Jeder Block beginnt mit dem Symbol **begin**. Das ihm entsprechende Endsymbol **end** fehlt nur deshalb, weil dieser Block unvollständig ist. Er enthält die Vereinbarung mehrerer bezüglich der unten angeführten Prozedurvereinbarungen globaler Größen (*KETTENLISTE, LG, EL, FZ, i*) sowie die Prozedurvereinbarungen. Damit bricht dieser Programmblock gleichsam ab.

FZ bezeichnet den Listenvorspann der freien Zelle, i eine bestimmte Zwischenvariable (Arbeitsvariable) vom Typ **integer**. Die letzten drei Programmbeispiele können wir als Unterblöcke dieses Blocks betrachten:

begin
      list *KETTENLISTE*; **compound** *LG*; **Boolean** S;
      integer I **mode** $1\,(18)$, VA **mode** $1\,(18)$ **level**
      level;
      integer EL **mode** $1\,(18)$, FZ **mode** $1\,(18)$, i **mode** $1\,(18)$;
            $[LG] = VA = i = FZ$;
procedure *VORBEREITUNG* (AN, GZ);

comment *Die freien Zellen des Speichers werden beginnend mit der Adresse AN in der Menge GZ zu einer Kettenliste vereinigt. Die Adresse des Knotens dieser Liste ordnet man der Groesse FZ zu. Die Groessen FZ, i, VA, EL sind bezueglich dieser und den folgenden Prozeduren global;*

integer $AN, GZ; \lfloor LG \rfloor = AN + GZ - 1;$

begin

$\qquad FZ := AN;$

$\qquad$ **for** $i := AN$ **step** 1 **until** $AN + GZ - 2$ **do**

$\qquad VA. \lfloor i \rfloor := i + 1;$

$\qquad VA. \lfloor AN + GZ - 1 \rfloor := EL;$

end;

procedure $ZELLE\,(K);$

comment *es wird gesichert, dass eine freie Zelle aus der Liste der freien Zellen zur Verfuegung steht, dabei wird die Adresse dieser Zelle der Groesse K zugeordnet und die Liste der freien Zellen entsprechend korrigiert;*

integer $K;$

if $FZ = EL$ **then** $FANGSTUECK$ **else** **begin** $K := FZ; FZ := VA. \lfloor FZ. \rfloor$ **end**;

procedure $INSTAPEL\,(K, B, N);$

comment *in den Knoten STAPEL, der jede durch die Adresse K gegebene Liste sein kann, werden die Werte des logischen Kennzeichens B und des Namens H auf die entsprechenden Plaetze im Listenwort gespeichert. Die frueheren Werte des Kennzeichens S und des Namens U werden in diesem Wort auf die entsprechenden Plaetze einer freien Zelle uebertragen, die aus der Liste der freien Zellen entnommen und in die Liste nach dem Knoten uebertragen wird. Dabei werden alle frueheren Listenglieder bewegt. Bei den Zugriffen zu dieser Prozedur ist der erste Parameter gewoehnlich eine Konstante, die die Lage des Knotens STAPEL fixiert, d. h. die Zelle angibt, in der sich das erste Glied von STAPEL befindet. Deshalb werden die nach STAPEL folgenden Glieder nach dieser Zelle gesetzt;*

integer $K; \lfloor LG \rfloor = K;$

begin

$\qquad Zelle\,(i);$

$\qquad U. \lfloor i \rfloor := U. \lfloor K \rfloor; S. \lfloor i \rfloor := S. \lfloor K \rfloor;$

$\qquad U. \lfloor K \rfloor := H; S. \lfloor K \rfloor := B;$

$\qquad VA. \lfloor i \rfloor := VA. \lfloor K \rfloor;$

$\qquad VA. \lfloor K \rfloor := i;$

end;

procedure $AUS\ STAPEL\,(K, B, H);$

comment *aus dem Knoten STAPEL, der aus der Adresse des Knotens K hervorgeht, schließt man das hoechste Glied, den Wert des Kennzeichens S und des Namens U, der der logischen Groesse B und der Groesse H zugeordnet wird, aus. Das zweite Glied von STAPEL wird an die Stelle des ersten Gliedes umgespeichert, d. h. in die Zelle K, die restlichen Glieder von STAPEL werden dabei gleichsam eine Stufe hoeher gehoben. Die Zelle, in der sich das zweite Glied von STAPEL befindet, kehrt in die Liste der freien Zellen zurueck;*

integer K; **Boolean** B; **real** H; $[LG] = K$;

begin

$\quad B := S.\lfloor K \rfloor$;

$\quad H := U.\lfloor K \rfloor$;

$\quad i := VA.\lfloor K \rfloor$;

$\quad \lfloor K \rfloor := \lfloor VA.\lfloor K \rfloor \rfloor$;

$\quad \lfloor i \rfloor := FZ$;

$\quad FZ := i$;

end;

procedure $SUCHE$ (K, H, B, D, M);

comment

Es wird in der Liste mit der Adresse des Knotens K das Objekt gesucht, das den Namen U und das logische Kennzeichen S besitzt. Das sind die angegebenen Parameter H und B. Die Adresse des ersten gefundenen Objektes ordnet die Prozedur der Groesse D zu, und das Programm springt zur naechsten Anweisung mit der Marke M;

Boolean B; **real** H; **integer** K, D;

label M; $[LG] = K$;

N: **if** $U.\lfloor K \rfloor = H \wedge S.\lfloor K \rfloor = B$ **then** $D := K$ **else**

begin if $VA.\lfloor K \rfloor = EL$ **then**

$\quad$ **begin** $D := K$; **goto** M **end else**

$\quad$ **begin** $K := VA.\lfloor K \rfloor$ **goto** N **end**

end;

procedure $EINSATZ$ (K, B, H);

comment

Der Wert des logischen Kennzeichens B und des Namens H wird an die entsprechenden Stellen in eine Zelle uebertragen und diese Zelle wird in der Liste nach der Zelle mit der Adresse K angeordnet;

integer K; **real** H; **Boolean** B; $[LG] = K$;

begin

  $Zelle\ (i)$;

  $U.\ [i] := H$; $S.\ [i] := B$;

  $VA.\ [i] := VA.\ [K]$;

  $VA.\ [K] := i$;

end;

procedure $VERBINDUNG\ (K, G)$;

comment

Der Wert der Verbindungsadresse in der Zelle K wird gleich der Groesse G gesetzt, die die Adresse einer bestimmten Zelle ist. Wenn die erste Zelle die letzte einer Liste war, die zweite die erste einer anderen, so werden mit Hilfe dieser Prozedur beide Listen zu einer vereinigt;

integer K, G; $[LG] = K$;

$VA.\ [L] := G$;

procedure $LOESCHEN\ (K)$;

comment

alle mit K adressierten Zellen der Liste werden in die Liste der freien Zellen uebertragen;

integer K; $[LG] = K$;

begin

  $Zelle\ (i)$;

  $FZ := K$;

  $N :$ **if** $VA.\ [K] = EL$ **then goto** M **else**

  $K := VA.\ [K]$;

  goto N;

  $M : VA.\ [K] := i$;

end

Wir wollen nun drei Programmbeispiele darstellen, in denen die angegebenen Prozeduren verwendet werden.

Beispiel 1

Aus einer Liste, deren Knoten die Adresse A hat, werden alle Glieder ausgeschlossen, deren logisches Kennzeichen S der logischen Größe B und deren Namen U der reellen Größe C entsprechen. Der Größe J ist die Zahl der ausgeschlossenen Glieder zuzuordnen. Das Symbol * (Sternchen) bezeichnet eine beliebige nicht ausgenutzte Zelle.

begin

    integer J, A; **Boolean** B; **real** C;

    $\lceil LG \rceil = A$;

    $J := 0$;

    $M : SUCHE\ (A, C, B, A, N)$;

    $AUSSTAPEL\ (A, *, *)$;

    $J := J + 1$;

    goto M;

N: **end**

Beispiel 2

Die Namen U zwischen dem ersten und letzten Listenglied sollen, beginnend bei der
Zelle mit der Adresse A, vertauscht werden.

begin real I; **integer** A, J; $\lceil LG \rceil = A = J$;

    $I := U.\lfloor A \rfloor$; $J := A$;

    $M :$ **if** $VA.\lfloor A \rfloor \neq EL$ **then begin**

    $A := VA.\lfloor A \rfloor$; **goto** M **end**;

    $U.\lfloor J \rfloor := U.\lfloor A \rfloor$; $U.\lfloor A \rfloor := I$;

end

Beispiel 3

Als weiteres Beispiel betrachten wir ein in der assoziativen Programmiersprache ge-
schriebenes komplizierteres Programm zur Kopierung einer bestimmten assoziativen
Listenstruktur. Dieses Programm enthält als Hauptteil einen Programmteil zur Kopierung einer Kettenliste. Weil jedoch alle Listenstrukturen im allgemeinen eine Menge
von Listen und Unterlisten verschiedener Ebenen sind, muß es nach dem Gesamtprogramm zur Kopierung dieser Struktur möglich sein, das eigentliche Kopier-
programm mehrmals aufzurufen, d. h., es muß rekursiv sein. Ein solcher Aufruf muß
in jedem Verzweigungspunkt einer Liste realisiert werden können. Dabei ist es notwendig, jedesmal den Rückkehrpunkt in die gegebene Liste vorzumerken, um nach
Beendigung der Kopierung der Unterliste die Kopierung der früher durchgesehenen
Liste fortzusetzen. Ein solches Vormerken der Rückkehrpunkte wird mit Hilfe von
$STAPEL\ I$ verwirklicht. Dort werden die Adressen der Glieder der zu kopierenden
Struktur (i) gespeichert. Die Verzweigung der Unterlisten geht von diesen Gliedern aus.
Bei Abzweigung einer bestimmten Unterliste von einer Liste wird in $STAPEL\ I$
die Adresse des Listengliedes gemerkt, von dem die Verzweigung ausgeht; bei Verzweigung einer anderen Unterliste von einer gegebenen wird in $STAPEL$ die Adresse
des Gliedes der gegebenen Unterliste gespeichert, von der die Verzweigung ausgeht,
usw.

Im Programm verwendet man einen zweiten *STAPEL J* zur Speicherung der laufenden Adressen (j) der Strukturglieder, d. h. der Kopien, von denen aus die Unterlisten der Kopien sich verzweigen. Beide *STAPEL I* und *J* arbeiten synchron. Es wäre möglich, sie durch e i n e n *STAPEL* zu ersetzen. Die Verwendung von zwei getrennten *STAPELN I* und *J* macht diesen Prozeß jedoch anschaulicher.

Außer diesen beiden *STAPELN* benutzt man im gegebenen rekursiven Programm noch einen dritten *STAPEL M*. Dieser *STAPEL* dient zur Speicherung der Rückkehrmarken bei der Unterbrechung des Programms und zum wiederholten Aufruf des Programms zur eigentlichen Kopierung der assoziativen Struktur. Diese Unterbrechungen werden jedesmal vorgenommen, wenn in der (zu kopierenden) Grundstruktur ein Strukturglied angetroffen wird. Nach einer Kopierung einer Unterliste wird der *STAPEL M* regeneriert. In diesem Moment werden auch die *STAPEL I* und *J* regeneriert. Bei diesem Programm muß eine Liste der freien Zellen verwendet werden, aus der man mit Hilfe der Prozedur *ZELLE* (j) freie Zellen für den Aufbau der assoziativen Strukturkopie entnehmen kann. Durch die Vorgabe der Größe A kann das Kopierungsprogramm zu arbeiten beginnen. A ist die Adresse des Knotens der Listenstruktur des Originals (des ersten Gliedes, jedoch nicht des Vorspanns). B ist die erste Variable, der die Adresse des Knotens der Listenstrukturkopie zugeordnet werden muß; i ist die Adresse des laufenden zu kopierenden Gliedes des Strukturoriginals, j die Adresse des laufenden Gliedes der Strukturkopie, k eine Zwischen (Arbeits-) variable. Weil man im *STAPEL M* die Rückkehrmarken und nicht die Werte (die Zahlenwerte) bestimmter variabler Größen speichern muß, gibt man als dritten aktuellen Parameter in den entsprechenden Zugriffen zur Prozedur *INSTAPEL* die Marken als Ketten an, d. h. als Marken, die in Kettenanführungszeichen eingeschlossen sind. Beim Zugriff zum *STAPEL M* mit Hilfe der Prozeduranweisung *AUSSTAPEL* nimmt der dritte Parameter L dieser Prozedur die Werte der entsprechenden Marken an, d. h., die Größe L muß eine Kettengröße sein. Als zweiter Parameter tritt in den Prozeduranweisungen *INSTAPEL* und *AUSSTAPEL* eine Konstante Eins auf, weil dieser Parameter nicht verwendet wird.

Er muß jedoch angegeben werden, weil alle Parameter vorhanden sein müssen.

```
begin
    integer i, j, K, I, J, M; string L mode A 9;
    ⌈LG⌉ = i = j = K;
    begin
        i : = A;
        ZELLE (B);
        j : = B;
        INSTAPEL (M, 1, 'MS');
        M1 : if ¬ S. ⌊i⌋ then begin S. ⌊j⌋ : = 0; U. ⌊j⌋ : = U. ⌊i⌋;
        if VA. ⌊i⌋ : = EL then begin VA. ⌊j⌋ : = EL; goto M2 end
```

> *das Kopieren des letzten Gliedes der Unterliste ist damit beendet;*
>
> $K := j$; $ZELLE\,(j)$; $VA.\,\lfloor K \rfloor := j$; $i := VA.\,\lfloor i \rfloor$; **goto** $M1$ **end**
>
> *das Kopieren des Objektlistengliedes ist beendet;*
>
> $S.\,\lfloor j \rfloor := 1$; $K := j$; $INSTAPEL\,(J, 1, j)$;
>
> $ZELLE\,(j)$; $U.\,\lfloor K \rfloor := j$;
>
> $INSTAPEL\,(I, 1, i)$; $i := U.\,\lfloor i \rfloor$; $INSTAPEL\,(M, 1, {}'M4')$;
>
> **goto** $M1$;
>
> $M4$: $AUSSTAPEL\,(I, 1, i)$; $i := VA.\,\lfloor i \rfloor$;
>
> $AUSSTAPEL\,(J, 1, K)$; $ZELLE\,(j)$; $VA.\,\lfloor K \rfloor := j$;
>
> **goto** $M1$;
>
> $M2$: $AUSSTAPEL\,(M, 1, L)$;
>
> **goto** L;
>
> $M3$: $FANGSTUECK$;
>
> **end**

end

3.3.4.2.   Dokumentensuche im assoziativ adressierten Deskriptorensuchsystem

In der Einleitung haben wir allgemeine Prinzipien eines Deskriptorensuchsystems behandelt. Jetzt wollen wir eines der maschinellen Verfahren zur Realisierung eines solchen Systems untersuchen und in einer algorithmischen Sprache den zugrundeliegenden Algorithmus zur Dokumentensuche beschreiben. Der Einfachheit halber nehmen wir an, daß die gesamte Information im Hauptspeicher der Maschine gespeichert ist. Damit entfallen alle Fragen des Datenaustausches zwischen dem Hauptspeicher, den Magnetbändern und den Magnettrommeln.

Für den Aufbau eines Deskriptorensuchsystems ist es notwendig, ein Wörterbuch (Vokabularium) der Deskriptoren aufzustellen, d. h. eine fixierte Menge definierter Termini und ein Feld von Suchmustern der Dokumente. Ein Suchmuster eines Dokumentes ist eine Gruppe von Deskriptoren, die den Inhalt des Dokumentes charakterisiert. Für verschiedene Dokumente können diese Suchmuster eine unterschiedliche Zahl von Deskriptoren besitzen (zirka 5—10 Deskriptoren). Wir verwenden ein direktes Verfahren der Organisation eines Feldes von Suchmustern der Dokumente. Alle im System berücksichtigten Dokumente haben genauso wie alle Deskriptoren eine konstante Codezahl, die häufig Ordnungsnummer ist. Beim direkten Verfahren werden nach jeder Codezahl eines Dokumentes alle Deskriptoren (in codierter Form) des Dokumentes aufgezählt. Jedes Dokument steht im Maschinenspeicher in Form eines assoziativen Knotens (s. 3.1.). Dort entspricht die Zahl der Listenworte der Zahl der Deskriptoren des Dokumentes.

Es ist klar, daß dieselben Deskriptoren in den Suchmustern vieler verschiedener Dokumente verwendet werden können.

Die Darstellung eines Dokumentensuchmusters in Form assoziativer Knoten erlaubt, alle Dokumente in einheitlichen Kettenlisten mit gleichen Deskriptoren zu vereinigen. Dabei geht offensichtlich dasselbe Dokument in so viele unterschiedliche Kettenlisten ein, wie es Deskriptoren in seinem Suchmuster hat.

Ein spezieller Bereich (eine Gruppe aneinanderliegender Zellen) im Maschinenspeicher bildet das Feld der Listenvorspanne. Jedem Deskriptor entspricht eine Kettenliste und ein Listenvorspann. Jeder Listenvorspann steht in einer Zelle. Die Adresse dieser Zelle kann man als Codezahl eines Deskriptors betrachten. Kennt man diese Codezahl, kann man sich an den niederen Listenvorspann wenden. Auf das Problem der Codierung der wortmäßigen Darstellung eines Deskriptors gehen wir nicht ein. Hierbei kann man eine Faltungsmethode analog zur Methode, wie sie im Abschnitt 3.1.2. beschrieben wurde, benutzen.

Ein Listenvorspann besteht aus fünf Elementen, d. h., er ist eine Verbundgröße. *Das erste Element* des Listenvorspanns ist die Verbindungsadresse (VA) des Kettenlistenbeginns der Dokumente mit dem gegebenen Deskriptor in ihrem Suchmuster.

Diese Adresse gibt den ersten assoziativen Knoten, genauer die erste Zelle des Knotens an, in der das erste Dokument dieser Dokumentenliste gespeichert ist.

Weil jedes Dokument durch verschiedene Deskriptoren charakterisiert wird, von denen wiederum jeder einem Listenwort in den entsprechenden assoziativen Knoten entspricht, benötigt man zur Durchsicht der Kettenliste nicht nur die Adresse des laufenden Knotens, sondern auch die Nummer des Listenwortes im Knoten der entsprechenden Liste (d. h. in dem entsprechenden Deskriptor). Dem entspricht *das zweite Element* im Listenvorspann, das als Nummer des Anfangswortes bezeichnet wird (NW). Beide Elemente VA und NW bilden das Anfangslistenwort ALW.

Das dritte Element des Vorspanns ist die Verbindungsadresse (des Endes), die den letzten assoziativen Knoten der Liste angibt. Er entspricht dem letzten Dokument der Liste.

Das vierte Element gibt die Nummer des dem letzten Dokument entsprechenden Listenwortes an (EW — Nummer des Endwortes). VA und EW bilden das Endlistenwort ELW. Das ELW benötigt man bei der Aufnahme neuer Dokumente in das System. Jedes neu in das System aufzunehmende Dokument muß in die Kettenlisten aufgenommen werden, die mit den in den Suchmustern des Dokumentes vorhandenen Deskriptoren übereinstimmen. Die neuen Dokumente werden in die Listenenden eingeschlossen. Die Suche in den Listen beginnt am Anfang der Listen. Die in dieser Weise aufgenommenen neuen Dokumente sind in den Kettenlisten chronologisch angeordnet, d. h. in der Reihenfolge ihres Eintritts in das Suchsystem. Es wäre sogar möglich, im Listenvorspann auf die Elemente für das Listenende zu verzichten. Dann müßte man jedoch für das Aufsuchen der letzten assoziativen Knoten in den Kettenlisten beim Aufnehmen neuer Dokumente die gesamten Kettenlisten überprüfen. Das führt zu einem erheblichen und überflüssigen Aufwand an Maschinenzeit. Außerdem wird durch die Speicherung der Adressen der Grenzpaare der Listen in den Listenvorspannen (des Beginns und des Endes) eine Kontrolle der Arbeit des Systems erleichtert. Man kann auch die Adresse nur eines Knotens (des letzten) ausnutzen und die Knoten in umgekehrter Reihenfolge aufzeichnen (d. h. vom Ende des Magnetbandes zu dessen Anfang).

Das fünfte Element des Listenvorspanns ist die Gliederzahl in der Liste, d. h. die Zahl der Dokumente (ZD), die über die angegebenen Deskriptoren verfügen. Dieses Element ist notwendig, um den Umfang der zu verschiedenen Deskriptoren gehörenden Listen periodisch zu überprüfen. Die Kenntnis des Umfanges ist zur Korrektur der Deskriptoren des Wörterbuches notwendig. Außerdem kann man die Umfänge für den Aufbau rationeller Anfragen und zur Organisation einer optimalen Suche der Dokumente ausnutzen. Unten ist ein Format eines Listenvorspannes gezeigt.

$$\underbrace{\quad}_{\text{ALW}} \qquad \underbrace{\quad}_{\text{ELW}}$$

VA	NW	VA	EW	ZD

Wir wollen jetzt den *Aufbau eines assoziativen Knotens* untersuchen. In der ersten Zelle des Knotens speichert man eine Verbundgröße, die wir als *Knotenvorspann* bezeichnen. In den Knotenvorspann gehen drei Elemente ein.

Das erste Element ist der Fixator des Dokumentes (AD), d. h. eine bestimmte Codezahl des Dokumentes, z. B. eine Ordnungsnummer, mit deren Hilfe das Dokument im Speicher gesucht werden kann.

Das zweite Element des Knotens ist die sog. zusätzliche Information über das Dokument (ZI), die zusätzliche Informationen über das Dokument enthält und selbst eine Verbundgröße sein kann. Der Aufbau der Zusatzinformation hängt von den konkreten Anwendungsbedingungen des Systems ab. Hierzu kann z. B. das Kennzeichen der Art des Dokumentes gezählt werden (Buch, Zeitschrift, Bericht usw.), das Ausgabejahr, der Ausgabeort, die Sprache, in der das Dokument geschrieben ist, usw.

Das dritte Element des Knotenvorspanns ist die Zahl der Listenworte im Knoten (ZLW). Aus den ZLW ergibt sich der Gesamtumfang des Knotens (bei der Aufnahme von Dokumenten in das System, beim Aufbau sowie beim Transport der Knoten). Mit diesem Element endet der Knotenvorspann.

In den zweiten und folgenden Zellen des Knotens stehen die Listenworte (ein Wort in einer Speicherzelle). Jedes Listenwort besteht aus zwei Teilen; der Verbindungsadresse (VA) und der Nummer des Wortes (W). Die Verbindungsadresse gibt die erste Zelle des anderen Knotens, dem das folgende Dokument in der Kettenliste entspricht, an. Die Nummer des Wortes bestimmt das dem Deskriptor entsprechende Listenwort im folgenden Knoten. Das Ende der Kettenliste kennzeichnet man durch eine spezielle Codezahl anstelle der Verbindungsadresse (VA). Sie muß jedoch in Übereinstimmung mit dem weiter unten zu beschreibenden Suchalgorithmus größer als jede Verbindungsadresse (VA) sein. Eine solche Codezahl kann etwa aus lauter Einsen in allen Stellen der Verbindungsadresse bestehen.

Abbildung 26 zeigt das Format eines assoziativen Knotens. Zur Erklärung des allgemeinen Arbeitsprinzips des Systems ist in Abbildung 27 ein Ausschnitt aus einer assoziativen Adressenstruktur gezeigt.

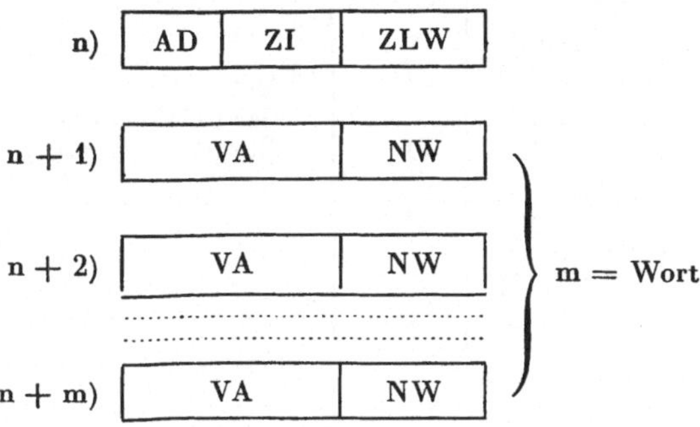

Abb. 26. Assoziativer Knoten

Der gezeigte Ausschnitt enthält ein aus 5 Deskriptoren bestehendes Wörterbuch (5 in den Zellen mit den Adressen 107–111 gespeicherte Listenvorspanne) sowie fünf assoziative Knoten, die 5 Dokumenten entsprechen.

Im untersuchten assoziativen Adressensystem sind alle Kettenlisten in einer bestimmten Reihenfolge angeordnet. Die Verbindungsadressen wachsen bei Bewegung entlang der Listen monoton, weil die Listenknoten auf dem Magnetband in der Reihenfolge der Aufnahme der Dokumente in das System angeordnet sind. Im allgemeinen speichert man die Listenglieder in den Ketten- oder Knotenlisten im Maschinenspeicher in beliebiger Reihenfolge. Deshalb kann sich ihre Verbindungsadresse von einem Listenglied zum folgenden beliebig verändern. Sie kann größer oder kleiner werden.

Im abgebildeten Ausschnitt ist die Eigenschaft des monotonen Anwachsens der Verbindungsadressen beim Umspeichern der Listen dargestellt. Die monotone Veränderung der Verbindungsadressen ist ein wesentlicher Vorteil des assoziativen Adressenverfahrens beim Aufbau deskriptiver Suchsysteme. Dadurch ist es möglich, die auf Magnetband gespeicherten Kettenlisten in einem Durchlauf ohne Rückspulen des Bandes, ohne wiederholte Durchläufe zu überprüfen. Bei einer Realisierung eines solchen assoziativen Adressensuchsystems auf Magnetband ergeben sich verschiedene Besonderheiten bei der Programmierung und Speicherverteilung, die wir jetzt kurz behandeln wollen.

Für Nichtlistengrößen verteilt man den Hauptspeicher wie gewöhnlich (d. h., es werden Bereiche für die Speicherung von Konstanten, Arbeitszellen sowie ein Bereich zur Unterbringung des Programms vorgesehen). Aus der verbleibenden freien Hauptspeicherkapazität wird ein Bereich (z.B. mit einem Umfang von 2048 Zellen) für den zu bearbeitenden Listenblock herausgelöst. Übereinstimmend mit dem Umfang dieses im Hauptspeicher reservierten Bereichs speichert man das Listenfeld blockweise. Der Umfang der Datenblöcke ist dabei genausogroß wie der des für die Arbeitslisten reservierten Bereichs. Während der Listenverarbeitung speichert man das Listenfeld blockweise in den Arbeitslistenbereich des Hauptspeichers um. Da die Umfänge der assoziativen Knoten für die verschiedenen Dokumente unterschiedlich sein können, der Umfang aller Bereiche auf dem Magnetband jedoch einheitlich festgelegt ist, kann in

Adressen der Zellen	Inhalt der Zellen				
107)	VA 416	NW 2	VA 835	NW 1	ZD 2
108)	VA 215	NW 1	VA 835	NW 4	ZD 3
109)	VA 281	NW 2	VA 640	NW 1	ZD 2
110)	VA 215	NW 2	VA 835	NW 2	ZD 4
111)	VA 281	NW 3	VA 835	NW 3	ZD 2
. . . . .					
215)	AD 038	ZI		ZLW 2	
216)	VA 416			NW 1	
217)	VA 281			NW 1	
. . . . .					
281)	AD 126	ZI		ZLW 3	
282)	VA 640			NW 2	
283)	VA 640			NW 1	
284)	VA 835			NW 3	
. . . . .					
416)	AD 542	ZI		ZLW 2	
417)	VA 835			NW 4	
418)	VA 835			NW 1	
. . . . .					
640)	AD 775	ZI		ZLW 2	
641)	VA EL			NW EL	
642)	VA 835			NW 2	
. . . . .					
835)	AD 841	ZI		ZLW 4	
836)	VA EL			NW EL	
837)	VA EL			NW EL	
838)	VA EL			NW EL	
839)	VA EL			NW EL	
. . . . .					

Wörterbuch der Deskriptoren (Listenvorspann)

Suchmuster der Dokumente (assoziative Knoten)

Abb. 27.
Fragment eines assoziativ adressierten Suchsystems

den verschiedenen Bereichen eine unterschiedliche Zahl von assoziativen Knoten auftreten. Am Ende des Bereichs können dadurch ferner Zellen frei bleiben.

Die Speicherung eines Listenfeldes auf Magnetband wird im Hauptspeicher mit Hilfe zweier Zellen kontrolliert.

In der ersten als Bereichsfixator bezeichneten Zelle wird die Adresse des folgenden einzuspeichernden Magnetbandbereichs gespeichert, in der zweiten, dem Zellenfixator, die Adresse der folgenden freien Zelle dieses Bereichs (praktisch kann es sich um eine Codezahl handeln). Diese Fixatoren verwendet man nur bei der Aufnahme neuer Dokumente in das System. Wenn ein neues Dokument aufzunehmen ist, wird zu Beginn mit Hilfe des Wortes des Bereichsfixators der notwendige Bereich bestimmt und anschließend mit Hilfe des Wertes des Zellenfixators die Adresse der Zelle innerhalb des Bereichs ermittelt. Dabei wird überprüft, ob in diesem Bereich für die Notierung des neuen assoziativen Knotens genügend freie Zellen vorhanden sind. Wenn sie ausreichen, überträgt man diesen Bereich vom Magnetband in den Hauptspeicher und bildet einen neuen assoziativen Knoten, der in alle notwendigen Listen eingeht. Anschließend verringert sich der Zellenfixator um die entsprechende Anzahl von Zellen. Reicht die Zahl der freien Zellen in einem Bereich zur Notierung des neuen Knotens nicht aus, dann speichert man den neuen Knoten im nächsten Bereich. Dabei erhöht sich der Wert der Adresse des laufenden Bereichs im Bereichsfixator um Eins und der Wert des Zellenfixators der Zellen wird Null gesetzt. Bei der Suche von Dokumenten überschreibt man das gesamte Listenfeld nacheinander blockweise vom Magnetband in den Arbeitslistenbereich des Hauptspeichers. Dabei wird offensichtlich bei der Notierung eines assoziativen Knotens jeder Block an einen bestimmten Platz des Arbeitslistenbereiches im Hauptspeicher gespeichert. Aus diesem Grunde müssen die in den Knoten verwendeten Verbindungsadressen mit den Adressen der zu fordernden Knoten des Arbeitslistenbereiches übereinstimmen. Unten stellen wir einen Algorithmus zur Suche von Dokumenten in einem assoziativen deskriptiven Suchsystem dar. Der Einfachheit halber wollen wir annehmen, daß die gesamte Information im Hauptspeicher steht. Deshalb verzichten wir auf eine Angabe einer Speicherverteilung. Der Algorithmus ist als Prozedur formuliert. Als formale Parameter treten auf: das Feld der Listenvorspanne (*WOERTERBUCH*), das Feld der Deskriptoren der Anfrage (*ANFRAGE*) und das Feld der ausgewählten Dokumente (*ANTWORT*). Alle formalen Parameter werden durch Namen konkretisiert, d. h., anstelle ihrer Bezeichnungen setzt man beim Prozeduraufruf die Bezeichnung der entsprechenden aktuellen Parameter. Das grundlegende Listenfeld (oder Hauptlistenfeld) der Dokumente, in dem gesucht wird, tritt nicht als formaler Parameter auf, weil durch die Angabe des Feldes der Listenvorspanne (des Wörterbuches der Deskriptoren) auch das Feld der Dokumente eindeutig bestimmt ist. In den Benennungen des Verbundfeldes *WOERTERBUCH* und der ganzzahligen Felder *ANFRAGE* und *ANTWORT* sind die Laufgrenzen der Indizes nicht angegeben. Das erfolgt bei der Konkretisierung dieser Felder durch die aktuellen Parameter.

Zu den formalen Parametern zählt außerdem eine einfache Variable. Sie stellt die Zahl der Deskriptoren in der *ANFRAGE* dar und bestimmt damit die Dimension des

Feldes *ANFRAGE*. Man muß sie als einzelnen Parameter einführen, weil sie im Prozedurhauptteil unabhängig vom Feld *ANFRAGE* verwendet wird. Das Verbundfeld *WOERTERBUCH* wird als formaler Parameter in Übereinstimmung mit den ALGEM-Regeln exakt benannt. Durch diese Benennung legt man die Struktur dieser Verbundgröße fest. Im als Block formulierten Prozedurhauptteil sind eine Reihe von Größen vereinbart, die lokal bezüglich dieses Blockes sind. Hierzu zählen die ganzzahligen einfachen Variablen i und j, die die Rolle von Laufparametern spielen, sowie die Größe *MAX VA*, die als Zwischen(arbeits)größe (zur Speicherung des Maximalwertes der Verbindungsadresse) verwendet wird. Hier vereinbart man auch die Struktur des Hauptlistenfeldes der Dokumente, in dem die Suche erfolgt. Die letzte Vereinbarung ist zum Aufbau der Anweisungen des Prozedurhauptteils notwendig. Nach den aufgezählten Vereinbarungen der Größen vereinbart man die zum Aufbau des Prozedurhauptteils verwendeten Adressenbeziehungen. In der Prozedur fehlt die Speicherverteilung, weil wir davon ausgehen, daß die gesamte Information im Hauptspeicher der Maschine steht. Nach Vereinbarung der Adressenbeziehung folgen die Anweisungen, die den Prozedurhauptteil bilden.

Am Anfang steht eine Laufanweisung, mit deren Hilfe die notwendigen Listenvorspanne aus dem Wörterbuch der Deskriptoren ausgewählt werden. Durch Verwendung der Elemente des Feldes *ANFRAGE* als Elemente des Feldes *WOERTERBUCH* wählt man die n Werte der Größen *ALW* aus. Diese Werte ordnet man den Werten des Arbeitsfeldes *AW* (Arbeitslistenwort) zu. Die danach folgende Laufanweisung überprüft, ob die Verbindungsadressen *VA* mit den ausgewählten Worten *ALW* übereinstimmen. Stimmen sie überein, dann beziehen sich alle Verbindungsadressen auf den gleichen assoziativen Knoten, d. h. auf ein und dasselbe Dokument, das als Antwort ausgegeben werden soll.

Zu Beginn überprüft man, ob das Symbol *EL* (Ende der Liste) unter den Verbindungsadressen auftritt. Das Auffinden dieses Symbols beendet die weitere Suche, weil es dann unter den Deskriptoren der Anfrage einen Deskriptor gibt, für den in der Kettenliste überhaupt keine Dokumente vorhanden sind.

Fehlt unter den *VA* das Symbol *EL* und stimmen außerdem nicht alle *VA* überein, dann muß man entlang der den Deskriptoren entsprechenden Kettenlisten suchen. Zu diesem Zweck ermittelt man zuerst von allen Verbindungsadressen *VA* des Feldes *AW* die maximale Verbindungsadresse (*MAX VA*). Danach durchläuft man die entsprechenden Kettenlisten, bis die Verbindungsadressen gleich oder größer *MAX VA* werden. Infolge der Monotonieeigenschaft der Verbindungsadressen kann bei der Durchsicht der Listen kein Wert einer Verbindungsadresse, der kleiner als *MAX VA* ist, mit einem anderen übereinstimmen. Stimmen jedoch auf einer Etappe der Listenüberprüfung alle laufenden Verbindungsadressen überein, dann beendet man die Durchsicht der Listen und ordnet den Vorspann des Knotens dem folgenden Element des Feldes *ANTWORT* zu (das gefundene Dokument wird fixiert).

Danach springt man in allen zu überprüfenden Kettenlisten zur Anweisung mit der Marke *UEBERPRUEFUNG AUF UEBEREINSTIMMUNG*. Wenn in einer Kettenliste von einem Glied zum folgenden auf Grund der Verbindungsadresse gesprungen wird, dann wird das entsprechende Feldelement AW durch ein Listenwort mit der Adresse $VA + NW$ ersetzt. Dabei ist VA die Adresse des assoziativen Knotens und NW die Nummer des Listenwortes im Knoten. Man durchläuft die Kettenlisten – wie beschrieben – solange und überprüft die Verbindungsadressen, bis eine der überprüften Kettenlisten endet.

Danach druckt man das Feld $ANTWORT$, das die Knotenvorspanne der ausgewählten Dokumente enthält, aus. Zusätzliche Details des Suchalgorithmus findet der Leser als Bemerkungen (comment) im Algorithmus selbst.

Natürlich fehlen in diesem Algorithmus, der nur eine Suche von Dokumenten nach einer vorgegebenen Menge von Deskriptoren (Anfragen) beschreibt, irgendwelche Informationen über die Bildung sowohl des Hauptlistenfeldes der Dokumente, in dem gesucht wird, als auch über die Felder des Wörterbuches der Deskriptoren und der Deskriptoren der Anfragen, die bei der Suche verwendet werden. Das Hauptlistenfeld der Dokumente bildet sich automatisch durch serielle Aufnahme der neuen Dokumente in dieses Feld. Die Aufnahme eines Dokumentes spezialisiert man mit Hilfe spezieller Prozeduren. Für jedes einzuschließende Dokument muß man einen Knotenvorspann (AD, ZI, ZLW) und die Menge seiner Deskriptoren angeben. Zu Beginn speichert man den assoziativen Knoten auf den folgenden freien Platz des Maschinenspeichers (dabei wird der aufgezeichnete Bereichfixator und der Zellenfixator verwendet). In diesem neuen Knoten steht anstelle der Verbindungsadresse in allen Listenwörtern sofort das Symbol EL (Ende der Liste), weil dieser Knoten natürlich der letzte in allen Listen ist, in die er aufgenommen wird. Wir möchten nochmals darauf hinweisen, daß eine fehlerfreie Arbeit des von uns betrachteten Suchalgorithmus nur dann möglich ist, wenn das Symbol EL seinem Wert nach größer ist als ein beliebiger möglicher Wert einer Verbindungsadresse (VA). Nach der Notierung wird der neue assoziative Knoten in alle Listen aufgenommen, die die entsprechenden Deskriptoren besitzen. Die Aufnahme erfolgt seriell für jeden gegebenen Deskriptor. Mit Hilfe des verschlüsselten Deskriptors sucht man im Wörterbuch den entsprechenden Listenvorspann der Deskriptoren; in diesem Vorspann wählt man den zweiten Teil aus, nämlich ELW, und mit Hilfe von $VA.ELW$ sucht man den letzten Knoten in der Liste sowie mit Hilfe von $NW.ELW$ die Nummer des Listenwortes in diesem Knoten. Natürlich muß als VA im betreffenden Listenwort EL stehen. Danach schreibt man in dieses Wort anstelle von VA die Adresse des neuen assoziativen Knotens ein und anstelle von NW die Ordnungsnummer des Deskriptorensatzes des neuen Dokumentes.

Dieselben Werte von VA und NW trägt man in ELW des Listenvorspanns ein, weil jetzt schon der assoziative Knoten des neuen Dokumentes letztes Listenglied ist. Damit ist die Aufnahme eines neuen Knotens in die Liste beendet. Analog nimmt man einen neuen Knoten in alle restlichen Listen, die den restlichen Deskriptoren des neuen Dokumentes entsprechen, auf. Das Wörterbuch der Deskriptoren führt man in das System mit Hilfe einer Prozedur einmal zu Beginn ein. Dabei müssen, wenn in das System noch kein Dokument aufgenommen wurde, anstelle aller VA in ALW und ELW der Listenvorspanne die Symbole EL stehen. Das ist für eine fehlerfreie Abarbeitung des oben beschriebenen Suchalgorithmus notwendig. Dann werden in Abhängigkeit von der Bildung der Listen der Dokumente die Symbole *EL* durch die entsprechenden *VA* ersetzt. Man kann zur Erhöhung der Zuverlässigkeit der Arbeit des Systems nochRückkopplungsadressen einführen, d. h., in den letzten Listengliedern werden anstelle von *VA* nicht *EL*, sondern die Adressen der entsprechenden Listenvorspanne im Wörterbuch der Deskriptoren gesetzt. Für die Angabe der Listenenden setzt man das Symbol *EL* (alles Einsen) anstelle von *NW* in demselben Listenwort. Außerdem ergibt sich das Listenende auch dadurch, daß die laufenden Verbindungsadressen in der durchgesehenen Kettenliste mit der Adresse des Listenvorspanns dieser Liste übereinstimmen.

Wir möchten insbesondere darauf hinweisen, daß es in der beschriebenen Suchprozedur möglich ist, Anfragedeskriptoren einzuführen. Das geschieht mit Hilfe einer speziellen Eingabeprozedur (oder einer Anweisung). Beim Aufruf der Suchprozedur setzt man voraus, daß das Feld der Deskriptoren einer konkreten Anfrage schon in der Maschine ist und mit seiner Hilfe der formale Parameter *ANFRAGE* in der gegebenen Prozedur durch einen Namen konkretisiert werden kann. Weiterhin nimmt man an, daß die Größe *n* (die Zahl der Deskriptoren in der Anfrage, die bei der Eingabe der Anfragen angegeben werden muß) bekannt ist.

procedure *SUCHE (WOERTERBUCH, ANFRAGE, n, ANTWORT)*;

value *n*; **integer** *n*;

compound array *WOERTERBUCH*; **compound** *ALW*;

integer *VA* **mode** *1 (20)*, *NW* **mode** *1 (5)* **level**;

compound *ELW*; **integer** *VA* **mode** *1 (20)*. *NW* **mode** *1 (5)*
level;

integer *ZD* **mode** *1 (12)* **level**;

integer array *ANFRAGE, ANTWORT*;

begin

    integer *i, j, K, MAX VA* **mode** *1 (20)*;

    compound array *AW* *[1 : n]*; **integer** *VA* **mode** *1 (20)*,

    NW **mode** *1 (5)* **level**;

    list *DOKUMENTENFELD*;

    compound *KNOTENVORSPANN*; **integer** *AD* **mode** *9 (5)*,

    ZJ **mode** *9 (6)*, *ZLW* **mode** *1 (5)* **level**;

    list *GRUPPE ASSOZIATIVER WORTE*;

    compound *ASSOZIATIVES WORT*; **integer** *VA*

    mode *1 (20)*, *NW* **mode** *1 (5)* **level level level**;

    [WOERTERBUCH []] = ANFRAGE;

    [KNOTENVORSPANN] = VA;

    [ASSOZIATIVES WORT] = VA + NW;

AUSWAHL DER LISTENVORSPANNE:

for $i := 1$ **step** 1 **until** n **do**

$AW[i] := ALW \lfloor ANFRAGE[i] \rfloor; K := 0;$

UEBERPRUEFUNG AUF UEBEREINSTIMMUNG:

for $i := 1$ **step** 1 **until** $n - 1$ **do**

begin

if $VA.AW[i] = EL$ **then goto** $ENDE$;

comment

Der Fall $VA.AW[n] = EL$ wird bei der Abarbeitung der markierten Anweisung AUSWAHL MAX VA festgestellt;

if $VA.AW[i] \neq VA.AW[i+1]$ **then**

goto $AUSWAHL\ MAX\ VA$

end;

$K := K + 1;$

$ANTWORT[K] := [VA.AW[1]];$

comment

Diese Anweisung realisiert die Fixierung des gefundenen Dokuments und die naechste Laufanweisung bewirkt einen Schritt in allen durchsuchten Kettenlisten;

for $i := 1$ **step** 1 **until** n **do**

$AW[i] := [VA.AW[i] + NW.AW[i]];$

goto $UEBERPRUEFUNG\ AUF\ UEBEREINSTIMMUNG$;

AUSWAHL MAX VA:

$MAX\ VA := VA.AW[i];$

comment

i behaelt den letzten Wert bei, alle vorhergehenden VA sind gleich der i-ten VA;

for $j := i + 1$ **step** 1 **until** n **do**

begin

if $VA.AW[j] = EL$ **then goto** $ENDE$;

comment

Alle vorhergehende VA sind schon auf Gleichheit mit EL ueberprueft worden;

if $MAX\ VA < VA.AW[j]$ **then** $MAX\ VA := VA.AW[j]$

end;

comment

Dabei braucht MAX VA nicht gleich VA zu sein. Der folgende Programmteil realisiert die Durchsicht aller zu ueberpruefenden Kettenlisten. Die Ausgangssituation wird dadurch charakterisiert, dass keines der faelligen VA gleich EL ist und unter ihnen MAX VA ausgewaehlt wurde. Die Ueberpruefung auf EL wird bei der Durchsicht der Listen automatisch durchgefuehrt, weil von uns vereinbart wurde, dass der Wert von EL groesser als ein beliebiges VA ist;

$i := 1;$

SCHRITT IN DER LISTE:

  if $VA.AW\,[i] < MAX\,VA$ **then**

  begin $AW\,[i] := \lfloor VA.\,AW\,[i] + NW.\,AW\,[i]\rfloor;$

  goto *SCHRITT IN DER LISTE* **end else**

  begin $i := i + 1;$ **if** $i > n$ **then**

  goto *UEBERPRUEFUNG AUF UEBEREINSTIMMUNG* **else**

  goto *SCHRITT IN DER LISTE* **end**;

  ENDE:

end

Literatur

1. Bachmann, K.-H.: Programmierung für Digitalrechner, Berlin 1962
2. Bericht über die algorithmische Sprache ALGOL 60, Berlin 1966
3. Bobrow, D. G., and B. Raphael: A Comparison of List-Processing Computer Languages, The RAND Corperation, RM-3842-PR, Oktober 1963
4. Cooper, D. C., and H. Whitfield: ALP: An Autocode List-Processing Language, Comp. J., Vol. 5, No. 1 (1962), 28—32
5. Davies, P. M.: A Simplified Superconductive Assoziative Memory. Proceedings AFJPS Spring Jount Computer Conference, Mai 1962
6. Dupchak, Robert: TIPL: Teach Information Processing Language, The RAND Corperation, RM-3879-PR, October 1963
7. Feldman, Julian: TALL-A List Processor for the Philco 2000 Computer, Comm. ACM, Vol. 5, No. 9 (1962)
8. Gelernter, H., J. R. Hansen and C. L. Gerberich: A FORTRAN-Compiled List-Processing Language, J. ACM, Vol. 7, No. 2 (1960), 87—101
9. Gutenmacher, L. J.: Informationslogische Automaten, München-Wien 1966
10. Introduction to COMIT Programming, Research Laboratory of Electronics and MIT Computation Center, MIT Press, Cambridge, Massachusetts, 1961
11. Jessett, E.: Assoziative Speicherung. In: „elektronische datenverarbeitung", Beiheft 5 (1965)
12. Kämmerer, W.: Digitale Automaten, Berlin 1966
13. Kerner, I. O., und G. Zielke: Einführung in die algorithmische Sprache ALGOL, Leipzig 1970
14. Kitow, A. I., Krinitzkij, N. A.: Elektronische Digitalrechner und Programmierung, Leipzig 1962
15. Landauer, W. I., and N. S. Prywes: A growing Tree for Descriptor Language Translation. Symbol Languages Data Process, New York-London 1962, 153—172
16. Ledly, P.: Die Programmierung und der Einsatz von Ziffernrechenmaschinen, Übersetzung aus dem Englischen, „Mir" 1966
17. Markowitz, H. M., B. Hausner and H. W. Karr, SIMSCRIPT: A Simulation Programming Language, Prentice-Hall, Englewood Cliffs, New Jersey, 1963
18. McCarthy, J.: Recursive Functions of Symbolic Expressions and Their Computation by Machine, Part I, Comm. ACM, Vol. 3, No. 4 (1960), 184—185
19. McCarthy, J., et al.: LISP 1.5. Programmer's Manual, MIT Computation Center Research Laboratory of Electronics, Cambridge, Massachusetts, 1962
20. Newell, A.: Documentation of IPL-V, Comm. ACM, Vol. 6, No. 3 (1963), 86—89
21. Newell, A., J. C. Shaw and H. A. Simon: Chess Plying Programs and the Problem of Complexity, IBM J. Res. & Develop., Vol. 2, No. 4 (1958), 320—335
22. Newell, A., J. C. Shaw and H. A. Simon: Report on a General Problem-Solving Program, Information Processing, Proceedings of the International Conference on Information Processing, 1959, UNESCO, Paris 1960, 256—264
23. Newell, A., and H. A. Simon: The Logic Theory Machine: A Complex Information Processing System, IRE Trans. Info. Theory, Vol. IT-2, No. 3 (1956), 69—71

24. Newell, A., and F. M. Tonge: An Introduction to Information Processing Language-V, Comm. ACM, Vol. 3, No. 4 (1960), 205—211

25. Perry, J. W., and A. Kent: Documentation and Information retrieval: an introduction zo basic principles and cost analysis. Interscience, New York 1957

26. Prywes, N. S., and H. J. Gray: The organisation of a multilisttypeassociative memory IEEE Trans., September 1963

27. Shaffer, S. S.: Current Status of IPL-V for the Philco 2000 Computer (June 1962), Comm. ACM, Vol. 5, No. 9 (1962), 479

28. Shaw, J. C., A. Newell, H. A. Simon and T. O. Ellis: A Command Structure for Complex Information Processing, Proceedings of the Western Joint Computer Conference (1958), Institute of Radio Engineers, New York 1959, 119—128

29. Steinbuch, K.: Taschenbuch der Nachrichtenverarbeitung, Berlin-Göttingen-Heidelberg 1962

30. Thurisch, G.: Struktur, Aufbau und Anwendungsmöglichkeiten des Assoziativspeichers. In: Radio—Fernsehen—Elektronik, Teil I; 18, 471—474 (Heft 15), Teil II: 18, 517—519, Heft 16 (1969)

31. Tsui, F. F.: Der assoziative Speicher — Anwendung und Realisierungsmöglichkeiten. In: Frequenz, 20, 69—82, 1966 (Heft 3)

32. Weizenbaum, J.: Knotted List Structures, Comm. ACM, Vol. 5, No. 3 (1962), 161—165

33. Weizenbaum, J.: Symmetric List Processor, Comm. ACM. Vol. 6, No. 9 (1963), 524—544

34. Yngve, V. H.: A Programming Language for Mechanical Translation, Vol. 5, No. 1 (1958), 25—41

35. Yngve, V. H.: COMIT Reference Manual, MIT Press, Cambridge, Massachusetts, 1962

36. Агеев, М. И.: Основы алгоритмического языка АЛГОЛ-60, 1963

37. Бекус, Д., и др.: Сообщение об алгоритмическом языке АЛГОЛ-60, Журнал вычислительной математики и математической физики, 1961, т. I, № 2, стр. 308—342

38. Ершов, А. П.: Алгоритмический язык АЛГОЛ-68, Кибернетика 5, 17—144, (1969); 6, 12—160 (1970)

39. Ершов, А. П., Г. И. Кожухин и Ю. М. Болошин: Входной язык системы автоматического программирования (предварительное сообщение). ВЦ АН СССР, 1964

40. Ефимова, М. Н.: Алгоритмические языки (обзор). Изд-во „Советское радио", 1964

41. Королев, М. А.: Сообщение об алгоритмическом языке для экономических расчетов — АЛГЭК

42. Лавров, С. С.: Универсальный язык программирования. Изд-во „Наука", 1964

43. Ляпунов, А. А.: О логических схемах программ. „Проблемы кибернетики", 1958, вып. I, стр. 46—74

44. Новиков, П. С.: Элементы математической логики. Физматгиз, 1959

45. Шура-Бура, М. Р., и Э. З. Любимский: Транслатор АЛГОЛ-60. „Журнал вычислительной математики и математической физики, 1964, т. 4, № I, стр. 96—112

46. Ющенко, Е. Л.: Адресное программирование. Госиздат техн. литературы УССР, Киев 1963

Sachregister

Adresse 219
— der nächstfolgenden freien Zelle des Nestes 196
— des Knotens der Liste 196
Adressen, Verfahren der berechenbaren 178
Adressenänderung 65
Adressenbeziehung 219
—, Vereinbarung der 221
Adressenklammer 219
Adressensilbe 173, 209
Adressensprache 230
Adressenverfahren 226
Adreßteil 59
Algebra, Boolesche 39
—, logische 33
ALGEM 130, 217, 230
ALGOL 82
ALGOL-Grundsymbole 88
ALGOL 60 230
Algorithmentheorie 12
algorithmische Sprachen, Vergleich der 229
Algorithmus 12
ALP 230
Anweisung 86, 104
—, bedingte bzw. unbedingte 104, 110
Äquivalenz 35
—, Negation der 36
arithmetischer Ausdruck 101
— Operator 89
— Zielausdruck 97
array 91, 123
assoziativ 150
assoziative Information 202
— Listenstruktur 163
— Objektstruktur 164
— Programmierung 234
— Struktur 195
assoziativer Knoten 202
assoziatives Programmieren 150, 210, 217
Aufbau elektronischer Digitalrechner 47
Ausdruck 97
—, arithmetischer 101
—, bedingter arithmetischer 101

Ausdruck, bedingter logischer 102
—, einfacher arithmetischer 97
—, — logischer 99, 100
Ausgabeprozedur 144
Automatentheorie 18
automatische Steuerung 211

baumartig 164
bedingte Anweisung 104, 110
bedingter arithmetischer Ausdruck 101
— logischer Ausdruck 102
Befehl 59
Befehlssymbol 205
begin 90
Begrenzer 89
Benennung 141
—, einfache 141
Benennungsstil 141
Benennungsstruktur 141
Bezeichnung 92
Block 85, 104
Blockvorspann 104
Boolean 91
Boolesche Algebra 39
Buchstabe 88

COBOL 230
Codeprozedur 143
Codierung, gedankliche 32
COMIT 217
comment 90
Compiler 84
compound 136, 225

Daten, listenmäßige Verarbeitung von 230
Datensilbe 209
Datenverarbeitung, nichtnumerische 217
Datenverarbeitungsanlage, elektronische 54
—, Struktur einer elektronischen 72
Datenwort 176
Deskriptor 30
Deskriptorensuchsystem 240
Dezimalbruch 91
Digitalrechner, Aufbau 47

direkte Programmierung 62
Disjunktion 35
disjunktive Minimalform 43
— Normalform 41
do 89
Dokument-Deskriptor 30
Dokumentensuche 240
Durchsicht, serielle 198

echte Kette 93
Eigeninformation 202
Eigentyp 119, 132
einfache Benennung 141
— Kette 141
— Variable 94, 135, 139
einfacher arithmetischer Ausdruck 97
— logischer Ausdruck 97, 100
— `Kettenausdruck 132
— Zielausdruck 107
einfaches deskriptives System mit bzw. ohne
    Grammatik 29
einbäumige assoziative Struktur 191
Eingabegerät 49
Eingabeprozedur 144
Einheitsnest 203
elektronische Datenverarbeitungsanlage 54
elektronischer Digitalrechner, Aufbau 47
Elementarausdruck 97
—, logischer, 1. bzw. 2. Art 99
Eliminierung von Objektlistengliedern 197
else 89, 101, 107
end 90
Entropie 14
Ergebniskontrolle 69
Ergibtanweisung 104, 105
erweiterungsfähiger Suchbaum 166, 172
Exponententeil 91
externer Speicher 50

faktographisches System 32
Faktor 98
—, logischer 100
false 89
Faltung 182
Feldliste 120
Feldsegment 119
Feldvereinbarung 119
Fixator 154, 195
— des Nestes 203
Folgeoperator 89
for 89
Form, unvollständige bzw. vollständige 111
Fortsetzung der Listen 199

Frage-Deskriptor 30
Funktion (ALGOL) 95

ganze Zahl 91
Gedächtnis 11
gedankliche Codierung 32
geschlossene Kettenlisten 207
gesteuertes System 18
globale Variable 122
goto 89, 106
Gradientensymbol 205
Grenze 119, 135
—, obere 119
—, untere 119
Grenzenliste 120
Größe 218
Grundanweisung 104
Grundsymbol, ALGOL 88

hierarchische Klassifizierung 26

if 89
Implikation 36, 100
Indexverfahren 226
indizierte Variable 94, 135, 139
Information 11
—, assoziative 202
Informationsdarstellung 16
Informationsmenge 14
Informationstheorie 13
Informationsübertragung 14
Informationsverarbeitung, logische 21, 23,
    229
Inhalt 219
Inhaltsklammer 219
integer 97, 147
interner Speicher 49
IPL-V 217, 230

kanonisch disjunktive Normalform 43
Kennzeichen 165
Kennzeichenadresse 205
Kennzeichenadressensilbe 207
Kennzeichensatz 201
Kennzeichensilbe 173
Kennzeichenstruktur 163, 165
Kette 92, 131
—, echte 93
—, einfache 141
—, offene 93
kettenartige Liste 152
Kettenausdruck 132

Kettenausdruck einfacher 132
Kettenbenennung 141
Kettenliste 141
— freier Formulare 216
Kettenlisten, geschlossene 207
—, Programmierung von 234
Kettenstrukturen, Programmierung von 234
Kettenvariable 131
Kettenverfahren 202
Klammer 89, 90
Klassifizierung, hierarchische 26
Knoten, assoziativer 102
Knotenaufbaus, Nestverfahren des 203
Knotenliste 157
Knotenstruktur, verallgemeinerte assoziative 201
Knotenvorspann 203
Komponenten der Verbundgröße 139
konjunktive Normalform 41
konstanter Suchbaum 169
Kontrolle der Ergebnisse 69
Kopierung einer assoziativen Listenstruktur 238
Kybernetik 9

label 91, 123
Laufanweisung 104, 110, 113
Laufklausel 113
Laufliste 113
Lauflistenelement 113
Leitwerk 53
level 136, 224, 225
LISP 217, 230
list 224
Liste 151, 198, 218
— der freien Zellen 153
— — freigewordenen Nester 200
—, kettenartige 152
—, serielle 151
Listenbezeichnung 225
Listen, Fortsetzung der 199
Listenglied 224, 225
Listenglieder, Notierung neuer 198
Listengliedern, Zugriffsmöglichkeiten zu 226
Listenglieds, Notierung des ersten 197
Listengröße 224
listenmäßige Verarbeitung von Daten 230
Listenprozedur 234
Listenstruktur 151
—, assoziative 163
—, Kopierung einer assoziativen 238
Listenvereinbarung 224, 225

Listenvorspann 224, 225
Listenvorspanns, Vereinbarung des 225
Listenwort 176, 203
Ljapunoffs Operatorenmethode 70
logische Algebra 33
— Informationsverarbeitung 21, 23, 229
— Variable 94
logischer Ausdruck, einfacher 100
— Elementarausdruck 1. bzw. 2. Art 99
— Faktor 100
— Operator 89
— Term 100
— Wert 89
— Zielausdruck 97
lokal 119
lokale Variable 121
lokaler Typ 119, 132

Marke 93, 107, 123
Metasprache von Backus 87
Mikroprogrammsteuerung 76
minimale Normalform 43
Minimalform 43
—, disjunktive 43
Minsk-2 56
Multiprogrammsteuerung 78

Negation 34
— der Äquivalenz 36
Nestes, Fixator des 203
Nester, Liste der freigewordenen 200
Nestliste 156, 195
Nestverfahren 202
— des Knotenaufbaus 203
nichtnumerische Datenverarbeitung 217
Normalform, disjunktive 41
—, kanonisch disjunktive 43
—, konjunktive 41
—, minimale 43
Notierung des ersten Listengliedes 197
— neuer Listenglieder 198
Nullkette 93
numerische Variable 94

obere Grenze 119
Objektadressensilben 207
Objektlistenwort 164, 195
Objektstruktur 163
—, assoziative 164
Objektverbindungsadresse 204
offene Kette 93
Operand 223

Operationen, Überlappung von 79
Operationscodezahl 51
Operationsteil 59
Operator 89
—, arithmetischer 89
—, logischer 89
Operatorenmethode von Ljapunoff 70
own 91
own-Feld 121
own-Variable 121

Positionssuchbaum 166
Präzisierung der Variablen 140
Priorität 99
Prioritätsordnung 100
procedure 91, 123, 147
Programm 104
Programmieren, assoziatives 150, 210, 217
Programmierung 58, 82
—, assoziative 234
—, direkte 62
— von Kettenlisten 234
— — Kettenstrukturen 234
Programmsteuerung 59, 75
Prozedur 95
—, rekursive 130
Prozeduranweisung 95
Prozedurvereinbarung 95, 123, 140
Prozeßrechner 55

real 91, 147
Rechenwerk 49
rekursive Prozedur 130
Rückkopplungsadresse 209

Schaltalgebra 39
schaltungsassoziativ 150
Scheinanweisung 104
semantisches Symbol 205
serielle Durchsicht 198
— Liste 151
serielles Verfahren 202
Shefferfunktion 40
Silbensteuerung 76
Speicher, externer 50
—, interner 49
Speicheraufwand für Listenworte 193
Speicherorganisation 195
Spezifikationszeichen 91
Spezifikator 89
Sprunganweisung 104, 106
Sprungbefehle 60

Sprunglistenwort 195
Standardfunktion 96
Stellenangabe 132, 135, 139
Stellenliste 135, 139
step 90
step-until-Element 113
Steuerung, automatische 211
Steuerungsprozeß 9
Steuerwerk 53
string 91, 123, 131
Struktur, assoziative 195
— der Verbundgröße 136, 225
— — —, einbäumige assoziative 191
— einer elektronischen Datenverarbeitungsanlage 72
— eines Listengliedes 225
—, suchzeitoptimale assoziative 191
—, vielbäumige assoziative 186
Strukturadressensilbe 207
Strukturlistenwort 164, 195
Strukturteil eines Listengliedes 225
Strukturverbindungsadresse 205, 209
Suchbaum 208
—, erweiterungsfähiger 166, 172
—, konstanter 169
—, variabler 169
Suchmuster 240
suchzeitoptimale, assoziative Struktur 191
switch 91, 108, 123
Symbol, semantisches 205
System, faktographisches 32
—, gesteuertes 18
— mit bzw. ohne Grammatik, einfaches
   deskriptives 29

Teilvariable 135, 139
Term 98
—, logischer 100
then 89
Typ 119, 132
—, lokaler 132
—, zugehöriger 119
Typenliste 119, 132
Typenlistenteil 132
Typvereinbarung 118, 119, 132
Trennzeichen 89, 90
true 89

Überlappung von Operationen 79
unbedingte Anweisung 104, 110
untere Grenze 119

until 90
unvollständige Form 111

value 91, 123, 147
Variable 94, 140
—, einfache 94, 135, 139
—, globale 122
—, indizierte 94, 135, 139
—, lokale 121
—, logische 94
—, numerische 94
Variablenart 132
Variablen, Präzisierung der 140
variabler Suchbaum 169
Verbindungsadresse 152, 154
Verbundanweisung 85, 104
Verbundbenennung 141
Verbundfeld 136
Verbundfeldbezeichnung 136
Verbundgröße 136, 225
—, Struktur der 136
Verbundgrößen, Komponenten der 139
Verbundgrößenvereinbarung 136, 225
Verbundvariable 135, 136
Verbundvariablenbezeichnung 136
Verbundschluß 104
verallgemeinerte assoziative Knotenstruktur
    201
Vereinbarung 86, 118, 225
— der Adressenbeziehung 221
— des Listenvorspanns 225
— von Listengrößen mit unterschiedlichen
    Formaten 228
— — Listenprozeduren 228
— — Verbundgrößen mit unterschiedlichen
    Formaten 228
Vereinbarungsteil 136, 225
Vereinbarungszeichen 89, 91

Verfahren der berechenbaren Adressen 178
—, serielles 202
Vergleich 99
— der algorithmischen Sprachen 229
Vergleichsoperator 89, 99
Verteiler 107
Verteilerliste 108
Verteilervereinbarung 108
vielbäumige assoziative Struktur 186
Vokabularium 30
vollständige Form 111
Vorrangsteuerung 78
Vorrangstufe 99

Wenn-Anweisung 110
Wenn-Klausel 101, 110
Werteteil 129
Wert, logischer 89
while 90
while-Element 113
Wiederholer 132
Wörterbuch 30

Zahl 91
—, ganze 91
Zähler der Listenglieder 196
Zeichenkette 92
Zielart 132
Zielartteil 132
Zielausdruck 106, 107
—, arithmetischer 97
—, einfacher 107
—, logischer 97
Zielsymbol 132
Zielverteiler 107
Ziffer 88
zugehöriger Typ 119
Zugriffsmöglichkeit zu Listengliedern 226